气候变化经济过程的复杂性丛书

国际碳排放治理问题

马晓哲　刘　筱　王诗琪　王　铮等　著

国家重大研究计划(973)项目 2012CB955800

河南省地理学优势学科建设项目　　　　　　　资助

国家自然科学基金项目(41701632)

科 学 出 版 社

北 京

内 容 简 介

　　本书主要从三个方面讲述了国际碳排放的治理问题。首先，本书说明了气候变化治理的基本问题。气候变化问题是全球性公共问题，气候治理需要全球共同行动。在气候治理方案和行动的效益评估中，经济目标并非气候治理决策的唯一选项，我们还需要从伦理学角度探讨气候变化问题，并在气候治理的模拟研究中贯彻公平精神。其次，本书阐述了碳税驱动下的全球气候治理模拟。本书构建了一个面向气候治理的多国多部门全球气候经济集成评估模型，主要包括经济模块、土地利用变化模块、简化GCM模块三个部分。基于该模型，本书预测了全球各区域的经济发展和碳排放趋势，构建了以征收碳税为驱动的全球气候治理方案，评估了将碳税收入作为一般性财政收入、用来提高区域技术水平、用作农业部门补贴时全球碳排放和宏观经济的变化情况。最后，本书详细说明了INDC治理模式下中国和美国能源消费减排路径。本书基于能源-经济-环境的混合模型，内生化能源需求，以INDC减排目标为约束，模拟最大化效用下中国和美国经济、能源结构和碳排放量的变化趋势。

　　本书可供国家和各地区决策者，以及政策模拟和气候变化政策领域的研究人员参考，可供经济学、管理学、地理学等学科的高年级本科生和研究生参考或作为教材使用。

图书在版编目（CIP）数据

国际碳排放治理问题/马晓哲等著. —北京：科学出版社，2018.2
（气候变化经济过程的复杂性丛书）
ISBN 978-7-03-048312-6

Ⅰ.①国… Ⅱ.①马… Ⅲ. ①二氧化碳–排气–研究–世界 Ⅳ.①X511

中国版本图书馆 CIP 数据核字(2018)第 035041 号

责任编辑：万　峰　朱海燕 / 责任校对：韩　杨
责任印制：徐晓晨 / 封面设计：北京图阅盛世文化传媒有限公司

科　学　出　版　社 出版
北京东黄城根北街 16 号
邮政编码：100717
http://www.sciencep.com

北京厚诚则铭印刷科技有限公司 印刷
科学出版社发行　各地新华书店经销
*

2018 年 2 月第　一　版　　开本：787×1092　1/16
2018 年 6 月第二次印刷　　印张：18　插页：4
字数：406 000
定价：189.00 元
（如有印装质量问题，我社负责调换）

《气候变化经济过程的复杂性丛书》序

气候变化经济学是近 20 年才被认识的学科，它是自然科学与社会科学结合的产物，旨在评估气候变化和人类应对气候变化行为的经济影响与经济效益，并且涉及经济伦理问题。由于它是一个交叉科学，气候变化经济学面临很多复杂问题。这种复杂问题，许多可以追踪到气候问题、经济问题的复杂性。这是一个艰难的任务，是一个人类面临的科学挑战，鉴于这种情况，科学技术部启动了国家重大基础研究计划（973）项目——气候变化的经济过程复杂性机制、新型集成评估模型簇与政策模拟平台研发（No.2012CB955800），我们很幸运，接受了这一任务。本丛书就是它的序列成果。

在这个项目研究中，我们围绕国际上应对气候变化和气候保护的政策问题，展开气候变化经济学的复杂性研究，气候保护的国际策略与比较研究，气候变化与适应的全球性经济地理演变研究，中国应对气候变化的政策需求与管治模式研究。项目在基础科学层次研究气候变化与保护评估的基础模型，气候变化与保护的基本经济理论、伦理学原则、经济地理学问题，在技术层面完成气候变化应对的管治问题，以及气候变化与保护的集成评估平台研究与开发，试图解决从基础科学到技术开发的一系列气候变化经济学的科学问题。

由于是正在研究的前沿性课题，所以本序列丛书将连续发布，并且注重基础科学问题与中国实际问题的结合，作为本丛书主编，我希望本丛书对气候变化经济学的基础理论和研究方法有明显的科学贡献，而不是一些研究报告汇编。我也盼望着本书在政策模拟的方法论研究、人地关系协调的理论研究方面有所贡献。

我有信心完成这一任务的基础是，我们的项目组包含了一流的有责任心的科学家，还包揽了大量勤奋的、有聪明才智的博士后和研究生。

气候变化经济过程的复杂性机制、新型集成评估模型簇
与政策模拟平台研发首席科学家
2014 年 9 月 18 日

前　　言

　　尽管特朗普代表美国政府宣布退出了《巴黎协定》，但是《巴黎协定》的签署代表着一个时代的开始——全球合作，共同参与全球治理，这个全球治理中，全球气候治理是个重要内容。面对这个治理，我们课题组的马晓哲、刘筱做了一些系列研究，这里给出的就是这些研究的成果。

　　全球治理，首要的就是伦理学需要。冲破中世纪愚昧，伏尔泰说："伦理学是人类的第一需要"，而且赞扬中国文化发展了完备的伦理学。面对 21 世纪的发展，中国在全球治理方面应该有的事实上也会有更大贡献。

　　在我们奉献的工作中，首先讨论了全球气候治理的气候伦理学，在国际上，按照西方的流行思想，气候伦理学中流行着"气候殖民主义"思想和"气候沙文主义"思想。2015 年的巴黎气候会议上，中国领导人习近平指出了中国气候伦理学的思想，强调荀子的"万物各得其和以生"，这就为我们这些研究人员指出了一个方向，在本书的第一篇中，我们课题组沿着这个治理思想，做了全球气候治理的伦理学和科学基础问题的探讨。

　　在本书第二篇中，全球治理的一个技术性的可行方案被借助现代经济学方法和计算方法得到了。这个工作主要是依靠全球 CGE 模型计算完成的，较之我们过去完成的或者可以见到的一些国外学者完成的全球变化的 CGE 计算，本书的模型包含了人地关系协调的思想，在一般的 CGE 系统中增加了内生技术进步作用于农业、刺激农业等带来碳汇增加的人地相互作用环节，这是一种探索，也是一种模型创新。把它出版出来，希望对 CGE 应用的发展有所贡献。

　　总之，这里的作者们对全球治理，对全球治理问题开展了一个伦理学到科学方法的研究，希望能对全球气候治理有所贡献。这里需要补充的是，关于全球气候治理，我们课题组还做了其他一些工作。例如刘昌新、田园等用计算博弈方法发现了一个可以实现温控 2℃ 的全球合作减排方案，这个方案是"帕累托改进"的，吴静完成了《巴黎协议下的博弈全球博弈分析》，发现了一些重要规律。可惜因为版权问题，未能反映在本书中。

　　全球气候治理的问题方兴未艾，相信有越来越多的学者会在这个领域做出优秀的工作，因此本书具有抛砖引玉的作用。

王　铮

2018 年元旦

目　　录

第三篇　INDC 治理模式下中国与美国能源使用演化减排路径

第一篇　概论：气候变化治理

第1章 气候治理的基本问题

1.1 应对气候变化治理的首要问题是伦理学问题

在过去 20 年里，"气候变化"一词已得到广泛认识。无论是在国内还是在国外，是传统媒体还是互联网传播，各种各样的事件、专题都让"气候变化"日益成为流行词。但是，"气候变化"并未真正得到足够重视。这或许是因为科学领域中一直存在无法达成一致的争论，以及政治上也总是有某些集团试图否认气候变化的重要性，也或许是我们对日常生活中的个人因素压力、忧虑更为关注，使我们缺少因为气候变化而不断发展治理行动的动力。并且对于当今世界相当部分地区的普通人来说，贫困和就业压力是最现实的难题，因而人类活动导致的全球气候变化这一认知经常遭到某些"人道主义"学者的根本否定。但是，在某些领域，气候变化治理问题又是如此真实地存在：通常它隐藏在我们日常生活的背后，在特别的时刻它就浮出"水面"，如 2017 年中国夏季的"大雨磅礴"，2016 年美国春季的"飞雪连天"。最近 10 年频繁召开的全球各国政要参加的国际气候谈判会议，交织着各种文明的各民族伦理观与生态压力；另外，不时在全球各地出现的极端气候灾害使得贫困问题在世界持续，甚至我们日常生活中越来越关注的雾霾、空气指数等影响着经济、生产、生活。因此，绝大多数人都同意气候变化是非常重要的问题，是绕不开经济治理问题的。气候的经济治理需要我们持续地关注和行动，但是，由于伦理与经济利益，气候变化的治理成为持久的争议，加之在全球层面欠缺相应的应对措施和行动方案，因而导致气候变化问题的各种决议和行动往往一拖再拖。人们总是自私地希望付出最少的代价，获得最多的收益，基于这一背景，气候治理更加突出地成为我们共同的责任。事实上，哥本哈根会议之后，"应对气候变化"一词已得到广泛共识。无论是中国政府还是美国政府，"应对气候变化"日益成为政府的主题，中国政府和美国政府面对全球气候变化都义不容辞地站了出来，带头确定了应对气候变化的《巴黎协定》，承担气候治理的义务，于是有了巴黎气候协定的签署。

2017 年 5 月美国新政府突然宣布退出气候变化协议《巴黎协定》，这或许是因为全球经济问题压垮了全球环境问题，抑或人们通过日常生活中的减排行为感到了诸多压力，一些人感到自己不能"自由地生活"，另外一些人感到政治对手受益了。他们要停止减排，要自己增长的"自由"，另外，政府间气候变化专门委员会(intergovernmental panel on climate change，IPCC)仍然坚持，越来越多的科学研究、地球的灾害增加，来自于人为因素导致的温室气体排放。科学要求人类仍然需要共同行动，这个共同行动就是气候治理。

人类合作治理的首要问题是什么？伏尔泰说，"伦理学是人类的第一需要。"人类要在各国共同行动中处理好自己的关系,这就是人类实现气候的伦理学问题。伦理学在中国最早发展,并且长期以来成为治理的中心问题。中国古代的圣贤贯彻了人类共存的伦理原则"万物各得其和以生,各得其养以成"(《荀子·天论》),带来了中华文明的5000多年的延续。其作为人类生存哲学,值得人类珍惜。在西方社会,伦理(ethic)来自希腊词(ethos),意思是惯例,在这个意义上,伦理是指一般的信念、态度或指导惯例行为的标准,作为人类生活文化,需要保留。任何社会都有确定的惯例的典型的信念、态度和社会标准,因而任何社会都有其伦理,但是这种伦理观不足以支持和谐人类与地球关系。毫无疑问,我们现在需要气候变化伦理学。

气候治理的伦理学对我们全人类提出了近似于宗教层面的基本问题,如我们人类的基本价值是什么,人类的生活方式应该是什么,各个国家在气候治理中的位置如何等。更重要的是,既然是全球共同应对,在气候变化中各个国家就存在着相应的责任与义务,有关公平与正义的讨论已经兴起,中国从人类必须长期生存的角度,提倡"万物各得其和以生"的中国传统思想(王铮和刘筱,2014),美国从现实利益出发,提出《巴黎协定》中的"把我们国家……置于一个非常大的经济劣势中。……将过去的责任(其实因为无知,所以如何对其定责?)强加于当代人身上这是不公平的,也是不符合正义基础的"(Posner and Sunstein,2008),对于这两种对立认识,正在共同寻找既平稳又公正的解决方法。

实际上,过去在应对气候变化方面,忽视以至忘记伦理学,许多的政策推断基于利己主义,并认为它是唯一的人类行为动力。这一观点也导向了随之而来的"管理技术"——"胡萝卜+大棒"理论。可以说利己主义是现代经济学的灵魂。但是,随着研究的进展,越来越多的人认识到这种"理性经济人"假设的局限性,因为人们有时会为了更伟大的目标,甚至非个人的目标而做出巨大的牺牲。人们并非总是按照新古典经济学所说的那样进行狭义的理性选择,他们会为了亲人、爱人、朋友、信仰,甚至政治团体而放弃"利己",而人们也相信,除了利己,人类还有更高尚的情操和美德。因此,应对气候变化,经济目标并非人类进行决策的唯一选项,从人类第一需要的伦理学角度,人类除了需要梳理清楚经济上的效率原则,还需要生活中的其他原则引导人类该如何生活,人类希望在什么样的社会中生存,又该如何与大自然相处。按照这种逻辑,人类如何应对气候变化也不是经济学可以回答的,经济学或许可以帮助人类快速达成目标,但是它不能够告诉人类,目标应该是什么,以及人类是否应该高效地实现目标,这也是人类需要从伦理角度探讨应对气候变化问题的主要原因。

1.2　经济学的讨论:减缓还是适应

理清楚伦理学问题后,我们面对的是经济行动。减缓,是目前讨论应对气候变化经济治理措施时最热门的话题之一,为了阻止气候变化,我们必须减排足够的 CO_2 以降低大气中的 CO_2 浓度。按照英国权威气候变化预测与研究中心的研究,全球必须减少70%的 CO_2 排放才有可能使气候变化趋于稳定(Met Office,2005)。而这一预测也导致以下三种情形：第一，基于现实的全球排放速度和强度，真正达到此稳定目标的措施，其碳减排的速度和强度必然超过这个速度和强度的 70%，何时、以何种方式实现这一目标，涉及不同的定量模拟，而传统上凭借经验是不够的；第二，《巴黎协定》为真正达到此减排目标，通过国家自主贡献机制(Intended Nationally Determined Contributions，INDC)原则在全球层面上达成共识，尤其是发达国家带头减排、发展中国家参与的原则得到了确认。显然，全世界不同国家、不同地区、不同情景所承担的气候变化风险也是完全不同的，如何分担减排成本在伦理问题解决后就是一个技术问题了；第三，即使所有国家和地区都承诺减排的技术目标，彻底改变我们现有的生产和消费模式也是必不可少的行动，其中的一个治理模式是，为了改变人类的生产和消费模式而增加碳税，碳税如何实施和是否增加，必须认真核算。正如能源经济学家 Dieter Helm 所说："如果我们需要花很高的成本以改变人类的行为方式，那么就不可能同时获得较低的减排成本。"然而，在应对气候变化问题中如何以经济学的方式测算成本和收益一直是争议最大的问题。不同的贴现率、不同的情景模拟所测算出的行动方案可能是截然不同的，而这一问题又导致了更大范围的行动决策争议。幸运的是，这个问题的研究已经开始了。

一些学者(Lomborg，2001)认为，从经济的角度分析，激进的减排方案相对于适应气候变化来说，花费的成本更大。另一些学者认为(Broome，1992)，在气候变化的不确定性如此高的情景下讨论成本收益问题，无疑是自欺欺人，在任何情景下，它都不可能是成功的情景，因为我们对这些了解得太少，而现有的经济理论又太欠缺针对性的情景预测能力。因此，他们认为，减排的成本比适应的成本更高，而且，他们认为，与其把钱花费在阻止气候变化上，还不如把钱用于减少贫困上，在贫穷国家和地区的婴儿嗷嗷待哺的时候，把钱放在不确定的气候变化应对上并不正义。因此，应对气候变化不是要减排，而是要适应。然而计算表明，如何判断是立即开展减排行动，还是采取温和的方式——减排+适应，关键在于对贴现率的选择，而这又必然涉及我们对于代际公平的讨论，黄蕊、刘筱和王铮曾经做过这个研究。研究论文一直在国内迟迟难以发表，又给不出适当的意见，说明中国国内多数学者没有认识到这个问题。难点在于，这一研究必然导致人类对于伦理准则的讨论。伦理学要求的应对手段是通过它，人类可以和平、有建设性地和谐相处。人类如果认同这一伦理准则，那么就该关心当代人的福祉，因而在贴现率的选择上就会选择高于英国气候变化经济学权威 Stern 设定的 2%，美国经济学会会长 Nordhaus 就是这方面的支持者。按照这种观点，在选择应对气候变化的行动决策时，适应性对策就会优于减排策略，最有利于适应的方案是技术进步，税收是为了促进技术进步而采取的经济措施。人们会在增加税收的压力下来改进技术，因此，这又是典型的经济学领域的选择问题。

相反，依靠技术进步来减排，一个国际伦理问题产生了，一些发达国家拥有较好的节能技术，日本就是一个代表。发达国家应该支持减排廉价转让节能技术，而不能借助于节能技术的推广再"捞一把"，或者达到其他的政治目的。因此，问题又回到了伦理学层面。另外，美国人认为自己固然排放了较多的 CO_2，但是自己通过能源使用，带来了更多的技术进步，包括减碳技术，而且这些技术的溢出带动了全球经济和全球减排，难道不能将功补过吗？可否计算将功补过，这就又成为伦理学问题了。如果能够将功补过，当然要把经济发展放在第一位，人类还在探讨这方面的问题。

1.3 应对气候变化：政策模拟

早在 19 世纪末已经开展过关于由人类行为导致的气候变化讨论。不过大规模从科学与政治角度，特别是伦理角度讨论气候变化问题始于 20 世纪 60 年代。经过这一时期，气候变化的事实基本上得到各国主流学者的认同，存在争议的焦点则是，气候变化带来的危害是否 IPCC 估计得那么大？如果有，人类是否可以对此有所作为、怎样作为？由此带来的争论就回到了应对气候变化带来的全球尺度的经济成本问题和再分配问题，这就意味着人类需要合作。

对不确定性的识别和相应的应对决策是合作的科学基础。应对气候变化问题，极大地考验着人类的理解和接受知识的能力，我们所要强调的是，气候变化并不单纯只是科学问题，它或者可以通过技术累进得以解决，但是当下怎么办，就需要模拟，模拟走向未来的政策，这种政策模拟还需要气候变化趋势模拟，并且基于模拟评估政策作用效果。

为什么需要模拟？按照传统的科学思路，气候变化的模拟是需要实证研究的。问题的复杂性在于，极有可能还没有来得及向人类证明，或者证实气候变化的各种危害时，人类已经受到不可逆转的最严重的影响。因此，气候变化的科学模拟，需要像数学那样，坚信逻辑理论。只要基本规律是实证研究得到的，我们就要相信模拟的结果，或者说就需要基于模拟展开政策研究。然而，气候变化的另一个科学难题是，气候变化是长期的，短期的观察可能得到局部规律，其中一个典型就是根据观察得到的美国碳峰值时的人均GDP 数，推断中国达到美国该人均 GDP 的碳峰值与时间，这是典型的刻舟求剑办法，因为它把一个动力学问题固化了，唯一的解决方法就是动力学模拟。另外，面对气候变化，"治理"或"管理"是需要重新认识的，管理主义的思想主要起源于新古典经济学理论，通过税收、规制和补贴等措施以操控经济运行。近年来，经济学词汇和方法几乎占据了我们社会生活的所有领域，甚至在许多公共政策制定中，经济学思想和方法论都成为主角。一种流行的经济学观点认为，制定和规范控制碳排放和气候的标准就能"创造更完美的市场"。然而世界经济的发展、经济制度的演变都可能改变管理的有效性，从而导致政策的适宜性变质，因此，通过管理或者治理来应对气候变化的研究，需要给予经济系统进化的模拟研究。目前，对于地球-经济系统进化规律的认识往往是缺乏的，为开展气候变化治理的研究也就产生了诸如制度经济学、地缘政治学和地球系统科学的集成研究。目前，关于气候治理，多数人寄希望于经济学家，在具有这么多问题的情况下，你能相信经济学家可以帮助政治学家在评估各种方案时，能选择到收益最大化、成本最小化的方案吗？这时我们只能相信经济学逻辑，我们在全球气候变化治理政策选择中，采用的手段是"理性"的。但是理性选择可能违背了平等原则，因为这里存在一个重新分配资源的问题，在国际减排中，理性地"分配"碳排放权，可能意味着气候殖民主义；气候治理在原则上需要在伦理学和经济学之间做折中主义。这些需要我们做出模拟基础上的集成评估。

一段时间以内，采用碳税政策来应对全球气候变化似乎成为我们唯一的手段，然而人类发展的历史告诉我们，人类得以存在的关键点是人类的合作，而合作的关键点是公平，虽然绝大多数人并不清楚公平意味着什么，但是人类却时时刻刻在体验着公平，换言之，人类生活在伦理学的汪洋大海中，由此，气候治理的模拟研究需要贯彻公平精神。

1.4 关于碳税的讨论

目前，碳税被认为是最有效率的经济学减排工具，是应对气候变化治理的重要经济手段，但是，在环境管理的具体实践中，全球尺度的碳税征收与推广往往不尽如人意，尽管在理论上它存在切实的可操作性，但是它从设计到具体应用都存在不少争议。例如，吴乐英等(2017)模拟研究发现，在中国征收碳税，如果执行美国标准，中国河南省农民的可支配收入将是负数。在2014年的一次国际会议上，因为这个问题，本书作者之一的观点与某个发展中国家学者发生了争议，她们指责中国不征收碳税。作者强调，按照模拟结果，如果中国碳税若达到美国水平，中国人口众多的河南省农村经济就会破产，这在伦理学上是不能接受的。争论过后发现，不同国家征收统一的碳税标准是不可接受的，我们认为，可以根据发展水平的不同，在采用协同治理手段来保障气候安全的时候，同时防止征收碳税，特别是碳关税导致新的国际贫困出现，因为后者可能导致国际合作的失败。既然不同的国家和政府基于不同的国情和目的采取各种各样的碳税政策，那么要统一或是协调可以用于全球所有国家和地区的标准就不是经济学问题，而是公平问题。如何平衡，如何公平、公正，是全球尺度上的伦理问题，而且会引起世界各国在地缘经济学上的博弈。中国问题需要深入研究。

目前，《巴黎协定》已经得到全世界绝大多数国家的签字，但是定的创新性措施仍然需要结合地方特点开展地方层面的政策研究。特朗普政府宣布退出《巴黎协定》，说明世界正在走上一条坎坷的应对气候变化的道路。然而，为了人类公共的未来，采用针对税收和碳融资、碳交易问题的研究，仍然是需要的，人类是采用经验政策，还是模拟出经济政策(如税收、补贴、价格支持机制)及行政、半行政管理政策(如政府规制、绩效标准规定、自愿者计划)，是当前的科学问题。当然，本书的核心就是研究应对气候变化的全球治理中的税收问题。

碳税的基础是市场原则，一旦相关决策机构决定征收碳税，那么相应的密集排放型产品将具有相对更高的市场价格，或相对更低的收益。相应的模拟结果追求同时以最佳成本收益原则推动排放减少。实际上，碳税具有两种激励影响，第一，直接影响方面。它可以通过提高价格，刺激节约，对能源投资、能源和产品进行有效转换，以及改变生产与消费结构。第二，间接影响方面。通过税收增加带来的财政再分配，强化碳税的直接影响，改变投资与消费模式。但是，最终的排放影响还依赖于其他因素，如税基(具体哪一领域需要征税)和税率(如征多少)，目前相关或相近的排放税包括碳税、CO_2税和能源税，除此之外，还有一些其他税种也影响到碳排放，如能源交易税，而这些税在不同的国家都或多或少地以不同形式征收。因此，当我们讨论广义的碳税时，我们发现，不同国家存在完全不同的碳价，这是在全球层面制定相互协调的碳税机制的最大障碍。例如，某些国家的汽油和柴油具有较低的需求弹性，往往被征重税，因为向这些产品征税是获取财政收入的最便捷的途径，而相对来说，几乎所有的国家都对煤炭征收了较低的税率，正如 Baron 所说，拥有更高碳含量的化石燃油却征收了较低的税率，相反，碳含量相对低得多的碳含量产品却被征收了高得多的税率。因此，考虑碳减排的全球目标，对能源税结构的改革就应该纳入到最终的碳税制定上来。

目前，基于气候变化所讨论的"生态税制改革"也相应地带来了财政分配上的改革需求，如下。

(1)"收入中性"的财政改革。它意味着在征收碳/能源税的同时，通过减免企业所得税、个人所得税、投资税或储蓄税等，维持政府的税收收入不变，其目的在于从传统商品"增值"收税转为向环境"破坏"收税。这是一种国内税。

(2)专项支出。它意味着征收的碳/能源税被用于特定环境保护用途，如环境保护基金、环境保护项目、环境研发活动等。这一税收的定性应该说是指向碳关税，没有这个环境指向，就会导致碳关税的贸易壁垒违背全球气候治理的初衷。

(3)补偿措施。它指征收的碳/能源税被用于补贴因碳/能源税的征收而受到负面影响的低收入家庭，或者推广新的低碳技术以弥补受这一税收影响的企业和行业损失。无论是国内税，还是关税，都可以在补偿原则下行动，这时最应该考虑的是伦理学约束。

但是，从现实情况来看，来自于碳/能源税的收入并不总是用于原计划用途，而是被纳入政府的一般项开支，当然从长远来看，这些收入被用于弥补政府的财政赤字，对于公共福利倒是有利的，但是，征税减排的逻辑却是不通的，它事实上并没有用于改善气候变化。因此，政府征税的政策动机，其伦理学伦理基础往往值得怀疑。Jeremy Carl 和 David Fedor(2016)报道，2016 年一项关于全球碳税收入和交易的调查发现，目前全球 40 个国家，以及美国、加拿大的 16 个州(省)的碳收益 27%用于补贴"绿色支出"，如提高能源效率或可再生能源；26%被直接纳入一般性政府支出；36%用于平衡"收入中性"政策，直接返还给企业或个人。其中，碳交易收入则主要用于"专项支出"，占总额的 70%，而碳税收入则主要(72%)用于弥补一般性的政府财政用途。这是不够正义的。

当然，以上我们讨论的都是假定碳税征收的情景，事实上还有另一种观点认为，碳税的征收从长远来看并不会真正使大气温度有实质性改变(Klimenko et al, 1999)，制定碳税用于增加碳汇、推动技术进步才是正义。例如，如果不考虑森林面积指标和技术进步指标，碳税只能带来短期效益。

目前，从中国的现实情况来看，有的国际组织预测 2020 年中国碳排放量将达到世界总量的 1/3，因此，中国能否体现大国责任与担当，直接取决于我们的减排力度。2015年与 2016 年是中国自 1997 年以来能源消费增速最缓慢的两年。 2016 年，中国能源消费仅增长了 1.3%，中国的 CO_2 排放量连续两年下降，降幅为 0.7%。能源结构在持续调整下，中国超过美国成为全球最大的可再生能源生产国与消费国[①]。这些现象表明，中国在全球碳减排中担当了相当一部分责任。另外，还有观察表明，当前，北半球温带地区的森林覆盖率有了显著增加，其中，中国对其的贡献功不可没。积极应对气候变化成为中国政府的政策，但是选择何种途径确实步履维艰。尽管中国近年已经在全国 7 个城市试点推行碳税政策，积极发展清洁能源工业及相关产业政策，但是，如何推广碳税政策，并且确保应时气候变化与宏观经济发展目标相协调，是中国政府面临的大问题。可惜，从相应的国家项目设计来看，中国学者对这个问题的认识尚不足。

---

① 资料来源：2016《BP 世界能源统计年鉴》。

第2章 全球气候治理概述

2.1 气候变化问题是全球性公共问题

第 1 章已经明确指出，应对气候变化需要治理，气候变化是公共问题，治理全球性公共问题具有三大特征：全球利益公共性、超越国界的外部效应、国际合作的政治性。气候变化问题是一个在全球高度相互依赖的环境中出现的典型全球性公共问题，它具有长时间尺度和大空间尺度的特点，在不同程度上影响了全球所有国家(地区)，不管这些国家(地区)的发展程度如何(庄贵阳等，2009；IPCC，2014a；邹骥等，2015)。

首先，气候变化问题具有全球性特征。IPCC(2014)指出，气候变化问题将给全球生态圈带来严重威胁，全球温度上升速度越来越快，生态问题和极端气候事件频发。1901~2010 年，全球海平面上升了 0.19m，且上升速度还在不断加快；极端暖事件增多，极端冷事件减少；高温热浪发生频率更高，时间更长；陆地上的强降水事件增加；欧洲南部和非洲西部的干旱强度变得更强、更持久(Menzel and Estrella，2001；Bairlein and Winkel，2001；Walther，2010；WWF，2015)。气候变化给全球生态环境带来危害的同时，也会给全球社会经济的发展带来负面冲击(Stern，2007)。Marshall 等(2015)的研究表明，如果全球气候变化的趋势不改变，气候变化造成的经济损失将远远超出人们的预期。到 2100 年，全球经济损失显著，77%的国家会更加贫困。与没有气候变化的世界相比，全球人均 GDP 将减少 23%，而中国受气候变化的影响更大，超过了这一平均水平。总体来看，以上这些问题均有明显的全球规模，全球环境的整体性使这些问题紧密联系在一起，没有一个国家能够置身事外而不受影响。因此，世界各国应各尽所能，开展气候治理的国际合作，实现互惠共赢(杨晨曦，2013)。

其次，全球升温的本质是温室气体排放成本外部化，温室气体排放者为了追求自身利益最大化，在生产和消费过程中并未考虑全社会因温室气体排放所带来的危害而增加的成本，即气候变化问题的负外部性(Held et al.，2011)。气候变化的负外部性效应存在空间上的不均衡性，具有明显的区域性特点，气候变暖可能给一些地区带来发展机遇，却给另外一些地区带来灭顶之灾。全球气候变化主要源于发达国家温室气体的历史排放，然而其带来的危害却需要全球共同承担(庄贵阳等，2009)。发达国家，由于其具有较强的经济技术力量，面对全球气候变化时往往具有更好的适应能力，而排放较少的贫困国家却十分脆弱，更易受到来自全球升温的危害，难以应付气候变暖带来的负面冲击。因此，全球气候治理过程应遵循共同但有区别的责任原则、公平原则和各自能力原则，允许各国寻找最适合本国国情的治理方案。另外，气候变化问题存在时间上的不均衡性。气候变化问题具有长时间尺度的特点，其造成的后果具有时间上的滞后性。全球升温的影响不会在当代完全表现出来，多数危害是在几十年甚至上百年后才会发生(邹骥等，2015)。这就意味着当代人对资源环境造成的危害，可能需要后人为其"买单"(Posner and Weisbach，2011)。因此，气候变化问题的治理必然依赖跨国的全球性合作，并且以长时间尺度上的人类福利最大化为目标，创造共同发展的未来。

最后，气候变化的全球性使该问题具备政治性。为了延缓气候变化，必须限制温室气体的排放，排放权的分配便成为一个事关各国(国家集团)切身利益的政治问题，但温室气体排放权的界定又涉及历史排放和现实排放的纠结，并与各国的发展利益密切相关，因此，排放权的分配将是基于各国现实状况和未来发展利益的博弈结果(肖巍和钱箭星，2012)。主权国家是国际事务中的核心行动体，气候变化问题的政治性决定了在气候治理中需要开展国与国之间的合作，因此必须通过某种政治性的制度措施来解决气候变化的相关问题，如国际谈判，它是各国争取经济利益、表达政治意愿的博弈平台(曾莉，2011)。《联合国气候变化框架公约》("united nations framework convention on climate change，UNFCCC")(简称《公约》)是当前全球应对气候变化的主要谈判平台，它明确了全球气候治理的原则，增强了各方共同应对气候变化的互信基础，是全球气候治理的核心(张晓华和祁悦，2014)。

综上所述，"气候变化是人类面临的最为复杂的挑战之一。没有哪个国家能够独善其身，也没有哪个国家能够独立应对"(世界银行，2010)。单一国家(地区)不可能有能力解决全球升温的问题，也没有持续的动力来解决。因此，全球升温及国际碳排放问题的解决需要所有国家各尽所能，提出适合本国国情的"自主贡献"目标。另外，各国应在遵循公平性原则的前提下，开展有效的多边联合行动，其中，发达国家鉴于其历史责任及目前的发展水平应多担当一些，并给予发展中国家一些资金和技术方面的支持，最终完成公平合理、合作共赢的全球气候治理体系的构建，共同实施气候变化的全球治理。

2.2 全球气候治理的核心要素

气候变化问题的全球公共性决定了控制全球变暖需要所有国家共同努力，而减缓和适应气候变化的复杂影响，对国际碳排放问题的研究与应对，就需要开展全球气候治理。一方面，全球气候治理是全球治理的一个有机组成部分，是在全球治理体系不断演进和发展的过程中建立、完善和运转的，反映了全球治理体系的变迁；另一方面，它是一个新兴的领域，具有广泛性的特点，涉及经济学、社会学、伦理学、自然科学，与国家公共管理系统、商业部门、非政府组织及居民个体都存在联系，因此很难解释和定义它(吴静等，2016)。邹骥等(2015)指出全球气候治理的根本是确立国际多边机制，通过具有国家主权的缔约方共同推动。国际多边协议的建立是全球气候治理的核心和根本，这对于设定全球行动目标、识别应对气候变化的关键问题具有决定性的作用。各缔约方合作机制的明确，为其在国内制定气候治理的相关法律法规和政策措施提供了可能性，并为不断推动应对气候变化的行动与合作奠定了基础。全球气候治理涉及一系列制度、政策和程序，主要包括：通过碳减排来减缓气候变化；通过适应机制减少气候变化的负面影响；

建立应对气候变化的制度机制(Kirton et al.，2010)。这些制度和政策的制定通常围绕全球气候治理的核心要素展开，它们分别是减缓、适应、财政、资金、技术、能力建设，对这核心要素需要简单说明(邹骥等，2015)。

2.2.1　减缓

气候变化对自然和人类社会所带来的影响是在 3 个因素共同作用下形成的：气候变化的危害、自然和人类系统的脆弱性及暴露度。气候变化的危害除去气候系统自身的因素，主要是指人为排放的温室气体增加而造成的气候变化，因此，降低气候变化的危害需要减少碳排放量、增加碳汇的减缓行动。采取减缓措施使大气中温室气体的浓度稳定在一定水平，需要一定的经济成本。从经济学角度来看，减缓碳排放的成本并不高，关键是要明确温控和减排目标，并制定相关的减排政策、措施和手段(潘家华等，2007)。关于减缓的温控目标，相对工业化前温度不超过 2℃已达成全球共识，并且 IPCC(2014a)进一步确立了该温控目标的科学合理性，这为应对气候变化指明了方向，有利于各缔约方提出自身的减排承诺。在气候治理过程中，各国应在自身国情、历史责任、能力和发展需求的基础上，给出实质性的减排承诺和行动。其中，发达国家应量化减排目标，通过自身行动和措施实现其减排承诺，发挥示范作用，而发展中国家在发展模式和能力上与发达国家存在显著的差距，因此，发展中国家在应对气候变化中更需要考虑可持续发展等目标，采取适当的减缓行动(Northcott，2007；Held et al.，2011)。

2.2.2　适应

相对于气候变化的危害，脆弱性和暴露度是指自然与人类系统面对气候变化时的不利因素，其中，脆弱性是指受到不利影响的倾向和趋势，暴露度是指人类、物种、生态系统、基础设施或经济社会资产出现在严重影响地区的程度。为降低这两个因素所带来的气候风险，就需要开展大范围的气候变化适应行动。随着气候变化全球治理进程不断推进，"适应"在应对气候变化行动中，已经获得了与"减缓"同等的重要性(孙傅和何霄嘉，2014)，并且《公约》已向缔约方提出了采取气候变化适应行动的具体要求，并要求发达国家缔约方对发展中国家缔约方的气候变化适应行动提供支持。开展气候变化的适应行动，主要包括提供与适应相关的技术培训，将适应纳入国家政策和可持续发挥规划，设立气候变化特别基金、适应基金等资金机制，支持发展中国家和最不发达国家的适应行动。2010 年的第 16 次缔约方会议是适应谈判的一个里程碑，会议决定建立坎昆适应框架和适应委员会以加强国际气候变化适应行动，设定新的技术机制，促进技术开发和转让，设立绿色气候基金适应行动提供资金(吴静等，2016)。中国于 2013 年发布了《国家适应气候变化战略》，并在省级层面上开展示范项目和试点工程，逐步建立全国范围的气候变化适应政策与措施[①]。

---

① http：//www.gov.cn/jrzg/2013-11/19/content_2529955.htm.

2.2.3　财政

财政政策是政府进行资源配置、宏观调控的有力手段，在应对气候变化过程中起到了举足轻重的作用。当前，利用财政政策解决碳排放问题的可行性和有效性已从理论和实践层面得到了证实，通过财政政策缓解环境与发展之间的矛盾，在保障经济增长的同时完成碳减排目标是完全可能的(Liu et al.，2005；Treffers et al.，2005；Dagoumas and Barker，2010)。运用财政工具来解决碳排放问题的基本模式是应用各类经济政策手段，借助于市场机制，构建碳减排体系，实现明确的减排目标(杨金林和陈立宏，2010；盛丽颖，2011)。

税收及税收优惠政策、财政补贴及融资支持、财政预算投入、政府绿色采购等财政措施是常用的气候治理工具。英国、德国、美国、日本、澳大利亚、南非等国家相继推出了应对气候变化的税收及税收优惠措施，相关税种主要包括能源税、交通税、污染/资源税等，其中，碳税为较为常见的碳减排财政政策之一。税收优惠措施包括减税、免税、税收返还、加速折旧等，通常针对特定技术或是符合特定标准的工业部门(苏明，2010)。碳减排的财政补贴政策通常包括国家援助和居民节能补贴。技术研发创新、中小企业发展、落后地区发展是国家补贴的援助对象，而居民的节能补贴主要针对建筑节能改造或采购节能产品(田智宇，2008)。通过银行或融资公司，对进行节能投资的企业给予补贴和低息优惠贷款，成立节能公益基金，是较为常见的融资政策。2011 年绿色气候基金的启动标志着国际气候金融迈出了重要一步(朱潜艇等，2013)。碳预算是政府在财政预算中专门拨款，支持应对气候变化活动，即政府根据减排目标安排相应的预算支出，将经济活动全面纳入碳减排体系当中，支持发展低碳经济(潘家华和陈迎，2009)。政府采购对于环境和能源消费具有一定的影响，因此，欧盟、美国、日本等国家(地区)相继推出了政府绿色采购政策，要求采购部门必须优先采购绿色产品、使用再生物品，并出台一系列绿色采购计划，全面推行减排(彭艳梅，2011)。

2.2.4　资金

气候资金问题始于《公约》对发达国家向发展中国家提供资金支持的要求，《公约》规定，发达国家应向发展中国家提供充足的、可预测的履约资金，发展中国家有效履行《公约》义务的程度取决于发达国家的有效转移资金和技术的程度。2015 年的《巴黎协定》明确指出，发达国家应出资帮助发展中国家减缓和适应气候变化，并鼓励其他有经济条件的国家也作出自主贡献。从 2020 年起，富国每年应动用至少 1000 亿美元来支持发展中国家减缓和适应气候变化，并从 2025 年起增加这一金额。

当前，《公约》框架下的机制由四大基金组成：全球环境基金信托基金、气候变化特别基金、最不发达国家基金、适应基金。全球环境基金信托基金主要被用于气候变化的减缓活动，只资助具有全球环境效益的减缓项目。气候变化特别基金的资助范围包括减缓、适应及经济多样化，优先资助经济多样化和能源领域的减缓项目。将最不发达国家基金的资助对象设定为最不发达国家的适应行动，特别是国家级的适应方案。适应基金的资助对象主要是脆弱国家的适应活动(刘倩等，2015；吴静等，2016)。当前，这些资金机制在应对气候变化的减缓、适应行动中发挥了积极的作用，但也存在一系列颇具争议性的问题，如运作机制不完善、效率不高、资金不足、分配不公等问题。

2.2.5　技术

气候技术的创新突破和大规模应用是全球气候治理的重要工作内容。在减缓和适应气候变化的进程中，科学技术的重要作用日益凸显，它能够促进气候目标的实现，并且不会给经济发展带来严重的损害，甚至可能形成新的经济增长点。从减缓全球气候变化的角度来看，减缓技术主要包括减少温室气体排放技术、增加碳汇技术及碳捕获和封存技术(王勤花等，2007)。Pacala 和 Socolow(2004)提出了 5 类气候变化减缓技术：提高能源效率，加强管理；替代化石燃料，碳捕捉和碳封存；核能发电；可再生能源及燃料；森林和农业生态系统的增汇作用。从适应气候变化的角度来讲，适应气候变化的技术是指针对气候变化对不同领域、不同部门所产生的具体影响，人类所采取的有针对性的技术措施，进而减少系统脆弱性和暴露性(李阔等，2016)。刘燕华等(2013)提出了适应气候变化技术的框架雏形，并总结归纳了 11 项应对气候变化的适应技术表达方式，但是现阶段适应气候变化的技术仍然比较分散，层次单一，未形成系统性的适应技术体系。与气候变化资金类似，《公约》对发达国家向发展中国家的技术转移提出了要求。当前，部分应对气候变化的技术可以通过商业途径，实现从发达国家向发展中国家的转让，然而气候技术的转让会面临市场失灵、缺乏盈利能力的问题，这需要政府出台相应的干预措施。另外，面对有盈利能力的技术，发展中国家会面临技术垄断、自身能力无法提高等困难。

2.2.6　能力建设

《公约》对发达国家向发展中国家提供能力建设支持也提出了详细的要求，发展中国家的能力建设应以自身的切实需求为基础，并不断跟踪评估自身的具体能力建设需求。另外，能力建设要注重实践，通过开展示范项目和试点工程等活动不断学习和了解发展中国家需要提升的具体能力。在全球气候治理下，发展中国家开展的能力建设可以包含以下的内容：加强或建立国家气候变化中心，提出国家气候变化方案，构建温室气体清单，评估气候脆弱性和适应性，执行气候变化适应方面的能力建设、开发和转让技术、教育培训等(邹骥等，2015；曾文革和冯帅，2016)。

2.2.7　经济治理

上述关于治理的讨论，主要集中在技术层次，气候变化作为公共问题，它的治理体现公共管理学意义。目前国际上采用的主要方式是征收碳税，推进碳交易，还有坎昆会议确定的碳融资手段。税收也包括碳关税，它在国际经济中正在成为一个棘手问题。

2.3　全球气候治理的主要历程

随着国际社会对环境问题认识的深化和全球行动的推进，一个多层次的气候变化全球治理体系已经形成。世界气象组织(World Meteorological Organization，WMO)和联合国环境规划署(United Nations Environment Programme，UNEP)于 1988 年建立了 IPCC，对全球范围内的有关气候变化及其影响、气候变化减缓和适应措施进行评估。1995 年发布的 IPCC 第二次评估报告，对气候变化的科学问题、气候变化影响及减缓对策进行了进一步阐释，为 1997 年的《京都议定书》谈判做出了贡献(丁一汇，1997)。到目前为止，IPCC 已经发布了五次评估报告，这一系列报告已成为国际社会认识和了解气候变化问题的主要科学依据，对气候变化的国际谈判产生了重要影响(顾高翔，2014)。

在 1992 年的联合国环境与发展大会上，实现可持续发展战略成为全世界的共识，达成了全球可持续发展战略文件《21 世纪议程》和防范全球气候变暖的《公约》。《公约》的最终目的是"将大气中温室气体的浓度稳定在防止气候系统受到危险的人为干扰的水平上"。考虑到各国在经济、能源、环境等条件上的差异，各国家需承担共同但程度不同的减排责任，《公约》将缔约国分为附件一国家和非附件一国家。附件一国家成员由发达国家组成，非附件一国家则由发展中国家组成。尽管《公约》明确了"共同但有区别的责任"原则，但它只是一般性地确立了温室气体的减排目标，没有硬性规定发达国家减排的具体目标。因此，减排责任在政策上无法落实，各国承担减排义务的问题还需要进一步协商。

1997 年第三方缔约大会通过了《京都议定书》，这是国际气候谈判的重要里程碑，不仅在碳减排方面发挥了重要作用，而且开创了气候变化问题上采取全球共同行为的先例。《京都议定书》规定附件一国家(发达国家和经济转型国家)在第一承诺期(2008～2012 年)的温室气体排放量比 1990 年减少 5.2%，而没有为发展中国家规定减排义务。另外，清洁发展机制(clean development mechanism，CDM)、排放贸易(emissions trading，ET)和联合履约(joint implementation，JI)3 个机制被引入《京都议定书》，允许发达国家采用更为灵活的方式实现碳减排。尽管《京都议定书》推动了全球气候变化的进程，但未能解决关键问题，即如何进一步加强《公约》下各国承诺的减排力度。另外，2001 年美国的退出和拒绝签署使得《京都议定书》的生效条件无法达成，直到 2004 年 11 月俄罗斯通过了该条约，才为《京都议定书》的生效扫清了障碍。总体来看，在《京都议定书》谈判阶段，国际合作谈判受阻，国际社会在气候变化问题上的热情遭受打击，应对气候变化的全球合作进程陷入低谷。

进入 21 世纪以后，全球大部分国家对于减缓全球变暖、减少温室气体排放等问题，持有更加务实的态度，关注的重点集中在各国承诺的具体减排目标和国际合作减排方面。各缔约方经过多次谈判协商之后，55 个国家于 2009 年在哥本哈根大会后提出《哥本哈根协议》。由于发达国家与发展中国家在温室气体减排责任、资金支持和监督机制等议题上存在较多分歧，该会议并未取得实质性进展，但《哥本哈根协议》已经基本反映了缔约国的共识。因此，在 2010 年的坎昆会议上，各国家就全球升温 2℃以内的长期目标、"共同但有区别的责任"原则、资金支持目标、技术机制安排等问题顺利达成共识。尽管坎昆会议仍未解决 2012 年后全球温室气体排放这一核心问题，也未指明发达国家每年如何向发展中国家筹集提供 1000 亿美元的"绿色气候基金"，但是，此次会议的举办挽救了《公约》的进程，逐渐提升了发达国家与发展中国家在全球气候治理问题上的互信度。2012 年，"绿色气候基金"在德班会议中正式启动，但是未能提出具体的数额和明确的机制来确保发达国家向发展中国家的基金援助，发达国家对出资的责任分担存在严重分歧和推诿(王勤花，2010)。2015 年 12 月，《公约》第二十一次缔约方大会通过《巴黎协定》，为 2020 年后全球应对气候变化行动做出安排。《巴黎协定》中，各方同意使全球平均气温升幅与前工业化时期相比控制在 2℃ 以内，并争取把温度升幅限定在 1.5℃ 之内；《巴黎协定》规定发达国家继续带头减排，并协助发展中国家，在减缓和适应两方面提供资金资源，将"2020 年后每年提供 1000 亿美元帮助发展中国家应对气候变化"作为底线，提出各方最迟应在 2025 年前提出新的资金资助目标；各方将以"自主贡献"的方式参与全球应对气候变化行动，同时负有"共同但有区别的责任"。巴黎大会取得了实质性的成果，尽管仍有问题需要进一步解决和完善，但它使全球气候治理的进程又往前迈进了一大步，成为全球气候治理的新起点。

整体来看，气候保护中多国合作的手段在温室气体减排中起着至关重要的作用，一系列气候保护和减排协议的签订量化了温室气体减排目标，推进了气候变化全球治理的进程(IPCC，2014b)。但各国对于减排的目标和责任仍然存在较大的分歧，尤其是发达国家和发展中国家之间的责任划分，成为各方争论的焦点(Hedegaard and Kololec，2011)，这些分歧在一定程度上阻碍了气候变化全球治理的进程。实质上，温室气体的减排政策必然会对执行国造成一定的经济影响，而这种经济影响存在一定的不确定性，进而使减排各国对经济损失分摊和经济利益分配的问题更为敏感，这是各国在减排责任上存在诸多分歧的根本原因(顾高翔，2014)。另外，就确定发达国家如何为发展中国家提供减排资金和技术支持，各缔约方也未能达成共识。

如上所述，尽管在气候变化的全球治理中存在诸多难题，但国际合作、谈判仍是应对气候变化的有效手段。因此，本书认为，围绕全球气候治理的核心要素，在全球层面上采取有效的减排措施，开展国际合作，构建应对气候变化的国际合作方案，具有非常重要的指导意义。另外，全球气候治理方案的有效性、可行性评估是构建国际合作方案的基础，这就需要构建气候经济集成评估模型。它可以评估各国在应对气候变化方案中的损失和收益，为各国气候谈判提供依据；也可以寻找更为合理的减排方案，化解各国在应对气候变化问题上的分歧与矛盾。因此，气候经济集成评估模型的构建具有非常重要的现实性和必要性。

2.4　减缓气候变化的治理技术措施

从技术层次上看，应对气候变化的治理措施主要包含两个方面：一是减少温室气体排放的减缓措施；二是应对气候变化带来各种影响的适应措施。在现阶段的气候变化全球治理体系中，减缓碳排放的治理体系已较为成熟和完善，主要措施包括：①碳汇、碳捕捉或碳封存；②能源结构调整；③能源效率提升；④产业结构调整；⑤政策工具的应用，如税收、补贴、碳交易等财税政策(Pacala and Socolow，2004；王勤花等，2007；徐逢桂，2012；IPCC，2014b)。以下进行逐项说明。

(1)碳汇、碳捕捉或碳封存。森林生态系统包含了生物圈中大部分的碳，陆地植被与大气之间碳交换的 90%以上是由森林植被来完成的，森林生态系统的碳汇可以抵消部分温室气体的排放(周广胜，2003；Fang et al.，2007；马晓哲和王铮，2015)。随着气候变化问题研究的不断深入，国际气候谈判也将碳汇列入了温室气体减排协议中。《京都议定书》规定附件一国家从 1990 年以后所进行的造林、再造林活动吸收固定的 CO_2 要并入碳排放总量的计算当中。《哥本哈根协议》明确指出减少砍伐森林带来的碳汇非常重要，需要提高森林碳汇量，并通过 REDD-plus 机制(reducing emissions from deforestation and forest degradation，REDD)促进森林生态系统的碳汇(Ghazoul et al.，2010；Lu et al.，2012)。碳捕获与封存(carbon capture and storage，CCS)是应对气候变化的一项比较可行的技术措施，是指将 CO_2 从排放源中分离出来，输送到一个封存地点，并且长期与大气隔绝的过程。CCS 技术主要包括碳捕获、碳运输、碳封存 3 个部分，其中，碳封存可分为地质封存、海洋封存、化学封存三种方式。相较于提高能源效率和开发新能源，CCS 技术具有巨大的减排潜力(潘一等，2012；杜浩渺，2012)，但是目前的 CCS 技术存在耗能量大、存储空间大等技术问题，对能源价格和成本也会造成很大的影响(Coninck et al.，2009；林伯强等，2010；Liu and Gallagher，2010)。

(2)调整能源结构。相对于煤炭和石油这两种高碳能源，进一步开发清洁能源(核电、水电、太阳能、生物质能源等)，提高替代性能源的使用，降低化石能源的消耗，已成为应对气候变化的能源政策亟待解决的问题。研究表明，通过制定和执行积极的能源政策，调整能源结构，降低化石能源占比，是有效的碳减排政策(朱永彬等，2009；林伯强等，2010；王铮等，2010)。对于中国而言，以煤炭为主的能源消耗结构使中国面临很大的碳减排压力，尤其是中国正处于快速城镇化和工业化阶段，对能源消费的需求量持续增加。因此，改善能源结构成为中国碳减排最理想的途径(刘燕华等，2008；石敏俊和周晟吕，2010；石莹等，2015)。但是，当前中国可再生能源的研究效率低下，可再生能源开发的体制和资金不到位，减缓了可再生能源的推广使用，能源结构优化迟缓；传统能源价格的调整可以起到调整能源结构、减少碳排放的作用，但对经济的持续增长有抑制作用(杭雷鸣，2007；胡宗义等，2008；崔百胜和朱麟，2016)。

(3)提升能源效率。提高能源效率是应对气候变化、保障能源安全的重要途径。国际能源署(intemational energy agenay，IEA)(2010)明确指出，提升能源效率是满足能源需求最便宜、最快捷的方法，并且具有显著的碳减排潜力。技术进步被认为是影响能源效率改进的一个重要因素，它在改善能源效率的同时，进一步减轻经济增长对环境质量的影响(Greene，2010；Turner and Hanley，2010)。另有学者指出，能源行业的研发行为可诱发技术进步，碳排放强度会随着研发投资的增加而降低(吴静等，2012；王铮等，2006)。Buonanno 等(2000)在 RICE 模型中引入了基于研发行为的技术进步机制后，碳排放强度随着研发投资的增加而减小。但是部分学者提出了能源消费的反弹效应，即技术进步在提高能源效率减少能耗的同时，也会促进经济增长，带来进一步的能源需求(Khazzom，1980；曹静和梁慧芳，2013)，这使得技术进步对能源效率的影响变得更为复杂。关于中国能源效率的提高，研究指出，技术进步是中国能源效率提高的决定性因素，然而中国整体的能源技术和能源利用效率与发达国家相比仍有差距，完善提高能源效率的体制机制、发展低碳技术将是中国推动能源技术进步的重要途径(齐志新和陈文颖，2006；李国璋和王双，2008；石敏俊和周晟吕，2010)。

(4)调整产业结构。产业结构直接影响经济的发展模式，高耗能、高污染的粗放型经济增长方式直接导致污染物排放量的增加。因此，产业结构的优化升级有利于环境污染的治理和资源的有效利用，是污染控制和环境保护的有效途径。应对气候变化问题时，通过产业结构调整来降低能源需求，在经济变动幅度最小的情况下达到碳减排的目标，已经被诸多研究和实践证实。刘红光等(2010)对不同行业的碳减排潜力展开研究，研究表明，电力热力行业是减排效果最为明显的行业，采掘、化工、金属冶炼和非金属制造等重工业行业是节能减排的重点行业，在这些行业实施 CDM 项目将带来显著的碳减排效果。朱永彬等(2013)指出，与美国、欧盟等发达国家(地区)相比，当前中国各部门的能源强度明显较高，从长期来看，产业结构调整仍是实现碳减排的主要途径。

(5)应用政策工具。20 世纪 80 年代以前，各国采用的环境政策主要是技术和效率目标的设定，如排放标准、生产技术管制、排放物质的标准等；80 年代末期开始，环境政策更为完善，并取得了实质性的成果，主要环境政策包含征收环境税、补贴制度、排放权交易许可制度等。大体上控制碳排放的经济政策可以分为两类，一类是价格干预导向型的碳税政策，另一类是数量控制导向型的碳排放权交易政策(范允奇，2012)。碳税政策将外部成本内部化，促使经济主体通过成本效益分析减少碳排放量，是公认的行政成本低、减排效果好的一种重要经济手段。目前，已有不少发达国家和地区实施了碳税政策。中国、南非等新兴发展中国家也在积极地探讨碳税等减排政策的影响(曹静，2009；朱永彬等，2010；刘宇等，2015；顾高翔和王铮，2015)。全球气候治理中，碳交易市场已在全球范围内逐步发展起来，目前市场上主要的碳交易体系包括欧盟排放交易体系、芝加哥气候交易所、澳大利亚新南威尔士温室气体减排计划等，其中，欧盟排放交易体系已经发展成为一个与国际金融和能源市场密切联系的碳交易市场，给全球碳交易市场的发展提供了重要的借鉴意义(吴静等，2016)。

第二篇　碳税驱动下的全球气候治理模拟

第 3 章　气候变化治理碳税政策

碳税政策是减缓气候变化的有效措施之一，也是气候治理的主要手段。碳税政策的实施影响广泛，不仅会影响环境状况和经济发展，还会对社会效益和国际竞争力产生影响(刘恒，2014)。目前，已有不少国家和地区实施了碳税政策。丹麦最早开始征收能源消费税，其他的欧洲国家，如荷兰、芬兰、瑞典、挪威、意大利、德国、瑞士和英国也在 20 世纪 90 年代开始陆续征收碳税，或者相关的能源税。美国科罗拉多州的大学城圆石市和加拿大的不列颠哥伦比亚省分别在 2006 年和 2008 年开始实施碳税政策。澳大利亚也在 2012 年开始对其国内的主要污染企业征收 23 美元/tC 的碳税。许多新兴发展中国家也开始尝试实施碳税政策(Helm，2005；苏明等，2009；Elliott et al.，2010；Andersson and Karpestam，2012；Speck，2014；娄峰，2014)。基于以上基础，在国际范围内征收碳税，通过国际碳税政策实现全球治理，正在形成一种可能的政策体系。

3.1　碳税政策的研究进展

碳税的理论基础主要包括外部性理论、庇古税理论。外部性是指经济个体的某些经济活动对其他个体福利产生的影响，而前者并未对后者进行补偿，或者要求前者支付后者的损失。外部性理论最早由经济学家 Marshall 提出，但他只是将企业之间的相互影响界定为外部经济。之后，Pigou 对外部性理论做了进一步的发展，更强调企业活动对外部的影响，不再局限于企业之间的影响。Pigou 还提出了税收矫正思想，即庇古税理论。庇古税用来解决外部性问题，尤其是环境污染等典型的负外部性问题，即在私人边际成本与社会边际成本一致的前提下，将环境污染的治理成本附加到产品或服务的生产成本中，实现私人经济活动的最优化。外部性理论和庇古税理论为后来多个公共管理政策的提出奠定了理论基础，但它们仅在理论层面上为外部性问题的解决指明了方向，并未给出具体的解决方法(王珂，2012；刘恒，2014；于倩，2014)。

碳税是环境税的一种，最初的碳税研究主要出现在环境经济学领域中(范允奇，2012)。Sandmo(1975)提出了第一代环境税理论，并在一般均衡框架下进行了环境税税率的研究，揭示了最优环境税与庇古税之间的差异，但是该理论仍未能指导碳税政策的实践。随着环境税研究的不断深入，Pearce(1991)提出了"双重红利"效用，第一重红利是指环境税的实施可达到控制环境污染的目的，第二重红利是指环境税的征收可用来改善就业和投资环境，提高社会整体福利水平。自此，学术界开始进行关于"双重红利"的研究，"双重红利"的思想也被视为第二代环境税理论(Goulder，1995；Bovenberg，1999)。目前，学术界对于"双重红利"理论仍然存在争议，有学者指出"双重红利"的存在是有条件的，在双重红利的税收交互效用大于收入循环效应时，第二重红利是不存在的(Mooij and van den Bergh，1999)。总体来看，第二代环境税理论为环境税由理论向实践推进打下了基础，增强了推出环境税的可能性。值得注意的是，该阶段中碳税政策的研究仍然处于环境税研究之下，并未引起学术界的重视。

近年来，随着国际社会对气候变化问题的重视，全球气候治理被提上国际日程，碳税政策开始进入人们的视野，碳税研究进入了一个全新的阶段。首先，各学者对最优碳税的研究进一步深入，开始尝试在经济增长框架下研究最优税率的动态调整等问题。Fullerton 和 Kim(2008)在考虑研发投资、经济增长的前提下，估算了社会福利最大化时美国的最优碳税税率。曹静(2009)研究指出，中国碳税税率的区间应为 50～200 元/t。张博和徐承红(2013)探讨了开征碳税的条件和最优的动态碳税调整路径，研究表明，最优碳税应满足社会"霍特林规则"，且开征碳税越早，其效力越强。张金灿和仲伟周(2015)针对中国最优碳税税率的确定问题，构建了完全信息静态博弈模型，并探讨了碳税最优税率的影响因素。研究结果认为，碳排放企业和减排产品企业的结构决定了最优税率的大小，当两类企业所在的市场接近完全竞争市场的时候，碳税最优税率等于每单位碳排放所造成的边际社会损失。其次，碳税返还机制及碳税收入的使用也获得了学者较多的关注。徐逢桂(2012)针对碳税财政支付转移政策对台湾宏观经济的影响展开模拟，研究表明，将碳税用来抵扣货物税和补贴个人所得税及农业部门是最佳的碳税财政转移支付政策。胡宗义等(2011)展开了不同税收返还机制下碳税征收的一般均衡分析，模拟结果表明，相较于将碳税收入用于一般财政收入，将碳税收入用于降低其他税收时宏观经济的受损程度降低；从经济发展和减排的角度来看，碳税收入补贴至企业消费是最优的返还方式。

当前，国内外对碳税的研究在理论层面和实践层面均取得了明显的进步，碳税政策的应用性研究增多，具有显著的现实指导意义。在碳减排的影响研究方面，魏涛远和格罗姆斯洛德(2002)指出，碳税政策实施将导致碳排放显著下降。Floros 和 Vlachou(2005)指出，较高的碳税税率对希腊碳排放的削弱作用显著。Bor 和 Huang(2010)模拟了台湾省引入能源税的情景，模拟结果表明，碳税政策下台湾省的能源消耗和碳排放均有不同程度的减少。Elliott 等(2010)的研究表明，在国际贸易背景下，针对《京都议定书》附件一国家征收 105 美元/tC 碳税时，2020 年全球碳排放将下降 15%。朱永彬等(2010)的研究指出，征收碳税对控制碳排放具有一定的积极作用，且生产性碳税减排效果优于消费性碳税。Di Cosmo 和 Hyland(2013)评估了爱尔兰地区两种碳税政策对能源需求和碳排放的影响，证实了碳税政策在碳减排方面的有效性。

在碳税政策对社会经济发展的影响方面，高鹏飞和陈文颖(2002)分析了碳税政策对中国宏观经济的影响。该研究指出，碳税的征收对经济发展的负面影响显著，GDP损失较大，并指出 50 美元/tC 的税率减排效果最佳。王金南等(2009)模拟了碳税征收对中国宏观经济和碳排放的影响。低税率的碳税方案对中国经济发展的影响有限，且对碳排放具有显著的削弱作用，征收碳税是应对气候变化和减缓碳排放的有效工具。朱永彬等(2010)指出，碳税的征收增加了社会总产出，进口需求增多主要用于满足投资需求，出口量下滑，我国国际贸易条件恶化。另外，在高税率情景下，通过碳税实现碳减排具有实际可行性。刘洁和李文(2011)对中国实行碳税政策及对宏观经济的影响展开研究，结果表明，碳税对中国经济发展带来了负面冲击。丛晓男(2012)模拟了碳税与碳关税政策，发现在碳减排量相同的前提下，从经济影响上来看，各国主动征收碳税优于碳关税。Coxhead 等(2013)指出，碳税对经济的影响是普遍的，交通运输业和其他能源密集型行业受碳税政策的冲击较大，行业成本上升导致产品销售量下降，最终带来失业率增加。

另有学者从行业角度研究了征收碳税对行业发展、产业优化的影响(胡正海，2010；周晟吕等，2012；关高峰和董千里，2014；张晓娣和刘学悦，2015)。刘强等(2006)对在电力部门征收碳税的影响展开了研究。研究表明，在碳税和能源税分别达到 25 美元/tC 和 0.5 美元/MBtu 时，一方面电力部门技术构成得到了显著提高，另一方面电力价格上涨，全社会的电力需求下滑，电力部门的温室气体排放量明显减少。刘恒(2014)研究了碳税政策对中国民航业的影响，随着碳税税率的提高，民航业总产出呈现大幅下降的趋势，各行业最优碳税税率位于 110～170 元/t 的区间。傅京燕和冯会芳(2015)基于分行业面板数据，研究了征收 60 元/t 碳税对中国制造业发展的影响。模拟数据显示，征收碳税有利于提高制造业总体的经济增长水平，有利于降低生产过程对能源要素的需求。其中，低碳行业对能源的需求受碳税政策影响较小，高碳行业的能源需求量在碳税政策实施后有所减少。

在受碳全球气候治理的减排机制上，征税得到多数主流经济学家的青睐，认为碳税是一项较为简单、可行的减缓措施，这是因为碳税的税源变动性小，课税对象明确且种类较少，碳税政策的确立和出台相对容易(Goulder，1992；Nordhaus，1977；谢富胜等，2014)。Nordhaus 和 Yang(1996)对全球合作与非合作情景中征收碳税的影响展开评估。模拟发现，合作情景中全球碳排放得到了有效控制，但是全球合作会给高收入国家带来一定的损失。唐钦能(2014)指出，当全球所有区域实施统一碳税政策时，发展中国家，特别是金砖国家的 GDP 受到了较大幅度的损失，特别是中国。另外，印度、中国、俄罗斯等发展中国家的进口额下跌，这与国内生产减少，相应地对能源矿产品、化工品等的需求减少有关。顾高翔和王铮等(2015)研究了全球性碳税对全球各区域经济发展和碳排放的影响。研究结果表明，发展中国家的碳排放量在征收碳税后明显减少，但其经济发展下滑，而征收碳税对发达国家的影响较小。总体来看，当前在全球层面上开展国际碳税政策的研究还相对较少。

综上所述，碳税政策在理论和应用层面上的研究已较为成熟，取得了较大的进展，研究内容涉及最优税率的设定、碳税收入的返还和使用方式、碳税对宏观经济和行业发展的影响、实施碳税政策的减排效果等。但目前的多数研究对碳税政策的设定较为简单，只是模拟和评估了单纯地实施碳税政策对宏观经济和碳排放的影响，并未考虑复合型的协同减排方案，未能将碳税政策与其他减缓气候变化的措施相结合。事实上，多数研究表明，碳税政策的实施会对经济发展造成一定的负面影响，这就需要借助其他措施来削弱经济发展遭受的负面影响。因此，构建碳税与其他措施的协同减排方案具有重要的研究意义。另外，碳税政策的国际化趋势日益凸显，国际性碳税政策的研究需要进一步加强。为此，我们需要透视税收政策的发展及其在各国的变化。

3.1.1　碳税政策的发展

　　碳税是环境税的一种,其税收对象是生产和消费环节中化石燃料消费产生的 CO_2,目的是通过征收碳税,提高能源消耗的成本,进而减少能耗量和碳排放量,最终减缓全球变化。当前,碳税已被多个国家用作碳减排的环境政策。20 世纪 90 年代初期,北欧国家相继推出了一系列碳税等环境税税制改革,其主要目的是通过征收碳税等环境税的方式减少污染物的排放,同时减少对劳动征收的税费。芬兰、瑞典、挪威、丹麦和荷兰是最早推出碳税的 5 个国家。20 世纪 90 年代中后期,意大利、英国和德国等多个欧洲国家也开始尝试征收碳税等环境税,它们通过在已有税收中引入碳排放的因素形成潜在的碳税,在全国范围内推行。另外一些国家的碳税制度还处于尝试阶段,只在部分地区推行碳税政策,如美国科罗拉多州的大学城圆石市和加拿大的不列颠哥伦比亚省。经过多年碳税政策的实施,征税国家,尤其是欧洲国家,它们的 GDP 中碳税所占比重不断提高,从瑞典、芬兰和丹麦看,碳税占 GDP 的比重为 0.4%~0.7%(汪曾涛,2009)。随着碳税政策的实施,在征税国碳排放规模得到控制的同时,经济增长和就业受到碳税政策的冲击程度大幅下降,劳动要素的税负也进一步降低,有利于收入分配结构的合理构建。

　　当前,碳税政策出现不同的分类。根据实施目的,可以将碳税分为基于激励目的的碳税和基于收入筹资目的的碳税。激励目的的碳税重点在于,通过提高碳排放的成本抑制化石能源的消耗,减少碳排放;基于收入筹资目的的碳税政策以提升能源使用效率为出发点,更关注税收收入。根据征税标准,可以将碳税分为差别碳税和统一碳税,其中,差别碳税主要体现在地域或行业碳税税率的不对称性;统一碳税与差别碳税相反,不同行业或地区征收统一的碳税。根据调节对象,可以将碳税分为单方国家税、经协调的国家税和国际税,其中,单方国家税的实施范围为本国;经协调的国家税是以单方国家税为基础,将本国的碳税政策与国际上的碳税政策进行协调;国际碳税政策由国际组织统一制定和组织协调,在世界范围内征收碳税的政策,目前,该种碳税政策还停留在理论和初步尝试阶段(刘恒,2014)。就目前来看,随着国际社会对气候变化全球治理进程的日益加深,碳税政策的实施已经成为全世界的问题,碳税政策的国际化进程不可逆转。

3.1.2　碳税政策的对比分析

　　总体来看,欧洲国家的碳税政策存在一些共同特征。首先,欧洲国家的碳税是在已有环境税的基础上,根据碳排放量对环境税进行相应的提高;其次,通过将碳税收入用于减轻个人所得税、社会保障税,来减少劳动要素的成本;再次,碳税收入再返还至企业中,作为提高能源效率的研发投入,降低企业资本要素税收压力;最后,税收优惠政策存在行业间的非对称性,或在居民与企业间存在差异(范允奇,2012)。

　　尽管碳税政策存在以上一些共性,但区域之间存在国情差异,碳税制度的建立和完善需要根据实际情况在经济和政治利益中寻找平衡点,这就使得碳税政策在不同国家和地区的实践过程中存在较大的差异。表 3.1 说明了芬兰、挪威、瑞典、丹麦 4 个典型国家的碳税政策,可以看出,各国碳税政策的差异主要存在于征税对象和范围、碳税税率的设定、税收使用方式和税收优惠 4 个方面(刘亦文,2013),以下将从这 4 个方面展开碳税政策的对比分析。

表 3.1 典型国家的碳税政策

国家	开征年份	课税对象	税率	税收使用方式	税收优惠
芬兰	1990	煤、柴油、电力、无铅汽油、轻重燃油、天然气及其他能源产品	1990 年,1.7 美元/t CO_2;2003 年,26.2 美元/t CO_2;2008 年,29.2 美元/t CO_2;	补偿一般性财政预算	生物质燃料油全球豁免,对农业和碳汇工程的税收返还、对能源密集型企业的税收返还
挪威	1991	柴油、无铅汽油、轻重燃油等	1991 年,汽油(52 美元/t CO_2),平均(21 美元/t CO_2)	减少劳动要素税负	出口油品、挪威外海使用矿物质燃料、国际运输用燃料减免
瑞典	1991	对电力产品征收单独的能源消费税,对电力用途之外的化石能源征税	156.2 美元/t CO_2	减少劳动要素税负	对于工业企业税收优惠
丹麦	1992	汽油、天然气和生物燃料燃烧以外的所有 CO_2 排放	1995 年,14.3 美元/t CO_2,工业部门的实际税率相当于私人家庭税率的35%;1996 年,17.6 美元/t CO_2	一部分作为工业企业的节能项目补贴,减少劳动要素税负	签订自愿减排协议的高耗能企业按优惠税率纳税

资料来源:汪曾涛,2009;苏明等,2009;范允奇,2012;刘亦文,2013;刘恒,2014

1. 征税对象和范围

通常情况下,碳税的征税对象为 CO_2 排放量,但是某些国家的征税对象却略有不同,如英国对燃料的热值征税,其中电力 0.63 美元/(kW·h),煤炭 0.22 美元/(kW·h),天然气 0.22 美元/(kW·h);印度对煤炭产量征收每吨煤 1.07 美元的碳税;美国科罗拉多城则针对电力消费量征税,且税率在居民和行业间有所差异;挪威政府针对石油煤炭产品征税,对天然气免征;而意大利只对矿物油、部分煤炭和天然沥青征收碳税。碳税政策也会存在行业间的不对称性,如瑞典对发电企业单独征收能源税,对发电用途之外的化石能源征收碳税。随着碳税政策实施,各国的征税对象和范围会随时间变动。芬兰的征税对象经历了 3 个阶段的变化:第一阶段针对能源产品中的碳含量征税;第二阶段对能源产品的含碳量和能量密度征税;第三阶段对化石能源消费带来的碳排放征税(刘恒,2014)。

2. 碳税税率的设定

由表 3.1 可以看出,4 个典型国家的税率差异显著。一般情况下,各国针对 CO_2 排放量征收碳税,芬兰在 1990 年对每吨 CO_2 征收 1.7 美元的碳税,之后碳税税率大幅上调,至 2008 年碳税税率达到 29.2 美元/t CO_2;瑞典的碳税税率则为 156.2 美元/t CO_2;挪威在 1991 年开始征收 21 美元/t CO_2 的碳税税率,但是汽油碳税税率高达 52 美元/t CO_2;丹麦的碳税税率为 17.6 美元/t CO_2,并且工业部门的实际税率要远远小于居民的税率;2012 年加拿大不列颠哥伦比亚省对每吨 CO_2 征收 21.3 美元的碳税。税率的设定需要在经济利益和碳减排目标之间做出权衡,这是各国税率差异较大的原因之一。另外，各国已有的减排政策、环境税等也会对碳税税率的设定带来较大的影响。

3. 税收使用方式

范允奇(2012)指出欧洲主要国家将碳税收入用来补偿一般性预算或用来减少劳动要素的税负。汪曾涛(2009)将碳税收入的使用方式总结为四种：①依据税收中性原则，碳税收入被用来减少其他扭曲性税收，如荷兰用部分能源税收入来减少其他税收；②专项专用，将碳税收入用于环境基金、环境工程等；③将碳税收入作为补贴，补偿给能源密集型企业或低收入人群，如加拿大不列颠哥伦比亚省将碳税的部分收入补贴给企业所得税和低收入者的个人所得税；④作为一般性财政收入，如荷兰。

4. 税收优惠

碳税政策的实施必将对行业竞争力产生影响，尤其是能源密集型企业，因此，碳税政策的实施需要存在行业差异性。芬兰对部分高耗能产业推出返还制度，返还比例高达85%，降低碳税政策对该类型企业的冲击。瑞典政府为了保护本国企业的竞争力，对电力企业全额免税，对高耗能企业有额外的税收优惠，同时，分阶段减免工业企业50%和25%的碳税。综合考虑减排政策，荷兰政府规定，已经纳入欧盟碳排放交易体系的大企业和征税前期的中型企业不用缴纳能源调整税。挪威对不同产业不同地区制定不同的税收减免政策，如造纸、冶金和渔业等行业享受较大幅度的税收减免，以此保护挪威优势产业的国际竞争力(刘恒，2014)。

综上所述，碳税政策是全球气候治理的有效手段，碳税政策的制定需要从征税对象和范围、碳税税率的设定、税收使用方式、税收优惠等多个方面进行考虑。整体来看，首先，碳税的征税对象明确，且种类较少，可操作性强，易于构建气候治理的国际碳税方案；其次，应对气候变化的碳税方案可以通过碳税税率的地域差别化、征收对象的不对称性体现"公平但有区别的责任"原则；最后，可以通过碳税收入的不同使用方式与其他气候治理政策整合与协调，构建完善的全球气候治理方案，体现出全球气候治理中的减缓、财政、资金等核心要素。因此，本书将开展气候治理中碳税方案的模拟与评估，这将对国际碳税政策的推进与实施提供政策支持，具有重要的研究价值。

3.2 气候变化经济学模型与治理

3.2.1 CGE 模型研究

应对气候变化的全球治理需要考量减排方案实施下宏观经济、产业发展、社会福利的变化情况，以及碳减排的成本等问题，尤其是碳税等财政方案的评估，需要全面考虑政策实施的影响，因此，气候治理政策的模拟与评估需要构建细化到部门层面，且包含区域宏观经济体系的全球多区域模型。全球气候治理的对象包括私人消费者、政府、国家集团等，因此，气候治理平台的构建应涉及国民经济体系不同层面的多个经济体，并考虑这些经济体之间的相互影响。另外，避免经济危机等突发事件，确保经济体系的均衡发展是判断气候治理方案有效性的重要标准，因此，全球气候治理应以国民经济体系的一般均衡发展为基础。基于以上描述，可计算一般均衡(computable general equilibrium, CGE)模型能够满足上述要求，因此，本小节介绍 CGE 模型的研究进展。

一般均衡理论最早由法国经济学家 Walras 提出，他认为当经济达到均衡状态时，所有产品和生产要素的价格都有一个确定的均衡值，整个经济系统的产出和供给也会处于均衡状态。一般均衡理论提出后，多位学者针对均衡的存在性、唯一性、最优性和稳定性进行了研究，精炼了 Walras 的一般均衡模型理论。Arrow 和 Debreu(1954)使用数学方法证明了一般均衡理论的存在性，最终提出了一个完整的一般均衡理论体系。该理论体系体现了经济变量之间的相互关联和影响，并包含了收入效应和替代效用。

从 20 世纪 60 年代起，一般均衡理论开始向应用方向发展，CGE 模型成为常用的定量分析工具。第一个 CGE 模型由 Johansen 提出，他通过一组非线性方程模拟了政策变化对一般均衡的影响(Bjerkholt，2009)。之后 CGE 模型的体系得到了进一步的丰富和改进，理论框架不断完善。1989 年 Robinson 将 CGE 模型的研究分成四类：一是以新古典理论为基础的新古典模型；二是在新古典理论模型的基础上扩展替代弹性等参数构建的弹性结构模型；三是微观结构模型，这类模型对要素流动、价格刚性等进行了设定；四是宏观结构模型，主要来研究投资、进出口等宏观经济现象(吴福象和朱蕾，2014)。模型的动态化是当前 CGE 模型建模技术的主要发展方向，一般通过引入跨期函数、技术进步或者资本存量动态调整的方法实现模型的动态化。

随着 CGE 模型建模技术的不断改进和发展，CGE 模型在宏观经济、国际贸易、财政税收、收入分配、就业问题、税制改革等领域中得到了广泛的应用(李坤望和张伯伟，1999；李善同和何建武，2007；Radulescu and Stimmelmayr，2010；鲁元平和马成，2013；许梦博等，2016)。CGE 模型在环境方面的应用也较为深入，其研究内容集中在全球温室气体减排、环境经济与贸易方面。Dufournaud 等(1988)最先在 CGE 模型中添加污染物排放和治理行为，构建了环境 CGE 模型。Bergman(1991)用环境 CGE 模型对空气污染治理政策的有效性进行了评估。之后，环境 CGE 模型被广泛应用于碳减排、污染调控、节能、水资源问题等政策分析研究中。Goulder(1992)、Farmer 和 Steininger(1999)分别对美国、澳大利亚的碳减排政策的影响做了模拟及分析。郑玉歆和樊太明(1999)、贺菊煌等(2002)、魏涛远和格罗姆斯洛德(2002)、王灿(2003)等学者分别利用 CGE 模型评估了征收碳税对中国经济发展的影响。黄英娜等(2005)分析了中国实施能源环境税政策的可行性。Peterson 和 Lee(2009)将国内贸易及运输成本引入到 GTAP-E 模型中，分析了能源税对气候变化的影响。胡宗义和刘亦文(2010)基于动态 CGE 模型，分析了低碳经济政策对中国经济发展的影响。李娜等(2010)则利用动态 CGE 模型，对低碳经济下的中国区域发展格局的演进展开了研究。Oladosu(2012)以 GTAP-E 模型为基础，评估美国生物燃料政策对能源消费碳排放的影响。刘宇和胡晓虹(2016)基于环境 CGE 模型，模拟分析了提高火电行业标准对中国经济和污染排放的影响。

在模型构建方面，与环境和气候变化相关的 CGE 模型主要包括 SGM 模型(Edmonds et al.，1994)、GREEN 模型(OECD，1994，1997)、AIM 模型(Masui et al.，2003)、Linkage

模型(van der Mensbrugghe，2005)、SGM 模型(Fawcett and Sands，2005)、G-Cubed 模型(McKibbin and Wilcoxe，1998)、GTAP-E 模型(Nijkamp et al.，2005)等。

综上所述，CGE 模型能够全面刻画国民经济体系中经济主体的行为及生产部门的相互影响，在政策模拟方面得到广泛应用，特别是环境 CGE 模型，它是环境政策模拟与评估的有力工具，但是当前的研究往往关注对某个特定区域、特定政策的影响，缺少全球视角上气候治理方案的模拟与评估。另外，以上研究中的 CGE 模型多是纯经济模型，没有考虑经济发展与环境之间的相互影响，无法在气候和经济两个方面完成全球气候治理政策的有效性评估，其需要进一步完善和发展。此外，环境 CGE 模型较多关注能源消耗碳排放，缺少对土地利用变化机制进行刻画，未能核算土地利用变化碳排放，其成为碳排放模拟中的缺憾。

3.2.2　IAM 模型研究

气候经济学研究中，CGE 模型可以刻画国民经济各产业部门受到财税政策的影响，但是气候系统和人类社会系统都是复杂多变的巨系统，完整而全面地研究气候变化问题，就需要构建一个气候与经济系统的集成评估模型，以体现经济系统与气候系统之间相互影响的动态机制。集成评估模型(integrated assessment model，IAM)是最为全面的气候变化集成模型，它拥有全面综合的系统结构，考虑多个环境、社会因素的相互影响，刻画了人类社会经济增长、生产、消费、能源使用和 CO_2 排放机制，实现了经济系统与气候系统的耦合，体现了人类活动对气候变化的影响及气候的反馈作用。IAM 模型的以上优点使其非常适用于气候治理方案的模拟与评估，已成为当前全球气候治理方案评估的主流方法，在国际气候谈判和各国应对气候变化政策的制定中发挥了重要作用(刘昌新，2013)。因此，本节主要阐述 IAM 模型的研究进展。

经过长期发展，多个 IAM 模型已经被应用到气候变化的相关研究中，为人类应对气候变化提供了重要的数据支持和政策建议，然而学界对 IAM 模型的定义并不统一，且各有偏重(Schneider，1997；Hope，2005)。Tol 和 Dowlatabadi(2001)认为 IAM 模型是一个多学科交叉模型，将物理学、化学、生态学、经济学和政治学联系在一起。顾高翔(2014)指出，IAM 模型就是结合了气候模型和经济模型，以研究气候问题、评价气候政策为目的的多学科交叉的大规模模型。王铮等(2015)对此做了总结，指出集成评估模型是对客观现实具有物理学特色的分析模型，是具有经济目的的分析模式，是对客观现实有逻辑的估计。

当前，IAM 模型在气候变化研究中发挥了重要的作用，已经得到了广泛的认可。国际上多个研究团队自主开发了 IAM 模型，如美国的麻省理工学院(MIT)、卡内基·梅隆大学(Carnegie-Mellon University)、美国太平洋西北国家实验室(Pacific Northwest National Laboratory)、国际应用系统分析国际研究所(International Institute for Applied Systems Analysis)、日本的亚太集成模型小组(Asian-Pacific Integrated Model Group)、荷兰国家公共卫生与环境研究所(Netherlands National Institute for Public Health and the enrironment)等。早期与气候变化问题相关的 IAM 模型出现于 20 世纪 70 年代，在这些模型中考虑了大气碳浓度和温度的变化,并将它们简化为环境变量(Nordhaus,1977)。随后发展的 IAM 模型对气候系统的处理更为详细,考虑了更多物理机制。另外,随着 IAM 模型的不断完善,土地利用变化及碳排放、非 CO_2 温室气体等因素被添加到 IAM 模型中,如 IMAGE 模型(Bouwman et al.,2006)。当前主要的 IAM 模型见表3.2。

表 3.2　主要的 IAM 模型

模型名称	空间尺度	国家经济水平/部门经济水平	区域间的经济联系	部门间的联系	优化/模拟	温度上升的损失评估	温度对经济系统的反馈
AIM	亚太地区	国家经济水平,考虑能源供需均衡	—	无	模拟	有	无
IMAGE	全球	5 部门	无	无	模拟	有	无
MESSAGE	全球	国家经济水平	无	—	优化	有	无
MARIA	全球	国家经济水平,考虑能源供需均衡	有	无	优化	有	有
MiniCAM	全球	国家经济水平,考虑能源供需均衡及农业供需平衡	无	无	模拟	有	有
RICE	全球	国家经济水平	无	—	优化	有	有
MRICES	全球	国家经济水平	有	—	兼有	有	有
MERGE	全球	国家经济水平	无	—	优化	有	有
WITCH	全球	国家经济水平	无	—	优化	有	有
FUND	全球	部门水平	有	有	模拟	有	无
GREEN	全球	部门水平	有	有	模拟	无	无
G-CUBED	全球	部门水平	有	有	优化	无	无
WIAGEM	全球	部门水平	有	有	模拟	有	无

资料来源:王铮等,2015

依据不同的角度和研究重点可对 IAM 模型进行不同的分类。IPCC 第二次评估报告(1997)根据模型的运行机制将 IAM 模型分为政策优化 IAM 模型和政策评价 IAM 模型。如表 3.2 所示,AIM 模型、IMAGE 模型、MiniCAM 模型、FUND 模型、GREEN 模型、WIAGEM 模型属于政策评价 IAM 模型,其主要功能是评价某一政策情景下的模拟结果。MESSAGE 模型、MARIA 模型、RICE 模型、MERGE 模型、WITCH 模型、G-CUBED 模型属于政策优化 IAM 模型,其功能是找出最优的政策组合。而王铮和张帅（2012）在 RICE 模型的基础上提出的 MRICES 模型,既可以对现有的政策情景作出评估,也可以给出最优的减排方案,成为 RICE 模型的一个重要分支。之后,王铮和张帅（2012）在 MRICES 模型中引入了技术进步内生化机制,以研究全球各区域的研发投资对气候保护的影响(王铮,2012)。

Goodess 等(2003)根据 IAM 模型应用侧重点的不同,将 IAM 分为三类:基于成本效益分析的 IAM 模型(cost-benefit analysis models)(包括 CETA 模型、DICE 模型、RICE 模型、FUND 模型等);基于生物物理影响的 IAM 模型(biophysical-impacts models)(包括 AIM 模型、ESCAPE 模型、IMAGE 模型等);基于政策导向的 IAM 模型(policy guidance

IAM)(包括 ICLIPS 模型)。基于成本效益分析的 IAM 模型主要关注气候变化带来的经济损失，常用于减排协议的评估等。基于生物物理影响的 IAM 模型更为关注生物物理的定量评估，而非经济类的政策评估，该类模型可在较高的空间分辨率上展开气候变化的模拟，但无法建立经济与空间上的联系。政策导向的 IAM 模型，比如 ICLIPS，它将经济损失转化为可容忍窗口(Tolerable Windows)。可容忍窗口由温度的上升量，降水量以及海平面的上升水平表示。该模型利用可容忍窗口计算和选择碳排放路径进而推算气候变化的阈值(刘昌新，2013)。

Yang(2008)基于模型的方法学，将 IAM 模型分为三类：CGE 模型、跨期优化模型、情景模拟模型。美国麻省理工学院(MIT)的 EPPA 模型、美国太平洋西北国家实验室的 SGM 模型是典型的 CGE 模型。它们以社会核算矩阵为数据基础，建立了部门之间及区域之间的经济联系，是评估温室气体减排战略的有效工具。但当前的 CGE 模型通常是静态或递归动态模型，在长时间尺度的模拟上存在局限性。RICE 模型、MERGE 模型属于跨期优化模型，该类模型相较于 CGE 模型具有更好的灵活性，其动态结构也比 CGE 模型更为透明，但是该类模型的经济模块还未细化到部门层面。ICAM 模型、IMAGE 模型属于情景模拟模型，该类模型采用自下而上的模式，不需要求最优解，但是该类模型缺少部门之间的经济联系，也未考虑经济系统的一般均衡。

Bahn 等(2006)从经济模块与气候模块的连接紧密程度将 IAM 模型分为两类，一类是经济、气候及损失模块高度耦合的模型(RICE 模型、DICE 模型、MERGE 模型)。这类模型通常是在长时间尺度里寻找最优的减排方案。另一类模型通常采用高分辨率的通用气候系统，但经济系统与气候系统之间的联系较为简单，经济系统只对温度上升做损失评估，温度上升的影响没有反馈给经济系统，如 IGSM 模型。

整体来看，以上 IAM 模型各有特点，但大部分模型未能将经济系统、气候系统与土地利用变化联系起来，不能刻画农业土地利用变化对全球气候保护的影响，只考虑能源消费导致的碳排放，将会低估大气碳浓度的增长对经济系统、生态系统的影响。

3.2.3 全球气候治理系统

气候经济学的一个发展是全球气候的经济治理政策研究，由此，近年发展起了全球气候治理的政策模拟学科研发。在王铮的指导下，唐钦能(2014)研发了全球共同应对气候变化经济政策评估系统(global response on climate change economic policy assessment system，GerCEPAS)，本书是对这个系统的进一步研究和发展，将其命名为全球气候治理与发展政策模拟系统(governance and development policy simulater on global climate，GOPer-GC)，模型可以被认为是 IAM 模型簇的一个组成，软件可以认为是 GreCEPAS 的第二版。

在全球气候治理进程中，构建一个全球经济与气候集成模型是全球气候治理模拟方法研究的一项重要内容，也是全球气候治理方案评估的基础，具有非常重要的现实意义。由于大部分 IAM 模型在土地利用变化碳排放模拟上存在不足，这些 IAM 模型的模拟结果，特别是在碳排放总量的模拟上存在一定的偏差。鉴于以上不足，本书构建了一个细分到部门层面的多国多部门全球气候经济集成评估模型，该模型主要包括经济模块、土地利用变化模块、简化 GCM 模块 3 个部分，GOPer-GC 在模型组成上如图 3.1 所示。

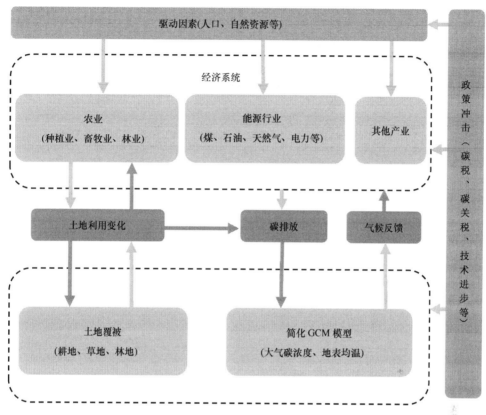

图 3.1　模型总体框架

首先，GOPer-GC 的经济模块继承了唐钦能（2014）前期的研究成果 GreCEPAS 模型，该模型是多区域多部门动态 CGE 模型。之所以用 CGE 模型作为经济系统的核心模型，是考虑到经济发展的一般均衡问题及经济部门间的相互影响。另外，常用的 CGE 模型将土地作为单一要素投入到部门生产活动中，而 GOPer-GC 模型需要考虑经济发展过程中农业部门的土地利用变化情况。GTAP-AEZ 模型是由普渡大学开发的静态 CGE 模型，它将农业土地覆被和土地利用变化纳入了模型体系(Hertel et al.，2008)。因此，本书参考 GTAP-AEZ 模型，对 GOPer-GC 模型中的土地要素做了进一步的分解，将土地要素细化为农业生态区(agricultural ecology zone，AEZ)，并在模型中引入了土地利用变化模块，实现了土地由价值量向实物量的转换，模拟得到了农业土地利用变化的面积量。另外，AEZ-EF 模型(agro-ecological zone emission factor model)是由 Plevin 等(2014)构建，用来估算农业土地利用变化的碳排放。本书在 GOPer-GC 模型中引入了 AEZ-EF 模型，并模拟得到了农业土地利用变化导致的碳排放结果。最后，本书参考 Nordhaus 和 Yang(1996)、吴静等(2016)的研究成果，构建了简化 GCM 模型，包括碳循环和气候反馈两个主要部分，实现了气候系统与经济系统的对接，形成了一个面向治理的 IAM 模型。在这个 IAM 模型中，经济系统将能源消耗碳排放和土地利用变化碳排放的模拟结果传递给碳循环模块，得到全球地表均温的变化结果，然后通过气候反馈模型，将全球升温的影响反馈给经济系统。就此，本书完成了气候经济集成评估模型 GOPer-GC 的构建。

　　碳税政策已被公认为是一种有效的气候变化减缓措施，其国际化的趋势越来越强，正在形成一种可能的全球气候治理政策。因此，在 GOPer-GC 模型的基础上，本书首先构建了无碳税的基准情景，模拟分析了全球各区域宏观经济、产业结构、能源消耗、土地利用变化、碳排放和全球升温的变化情况。然后，在全球气候治理的视角下，以经济发展的一般均衡为前提，模拟评估了碳税政策对全球各区域宏观经济和全球升温的影响。首先，本书构建了碳税与技术进步协同减排的情景 A 系列。考虑到技术进步对经济增长的促进作用，本书在情景 A 系列中比较了将碳税收入作为一般性财政收入和用来提升区域技术水平两种税收使用方式对碳减排的影响。其次，气候治理汇中的农业增汇是减缓气候变化的一项重要措施，本书在碳税政策的基础上构建了农业部门的补贴情景，即情景 B 系列。该情景中，本书将部分碳税收入用于补贴农业部门土地要素投入税，以期通过补贴的方式改变农业土地利用变化格局，达到增汇的目的。由于耕地、草地和林地的碳汇能力不同，本书将部分碳税收入在种植业、畜牧业、林业 3 个部门平均分配，或者部门间的补贴有所差异，通过比较这两种方式的模拟结果，找出更为合理、有效的补贴增汇方式。

第 4 章 经济系统模拟：动态可计算一般均衡模型体系

4.1 概　述

4.1.1 模型的发展

本章主要说明 GOPer-GC 模型的经济模块，这个经济模块被描述为一个动态可计算一般均衡系统，为此我们采用了普渡大学发展的动态 CGE 模型，该模型是对全球贸易分析项目模型(global trade analysis project，GTAP)的扩展。标准 GTAP 模型是由美国普渡大学教授 Hertel 领导的全球贸易分析计划发展出来的，根据新古典经济理论设计的多国多部门可计算一般均衡模型，在全球层面上实现宏观闭合，拥有完善的模型系统和基础数据，其基本假设包括市场完全竞争、生产规模报酬不变，以及国产商品与进口商品的不完全替代等(Hertel and Tsigas，1997)。GTAP 模型首先详细描述国家或区域、私人住户、政府等经济主体的生产、消费、购买等行为，然后通过国际贸易将各区域联系起来，形成一个多区域多部门的一般均衡模型。基于该模型，可以探讨社会经济政策的实施对区域部门生产、进出口、商品价格、要素价格、要素报酬、国内生产总值及社会福利水平变化等的影响。目前，GTAP 模型已成为政策模拟的有效工具，被广泛应用于各领域的政策分析，如国际贸易、气候变化、人口迁移、贫困问题、能源利用等领域。

能源消耗与经济、环境、国际贸易之间存在复杂的关联，与能源相关的碳排放成为气候变化研究的一个重要方面，而气候变化是全球发展面临的共同课题，因此，评估能源的经济、环境效应成为气候变化政策模拟的重要内容，且该研究需要在全球尺度上进行。标准 GATP 模型是全球尺度上的多区域多部门模型，可用于能源政策的模拟评估，但该模型简单地将能源包含在企业生产的中间投入中，缺少对能源消耗和替代关系的详细刻画，也缺少对能源碳排放的模拟，因此，标准 GTAP 模型不能很好地满足能源利用政策的效应评估，于是，Buniaux 和 Truong(2002)将能源替代关系引入到 GTAP 模型中，构建了 GTAP-E 模型。一方面，GTAP-E 模型将能源从中间投入中剥离，并将其并入要素的复合嵌套中，在能源与资本之间建立替代关系，即存在一种技术的可能性，可以使企业多投入资本，而少消耗能源(刘宇等，2015)。另一方面，GTAP-E 模型细化了能源种类，并采用 CES 函数的形式多层嵌套，最终得到复合能源，这样有利于分析政策冲击对能源消费结构的影响。另外，GTAP-E 模型还包含碳税模块，结合 GTAP 数据库的碳排放数据可进行碳税等政策的模拟评估。

因为政策影响往往具有滞后效应，所以政策评估通常需要在较长时间尺度上进行。标准 GTAP 模型和 GTAP-E 模型同属于比较静态模型，只能模拟某一个时间点上政策的实施对社会经济系统带来的影响，无法模拟政策冲击对社会经济系统的长期影响。为了解决比较静态模型的不足，Ianchovichina 和 McDougall(2000)在标准 GTAP 模型中引入了区域间资本的流动机制、投资的适应性预期理论等，开发完成了动态 CGE 模型——GTAP-Dyn 模型。该模型引入了一个虚拟部门——全球银行(或全球基金)，通过该部门实现区域间资本的流动，改变了区域的资产结构和投资方式，实现了多区域多部门模型的动态化。

唐钦能（2014）在标准 GTAP 模型的基础上，借鉴了 GTAP-E 模型的能源嵌套复合关系、GTAP-Dyn 模型的资本动态化方法，构建了多区域多部门动态递推 CGE 模型——GreCEPAS 模型。GOPer-GC 模型的经济模块则是在 GreCEPAS 模型的基础上有所扩展。为了满足农业土地利用变化碳排放的研究需要，本小节在 GOPer-GC 模型中将土地细化为农业生态区，完善了土地的供给和需求机制，并添加了土地利用变化模块，这将在第 3 章中详细阐述，本章主要说明 GOPer-GC 经济模块的体系结构。

4.1.2　模型的总体结构

本章将详细说明 GOPer-GC 经济模块的基本构架、能源替代关系、投资行为等，首先说明整个经济模块的逻辑结构，如图 4.1 所示。从要素供给来看，GreCEPAS 模型包含了土地、自然资源、熟练劳动力、非熟练劳动力和资本 5 种类型的要素禀赋。与 GreCEPAS 模型不同，GOPer-GC 模型将土地要素细分为农业生态区(AEZ)。从要素投入来看，GOPer-GC 模型将能源从中间投入中移除，与资本进行复合嵌套，得到"资本-能源"复合品，然后再与其他要素复合，最终进入到要素禀赋的复合嵌套中，这样能够更为合理地刻画生产活动中能源的使用情况和碳排放状况。除了要素投入，企业的生产活动还需要中间产品的投入，中间投入是基于 Armington 假设由国产商品和进口商品复合得到的。

由图 4.1 可知，企业实现生产活动之后，产出的商品分别供应国内厂商与国外厂商，以满足国内市场和国外市场的消费需求。不管是国内消费还是国外消费，区域的消费需求均由模型中的三类经济主体(图 4.1 中灰色矩形)私人住户、政府和企业的消费需求构成，这三类经济主体对国产商品的需求和进口商品的需求构成了区域的总需求。由于模型在全球范围内实现市场出清，因此，市场出清条件是全球的总供给等于总需求。

不同于一般的 CGE 模型，GOPer-GC 经济模块中引入了区域住户、全球基金(或全球银行)、全球运输 3 个独特的账户，下面概括说明这 3 个账户在模型体系中的行为方式。

1. 区域住户

模型将每一个区域都视为一个单独的账户，我们称之为区域住户。区域住户的收支关系可以从模型的收入与支出关系流中得知(图 4.2)。从支出来看，区域住户通过最大化 Cobb-Douglas 效用函数(C-D 函数)的方式决定总收入用于私人消费支出、政府购买和储蓄的规模。C-D 函数假设当区域住户的总收入发生变化时，总收入在这三种最终需求的

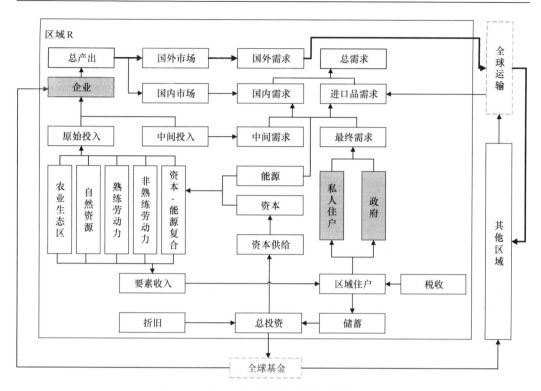

图 4.1　GOPer-GC 模型经济模块的逻辑结构

支出份额保持不变。从收入来看，区域住户的收入主要来自提供要素的收入和各类税收收入，这些收入汇总之后用于区域住户的支出。模型设定区域住户是要素的拥有者，企业消费要素就需要支付给区域住户一定的报酬，即区域住户的要素收入，这也包含了区域住户提供给企业的资本收入。另外，在生产、消费的各个环节都存在征税的可能，各种税收最终汇总到区域住户的账户上，即区域住户的税收收入。

2. 全球基金(或全球银行)

当区域间存在资本流动时，区域住户的资金流动关系就需要进一步扩展，投资方式和资产结构也随之改变。为此，本章在模型中引入 GTAP-Dyn 模型的全球基金账户，一个虚拟的全球部门(图 4.1 中用虚线矩形表示)。如图 4.1 和图 4.2 所示，引入全球基金后，区域住户的资本将不被限定，只在本区域内流动。全球基金一方面接受来自各区域住户的投资，另一方面则将其得到的资本投资于各区域的企业，并取得投资报酬，然后再将投资报酬按照一定的规则分配给区域住户。因此，区域的资本收入由两部分构成，分别是本区域企业的资本收入和持有全球基金的资本收入。

3. 全球运输

除了全球基金，模型还包含了另一个虚拟部门——全球运输(图 4.1 右侧用虚线矩形表示)。全球运输部门用于模型中国际贸易和运输行为的描述，该部门提供国际贸易的运输服务(水运、陆运和空运)，其运输服务来自各区域住户向全球运输部门的出口。模型体系中，运输服务实现全球层面上的均衡，其价值量为商品的离岸价格与到岸价格的价值量之差。

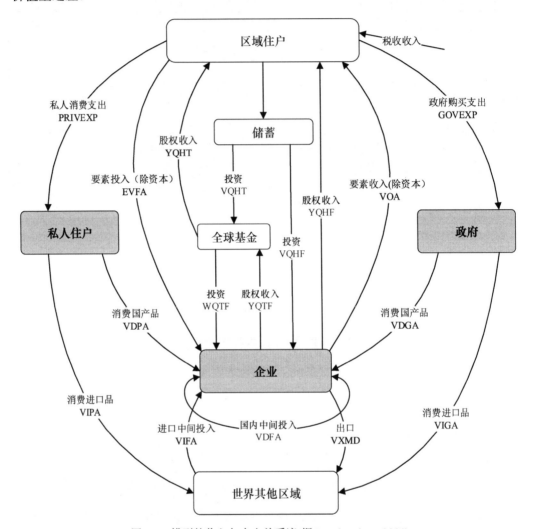

图 4.2　模型的收入与支出关系流(据 Brockmeier，2001)

以上是对整个模型的逻辑框架和账户行为的概括说明，下面先介绍本书模型中参数和变量的命名系统，为下文从收入和支出角度介绍账户关系打好基础。沿袭标准 GTAP 模型的命名方式，模型中的参数一般由 4 个大写字母构成，第一个字母为 E 或 V，分别表示要素价值量或其他商品的价值量；第二个字母为 D 或 I，分别表示国产商品或进口商品；第三个字母为 P 或 G 或 F 或 H 或 T，分别代表私人住户或政府部门或企业或区域住户或全球基金；第四个字母为 A 或 M 或 W，分别表示生产价格或区域市场价格或世界市场价格。此外，O 表示产出，Y 表示收入，Q 表示数量，X 表示出口。用小写字母表示的变量在没有特别说明的情况下为相应参数的百倍变动率。另外，在土地利用模块中，变动率的另一种表达形式是在其对应的参数名前增加前缀" $p\_$ "。

说明了本书中变量的命名规则之后，我们从账户收支的角度说明各个账户间的资金流动关系，如图 4.2 所示。

(1)区域住户向厂商提供非累积性要素(熟练劳动力、非熟练劳动力、农业生态区和自然资源)获得的要素收入为 VOA，持有全球基金的资本股权而获得的收入为 YQHT，持有本区域厂商的股权获得的收入为 YQHF。区域住户将其总收入用于私人消费支出(PRIVEXP)、政府购买(GOVEXP)和储蓄(SAVE)。

(2)私人住户的支出中，VDPA 用于购买国产商品，VIPA 用于购买进口商品。

(3)政府部门的支出中，VDGA 用于购买国产商品，VIGA 用于购买进口商品。

(4)企业厂商的生产活动，首先需要要素投入，包括区域住户提供的非累积性要素投入(EVFA)、全球基金提供的资本投入(WQTF)、本区域住户提供的资本投入(VQHF)；其次是中间品的投入，包括国内中间品的投入(VDFA)、进口中间品的投入(VIFA)。企业投入生产活动之后，产出的商品需要满足私人消费需求、政府消费需求、本区域厂商的中间投入需求和出口需求。销售商品获取利润之后，企业将其分别支付给区域住户VOA、全球基金 YQTF、本区域住户 YQHF、本区域中间投入品 VDFA 和进口中间投入品 VIFA。

接下来对模型进行详细阐述，由于模型采用线性化的形式在通用代数建模软件(general algebraic modelling system，GAMS)中实现，因此，本章同时说明了模型的线性化表达。4.2 节首先分析政府购买行为，4.3 节描述私人住户行为，4.4 节阐述企业的生产行为，4.5 节说明资产累积与投资行为，4.6 节讲述国际贸易，4.7 节说明全球运输，4.8 节分析区域住户的收入和支出行为，4.9 节讲述市场出清条件，4.10 节说明能源与碳排放模型，4.11 节讲述碳税模块。GOPer-GC 模型中土地利用变化和简化 GCM 等模块将在第 5 章中讲述。

4.2　政府购买行为

政府购买行为主要由两部分组成，政府首先依据成本最小化的原则确定其在各类商品中的支出，然后对国产商品和进口商品进行选择。政府行为的数量化表达即为行为方程，下面进行详细说明。

4.2.1　购买不同商品的复合

政府购买的各类产品通过 C-D 函数进行复合，即政府对每种复合产品的消费支出比例固定不变，那么各类产品的替代关系和复合价格为

$$QGOV(r) = A_{QGOV} \prod_i \left(\frac{QG(i,r)}{POP(r)} \right)^{\delta_{QGOV}} \tag{4.1}$$

$$PGOV(r) \times QGOV(r) = \sum_i PG(i,r) \times QG(i,r) \tag{4.2}$$

式中，PGOV(r) 和 QGOV(r) 分别为区域 r 政府消费的价格指数和数量；PG(i,r) 和 QG(i,r)

分别为区域 r 政府消费商品 i 的复合价格与数量；POP(r)为区域人口数量；A_{QGOV} 为规模参数；δ_{QGOV} 为区域 r 政府消费产品 i 的数量份额参数。根据线性化式(4.1)和式(4.2)，则有

$$\mathrm{pgov}(r) = \sum_i \frac{\mathrm{VGA}(i,r)}{\mathrm{GOVEXP}(r)} \times \mathrm{pg}(i,r) \tag{4.3}$$

$$\mathrm{qg}(i,r) - \mathrm{pop}(r) = \mathrm{qgov}(r) - \left[\mathrm{pg}(i,r) - \mathrm{pgov}(r)\right] \tag{4.4}$$

式中，VGA(i,r) 为区域 r 中政府部门消费产品 i 的价值量；GOVEXP(r)为区域 r 政府部门的总消费支出；pgov(r)、qgov(r)、pg(i,r)和qg(i,r)分别为 PGOV(r)、QGOV(r)、PG(i,r)和QG(i,r)的百倍变动率。

4.2.2 购买国产商品与进口商品的复合

政府购买的商品来自国内与国外两部分，由 CES 函数进行复合，则有

$$\mathrm{QG}(i,r) = A_{\mathrm{QG}}\left[\delta_{\mathrm{QGM}}(i,r) \times \mathrm{QGM}(i,r)^{-\rho_{\mathrm{QG}}} + \delta_{\mathrm{QGD}}(i,r) \times \mathrm{QGD}(i,r)^{-\rho_{\mathrm{QG}}}\right]^{-1/\rho_{\mathrm{QG}}} \tag{4.5}$$

$$\mathrm{PG}(i,r) \times \mathrm{QG}(i,r) = \mathrm{PGM}(i,r) \times \mathrm{QGM}(i,r) + \mathrm{PGD}(i,r) \times \mathrm{QGD}(i,r) \tag{4.6}$$

式中，PG(i,r) 和 QG(i,r) 分别为区域 r 政府消费复合商品 i 的价格与数量；PGM(i,r) 和 QGM(i,r) 分别为区域 r 政府消费进口商品 i 的价格与数量；PGD(i,r) 和 QGD(i,r) 分别为区域 r 政府消费国产商品 i 的价格与数量；A_{QG} 为规模参数；$\delta_{\mathrm{QGM}}(i,r)$ 和 $\delta_{\mathrm{QGD}}(i,r)$ 分别为区域 r 政府消费进口商品与国产商品的数量占消费总量的比重；$\rho_{\mathrm{QG}}(i)$ 为替代弹性参数。对式(4.5)和式(4.6)进行线性化，则有

$$\mathrm{qgd}(i,r) = \mathrm{qg}(i,r) + \mathrm{ESUBD}(i) \times \left[\mathrm{pg}(i,r) - \mathrm{pgd}(i,r)\right] \tag{4.7}$$

$$\mathrm{qgm}(i,r) = \mathrm{qg}(i,r) + \mathrm{ESUBD}(i) \times \left[\mathrm{pg}(i,r) - \mathrm{pgm}(i,r)\right] \tag{4.8}$$

$$\mathrm{pg}(i,r) = \mathrm{GMSHR}(i,r) \times \mathrm{pgm}(i,r) + \left[1 - \mathrm{GMSHR}(i,r)\right] \times \mathrm{pgd}(i,r) \tag{4.9}$$

式中，ESUBD(i) 为复合产品 i 在国产商品与进口商品之间的替代弹性；GMSHR(i,r) 为区域 r 政府消费进口商品 i 的价值量占进口商品 i 总消费量的比重；qgd(i,r)、pgd(i,r)、pgm(i,r)分别为 QGD(i,r)、PGD(i,r)、QGM(i,r)、PGM(i,r)的百倍变动率。

4.3 私人住户的消费行为

GOPer-GC 模型设定所有区域私人住户的经济行为是同质的，且私人住户在既定的商品价格和收入水平下进行消费决策。私人住户的消费行为与政府购买类似，主要由消费不同商品的复合及消费国产商品与进口商品的复合两部分组成。

4.3.1 消费不同商品的复合

私人住户对不同商品的复合需求是由常差异替代弹性(constant difference of elasticity，CDE)函数决定的(Hanoch, 1975)。CDE 函数的重要特征是，它允许边际约束份额，即特定商品上的消费支出占支出总额的比例与收入水平不成比例变化。当居民收入水平提高之后，生活必需品(食物、衣服等)的边际消费支出份额下降，而高品质商品的支出份额反而增加，这与实际情况符合，因此，CDE 函数可以刻画不同区域的人均收入差异对私人住户支出分配的影响，还可以揭示区域内收入水平的变化对消费需求的影响。CDE 函数的隐性表达为

$$\sum_i B(i,r) \times \mathrm{UP}(r)^{\beta(i,r)\gamma(i,r)} \times \left\{ \mathrm{PP}(i,r) \middle/ E\big[\mathrm{PP}(r)\big] \right\}^{\beta(i,r)} \equiv 1 \tag{4.10}$$

式中，$B(i,r)$ 为分配参数；$\mathrm{UP}(r)$ 为区域 r 私人住户消费的人均效用；$\beta(i,r)$ 为替代弹性；$\gamma(i,r)$ 为扩展参数；$\mathrm{PP}(i,r)$ 为私人消费产品 i 的价格；$E(\mathrm{PP}(r))$ 为给定价格和人均效应水平时，私人住户的最小支出。对式(4.10)进行线性化，则有

$$\mathrm{ppriv}(r) = \sum_i \mathrm{CONSHR}(i,r) \times \mathrm{pp}(i,r) \tag{4.11}$$

$$\mathrm{qp}(i,r) = \sum_k \mathrm{EP}(i,k,r) \times \mathrm{pp}(k,r) + \mathrm{EY}(i,r) \times \big[\mathrm{yp}(r) - \mathrm{pop}(r)\big] + \mathrm{pop}(r) \tag{4.12}$$

式中，$\mathrm{ppriv}(r)$ 为区域 r 私人住户消费的复合价格指数 PPRIV(r)的百倍变动率；$\mathrm{PP}(i,r)$、$\mathrm{qp}(i,r)$ 分别为 $\mathrm{PP}(i,r)$、$\mathrm{QP}(i,r)$ 的百倍变动率；$\mathrm{EP}(i,k,r)$ 为私人消费需求的价格弹性；$\mathrm{EY}(i,r)$ 为私人消费的收入弹性；$\mathrm{yp}(r)$ 为为区域 r 私人消费支出 PRIVRXP(r)的百倍变动率；$\mathrm{CONSHR}(i,r)$ 为私人消费品 i 的价值量占消费总价值量的比重。关于私人住户消费支出系统的详细说明和 $\mathrm{EP}(i,k,r)$、$\mathrm{EY}(i,r)$ 的计算公式参考 Hertel 和 Tsigas(1997)的文献。

4.3.2　消费国产商品与进口商品的复合

确定了私人住户对不同商品的消费支出后，下一步还要确定国产商品和进口商品的最优组合。私人住户采用 CES 函数确定国产商品与进口商品的支出分配，复合前后的价值量不变，其替代关系和价格关系为

$$\mathrm{QP}(i,r) = A_{\mathrm{QP}} \left[\delta_{\mathrm{QPM}}(i,r) \times \mathrm{QPM}(i,r)^{-\rho_{\mathrm{QP}}} + \delta_{\mathrm{QPD}}(i,r) \times \mathrm{QPD}(i,r)^{-\rho_{\mathrm{QP}}} \right]^{-1/\rho_{\mathrm{QP}}} \tag{4.13}$$

$$\mathrm{PP}(i,r)\mathrm{QP}(i,r) = \mathrm{PPM}(i,r) \times \mathrm{QPM}(i,r) + \mathrm{PPD}(i,r) \times \mathrm{QPD}(i,r) \tag{4.14}$$

式中，$\mathrm{QP}(i,r)$ 为私人住户消费国产商品与进口商品复合品的数量；$\mathrm{QPD}(i,r)$ 为私人住户消费国产商品的数量；$\mathrm{QPM}(i,r)$ 为私人住户消费进口商品的数量；A_{QP} 为规模参数；$\delta_{\mathrm{QPM}}(i,r)$ 为私人消费进口品的数量占消费总数量的比重；$\delta_{\mathrm{QPD}}(i,r)$ 为消费国产商品的数量占消费总数量的比重；$\rho_{\mathrm{QP}}(i)$ 为替代弹性参数；$\mathrm{PPD}(i,r)$ 为私人住户消费国产品面临的价格；$\mathrm{PPM}(i,r)$ 为私人住户消费进口品面临的价格，对式(4.13)和式(4.14)进行线性化，则有

$$\mathrm{qpd}(i,r) = \mathrm{qp}(i,r) + \mathrm{ESUBD}(i) \times \big[\mathrm{pp}(i,r) - \mathrm{ppd}(i,r)\big] \tag{4.15}$$

$$\mathrm{qpm}(i,r) = \mathrm{qp}(i,r) + \mathrm{ESUBD}(i) \times \big[\mathrm{pp}(i,r) - \mathrm{ppm}(i,r)\big] \tag{4.16}$$

$$pp(i,r) = PMSHR(i,r) \times ppm(i,s) + \left[1 - PMSHR(i,r)\right] \times ppd(i,r) \qquad (4.17)$$

式中，$ESUBD(i)$ 为国产商品与进口商品之间的替代弹性；$PMSHR(i,r)$ 为私人消费产品 i 中进口价值量占总消费价值量的比重；$ppd(i,r)$、$ppm(i,r)$ 分别是 $PPD(i,r)$、$PPM(i,r)$ 的百倍变动率。

4.4　企业的生产行为

本章模型假设每个区域住户拥有数个生产部门，每个部门仅有一个企业代表，并且该企业仅生产一种产品。企业所在的市场具有完全竞争的假设，这就要求企业产品的出售价格与其生产成本相等，即企业没有超额利润。企业行为主要包括购买生产要素和中间投入，并向市场提供产品，图 4.3 是对企业生产行为的描述。从要素分支来看，即"增加值-能源"复合品分支，企业生产消耗的要素包括农业生态区、自然资源、非熟练劳动力、熟练劳动力、资本。另外，模型将能源从中间投入中剔除，并加入到要素的复合嵌套中，因此，能源首先与资本复合为"资本-能源"复合品，而后再与其他要素通过 CES 函数最终复合为"增加值-能源"复合品。由于 GOPer-GC 模型采用可分离性假设，所以企业选择要素的最优组合时，不考虑中间投入品的价格。自下而上来看，企业生产结构的每一层复合嵌套都采用 CES 函数的方式进行，但模型设定中间投入与"增加值-能源"复合品采用 Leontief 函数的形式复合为总产出。事实上，某些要素与中间投入之间存在一定的替代关系，如农业生产中土地与化肥之间的替代关系，但是并不是所有的要素与中间投入之间都存在替代关系，因此，企业的总产出由 Leontief 函数的形式复合

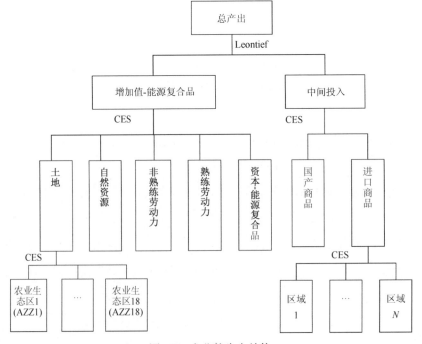

图 4.3　企业的生产结构

得到。另外，模型将国产商品与进口商品区别开来，先复合来自不同地区的进口商品，然后企业根据复合进口商品价格及国产商品价格来决定复合进口商品与国产商品的最优投入比例，这就是 Armington 假设。该假设能够解释同种商品的替代关系，并能追踪国际间双边贸易流动情况，因此，模型在进口商品与国产商品的替代中采用此假设。

企业的每组行为方程均对应于企业生产结构的一个分支，每一个分支包含两类方程，第一类方程描述商品或要素投入的替代性或数量关系，第二类方程是价格的复合，决定了该分支复合商品的单位成本。本小节首先说明进口中间投入品的复合，其次说明国产、进口中间投入品的复合，再次是要素投入的复合，最后是中间投入与最终投入的复合。

4.4.1　进口中间投入品的复合

企业的中间投入品 i 由国产商品和进口商品两部分组成，其中，进口部分由来自多个区域的进口商品复合得到。模型采用 Armington 假设来区分不同源产地的商品，即假设来自不同地区的商品具有差异性，它们之间不存在完全的替代性。因此，在进口商品进入企业所在的市场前，我们使用 CES 函数对这些来自不同产地的进口商品进行复合，在成本最小化的原则下选择来自不同区域的进口商品的最优组合，其替代关系如下：

$$QIM(i,s) = A_{QIM}\left[\sum_r \delta_{QIM}(i,r,s) \times QXS(i,r,s)^{-\rho_{QIM}}\right]^{-1/\rho_{QIM}} \tag{4.18}$$

式中，$QIM(i,s)$ 为区域 s 对进口商品 i 的复合进口量；A_{QIM} 为规模参数；$\delta_{QIM}(i,r,s)$ 为来自区域 r 的进口商品 i 占区域 s 所有进口商品 i 的份额；$QXS(i,r,s)$ 为区域 s 从区域 r 进口商品 i 作为企业中间投入的数量；$\rho_{QIM}(i)$ 为替代弹性参数。商品复合前后的价值量不变，应满足如下关系：

$$PIM(i,s) \times QIM(i,s) = \sum_r PMS(i,r,s) \times QXS(i,r,s) \tag{4.19}$$

式中，$PIM(i,s)$ 为区域 s 进口商品 i 的复合价格；$PMS(i,r,s)$ 为区域 r 商品 i 的市场价格。对式(4.18)和式(4.19)进行线性化，则有

$$pim(i,s) = \sum_r MSHRS(i,r,s) \times pms(i,r,s) \tag{4.20}$$

$$qxs(i,r,s) = qim(i,s) - ESUBM(i) \times [pms(i,r,s) - pim(i,s)] \tag{4.21}$$

式中，$pim(i,s)$、$qim(i,s)$、$qxs(i,r,s)$、$pms(i,r,s)$ 分别对应 $PIM(i,s)$、$QIM(i,s)$、$QXS(i,r,s)$、$PMS(i,r,s)$ 的百倍变动率；$MSHRS(i,r,s)$ 为区域 s 从区域 r 进口的价值量占区域 s 总进口价值量的比重；$ESUBM(i)$ 为来自不同国家的进口品之间的替代弹性。

4.4.2　国产、进口中间投入品的复合

厂商的中间投入来自国产商品和进口商品，两者之间采用 CES 函数的形式进行复

合，且复合前后的价值量不变：

$$QF(i,j,r) = A_{QF} \left[\begin{array}{c} \delta_{QFM}(i,j,r) \times QFM(i,j,r)^{-\rho_{QF}} \\ + \delta_{QFD}(i,j,r) \times QFD(i,j,r)^{-\rho_{QF}} \end{array} \right]^{-1/\rho_{QF}} \qquad (4.22)$$

$$PF(i,j,r) \times QF(i,j,r) = PFM(i,j,r) \times QFM(i,j,r) + PFD(i,j,r) \times QFD(i,j,r) \qquad (4.23)$$

式中，$QF(i,j,r)$ 为区域 r 部门 j 对中间投入品 i 的复合需求量；A_{QF} 为规模参数；$\delta_{QFM}(i,j,r)$ 和 $\delta_{QFD}(i,j,r)$ 分别为厂商 j 所消耗中间投入品 i 的进口商品数量和国产商品数量所占的份额；$QFM(i,j,r)$ 和 $QFD(i,j,r)$ 分别为区域 r 部门 j 的中间投入品 i 分别来自国产商品与进口商品的数量；$\rho_{QF}(i)$ 为替代弹性参数；$PF(i,j,r)$ 为中间投入品 i 的复合价格；$PFM(i,j,r)$ 和 $PFD(i,j,r)$ 分别为区域 r 部门 j 消耗中间投入品 i 的进口品价格和国产品价格。对式(4.22)和式(4.23)进行线性化，则有

$$qfm(i,j,r) = qf(i,j,r) - ESUBD(i) \times [pfm(i,j,r) - pf(i,j,r)] \qquad (4.24)$$

$$qfd(i,j,r) = qf(i,j,r) - ESUBD(i) \times [pfd(i,j,r) - pf(i,j,r)] \qquad (4.25)$$

$$pf(i,j,r) = FMSHR(i,j,r) \times pfm(i,j,r) + [1 - FMSHR(i,j,r)] \times pfd(i,j,r) \qquad (4.26)$$

式中，$ESUBD(i)$ 为国产商品与进口商品之间的替代弹性；$FMSHR(i,j,r)$ 为区域 r 部门 j 消耗中间投入品 i 的进口部分占复合需求的价值量比例；$qfm(i,j,r)$、$pfm(i,j,r)$、$qfd(i,j,r)$、$pfd(i,j,r)$、$qf(i,j,r)$、$pf(i,j,r)$ 分别为 $QFM(i,j,r)$、$PFM(i,j,r)$、$QFD(i,j,r)$、$PFD(i,j,r)$、$QF(i,j,r)$、$PF(i,j,r)$ 的百倍变动率。

4.4.3　要素投入的复合

通常，企业购买的要素禀赋包括农业生态区、自然资源、熟练劳动力、非熟练劳动力和资本五种类型，它们被称为要素投入或者增加值投入。不同的是，GOPer-GC 模型将能源从中间投入中移出，与资本进行复合嵌套，最终进入到要素禀赋的复合嵌套中，这样能够更为合理地刻画生产活动中能源的使用情况和碳排放状况。如图 4.4 所示，资本与能源的复合嵌套自上而下共分为六层。第一层，资本与能源在成本最小化原则下，通过 CES 函数复合，分别得到资本和能源的投入量；第二层，能源投入量确定之后，电力和非电力能源通过 CES 函数确定各自的投入量；第三层，非电力能源的投入量确定之后，煤和非煤能源通过 CES 函数复合为非电力能源；第四层包含天然气、原油和石油制品的复合，国产原煤和进口原煤来自不同国家的进口电力之间的复合；第五层包含来自不同国家原煤的复合、国产与进口的天然气、原油和石油制品的复合；最后一层为来自不同国家的进口商品的复合。能源与资本复合嵌套之后，再与其他的要素禀赋复合成为增加值-能源复合品，供企业进行生产活动。另外，为了更为详细地刻画土地在整个经济系统中发挥的作用，GOPer-GC 模型将土地要素进一步细分为农业生态区，通过 CES 函数复合为土地，这一部分内容将在第 5 章中阐述，本章不再进行详细说明。

下面详细介绍各要素之间的复合关系。进口商品与国产商品的复合、进口商品之间的复合在前面已做说明，这里不再赘述。本小节从资本-能源复合嵌套树的第四层开始，按照自下而上的顺序说明资本与复合能源之间的复合嵌套，最后说明所有要素禀赋的最终复合。

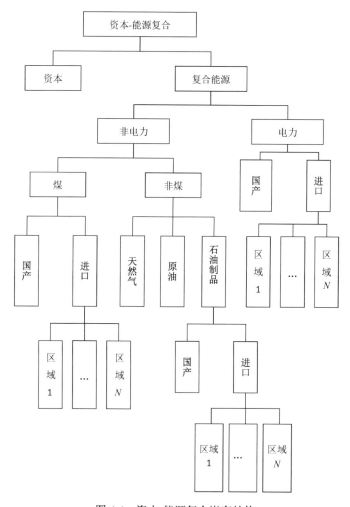

图 4.4　资本-能源复合嵌套结构

1. 第四层：天然气、原油及石油制品复合成非煤化石能源

天然气、原油及石油制品复合为非煤化石能源，它们之间的替代关系和复合价格方程为

$$\text{QNCOAL}(j,r) = A_{\text{NCOAL}} \left\{ \sum_{\text{ncfe}} \delta_{\text{QF}} \left[\text{AF}(\text{ncfe},j,r) \times \text{QF}(\text{ncfe},j,r) \right]^{-\rho_{\text{NCOAL}}} \right\}^{-1/\rho_{\text{NCOAL}}} \tag{4.27}$$

$$\text{PNCOAL}(j,r) \times \text{QNCOAL}(j,r) = \sum_{\text{ncfe}} \text{PF}(\text{ncfe},j,r) \times \text{QF}(\text{ncfe},j,r) \tag{4.28}$$

式中，$\text{QNCOAL}(j,r)$ 为区域 r 部门 j 非煤复合能源的投入数量；A_{NCOAL} 为规模参数；

δ_{QF} 为天然气、原油及原油制品的投入数量占非煤化石能源投入总量的比重；ncfe 为天然气或原油或者石油制品；AF(ncfe, j, r) 为技术进步参数；QF(ncfe, j, r) 为区域 r 部门 j 能源 ncfe 的投入数量；ρ_{NCOAL} 为各非煤化石能源之间的替代弹性参数；PNCOAL(j, r) 为非煤复合化石能源品的复合价格；PF(ncfe, j, r) 为企业购买能源 ncfe 作为中间投入的价格，对式(4.27)和式(4.28)进行线性化，则有

$$
\begin{aligned}
qf(ncfe,j,r) = {} & qncoal(j,r) - af(ncfe,j,r) \\
& - ELFU(j,r) \times \big[pf(ncfe,j,r) - af(ncfe,j,r) - pncoal(ncfe,j,r) \big]
\end{aligned}
\tag{4.29}
$$

$$
pncoal(j,r) = \sum_{ncfe} SNCOAL(ncfe,j,r) \times \big[pf(ncfe,j,r) - af(ncfe,j,r) \big]
\tag{4.30}
$$

式中，ELFU(j, r) 为非煤化石能源之间的替代弹性；SNCOAL(ncfe, j, r) 为非煤化石能源 i 的价值量占非煤化石能源价值总量的比重；af(ncfe, j, r)、pncoal(j, r)、qncoal(j, r)分别为 AF(ncfe, j, r)、PNCOAL(j, r)、QNCOAL(j, r)的百倍变动率。

2. 第三层：煤与非煤化石能源复合成非电力能源

将非煤化石能源与煤复合，即可得到非电力能源，其替代关系如下：

$$
QNEL(j,r) = A_{\mathrm{NEL}} \left\{ \begin{array}{l} \delta_{\mathrm{NCOAL}} QNCOAL(j,r)^{-\rho_{\mathrm{NEL}}} + \\ \delta_{\mathrm{COAL}} \big[AF('Coal',j,r) \times QF('Coal',j,r) \big]^{-\rho_{\mathrm{NEL}}} \end{array} \right\}^{-1/\rho_{\mathrm{NEL}}}
\tag{4.31}
$$

式中，QNEL(j, r) 为非电力能源的数量；A_{NEL} 为规模参数；δ_{NCOAL} 和 δ_{COAL} 分别为非电力能源中非煤能源和煤投入的数量占非电力能源总量的比重；QF('Coal', j, r) 为煤的投入数量；AF('Coal', j, r) 为技术进步参数；ρ_{NEL} 为替代弹性参数。复合前后的价值量不变，应满足如下关系：

$$
\begin{aligned}
PNEL(j,r) \times QNEL(j,r) = {} & PNCOAL(j,r) \times QNCOAL(j,r) \\
& + PF('Coal',j,r) \times QF('Coal',j,r)
\end{aligned}
\tag{4.32}
$$

式中，PNEL(j, r) 为复合非电力能源的价格；PF('Coal', j, r) 为煤作为企业中间投入的价格，对式(4.31)和式(4.32)进行线性化，则有

$$
\begin{aligned}
qf('Coal',j,r) = {} & qnel(j,r) - af(i,j,r) - ELCO(j,r) \\
& \times \big[pf('Coal',j,r) - af('Coal',j,r) - pnel('Coal',j,r) \big]
\end{aligned}
\tag{4.33}
$$

$$
qncoal(j,r) = qnel(j,r) - ELCO(j,r) \times \big[pncoal(j,r) - pnel(i,j,r) \big]
\tag{4.34}
$$

$$
pnel(j,r) = \sum_{nel} SNELY(nel,j,r) \times \big[pf(nel,j,r) - af(nel,j,r) \big]
\tag{4.35}
$$

式中，ELCO(j, r) 为煤与非煤化石能源之间的替代弹性；nel 为非电力能源；代表天然气、原油及石油制品和煤；SNELY(nel, j, r) 为各非电力能源的价值量占非电力能源价值总量的比重；qnel(j, r)、pnel(i, j, r)分别为 QNEL(j, r)、PNEL(i, j, r)的百倍变动率。

3. 第二层：电力与非电力复合为复合能源

电力与非电力复合得到复合能源，其替代关系为

$$\text{QEN}(j,r) = A_{\text{EN}} \left\{ \begin{array}{l} \delta_{\text{NEL}} \text{QNEL}(j,r)^{-\rho_{\text{EN}}} + \\ \delta_{\text{EL}} \left[\text{AF}('\text{Eletricity}',j,r) \times \text{QF}('\text{Eletricity}',j,r) \right]^{-\rho_{\text{EN}}} \end{array} \right\}^{-\frac{1}{\rho_{\text{EN}}}} \quad (4.36)$$

式中，$\text{QEN}(j,r)$ 为区域 r 部门 j 复合能源的投入数量；A_{EN} 为规模参数；δ_{NEL} 和 δ_{EL} 分别为复合非电力能源和电力能源占能源总投入数量的比重；$\text{QF}('\text{Eletricity}',j,r)$ 为电力能源的投入数量；$\text{AF}('\text{Eletricity}',j,r)$ 为电力部门的技术进步参数；ρ_{EN} 为复合非电力能源与电力能源之间的替代弹性参数。复合前后的价值量不变，需满足如下关系：

$$\begin{aligned} \text{QEN}(j,r) \times \text{PEN}(j,r) &= \text{PNEL}(j,r) \times \text{QNEL}(j,r) \\ &\quad + \text{PF}('\text{Eletricity}',j,r) \times \text{QF}('\text{Eletricity}',j,r) \end{aligned} \quad (4.37)$$

式中，$\text{PEN}(j,r)$ 为区域 r 中部门 j 消耗的复合能源的价格；$\text{PF}('\text{Eletricity}',j,r)$ 为企业投入电力的价格。对式(4.36)和式(4.37)进行线性化，则有

$$\begin{aligned} \text{qf}('\text{Eletricity}',j,r) &= \text{qen}(j,r) - \text{af}('\text{Eletricity}',j,r) \\ &\quad - \text{ELELY}(j,r) \times \left[\text{pf}('\text{Eletricity}',j,r) - \text{af}('\text{Eletricity}',j,r) \right] \end{aligned} \quad (4.38)$$

$$\text{qnel}(j,r) = \text{qen}(j,r) - \text{ELELY}(j,r) \times \left[\text{pnel}(j,r) - \text{pen}(j,r) \right] \quad (4.39)$$

$$\text{pen}(j,r) = \sum_{\text{egy}} \text{SEN}(\text{egy},j,r) \times \left[\text{pf}(\text{egy},j,r) - \text{af}(\text{egy},j,r) \right] \quad (4.40)$$

式中，$\text{ELELY}(j,r)$ 为电力与复合非电力能源之间的替代弹性；egy 为能源，代表天然气、原油、石油制品、煤和电力；$\text{SEN}(\text{egy},j,r)$ 为各类能源投入占总能源投入价值总量的比重；$\text{qen}(j,r)$、$\text{pen}(j,r)$ 分别为 $\text{QEN}(j,r)$、$\text{PEN}(j,r)$ 的百倍变动率。

4. 第一层：资本与复合能源复合为"资本-能源"复合品

将复合能源与资本进行复合，得到资本-能源复合品，其替代关系和复合价格为

$$\text{QKE}(j,r) = A_{\text{KE}} \left\{ \begin{array}{l} \delta_K \left[\text{AFE}('\text{Capital}',j,r) \times \text{QFE}('\text{Capital}',j,r) \right]^{-\rho_{\text{KE}}} \\ + \delta_{\text{EN}} \text{QEN}(j,r)^{-\rho_{\text{KE}}} \end{array} \right\}^{-\frac{1}{\rho_{\text{KE}}}} \quad (4.41)$$

$$\begin{aligned} \text{PKE}(j,r) \times \text{QKE}(j,r) &= \text{PFE}('\text{Capital}',j,r) \times \text{QFE}('\text{Capital}',j,r) \\ &\quad + \text{PEN}(j,r) \times \text{QEN}(j,r) \end{aligned} \quad (4.42)$$

式中，$\text{PKE}(j,r)$ 和 $\text{QKE}(j,r)$ 分别为区域 r 部门 j 消耗"资本-能源"复合品的价格和数量；A_{KE} 为规模参数；$\text{AFE}('\text{Capital}',j,r)$ 为技术进步参数；δ_K 和 δ_{EN} 分别为资本和复合能源占"资本-能源"复合品投入数量的比重；$\text{QFE}('\text{Capital}',j,r)$ 为资本的投入数量；ρ_{KE} 为资本与复合能源之间的替代弹性参数；$\text{PFE}('\text{Capital}',j,r)$ 为资本的投入价格。对式(4.41)和式(4.42)进行线性化，则有

$$\begin{aligned} \text{qfe}('\text{Capital}',j,r) &= \text{qke}(j,r) - \text{afe}('\text{Capital}',j,r) - \text{ELKE}(j,r) \\ &\quad \times \left[\text{pfe}('\text{Capital}',j,r) - \text{afe}('\text{Capital}',j,r) - \text{pke}(j,r) \right] \end{aligned} \quad (4.43)$$

$$\text{qen}(j,r) = \text{qke}(j,r) - \text{ELKE}(j,r) \times \left[\text{pen}(j,r) - \text{pke}(j,r) \right] \quad (4.44)$$

$$pke(j,r) = SKE('capital', j,r) \times \left[pfe('capital', j,r) - afe('capital', j,r) \right]$$
$$+ \sum_{egy} SKE(egy, j,r) \times \left[pf(egy, j,r) - af(egy, j,r) \right] \tag{4.45}$$

式中，$ELKE(j,r)$ 为资本与复合能源品之间的替代弹性，$SKE('Capital', j,r)$ 和 $SKE(egy, j,r)$ 分别为资本和各类能源占"资本-能源"复合品投入价值总量的比重 $qfe('capital', j,r)$、$pfe('capital', j,r)$ 分别为 $QFE('capital', j,r)$、$PFE('capital', j,r)$ 的百倍变动率；$qke(j, r)$、$pke(j,r)$、$afe('capital', j,r)$ 分别为 $QKE(j, r)$、$PKE(j, r)$、$AFE('capital', j,r)$ 的百倍变动率。

5. "资本-能源"复合品、土地与其他要素禀赋复合成"增加值-能源"复合品

得到了"资本-能源"复合品之后，下一步它与其他要素禀赋(熟练劳动力、非熟练劳动力、自然资源、农业生态区)通过 CES 函数复合嵌套，最终得到"增加值-能源"复合品，其关系如下。

$$QVAEN(j,r) = A_{VKE} \left\{ \begin{array}{l} \delta_{KE} QKE(j,r)^{-\rho_{VKE}} + \delta_{LAND} QLAND(j,r)^{-\rho_{VKE}} \\ + \sum_{endwna} \delta_{endwna} \left[AFE(endwna, j,r) \times QFE(endwna, j,r) \right]^{-\rho_{VKE}} \end{array} \right\}^{-1/\rho_{VKE}} \tag{4.46}$$

$$PVAEN(j,r) \times QVAEN(j,r) = PKE(j,r) \times QKE(j,r) + PLAND(j,r) \times QLAND(j,r)$$
$$+ \sum_{endwna} PFE(endwna, j,r) \times QFE(endwna, j,r) \tag{4.47}$$

式中，$PVAEN(j,r)$ 和 $QVAEN(j,r)$ 分别为"增加值-能源"的复合价格和数量；$QLAND(j,r)$ 和 $PLAND(j,r)$ 分别为区域 r 部门 j 投入的土地数量和复合价格 A_{VKE} 为规模参数；$endwna$ 为要素熟练劳动力、非熟练劳动力或自然资源；δ_{KE}、δ_{LAND} 和 δ_{endwna} 分别为"资本-能源"复合品、土地和其他要素禀赋的投入数量占"增加值-能源"复合品投入总数量的比重；ρ_{VKE} 为替代弹性参数；对式(4.46)和式(4.47)进行线性化，可得

$$qfe(endwna, j,r) = qvaen(j,r) - afe(endwna, j,r)$$
$$- ESUBVA(j,r) \times \left[pfe(endwna, j,r) - afe(endwna, j,r) - pvaen(j,r) \right] \tag{4.48}$$

$$qland(j,r) = qvaen(j,r) - ESUBVA(j,r) \times \left[pland(j,r) - pvaen(j,r) \right] \tag{4.49}$$

$$qke(j,r) = qvaen(j,r) - ESUBVA(j,r) \times \left[pke(j,r) - pvaen(j,r) \right] \tag{4.50}$$

$$pvaen(j,r) = \sum_{ei} SVAEN(ei, j,r) \times \left[pfe(ei, j,r) - afe(ei, j,r) \right]$$
$$+ \sum_{egy} SVAEN(egy, j,r) \times \left[pf(egy, j,r) - af(egy, j,r) \right] \tag{4.51}$$

式中，$ESUBVA(j,r)$ 为"资本-能源"复合品、土地和其他要素禀赋之间的替代弹性；ei 为各类要素禀赋，农业生态区、自然资源、熟练劳动力、非熟练劳动力和资本；$SVAEN(ei, j,r)$ 为各类要素投入的价值量占"增加值-能源"复合品价值总量的比重；$SVAEN(egy, j,r)$ 为各类能源投入的价值量占"增加值-能源"复合品价值总量(即最终

投入价值总量)的比重；qvaen(j, r)、pvaen(j, r)分别为 QVAEN(j, r)、PVAEN(j, r)的百倍变动率；qland(j, r)、pland(j, r)分别为 QLAND(j, r)、PLAND(j, r)的百倍变动率。

4.4.4　中间投入与最终投入的复合

"增加值-能源"复合品(最终投入)和中间投入通过 Leontief 函数复合为总产出，则有

$$QO(j,r) = AO(j,r) \times \left\{ \begin{array}{l} \delta_{VAEN} \left[AVA(j,r) \times QVAEN(j,r) \right]^{-\rho_{QO}} + \\ \sum_{neii} \delta_{neii} \left[AF(neii,j,r) \times QF(neii,j,r) \right]^{-\rho_{QO}} \end{array} \right\}^{-1/\rho_{QO}} \quad (4.52)$$

$$PS(j,r) \times QO(j,r) = PVAEN(j,r) \times QVAEN(j,r) + \sum_{neii} PF(neii,j,r) \times QF(neii,j,r) \quad (4.53)$$

式中，QO(j, r)为区域 r 部门 j 总产出的数量；AO(j, r)为产出的规模参数；δ_{VAEN} 和 δ_{neii} 分别为复合"增加值-能源"和非能源中间投入的数量占总投入的数量比重；AVA(j, r)为技术进步参数；AF($neii, j, r$)为中间投入品 neii 的投入产出系数；QF($neii, j, r$)为中间投入品 neii 的投入数量；ρ_{QO} 为替代弹性相关参数，当 $\rho_{QO} \to +\infty$ 时，替代弹性趋向于 0，此时最终投入与中间投入的替代关系为 Leontief 函数形式；PS(j, r)为区域 r 部门 j 总产出的复合价格；PF($neii, j, r$)为区域 r 部门 j 中间投入品 neii 的价格。对以上两式线性化之后为

$$\begin{aligned} qvaen(j,r) = {}& qo(j,r) - ava(j,r) - ao(j,r) \\ & - ESUBT(j) \times \left[pvaen(j,r) - ava(j,r) - ps(j,r) - ao(j,r) \right] \end{aligned} \quad (4.54)$$

$$\begin{aligned} qf(neii,j,r) = {}& qo(j,r) - af(neii,j,r) - ao(j,r) \\ & - ESUBT(j) \times \left[pf(neii,j,r) - af(neii,j,r) - ps(j,r) - ao(j,r) \right] \end{aligned} \quad (4.55)$$

$$\begin{aligned} ps(j,r) = {}& -ao(j,r) + \sum_{ei} STC(ei,j,r) \times \left[pfe(ei,j,r) - afe(ei,j,r) - ava(j,r) \right] \\ & + \sum_{egy} STC(egy,j,r) \times \left[pf(egy,j,r) - af(egy,j,r) - ava(j,r) \right] \\ & + \sum_{neii} STC(neii,j,r) \times \left[pf(neii,j,r) - af(neii,j,r) \right] \end{aligned} \quad (4.56)$$

式中，ESUBT(j)为复合"增加值-能源"与各中间投入及各中间投入之间的替代弹性；ESUBT(j)为中间投入与最终投入的替代弹性，其值为 0；STC(ei, j, r)为要素投入的价值量占总投入成本的比重；STC(egy, j, r)为能源投入的价值量占总投入成本的比重；STC($neii, j, r$)为中间投入的价值量占总投入成本的比重；qo(j, r)、ps(j, r)分别为 QO(j, r)、PS(j, r)的百倍变动率；ao(j, r)、ava(j, r)分别为 AO(j, r)、AVA(j, r)的百倍变动率。

4.5　资产累积与投资行为

动态递推和跨期优化是 CGE 模型实现动态化的两种方法，跨期优化模型需要考虑

当前储蓄与投资的效用折现问题，这增加了模型的复杂性和难度，因此，GOPer-GC 模型采用动态递推的方法实现区域资本积累、流动和分配的动态化。另外，区域或国家的引资政策会较大限度地促进该区域生产的增长，但是如果这些引入资本来自海外，其对该区域国内生产和国家收入的促进作用就会减弱。这说明资本的归属问题对引资方的真实收入有影响，因此，模型引入了资产的概念，以区分资本的使用和所有权问题。资产包括很多类别，该模型将资产特指为股权。

该部分模型涉及资产、股权、收入等概念，这里简单介绍参数和变量的命名规则。W 代表资产累积价值量，Y 代表资产的收入流，Q 代表股权数量，H 代表区域住户，F 代表企业，T 代表全球基金。例如，WQHFIRM(r) 表示区域住户累积投资或持有的本区域企业的股权价值量，YQHFIRM(r) 表示本区域企业将股权的部分收入支付给区域住户的价值量。下面从资产累积和投资行为两个方面说明资本的动态化，其中前三小节 (4.5.1～4.5.3) 是对资产累积、分配和收入的描述，最后两个小节 (4.5.4、4.5.5) 是对投资行为的详细说明。

4.5.1　企业与区域住户的资产累积

1. 企业的资产累积

本小节主要讲述企业的资产累积、区域住户的资产累积两个部分。模型设定区域住户不持有固定资本，只有企业才有固定资本，因此，本模型采用连续时间的方法进行企业固定资本存量的累积(Ianchovichina and McDougall，2000)，其方程为

$$\text{QK}(r) = \text{SQKWORLD} \times \text{SQK}(r) \times \left[\text{QK}\_0(r) + \int_{\text{TIME}\_0}^{\text{TIME}} \text{QCGDSNET}(r) \text{d}T \right] \quad (4.57)$$

式中，QK(r) 为 T 时刻区域 r 企业固定资本存量的数量；QK$\_0(r)$ 为初始时刻区域 r 所有企业固定资本存量的数量；QCGDSNET(r) 为初始时刻到时刻 T 间区域住户 r 的净投资数量；SQKWORLD 和 SQK(r) 分别为共同偏移因子和区域偏移因子，这两个参数用于修正期初的资本存量。对式(4.57)进行线性化，则有

$$\text{VK}(r) \times \text{qk}(r) = \text{VK}(r) \times \left[\text{sqkworld} + \text{sqk}(r) \right] + 100 \times \text{NETINV}(r) \times \text{time} \quad (4.58)$$

式中，VK(r) 为区域中所有企业固定资本存量的价值量；qk(r) 为区域中所有企业拥有的固定资本存量数量的百倍变动率；NETINV(r) 为净投资的价值量；time 为模拟时间数量；sqkworld 和 sqk(r) 分别为共同偏移因子和区域偏移因子的百倍变动率。

以上为企业固定资本存量的累积，下面说明企业资产(股权)的累积方法。模型设定企业只拥有固定资本，其消耗的中间投入、劳动力和土地等需要从其他企业或区域住户处获取，因此，企业的累积股权价值量 WQ_FIRM(r) 等于企业的固定资本存量 VK(r)：

$$\text{WQ}\_\text{FIRM}(r) = \text{VK}(r) = \text{PCGDS}(r) \times \text{QK}(r) \quad (4.59)$$

式中，PCGDS(r) 为区域住户 r 的资本品价格。对式(4.59)进行线性化，则有

$$\text{wq\_f}(r) = \text{pcgds}(r) + \text{qk}(r) \tag{4.60}$$

式中，$\text{wq\_f}(r)$ 为企业股权价值量 $\text{WQ\_FIRM}(r)$ 的百倍变动率；$\text{pcgds}(r)$ 为资本品价格 $\text{PCGDS}(r)$ 的百倍变动率。由于资本价格 $\text{PCGDS}(r)$ 与企业股权价格 $\text{PQ\_FIRM}(r)$ 成比例，因此，两者的百倍变动率相等。此时，企业的资产累积可以间接地通过固定资本存量的累积方程式(4.57)获得。

2. 区域住户的资产累积

说明了企业的资产累积之后，下面说明区域住户的资产累积方程。模型设定区域住户不持有固定资本，只有企业才有固定资本。虽然区域住户没有固定资本，却拥有资产，即股权。由图 4.2 可知，模型中的区域住户将储蓄的一部分投资给本区域企业，另一部分投资给全球基金，因此，区域住户拥有本区域企业和全球基金的股权。其中，区域住户持有企业股权的累积价值量为

$$\text{WQHFIRM}(r) = \text{PQ\_FIRM}(r) \times \int_{\text{TIME}\_0}^{\text{TIME}} \text{QQHFIRM}(r)\mathrm{d}T \tag{4.61}$$

式中，$\text{WQHFIRM}(r)$ 为区域住户持有本区域企业股权的累积价值量；$\text{QQHFIRM}(r)$ 为区域住户持有本区域企业的新增股权的数量；$\text{PQ\_FIRM}(r)$ 为企业股权的价格。同样的，区域住户累积持有全球基金的股权价值量为

$$\text{WQHTRUST}(r) = \text{PQTRUST} \times \int_{\text{TIME}\_0}^{\text{TIME}} \text{QQHTRUST}(r)\mathrm{d}T \tag{4.62}$$

式中，$\text{WQHTRUST}(r)$ 为区域住户累积持有全球基金股权的价值量；PQTRUST 为全球基金的股权价格；$\text{QQHTRUST}(r)$ 为全球基金的新增股权的数量。此时，区域住户持有总资产的累积方式为

$$\begin{aligned}
\text{WQHHLD}(r) = {} & \text{PCGDS}(r) \times \int_{\text{TIME}\_0}^{\text{TIME}} \text{QQHFIRM}(r)\mathrm{d}T \\
& + \text{PQTRUST} \times \int_{\text{TIME}\_0}^{\text{TIME}} \text{QQHTRUST}(r)\mathrm{d}T
\end{aligned} \tag{4.63}$$

根据线性化公式(4.63)，则有

$$\begin{aligned}
\text{WQHHLD}(r) \times \text{wqh}(r) = {} & \text{WQHFIRM}(r) \times \text{pcgds}(r) \\
& + \text{WQHTRUST}(r) \times \text{pqtrust} \\
& + 100 \times \left[\text{VQHFIRM}(r) + \text{VQHTRUST}(r) \right] \times \text{time}
\end{aligned} \tag{4.64}$$

式中，$\text{wqh}(r)$ 为区域住户累积资产持有量 $\text{WQHHLD}(r)$ 的百倍变动率；pqtrust 为全球基金股权价格 PQTRUST 的百倍变动率；$\text{VQHFIRM}(r)$ 为本区域企业新增股权的价值量；$\text{VQHTRUST}(r)$ 为区域住户 r 持有全球基金新增股权的价值量。

其中，

$$\text{VQHFIRM}(r) = \text{PCGDS}(r) \times \text{QQHFIRM}(r) \tag{4.65}$$

$$\text{VQHTRUST}(r) = \text{PQTRUST}(r) \times \text{QQHTRUST}(r) \tag{4.66}$$

那么，区域住户持有本区域企业的新增股权价值量与持有全球基金的新增股权价值量之和，即为该区域住户的新增总投资，也等于该区域住户的储蓄量，即

$$\text{VQHFIRM}(r) + \text{VQHTRUST}(r) = \text{SAVE}(r) \tag{4.67}$$

将式(4.67)代入式(4.64)，则有

$$\begin{aligned}
\text{WQHHLD}(r) \times \text{wqh}(r) &= \text{WQHFIRM}(r) \times \text{pcgds}(r) \\
&+ \text{WQHTRUST}(r) \times \text{pqtrust} \\
&+ 100 \times \text{SAVE}(r) \times \text{time}
\end{aligned} \tag{4.68}$$

4.5.2　资产和负债关系

区域的资产关系主要涉及 3 个对象，分别是本区域企业、区域住户及全球基金，本小节主要说明这 3 个对象的资产和负债，它们之间的资产关系可用图 4.5 说明。由图 4.5 可知，企业累积资产 $\text{WQ\_FIRM}(r)$ 由两部分构成，分别是被本区域住户持有的股权 $\text{WQHFIRM}(r)$ 和被全球基金持有的股权 $\text{WQTFIRM}(r)$。同样的，区域住户的资产 $\text{WQHHLD}(r)$ 也由两部分组成，分别是区域住户持有本区域企业的股权 $\text{WQHFIRM}(r)$ 和持有全球基金的股权 $\text{WQHTRUST}(r)$。

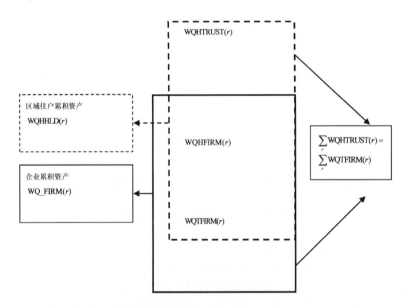

图 4.5　区域 r 中的资产关系(据 Ianchovichina and Mcdougall，2000)

1. 企业与区域住户的资产与负债

下面从企业与区域住户的资产入手，详细说明模型中的资产关系。企业和区域住户持有的资产分别表达为

$$\text{WQ\_FIRM}(r) = \text{WQHFIRM}(r) + \text{WQTFIRM}(r) \tag{4.69}$$

$$\text{WQHHLD}(r) = \text{WQHFIRM}(r) + \text{WQHTRUST}(r) \tag{4.70}$$

对式(4.69)和式(4.70)进行线性化，可得

$$\text{WQ\_FIRM}(r) \times \text{wq\_f}(r) = \text{WQHFIRM}(r) \times \text{wqhf}(r) + \text{WQTFIRM}(r) \times \text{wqtf}(r) \tag{4.71}$$

$$\text{WQHHLD}(r) \times \text{wqh}(r) = \text{WQHFIRM}(r) \times \text{wqhf}(r) + \text{WQHTRUST}(r) \times \text{wqht}(r) \qquad (4.72)$$

式中，$\text{wq\_f}(r)$、$\text{wqhf}(r)$、$\text{wqtf}(r)$ 和 $\text{wqht}(r)$ 分别为 $\text{WQ\_FIRM}(r)$、$\text{WQHFIRM}(r)$、$\text{WQTFIRM}(r)$ 和 $\text{WQHTRUST}(r)$ 的百倍变动率。另外，基于式(4.69)和式(4.70)，还可以确定区域住户通过全球基金投资在国外的资产，即

$$\text{WQHTRUST}(r) - \text{WQTFIRM}(r) = \text{WQHHLD}(r) - \text{WQ\_FIRM}(r) \qquad (4.73)$$

由此，我们可以确定区域内的资产分配必须满足两个会计等式式(4.69)和式(4.70)，但是要知道企业、区域住户和全球基金三者的资产组合，还需要进一步明确 3 个变量 $\text{WQHFIRM}(r)$、$\text{WQTFIRM}(r)$ 和 $\text{WQHTRUST}(r)$ 的值，并且这 3 个变量还需要满足以下限制条件。首先，$\text{WQHFIRM}(r)$、$\text{WQTFIRM}(r)$ 和 $\text{WQHTRUST}(r)$ 3 个变量必须满足式(4.69)和式(4.70)。其次，需要确保这 3 个变量为正值。最后，我们需要利用分配理论来确保，模拟过程中各期各区域的国内外资产分配比例尽可能与初始比例保持一致。鉴于以上限制条件，模型假定全球基金中各区域的资金比例份额是固定的，并通过最小交叉熵理论来确定区域住户和企业资产中国内和国外部分的分配比例。下面简单说明最小交叉熵的最终结果，详细的推导过程见 Ianchovichina 和 McDougall(2000)。首先，分别求拉格朗日函数关于 $\text{WQTFIRM}(r)$、$\text{WQHTRUST}(r)$、$\text{WQHFIRM}(r)$ 的偏微分，得到的一阶条件为

$$\text{XWQ\_FIRM}(r) = \text{RIGWQ\_F}(r) \times \left[\log \frac{\text{WQTFIRM}(r)}{\text{WQTFIRM\_0}(r)} + 1 \right] \qquad (4.74)$$

$$\text{XWQHHLD}(r) = \text{RIGWQH}(r) \times \left[\log \frac{\text{WQHTRUST}(r)}{\text{WQHTRUST\_0}(r)} + 1 \right] \qquad (4.75)$$

$$\text{XWQHHLD}(r) + \text{XWQ\_FIRM}(r) =$$
$$\left[\text{RIGWQH}(r) + \text{RIGWQ\_F}(r) \right] \times \left[\log \frac{\text{WQHFIRM}(r)}{\text{WQHFIRM\_0}(r)} + 1 \right] \qquad (4.76)$$

式中，$\text{XWQ\_FIRM}(r)$ 为企业资产约束式(4.69)对应的拉格朗日乘子；$\text{XWQHHLD}(r)$ 为区域住户资产约束式(4.70)对应的拉格朗日乘子；$\text{RIGWQH}(r)$ 和 $\text{RIGWQ\_F}(r)$ 分别为区域住户和企业对应的强度参数；$\text{WQTFIRMY}(r)$、$\text{WQHTRUSTY}(r)$、$\text{WQHFIRMY}(r)$ 分别为 $\text{WQTFIRM}(r)$、$\text{WQHTRUST}(r)$、$\text{WQHFIRM}(r)$ 期初的值。对式(4.74)、式(4.75)和式(4.76)进行线性化，则有

$$\text{xwq\_f}(r) = \text{RIGWQ\_F} \times \text{wqtf}(r) \qquad (4.77)$$

$$\text{xwqh}(r) = \text{RIGWQH}(r) \times \text{wqht}(r) \qquad (4.78)$$

$$\text{xwqh}(r) + \text{xwq\_f}(r) = \left[\text{RIGWQH}(r) + \text{RIGWQ\_F}(r) \right] \times \text{wqhf}(r) \qquad (4.79)$$

式中，$\text{xwq\_f}(r)$ 为拉格朗日乘子 $\text{XWQ\_FIRM}(r)$ 的百倍变动率；$\text{xwqh}(r)$ 为拉格朗日乘子 $\text{XWQHHLD}(r)$ 的百倍变动率。

2. 全球基金的资产与负债

以上说明了企业与区域住户的资产与负债情况，下面阐述全球基金的资产与负债。

首先，全球基金的股权总价值量 WQTRUST 为其持有的所有区域的企业厂商的股权量之和：

$$WQTRUST = \sum_r WQTFIRM(r) \tag{4.80}$$

其次，全球基金的总资产 WQ_TRUST 为各区域住户持有的全球基金股权之和：

$$WQ\_TRUST = \sum_r WQHTRUST(r) \tag{4.81}$$

最后，全球基金的股权价值量与总资产相等：

$$WQTRUST = WQ\_TRUST \times WTRUSTSLACK \tag{4.82}$$

式中，WTRUSTSLACK 为松弛变量，用于模拟结果的检验，对式(4.80)、式(4.81)和式(4.82)进行线性化，则有

$$WQTRUST \times wqt = \sum_r WQTFIRM(r) \times wqtf(r) \tag{4.83}$$

$$WQ\_TRUST \times wq\_t = \sum_r WQHTRUST(r) \times wqht(r) \tag{4.84}$$

$$wqt = wq\_t + wtrustslack \tag{4.85}$$

式中，wqt 和 wq_t 分别对应 WQTRUST 和 WQ_TRUST 的百倍变动率；wtrustslack 为松弛变量 WTRUSTSLACK 的百倍变动率，当模拟结果满足会计恒等式时，wtrustslack 的值为零。由式(4.83)可得全球基金资产的股权价格与资本品价格之间的关系为

$$pqtrust = \sum_r \frac{WQTFIRM(r)}{WQTRUST} \times pcgds(r) = \sum_r WQT\_FIRMSHR(r) \times pcgds(r) \tag{4.86}$$

式中，WQT_FIRMSHR(r) 为全球基金持有区域 r 的企业股权占全球基金总资产的份额。

4.5.3 资产收入

4.5.2 小节说明了企业、区域住户和全球基金整个模拟期的资产累积情况，接着还需要确定每一期各类资产相应的收入流。分三步讲述该部分内容，首先，确定企业支付给区域住户和全球基金的资金；其次，计算全球基金的总收入，以及全球基金支付给区域住户的资金；最后，确定区域住户的收入。

在介绍各部分内容之前，先从整体上了解企业、区域住户和全球基金的收入关系(图4.6)。自下而上看图 4.6，区域 r 中的企业收到来自本区域住户和全球基金的投资，因此，企业将其股权收入 YQ_FIRM(r) 分割为两部分，一部分支付给本区域的区域住户 YQHFIRM(r)，另一部分支付给全球基金 YQTFIRM(r)。全球所有企业支付给全球基金的资金之和，即可得到全球基金的总收入 YQTRUST。然后，全球基金将其总收入按照各区域住户的投资比例分配给各区域住户，即区域住户来自全球基金的收入为 YQHTRUST(r)。因此，区域住户 r 的股权总收入 YQHHLD(r) 为企业支付的股权收入 YQHFIRM(r) 和全球基金支付的股权收入 YQHTRUST(r) 之和。区域住户的股权总收入加上其他要素的收入及税收收入即为区域住户 r 的总收入 INCOME(r)。

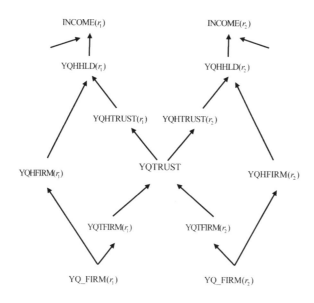

图 4.6 收入关系(据 Ianchovichina and Mcdougall，2000)

首先详述企业对区域住户和全球基金的支付情况。企业进行生产活动时，需要购买中间投入、雇用劳动力、租用土地，同时消耗自身拥有的固定资本。根据零利润条件，企业生产的收入应等于扣除各类要素使用成本、收入税支出及折旧之后的资本服务的成本。因此，企业的股权收入 $YQ\_FIRM(r)$ 等于税后的资本收入减去折旧，则有

$$YQ\_FIRM(r) = VOA('capital', r) - VDEP(r) \tag{4.87}$$

式中， $VOA('capital', r)$ 为资本服务的收入； $VDEP(r)$ 为资本的折旧。对式(4.87)进行线性化，则有

$$\begin{aligned} YQ\_FIRM(r) \times yq\_f(r) &= VOA('capital', r) \\ &\times [rental(r) + qk(r)] - VDEP(r) \times [pcgds(r) + qk(r)] \end{aligned} \tag{4.88}$$

式中， $yq\_f(r)$ 为企业股权收入的百倍变动率； $rental(r)$ 为资本出租价格的百倍变动率。企业根据本区域住户和全球基金持有企业股权份额的比例分配其股权收入。因此，企业支付给本区域住户和全球基金的资金分别为

$$YQHFIRM(r) = \frac{WQHFIRM(r)}{WQ\_FIRM(r)} \times YQ\_FIRM(r) \tag{4.89}$$

$$YQTFIRM(r) = \frac{WQTFIRM(r)}{WQ\_FIRM(r)} \times YQ\_FIRM(r) \tag{4.90}$$

对式(4.89)和式(4.90)进行线性化，则有

$$yqhf(r) = yq\_f(r) + wqhf(r) - wq\_f(r) \tag{4.91}$$

$$yqtf(r) = yq\_f(r) + wqtf(r) - wq\_f(r) \tag{4.92}$$

式中， $yqhf(r)$ 为 $YQHFIRM(r)$ 的百倍变动率； $yqtf(r)$ 为 $YQTFIRM(r)$ 的百倍变动率。

下面计算全球基金的总收入及其支出。全球基金的总收入 YQTRUST 等于其所持有的各区域的企业厂商股权的收入，则有

$$YQTRUST = \sum_r YQTFIRM(r) \tag{4.93}$$

对式(4.93)进行线性化，则有

$$YQTRUST \times yqt = \sum_r YQTFIRM(r) \times yqtf(r) \tag{4.94}$$

式中，yqt 为 YQTRUST 的百倍变动率。全球基金将其收入按照区域住户投资的比例分配给各区域住户，每个区域住户获得的收入 YQHTRUST(r) 为

$$YQHTRUST(r) = \frac{WQHTRUST(r)}{WQ\_TRUST} \times YQTRUST \tag{4.95}$$

对式(4.95)进行线性化，则有

$$yqht(r) = yqt + wqht(r) - wq\_t \tag{4.96}$$

式中，yqht(r) 为 YQHTRUST(r) 的百倍变化率。最后确定区域住户的资产收入。区域住户 r 的股权收入 YQHHLD(r) 等于企业支付的股权收入 YQHFIRM(r) 和全球基金支付的股权收入 YQHTRUST(r) 之和，即

$$YQHHLD(r) = YQHFIRM(r) + YQHTRUST(r) \tag{4.97}$$

对式(4.97)进行线性化，则有

$$YQHHLD(r) \times yqh(r) = YQHFIRM(r) \times yqhf(r) + YQHTRUST(r) \times yqht(r) \tag{4.98}$$

式中，yqh(r) 为 YQHHLD(r) 的百倍变动率。

4.5.4　投资回报率

本小节阐述投资的滞后调整和适应性预期理论，主要解决区域投资水平的问题，并且确保所有区域的投资回报率在长期模拟中趋于相等。本小节的基本思路总结如下。

一个完美的投资调整模型中，投资者对实际投资回报率的变化做出反应，以此调整投资规模，并且通过资本的重新分配来消除区域间投资回报率不一致的情况。在实际情况中，投资者对实际投资回报率的变化所做出的反应往往是滞后的，因此模型采用滞后调整的方法，引入了目标投资回报率，让实际投资回报率与目标投资回报率逐步趋近，得到实际投资回报率向目标投资回报率趋近的增长率，即要求增长率。得到要求增长率之后，下一步就需要确定投资水平。由于投资水平与实际投资回报率的预期增长率有关，模型就引入了预期增长率这个变量，然后让要求增长率与预期增长率相等，预期增长率与资本存量之间存在关系，因此，我们确定了要求增长率之后，就可以得到区域投资水平。在实际情况下，采用上述方法得到的投资水平与数据库提供的投资量之间存在不一致的情况，此时系统引入适应性预期方法。该方法首先用预期投资回报率取代实际投资回报率，并允许两者不相等；然后，通过误差修正机制，使预期投资回报率随着时间逐渐趋近于实际投资回报率。

下面详细说明模型的投资行为及调整机制。理论上，区域的实际投资回报率

RORGROSS(r) 包括投资收益部分和资本增值所得两部分，即

$$RORGROSS(r) = \frac{RENTAL(r)}{PCGDS(r)} + RG\_PCGDS(r) \tag{4.99}$$

式中，RENTAL(r) 为资本出租价格；PCGDS(r) 为资本品价格；RG_PCGDS(r) 为资本价格的增长率。在动态递推的过程中，由于并不知道资本价格的增长率，因此，我们忽略资本价格的增长率，并重新定义资本收益率作为实际投资回报率，则有

$$RORGROSS(r) = \frac{RENTAL(r)}{PCGDS(r)} \tag{4.100}$$

对式(4.100)两边进行微分，则有

$$rorga(r) = rental(r) - pcgds(r) \tag{4.101}$$

式中，rorga(r) 为区域 r 实际投资回报率的百倍变动率。现在考虑投资对即时价格冲击的响应问题。面临价格提升的冲击时，如果资本是完全弹性的，初始的价格增加会造成资本存量的增加，即在极短的时间内完成很大的投资。实际情况中，资本存量显然不会按照这种方式进行调整，资本存量的不完全弹性、调整的成本均会阻止资本存量的即时调整，因此，模型考虑投资滞后调整的方法，引入目标投资回报率，使实际投资回报率逐步向目标投资回报率趋近，见式(4.102)：

$$RRG\_RORG(r) = LAMBRORG(r) \times \log \frac{RORGTARG(r)}{RORGROSS(r)} \tag{4.102}$$

式中，RRG_RORG(r) 为实际投资回报率 RORGROSS(r) 趋近目标投资回报率 RORGTARG(r) 时的要求增长率；LAMBRORG(r) 为调整系数。对式(4.102)两边进行微分，则有

$$rrg\_rorg(r) = LAMBRORG(r) \times \left[rorgt(r) - rorga(r) \right] \tag{4.103}$$

式中，rrg_rorg(r) 为要求增长率的绝对变化量；rorgt(r) 为区域 r 中目标投资回报率的百倍变动率；rorga(r) 为实际投资回报率的百倍变动率。

确定了投资回报率的要求增长率之后，我们需要使要求增长率与投资水平关联起来。投资过程中，任意给定时刻的资本存量越高，那么该时刻的投资回报率就越低，也就是说，未来任意时刻的投资回报率取决于该时刻的资本存量。因此，模型引入投资回报率的预期增长率这个概念，使预期增长率与资本存量的增长率关联，而后使预期增长率与要求增长率相等，这样就建立了要求增长率与投资水平的关系。那么预期投资回报率与资本存量的关系为

$$\frac{RORGEXP(r)}{RORGREF(r)} = \left[\frac{QK(r)}{QKF(r)} \right]^{-RORGFLEX(r)}$$

$$= \left[\frac{QK(r)}{QK0(r) \times e^{KHAT(r) \times TIME}} \right]^{-RORGFLEX(r)} \tag{4.104}$$

式中，RORGEXP(r) 为预期投资回报率；RORGREF(r) 为参考投资回报率；RORGFLEX(r) 为预期投资回报率与资本存量的弹性(为正值)；QK(r) 为实际资本存量，

QKF(r) 为参考资本存量。另外，QKF(r) 可以用期初参考资本存量 QK0(r)、资本存量的正常增长率 KHAT(r) 和模拟时间 TIME 来表示。若 QK(r) 大于 QKF(r)，预期投资回报率会小于参考投资回报率。如果 QK(r) 小于 QKF(r)，预期投资回报率将会大于参考投资回报率。将式(4.104)对时间进行微分，则有

$$ERG\_RORG(r) = -RORGFLEX(r) \times [\frac{QCGDS(r)}{QK(r)} - RDEP(r) - KHAT(r)] \tag{4.105}$$

式中，ERG_RORG(r) 为投资回报率的预期增长率；QCGDS(r) 为区域住户的投资数量，RDEP(r) 为折旧率。对式(4.105)进行全微分，则有

$$\begin{aligned} erg\_rorg(r) = &-RORGFLEX(r) \\ &\times \{IKRATIO(r) \times [qcgds(r) - qk(r)] - DKHAT(r)\} \end{aligned} \tag{4.106}$$

式中，erg_rorg(r) 为投资回报率预期增长率的绝对变化量；IKRATIO(r) 为 QCGDS(r)/QK(r) 的值，即投资率；qcgds(r) 为投资数量的百倍变动率；DKHAT(r) 为资本存量的正常增长率 KHAT(r) 的绝对变化量。由式(4.105)可知，投资回报率的预期增长率与区域投资规模呈负相关。此时，令投资回报率的要求增长率与预期增长率相等，就可以得到区域投资水平。

$$ERG\_RORG(r) = RRG\_RORG(r) \tag{4.107}$$

以上模型通过关联投资回报率的要求增长率与预期增长率来确定区域投资水平，但是在实际模拟中，利用式(4.103)、式(4.106)和式(4.107)的投资理论进行数据模拟会存在数据不一致的问题。一方面，模型通过基准数据计算出基年实际投资回报率 RORGROSS(r)，然后利用实际的投资回报率及相应的方程确定投资规模 QCGDS(r)；另一方面，模拟采用的基准数据库也给出了投资规模，此时，模拟出的投资规模与基准数据库的投资规模会存在一定的差异。为了解决该问题，我们需要进一步调整模型，引入适应性预期的方法。该方法分两步完成，首先，让投资者对预期投资回报率，而不是实际投资回报率做出响应，通过设定预期投资回报率来保证投资大小，在短期内达到实际观测的投资水平；然后，引入调整机制使预期投资回报率逐步趋近实际投资回报率，确保各种投资回报率在长期趋势中趋于相等。

我们首先用预期投资回报率变量 rorge(r) 代替实际投资回报率变量 rorga(r)，让投资者对预期投资回报率做出响应，此时允许预期投资回报率与实际投资回报率不同，并令投资回报率的预期增长率的变化 erg_rorg(r) 与要求增长率的变化 rrg_rorg(r) 相同。因此，式(4.103)可以修改为

$$erg\_rorg(r) = LAMBRORG(r) \times [rorgt(r) - rorge(r)] \tag{4.108}$$

调整机制保证了预期投资回报率向实际投资回报率的趋近，在模型中引入了预期投资回报率的误差衡量参数 ERRRORG(r)：

$$ERRRORG(r) = \log \frac{RORGROSS(r)}{RORGEXP(r)} \tag{4.109}$$

式中，RORGROSS(r) 为实际投资回报率；RORGEXP(r) 为预期投资回报率。下面说明

引入调整机制后预期投资回报率的变化，如式(4.110)所示：

$$rorge(r) = RORGFLEX(r) \times [qk(r) - 100 \times KHAT(r) \times time]$$
$$- 100 \times LAMBRORGE(r) \times ERRRORG(r) \times time + srorge(r) \quad (4.110)$$

式中，$rorge(r)$ 为预期投资回报率的百倍变动率；$srorge(r)$ 为预期投资回报率偏移因子的百倍变化率，该偏移因子在通常情况下外生为 0。我们可以将偏移因子设置为非零值，作为对预期投资回报率的外生冲击，也可以将偏移因子内生化，使适应性预期理论失效。由式(4.110)可知，预期投资回报率的变化 $rorge(r)$ 来源于 3 个方面：一是资本存量的实际增长率 $qk(r)$ 与资本存量的正常增长率 $KHAT(r)$ 之间的偏差，二是对观测到的预期增长率的误差进行修正，三是外生的偏移因子。

4.5.5　资本存量的正常增长率

模型在中短期模拟中，假定资本存量的正常增长率 $KHAT(r)$ 保持不变，$KHAT(r)$ 的值通过各区域资本存量的历史数据拟合得到。但是在长期模拟中，根据式(4.105)，预期投资回报率 $ERG\_RORG(r)$ 受资本存量的正常增长率 $KHAT(r)$ 的影响，因此，在长期模拟中，需要对 $KHAT(r)$ 做出调整，调整机制为

$$DKHAT(r) = 100 \times LAMBHKHAT(r) \times [KHAPP(r) - KHAT(r)] \times time \quad (4.111)$$

式中，$DKHAT(r)$ 为资本存量正常增长率的绝对变化量；$LAMBHKHAT(r)$ 为调整系数；$KHAPP(r)$ 为当前观测的资本存量增长率。$KHAPP(r)$ 由资本存量和投资回报率的变化以及弹性 $RORGFLEX(r)$ 共同隐含决定。如果投资回报率在当前保持不变，那么资本存量以正常增长率增长，此时 $KHAPP(r)$ 等于资本存量的实际增长率。如果投资回报率上升，那么 $KHAPP(r)$ 大于实际的资本存量增长率。如果投资回报率下降，那么 $KHAPP(r)$ 低于实际资本存量增长率。我们利用式(4.105)求出 $KHAPP(r)$，则有

$$KHAPP(r) = RORGFLEX(r)^{-1} \times ARG\_RORG(r) + \frac{QCGDS(r)}{QK(r)} - RDEP(r) \quad (4.112)$$

将式(4.112)代入式(4.111)，则有

$$DKHAT(r) = 100 \times LAMBHKHAT(r) \times \left[RORGFLEX(r)^{-1} \times ARG\_RORG(r) \right.$$
$$\left. + \frac{QCGDS(r)}{QK(r)} - RDEP(r) - KHAT(r) \right] \times time \quad (4.113)$$

因为，$100 \times [\frac{QCGDS(r)}{QK(r)} - RDEP(r)] \times time = qk(r) \quad (4.114)$

$$100 \times ARG\_RORG(r) \times time = rorga(r) \quad (4.115)$$

所以，将式(4.114)和式(4.115)代入式(4.113)，可得

$$DKHAT(r) = LAMBHKHAT(r) \times \left[RORGFLEX(r)^{-1} \times rorga(r) \right.$$
$$\left. + qk(r) - 100 \times KHAT(r) \times time \right] \quad (4.116)$$

4.6　国　际　贸　易

单个区域产出的商品一部分供国内消费者(包括私人部门、政府部门和厂商)使用,另一部分则出口到其他区域,产生国际贸易。当发生双边贸易时,商品从出口区域被运输到进口区域的过程中,伴随着商品价格和价值量的变化,同时也对国际运输服务提出需求(表 4.1)。下面我们先说明国际贸易中商品价格关系的变化,而后对全球运输部门进行描述。

表 4.1　国际贸易价格关系(据 Hertel and Tsigas,1997)

$$\text{VXMD}(i,r,s) = \text{PM}(i,r) \times \text{QXS}(i,r,s)$$
$$\pm\, \text{VTAXD}(i,r,s)$$
$$\Downarrow$$
$$= \text{VXWD}(i,r,s) = \text{PFOB}(i,r,s) \times \text{QXS}(i,r,s)$$
$$\pm\, \text{VTFSD}(i,r,s)$$
$$= \text{VIWS}(i,r,s) = \text{PCIF}(i,r,s) \times \text{QXS}(i,r,s)$$
$$\Downarrow$$
$$\pm\, \text{MTAX}(i,r,s)$$
$$= \text{VIMS}(i,r,s) = \text{PMS}(i,r,s) \times \text{QXS}(i,r,s)$$
$$\Downarrow$$
$$\text{VIM}(i,s) = \text{PIM}(i,s) \times \text{QIM}(i,s)$$

如表 4.1 所示,区域 r 出口到区域 s 的产品 i 的数量为 $\text{QXS}(i,r,s)$,相应的出口价值量为 $\text{VXMD}(i,r,s)$,用产品 i 在区域 r 的市场价格 $\text{PM}(i,r)$ 进行衡量。产品出口过程中存在关税或者出口补贴 $\text{VTAXD}(i,r,s)$,$\text{VXMD}(i,r,s)$ 加上 $\text{VTAXD}(i,r,s)$ 就得到以离岸价格 $\text{PFOB}(i,r,s)$ 衡量的出口价值量 $\text{VXWD}(i,r,s)$。然后,国际运输部门提供运输服务 $\text{VTWFSD}(m,i,r,s)$ 将产品运达区域 s,此时产品的价值量为 $\text{VIWS}(i,r,s)$,用到岸价格 $\text{PCIF}(i,r,s)$ 衡量。产品进入区域 s 后,将被征收关税或进行补贴 $\text{MTAX}(i,r,s)$,产品的价值量为 $\text{VIMS}(i,r,s)$,用进口商品 i 在区域 s 的国内市场价格 $\text{PMS}(i,r,s)$ 衡量。最后对来自不同国家的进口商品 i 进行复合,得到复合价值量 $\text{VIM}(i,s)$,用复合进口商价格 $\text{PIM}(i,s)$ 衡量。

具体来讲,出口过程中商品的国内市场价格与离岸价格之间的关系为

$$\text{PFOB}(i,r,s) = \text{PM}(i,r)\,/\,\text{TX}(i,r)\,/\,\text{TXS}(i,r,s) \tag{4.117}$$

式中,$\text{TX}(i,r)$ 为不区分出口目的地时对商品征收的税收强度;$\text{TXS}(i,r,s)$ 为区分出口目的地时的税收强度。对式(4.117)进行线性化,则有

$$\text{pfob}(i,r,s) = \text{pm}(i,r) - \text{tx}(i,r) - \text{txs}(i,r,s) \tag{4.118}$$

式中,$\text{pfob}(i,r,s)$、$\text{pm}(i,r)$、$\text{tx}(i,r)$、$\text{txs}(i,r,s)$ 分别为 $\text{PFOB}(i,r,s)$、$\text{PM}(i,r)$、$\text{TX}(i,r)$、$\text{TXS}(i,r,s)$ 的百倍变动率。商品 i 从区域 r 被运送到区域 s 时,需要运输部门提供的各类运输服务价值总量为 $\text{VTFSD}(i,r,s)$,此时商品的价值量发生变化,如式(4.119):

$$\text{VIWS}(i,r,s) = \text{VXWD}(i,r,s) + \text{VTFSD}(i,r,s) \tag{4.119}$$

即

$$\text{PCIF}(i,r,s) \times \text{QXS}(i,r,s) = \text{PFOB}(i,r,s) \times \text{QXS}(i,r,s) + \text{PTRANS}(i,r,s) \times \text{QTFSD}(i,r,s) \tag{4.120}$$

式中，PTRANS(i,r,s) 为运输服务的复合价格；QTFSD(i,r,s) 运输服务品的复合数量，对式(4.120)进行线性化，得到离岸价格与到岸价格的关系：

$$\begin{aligned}
\text{pcif}(i,r,s) =\ & \frac{\text{VXWD}(i,r,s)}{\text{VXWD}(i,r,s) + \text{VTFSD}(i,r,s)} \times \text{pfob}(i,r,s) \\
& + \frac{\text{VTFSD}(i,r,s)}{\text{VXWD}(i,r,s) + \text{VTFSD}(i,r,s)} \times \text{ptrans}(i,r,s)
\end{aligned} \tag{4.121}$$

式中，pcif(i,r,s)、ptrans(i,r,s)分别为 PCIF(i,r,s)、PTRANS(i,r,s)的百倍变动率。商品 i 到达区域 s 后，进口品的到岸价格与其在区域 s 的市场价格的关系为

$$\text{PMS}(i,r,s) = \text{TM}(i,r) \times \text{TMS}(i,r,s) \times \text{PCIF}(i,r,s) \tag{4.122}$$

式中，TM(i,r) 为不区分来源地的税收强度；TMS(i,r,s) 为区分来源地的税收强度。对以上两式进行线性化，则有

$$\text{pms}(i,r,s) = \text{tm}(i,s) + \text{tms}(i,r,s) + \text{pcif}(i,r,s) \tag{4.123}$$

式中，pms(i,r,s)、tm(i,r,s)、tms(i,r,s)分别为 PMS(i,r,s)、TM(i,r,s)、TMS(i,r,s)的百倍变动率。得到区域间商品双边贸易关系后，区域中的消费者(包括私人部门、政府部门和厂商)需要选择不同区域的商品复合成进口复合品。消费者根据成本最小化的原则决定进口各区域的商品数量，则有

$$\text{PIM}(i,s) \times \text{QIM}(i,s) = \sum_r \text{PMS}(i,r,s) \times \text{QXS}(i,r,s) \tag{4.124}$$

$$\text{QIM}(i,s) = A_{\text{QIM}} \left\{ \sum_r \left[\text{AMS}(i,r,s) \times \text{QXS}(i,r,s) \right]^{-\rho_{\text{QIM}}} \right\}^{-1/\rho_{\text{QIM}}} \tag{4.125}$$

式中，PIM(i,s) 和 QIM(i,s) 分别为区域 s 进口的复合进口商品 i 的价格和数量；A_{QIM} 为规模参数；AMS(i,r,s) 为技术进步参数；ρ_{QIM} 为替代弹性参数。对式(4.124)和式(4.125)进行线性化，则有

$$\text{qxs}(i,r,s) = \text{qim}(i,s) - \text{ams}(i,r,s) - \text{ESUBM}(i) \times \left[\text{pms}(i,r,s) - \text{ams}(i,r,s) - \text{pim}(i,s) \right] \tag{4.126}$$

$$\text{pim}(i,s) = \sum_r \text{MSHRS}(i,r,s) \times \left[\text{pms}(i,r,s) - \text{ams}(i,r,s) \right] \tag{4.127}$$

式中，ESUBM(i) 为商品 i 在不同区域之间的替代弹性；MSHRS(i,r,s) 为区域 s 从区域 r 进口商品 i 占其进口商品 i 总量的比重；qxs(i,r,s)、ams(i,r,s)分别为 QXS(i,r,s)、AMS(i,r,s)的百倍变动率。

4.7 全 球 运 输

全球运输部门是模型中的全球部门之一，该部门用于提供国际贸易的运输服务(水运、陆运和空运)，其价值量为商品的离岸价格与到岸价格价值量之差，下面从需求和

供给两个角度对全球运输服务进行说明。

4.7.1 运输服务的需求

设定国际运输服务部门提供的服务品为 m，按照运输方式来分，运输服务品包括水运、陆运和空运三种类型。商品 i 从区域 r 出口到区域 s 时，对国际运输部门服务品 m 的需求数量为 $QTMFSD(m,i,r,s)$，模型假设 $QTMFSD(m,i,r,s)$ 与每条运输线路运输的商品数量成比例，则有

$$QXS(i,r,s) = ATMFSD(m,i,r,s) \times QTMFSD(m,i,r,s) \tag{4.128}$$

式中，$ATMFSD(m,i,r,s)$ 为技术进步参数，对式(4.128)进行线性化，则有

$$qtmfsd(m,i,r,s) = qxs(i,r,s) - atmfsd(m,i,r,s) \tag{4.129}$$

式中，$qtmfsd(m,i,r,s)$、$atmfsd(m,i,r,s)$ 分别为 $QTMFSD(m,i,r,s)$、$ATMFSD(m,i,r,s)$ 的百倍变动率。此时，全球国际贸易对运输服务 m 的总需求，可以表达为所有运输线路对 m 的需求之和：

$$VTM(m) = \sum_i \sum_r \sum_s VTMFSD(m,i,r,s) = \sum_i \sum_r \sum_s PT(m) \times QTMFSD(m,i,r,s) \tag{4.130}$$

式中，$VTMFSD(m,i,r,s)$ 为商品 i 从区域 r 出口到区域 s 时消费运输品 m 的价值量；$PT(m)$ 为国际运输部门提供的运输品 m 的复合价格。另外，全球运输对 m 的总需求还可以用 m 的复合价格和数量来表达，即

$$VTM(m) = PT(m) \times QTM(m) \tag{4.131}$$

式中，$QTM(m)$ 为全球运输对 m 的总需求数量。由式(4.130)和式(4.131)可以看出：

$$PT(m) \times QTM(m) = \sum_i \sum_r \sum_s PT(m) \times QTMFSD(m,i,r,s) \tag{4.132}$$

对式(4.132)进行线性化，可得

$$qtm(m) = \sum_i \sum_r \sum_s \frac{VTMFSD(m,i,r,s)}{VTM(m)} \times qtmfsd(m,i,r,s) \tag{4.133}$$

式中，$qtm(m)$ 为 $QTM(m)$ 的百倍变动率。

4.7.2 运输服务的供给

模型设定运输服务的供给由 C-D 函数描述，即各区域提供的运输服务价值量占全球运输服务价值总量的比例不变，同时全球国际运输满足商品供给等于商品需求的零利润条件。假设区域 r 提供的运输品 m 的数量为 $QST(m,r)$，市场价格为 $PM(m,r)$，那么区域 r 提供的运输品 m 的价值量为

$$VST(m,r) = PM(m,r) \times QST(m,r) \tag{4.134}$$

根据市场出清条件，全球运输品 m 的供给量等于需求量，且区域供给通过 C-D 函数复合，可以得到：

$$PT(m) \times QTM(m) = \sum_r QST(m,r) \times PM(m,r) \tag{4.135}$$

$$QTM(m) = \prod_r QST(m,r)^{\delta_{(m,r)}} \tag{4.136}$$

式中，$\delta_{(m,r)}$ 为区域 r 供给的运输服务商品 m 占全球总运输服务商品 m 价值量的比重。

对式(4.135)和式(4.136)进行线性化，可以得到：

$$qst(m,r) = qtm(m) + pt(m) - pm(m,r) \tag{4.137}$$

$$pt(m) = \sum_r \frac{VST(m,r)}{\sum_r VST(m,r)} \times pm(m,r) \tag{4.138}$$

式中，$qst(m,r)$、$qtm(m)$、$pm(m,r)$ 分别为 $QST(m,r)$、$QTM(m)$、$PM(m,r)$ 的百倍变动率。商品 i 从区域 r 被运送到区域 s 时，运输部门提供的各类运输服务价值总量为 $VTFSD(i,r,s)$，它可以表达为

$$VTFSD(i,r,s) = PTRANS(i,r,s) \times QTFSD(i,r,s) = \sum_m VTMFSD(m,i,r,s) \tag{4.139}$$

对式(4.139)进行线性化，可得

$$ptrans(i,r,s) = \sum_m \frac{VTMFSD(m,i,r,s)}{\sum_m VTMFSD(m,i,r,s)} \times \left[pt(m) - atmfsd(m,i,r,s)\right] \tag{4.140}$$

4.8 区域住户的收入和支出行为

在传统的 CGE 模型中，要素收入直接支付给私人住户，而各项税收收入直接上交政府部门，然后再由私人住户和政府部门分别做出消费与储蓄等决策。与传统 CGE 模型不同，本模型采用标准比较静态 GTAP 模型的方法，即假定每个区域都有一个代表性区域住户。代表性区域住户一方面汇总整个区域的各项收入，另一方面则将其收入按照区域住户需求系统(McDougall，2002)分配给私人住户、政府和储蓄。私人住户和政府部门将所获得的收入分配用于消费支出，而储蓄则用于下期投资。本节首先分析代表性区域住户的收入，然后再分析区域住户支出的流向。模型在引入动态机制及全球基金后，区域住户的收入来源如图 4.7 所示。

从图 4.7 中可以看出，区域住户收入可以分为三大类：①提供非累积性要素(熟练劳动力、非熟练劳动力、土地、自然资源)收入；②股权收入，包括持有本区域企业股权的收入和持有全球基金股权的收入(即资本的投资收入)；③间接税收收入。因此，区域 r 的总收入可以表示为

$$INCOME(r) = \sum_{endwna} VOA(endwna,r) + YQHHLD(r) + TAXREV(r) \tag{4.141}$$

式中，$INCOME(r)$ 为区域 r 的总收入；$VOA(endwna,r)$ 为以供给者价格计算的非累积性要素的产出价值量；$YQHHLD(r)$ 为区域 r 中区域住户的股权收入(即区域住户将资本投资于本区域厂商而获得的收入和投资于全球基金所获得的收入之和)；$TAXREV(r)$ 为

区域 r 的各项税收总和。下面说明区域住户的收入、支出和效用，区域住户黏滞性要素 (土地、自然资源)的供给将在第 5 章进行说明。

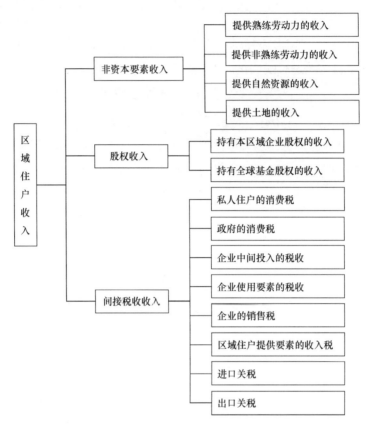

图 4.7 区域住户的收入来源

4.8.1 区域住户的税收收入

区域住户涉及的税收项目包括：①私人住户被征收的消费税 TPC(r)；②政府部门被征收的消费税 TGC(r)；③厂商消耗中间投入和能源时被征收的税收 TIU(r)；④厂商使用要素时被征收的税收 TFU(r)；⑤厂商销售产品时被征收的税收 TOUT(r)；⑥区域住户要素收入被征收的收入税 TINC(r)；⑦进口关税 TIM(r)；⑧出口关税 TEX(r)。由于 TINC(r) 的交税方和收税方同为区域住户，因此，不把它重复计算到区域住户的收入中。模型不仅借鉴了 GTAP-E 模型的能源嵌套结构，还进一步引入了 GTAP-E 模型的碳税模块，此时区域住户的税收总收入 TAXREV(r) 中多了碳税收入 CTAX(r)，可以表示为

$$
\begin{aligned}
\text{TAXREV}(r) = {} & \text{TPC}(r) + \text{TGC}(r) + \text{TIU}(r) + \text{TFU}(r) \\
& + \text{TOUT}(r) + \text{TIM}(r) + \text{TEX}(r) + \text{CTAX}(r)
\end{aligned}
\tag{4.142}
$$

1. 私人住户消费税 TPC(r)

私人住户消费税 TPC(r) 由消费国产商品时被征收的税收 DPTAX(i,r) 和消费进口

商品时被征收的税收 IPTAX(i,r) 两部分组成。

$$TPC(r) = \sum_i [DPTAX(i,r) + IPTAX(i,r)] \tag{4.143}$$

消费国产品被征收的税收 DPTAX(i,r) 可以用征税后国产商品价值量的变化表示，如式(4.144)～式(4.147)所示：

$$DPTAX(i,r) = VDPANC(i,r) - VDPM(i,r) \tag{4.144}$$

$$VDPANC(i,r) = PPDNC(i,r) \times QPD(i,r) \tag{4.145}$$

$$VDPM(i,r) = PM(i,r) \times QPD(i,r) \tag{4.146}$$

$$PPDNC(i,r) = TPD(i,r) \times PM(i,r) \tag{4.147}$$

式中，VDPANC(i,r) 为私人住户消费国产商品 i 的价值量(不包括碳税)，以消费者价格衡量；VDPM(i,r) 为私人住户消费国产商品 i 的价值量，以市场价格衡量；QPD(i,r) 为私人住户消费商品 i 的数量；PPDNC(i,r) 为消费者价格；PM(i,r) 为市场价格；TPD(i,r) 为私人住户消费时面临的税收强度，TPD(i,r)>1时表示征税，而 TPD(i,r)<1时表示补贴。

同样，消费进口品被征收的税收 IPTAX(i,r) 可以用征税后进口品价值量的变化表示：

$$IPTAX(i,r) = VIPANC(i,r) - VIPM(i,r) \tag{4.148}$$

$$VIPANC(i,r) = PPMNC(i,r) \times QPM(i,r) \tag{4.149}$$

$$VIPM(i,r) = PIM(i,r) \times QPM(i,r) \tag{4.150}$$

$$PPMNC(i,r) = TPM(i,r) \times PIM(i,r) \tag{4.151}$$

式中，VIPANC(i,r) 为私人住户消费进口商品 i 的价值量，以消费者价格衡量；VIPM(i,r) 为私人住户消费进口商品 i 的价值量，以市场价格衡量；QPM(i,r) 为私人住户消费商品 i 的数量；PPMNC(i,r) 为消费者价格；PIM(i,r) 为市场价格；TPM(i,r) 为私人住户消费时面临的税收强度，TPM(i,r)>1时表示征税，而 TPM(i,r)<1时表示补贴。

定义私人部门被征收的消费税 TPC(r) 占区域住户总收入 INCOME(r) 的比重为 TAXRPC(r)，则有

$$TAXRPC(r) = \frac{TPC(r)}{INCOME(r)} \tag{4.152}$$

对式(4.152)两边取微分，并将式(4.144)～式(4.148)代入进行线性化整理，则有

$$100 \times INCOME(r) \times del\_taxrpc(r) + TPC(r) \times y(r)$$
$$= \sum_i \{VDPANC(i,r) \times tpd(i,r) + DPTAX(i,r) \times [pm(i,r) + qpd(i,r)]\} \tag{4.153}$$
$$+ \sum_i \{VIPANC(i,r) \times tpm(i,r) + IPTAX(i,r) \times [pim(i,r) + qpm(i,r)]\}$$

式中，del_taxrpc(r) 为 TAXRPC(r) 的绝对变化量；$y(r)$ 为收入 INCOME(r) 的百倍变动率；tpd(i,r)、tpm(i,r)分别为 TPD(i,r)、TPM(i,r)的百倍变动率。另外，对式(4.147)和式(4.151)的价格关系进行线性化，则有

$$ppdnc(i,r) = tpd(i,r) + pm(i,r) \tag{4.154}$$

$$\text{ppmnc}(i,r) = \text{tpm}(i,r) + \text{pim}(i,r) \tag{4.155}$$

式中，$\text{ppdnc}(i,r)$、$\text{ppmnc}(i,r)$分别为 $\text{PPDNC}(i,r)$、$\text{PPMNC}(i,r)$的百倍变动率。

2. 政府部门消费税 $\text{TGC}(r)$

与私人住户消费税的情况类似，政府消费税收包含两部分：消费国产商品被征收的税收 $\text{DGTAX}(i,r)$ 和消费进口商品被征收的税收 $\text{IGTAX}(i,r)$：

$$\text{TGC}(r) = \sum_i \left[\text{DGTAX}(i,r) + \text{IGTAX}(i,r) \right] \tag{4.156}$$

政府购买国产商品部分的消费税 $\text{DGTAX}(i,r)$ 为

$$\text{DGTAX}(i,r) = \text{VGPANC}(i,r) - \text{VGPM}(i,r) \tag{4.157}$$

$$\text{VDGANC}(i,r) = \text{PGDNC}(i,r) \times \text{QGD}(i,r) \tag{4.158}$$

$$\text{VDGM}(i,r) = \text{PM}(i,r) \times \text{QGD}(i,r) \tag{4.159}$$

$$\text{PGDNC}(i,r) = \text{TGD}(i,r) \times \text{PM}(i,r) \tag{4.160}$$

式中，$\text{VDGANC}(i,r)$ 为政府消费国产商品 i 的价值量，以消费者价格衡量；$\text{PGDNC}(i,r)$ 为国产商品 i 的消费价格；$\text{VDGM}(i,r)$ 为政府消费国产商品 i 的价值量，以市场价格衡量；$\text{TGD}(i,r)$ 为政府消费国产商品 i 的税收强度。

政府购买进口品部分的消费税 $\text{IGTAX}(i,r)$ 为

$$\text{IGTAX}(i,r) = \text{VIGANC}(i,r) - \text{VIGM}(i,r) \tag{4.161}$$

$$\text{VIGANC}(i,r) = \text{PGMNC}(i,r) \times \text{QGM}(i,r) \tag{4.162}$$

$$\text{VIGM}(i,r) = \text{PIM}(i,r) \times \text{QGM}(i,r) \tag{4.163}$$

$$\text{PGMNC}(i,r) = \text{TGM}(i,r) \times \text{PIM}(i,r) \tag{4.164}$$

式中，$\text{VIGANC}(i,r)$ 为政府消费进口商品 i 的价值量，以消费价格衡量；$\text{PGMNC}(i,r)$ 为进口商品 i 的消费价格；$\text{VIGM}(i,r)$ 为政府消费进口商品 i 的价值量，以市场价格衡量；$\text{TGM}(i,r)$ 为政府消费进口商品 i 的税收强度。定义政府被征收的消费税 $\text{TGC}(r)$ 占区域住户总收入 $\text{INCOME}(r)$ 的比重为 $\text{TAXRGC}(r)$，则有

$$\text{TAXRGC}(r) = \frac{\text{TGC}(r)}{\text{INCOME}(r)} \tag{4.165}$$

对式(4.165)两边取微分，并将式(4.157)～式(4.163)代入进行线性化整理，则有

$$100 \times \text{INCOME}(r) \times \text{del\_taxgc}(r) + \text{TGC}(r) \times y(r)$$
$$= \sum_i \left\{ \text{VDGANC}(i,r) \times \text{tgd}(i,r) + \text{DGTAX}(i,r) \times \left[\text{pm}(i,r) + \text{qgd}(i,r) \right] \right\}$$
$$+ \sum_i \left\{ \text{VIGANC}(i,r) \times \text{tgm}(i,r) + \text{IGTAX}(i,r) \times \left[\text{pim}(i,r) + \text{qgm}(i,r) \right] \right\} \tag{4.166}$$

式中，$\text{del\_taxgc}(r)$ 为 $\text{TAXRGC}(r)$ 的绝对变化量。对式(4.160)和式(4.164)的价格关系进行线性化，则有

$$\text{pgdnc}(i,r) = \text{tgd}(i,r) + \text{pm}(i,r) \tag{4.167}$$

$$\text{pgmnc}(i,r) = \text{tgm}(i,r) + \text{pim}(i,r) \tag{4.168}$$

式中，pgdnc(i,r)、pgmnc(i,r)、tgd(i,r)、tgm(i,r)分别为 PGDNC(i,r)、PGMNC(i,r)、TGD(i,r)、TGM(i,r)的百倍变动率。

3. 企业使用中间投入的税收 TIU(r)

厂商消耗中间投入的税收 TIU(r) 同样由国产商品的消费税 DFTAX(i,j,r) 和进口商品的消费税组成 IFTAX(i,j,r)：

$$\text{TIU}(r) = \sum_i \sum_j \left[\text{DFTAX}(i,j,r) + \text{IFTAX}(i,j,r) \right] \tag{4.169}$$

企业消费国产中间投入商品被征收的税收 DFTAX(i,j,r) 为

$$\text{DFTAX}(i,j,r) = \text{VDFANC}(i,j,r) - \text{VDFM}(i,j,r) \tag{4.170}$$

$$\text{VDFANC}(i,j,r) = \text{PFDNC}(i,j,r) \times \text{QFD}(i,j,r) \tag{4.171}$$

$$\text{VDFM}(i,j,r) = \text{PM}(i,r) \times \text{QFD}(i,j,r) \tag{4.172}$$

$$\text{PFDNC}(i,j,r) = \text{TFD}(i,j,r) \times \text{PM}(i,r) \tag{4.173}$$

式中，VDFANC(i,j,r) 为区域 r 中生产部门 j 消费国产商品 i 时以未包含碳税的消费者价格计算的价值量；PFDNC(i,j,r) 为区域 r 中生产部门 j 消费国产商品 i 面临的未包含碳税的消费者价格；VDFM(i,j,r) 为区域 r 中生产部门 j 消费国产商品 i 时以市场价格计算的价值量；TFD(i,j,r) 为区域 r 中生产部门 j 消费国产商品 i 时面临的税收强度。

企业消耗进口中间投入商品被征收的税收 IFTAX(i,j,r) 为

$$\text{IFTAX}(i,j,r) = \text{VIFANC}(i,j,r) - \text{VIFM}(i,j,r) \tag{4.174}$$

$$\text{VIFANC}(i,j,r) = \text{PFMNC}(i,j,r) \times \text{QFM}(i,j,r) \tag{4.175}$$

$$\text{VIFM}(i,j,r) = \text{PIM}(i,r) \times \text{QFM}(i,j,r) \tag{4.176}$$

$$\text{PFMNC}(i,j,r) = \text{TFM}(i,j,r) \times \text{PIM}(i,r) \tag{4.177}$$

式中，VIFANC(i,j,r) 为区域 r 中生产部门 j 消费复合进口商品 i 时以未包含碳税的消费者价格计算的价值量；PFMNC(i,j,r) 为区域 r 中生产部门 j 消费复合进口商品 i 面临的未包含碳税的消费者价格；VIFM(i,j,r) 为区域 r 中生产部门 j 消费复合进口商品 i 时以市场价格计算的价值量；TFM(i,j,r) 为区域 r 中生产部门 j 消费复合进口商品 i 时面临的税收强度。定义厂商消耗中间投入被征收的税收 TIU(r) 占区域住户总收入 INCOME(r) 的比例为 TAXRIU(r)，则有

$$\text{TAXRIU}(r) = \frac{\text{TIU}(r)}{\text{INCOME}(r)} \tag{4.178}$$

对式(4.178)两边取微分，并将式(4.170)～式(4.176)代入进行线性化整理，则有

$$100 \times \text{INCOME}(r) \times \text{del\_taxriu}(r) + \text{TIU}(r) \times y(r)$$

$$= \sum_i \sum_j \left\{ \text{VDFANC}(i,j,r) \times \text{tfd}(i,j,r) + \text{DFTAX}(i,j,r) \times [\text{pm}(i,r) + \text{qfd}(i,j,r)] \right\} \tag{4.179}$$

$$+ \sum_i \sum_j \left\{ \text{VIFANC}(i,j,r) \times \text{tfm}(i,j,r) + \text{IFTAX}(i,j,r) \times [\text{pim}(i,r) + \text{qfm}(i,j,r)] \right\}$$

式中，del_taxriu(r) 为 TAXRIU(r) 的绝对变化量；tfd(i,j,r)、tfm(i,j,r)、qfd(i,j,r)、qfm($i,$ j,r)分别为 TFD(i,j,r)、TFM(i,j,r)、QFD(i,j,r)、QFM(i,j,r)的百倍变动率。对式(4.173) 和式(4.177)的价格关系进行线性化，则有

$$\text{pfdnc}(i,j,r) = \text{tfd}(i,j,r) + \text{pm}(i,r) \tag{4.180}$$

$$\text{pfmnc}(i,j,r) = \text{tfm}(i,j,r) + \text{pim}(i,r) \tag{4.181}$$

式中，pfdnc(i,j,r)、pfmnc(i,j,r)分别为 PFDNC(i,j,r)、PFMNC(i,j,r)的百倍变化率。

4. 企业使用要素的税收 TFU(r)

模型中区域住户提供的要素有资本、熟练劳动力、非熟练劳动力、自然资源和农业生态区。模型设定熟练劳动力和非熟练劳动力不能在区域之间流动，可以在区域内各产业部门之间流动。在动态模拟中，资本要素既可以在区域内各生产部门间自由流动，也可以在区域之间自由流动，因此，劳动力和资本属于流动性要素。自然资源和农业生态区不能在区域间流动，区域内各部门使用同一种黏滞性要素所面临的价格是不相同的，因此，自然资源和农业生态区属于黏滞性要素。那么厂商使用要素时被征收税收包含两部分：使用流动性要素 em 时被征收的税收 ETAX(em,j,r) 和使用黏滞性要素 es 时被征收的税收 ETAX(es,j,r)：

$$\text{TFU}(r) = \sum_{\text{em}}\sum_{j}\text{ETAX}(\text{em},j,r) + \sum_{\text{es}}\sum_{j}\text{ETAX}(\text{es},j,r) \tag{4.182}$$

企业消耗流动性要素 em 被征收的税收 ETAX(em,j,r) 为

$$\text{ETAX}(\text{em},j,r) = \text{EVFA}(\text{em},j,r) - \text{VFM}(\text{em},j,r) \tag{4.183}$$

$$\text{EVFA}(\text{em},j,r) = \text{PFE}(\text{em},j,r) \times \text{QFE}(\text{em},j,r) \tag{4.184}$$

$$\text{VFM}(\text{em},j,r) = \text{PM}(\text{em},r) \times \text{QFE}(\text{em},j,r) \tag{4.185}$$

$$\text{PFE}(\text{em},r) = \text{TF}(\text{em},j,r) \times \text{PM}(\text{em},r) \tag{4.186}$$

式中，EVFA(em,j,r) 为企业消耗流动性要素的价值量，以消费者价格衡量；VFM(em,j,r)为企业消耗流动性要素的价值量，以市场价格衡量；QFE(em,j,r)为企业消耗的流动性要素数量；PFE(em,j,r)为流动性要素的使用者价格；PM(em,r)为流动性要素的市场价格；TF(em,j,r)为消耗流动性要素的税收强度。

企业消耗流动性要素 es 被征收的税收 ETAX(es,j,r) 为

$$\text{ETAX}(\text{es},j,r) = \text{EVFA}(\text{es},j,r) - \text{VFM}(\text{es},j,r) \tag{4.187}$$

$$\text{EVFA}(\text{es},j,r) = \text{PFE}(\text{es},j,r) \times \text{QFE}(\text{es},j,r) \tag{4.188}$$

$$\text{VFM}(\text{es},j,r) = \text{PMES}(\text{es},j,r) \times \text{QFE}(\text{es},j,r) \tag{4.189}$$

$$\text{PFE}(\text{es},r) = \text{TF}(\text{es},j,r) \times \text{PMES}(\text{es},j,r) \tag{4.190}$$

式中，EVFA(es,j,r) 为企业消耗黏滞性要素的价值量，以消费者价格衡量；VFM(es,j,r) 为企业消耗黏滞性要素的价值量，以市场价格衡量；QFE(es,j,r)企业消耗的黏滞性要素数量；PFE(es,j,r)为黏滞性要素的使用者价格；PMES(es,r)为黏滞性要素的市场价格；TF(es,j,r)为消耗黏滞性要素的税收强度。

定义厂商使用要素时的税收 TFU(r) 占区域住户总收入 INCOME(r) 的比例为
TAXRFU(r)，则有

$$TAXRFU(r) = \frac{TFU(r)}{INCOME(r)} \tag{4.191}$$

对式(4.191)两边取微分，并将式(4.183)～式(4.189)代入进行线性化整理，则有

$$100 \times INCOME(r) \times del\_taxrfu(r) + TFU(r) \times y(r)$$
$$= \sum_{em} \sum_{j} \{ EVFA(em, j, r) \times tf(em, j, r) + ETAX(em, j, r) \times [pm(em, r) + qfe(em, j, r)] \} \tag{4.192}$$
$$+ \sum_{es} \sum_{j} \{ EVFA(es, j, r) \times tf(es, j, r) + ETAX(es, j, r) \times [pmes(es, j, r) + qfe(es, j, r)] \}$$

式中，del_taxrfu(r) 为 TAXRFU(r) 的绝对变化量。对式(4.186)和式(4.190)的价格关系
进行线性化，则有

$$pfe(em, j, r) = tf(em, j, r) + pm(em, r) \tag{4.193}$$
$$pfe(es, j, r) = tf(es, j, r) + pmes(es, j, r) \tag{4.194}$$

式中，tf(em, j, r)、tf(es, j, r)分别为 TF(em, j, r)、TF(es, j, r)的百倍变化率；pm(em, r)、
pmes(es, j, r)分别为 PM(em, r)、PMES(es, j, r)的百倍变动率。

5. 企业的销售税 TOUT(r)

企业的销售税 TOUT(r) 用征税后企业销售产品的价值量之差来衡量，即以市场价格
计算的价值量与以供应者价格计算的价值量之差，可以表示为

$$TOUT(r) = \sum_{i} [VOM(i, r) - VOA(i, r)] \tag{4.195}$$
$$VOM(i, r) = PM(i, r) \times QO(i, r) \tag{4.196}$$
$$VOA(i, r) = PS(i, r) \times QO(i, r) \tag{4.197}$$
$$PS(i, r) = TO(i, r) \times PM(i, r) \tag{4.198}$$

式中，VOM(i, r) 为企业销售产品 i 的价值量，以市场价格衡量；VOA(i, r) 为企业销售
产品 i 的价值量，以供应者价格衡量；PS(i, r) 为供应者价格；TO(i, r) 为企业面临的征
税或补贴强度。定义厂商的销售税 TOUT(r) 占区域住户总收入 INCOME(r) 的比例为
TAXROUT(r)，则有

$$TAXROUT(r) = \frac{TOUT(r)}{INCOME(r)} \tag{4.199}$$

对式(4.199)两边取微分，并将式(4.195)～式(4.197)代入进行线性化整理，则有

$$100 \times INCOME(r) \times del\_taxrout(r) + TOUT(r) \times y(r)$$
$$= \sum_{j} \{ VOA(i, r) \times (-to(i, r)) + PTAX(i, r) \times [pm(i, r) + qo(i, r)] \} \tag{4.200}$$

式中，del_taxrout(r) 为 TAXROUT(r) 的绝对变化量；to(i, r)为 TO(i, r)的百倍变动率。
对式(4.198)的价格关系进行线性化，则有

$$ps(i,r) = to(i,r) + pm(i,r) \tag{4.201}$$

6. 区域住户要素供给的收入税 TINC(r)

区域住户要素供给的收入税 TINC(r) 也可以表达为要素价值量 VOM(ei, r) 与 VOA(ei, r) 之差：

$$TINC(r) = \sum_{ei}\left[VOM(ei,r) - VOA(ei,r)\right] \tag{4.202}$$

$$VOM(ei,r) = PM(ei,r) \times QO(ei,r) \tag{4.203}$$

$$VOA(ei,r) = PS(ei,r) \times QO(ei,r) \tag{4.204}$$

$$PS(ei,r) = TO(ei,r) \times PM(ei,r) \tag{4.205}$$

相应地，定义区域住户的要素收入税 TINC(r) 占区域住户总收入 INCOME(r) 的比例为 TAXRINC(r)，则有

$$TAXRINC(r) = \frac{TINC(r)}{INCOME(r)} \tag{4.206}$$

对式(4.206)两边取微分，并将式(4.202)和式(4.133)～式(4.204)代入进行线性化整理，则有

$$\begin{aligned} &100 \times INCOME(r) \times del\_taxrinc(r) + TINC(r) \times y(r) \\ &= \sum_{ei}\left\{VOA(ei,r) \times (-to(ei,r)) + PTAX(ei,r) \times \left[pm(ei,r) + qo(ei,r)\right]\right\} \end{aligned} \tag{4.207}$$

式中，del_taxrinc(r) 为 TAXRINC(r) 的绝对变化量。对式(4.205)的价格关系进行线性化，则有

$$ps(ei,r) = to(ei,r) + pm(ei,r) \tag{4.208}$$

7. 出口关税 TEX(r) 和进口关税 TIM(r)

出口关税 TEX(r) 和进口关税 TIM(r) 分别表达为

$$TEX(r) = \sum_{i}\sum_{s}\left[VXWD(i,r,s) - VXMD(i,r,s)\right] \tag{4.209}$$

$$TIM(r) = \sum_{i}\sum_{s}\left[VIMS(i,s,r) - VIWS(i,s,r)\right] \tag{4.210}$$

式中，VXWD(i, r, s) 为出口商品 i 的价值量，以离岸价格衡量；VXMD(i, r, s) 为出口商品 i 的价值量，以产品 i 在出口国的市场价格衡量；VIMS(i, s, r) 为进口商品 i 的价值量，以 i 在进口国的市场价格衡量；VIWS(i, s, r) 为进口商品 i 的价值量，以进口商品 i 的到岸价格衡量。定义出口关税 TEX(r) 和进口关税 TIM(r) 收入占区域住户总收入 INCOME(r) 的比例分别为 TAXREXP(r) 和 TAXRIMP(r)，则有

$$TAXREXP(r) = \frac{TEX(r)}{INCOME(r)} \tag{4.211}$$

$$TAXRIMP(r) = \frac{TIM(r)}{INCOME(r)} \tag{4.212}$$

对式(4.211)两边取微分，并将式(4.209)代入进行线性化整理，则有

$$100 \times \text{INCOME}(r) \times \text{del\_taxrexp}(r) + \text{TEX}(r) \times y(r)$$
$$= \sum_i \sum_s \text{VXMD}(i,r,s) \times \left[-\text{tx}(i,r) - \text{txs}(i,r,s)\right] \tag{4.213}$$
$$+ \sum_i \sum_s \text{XTAXD}(i,r,s) \times \left[\text{pfob}(i,r,s) + \text{qxs}(i,r,s)\right]$$

对式(4.212)两边取微分，将式(4.210)代入进行线性化整理，则有

$$100 \times \text{INCOME}(r) \times \text{del\_taxrimp}(r) + \text{TIM}(r) \times y(r)$$
$$= \sum_i \sum_s \text{VIMS}(i,s,r) \times \left[\text{tm}(i,r) + \text{tms}(i,s,r)\right] \tag{4.214}$$
$$+ \sum_i \sum_s \text{MTAX}(i,s,r) \times \left[\text{pcif}(i,s,r) + \text{qxs}(i,s,r)\right]$$

式中， del_taxrexp(r) 和 del_taxrimp(r) 分别为 TAXREXP(r) 和 TAXRIMP(r) 的绝对变化量。最后，区域针对非电力能源的消费征收的碳税之和 CTAX(r)，可以表达为

$$\text{CTAX}(r) = \sum_{\text{nel}} \text{VCTAX}(\text{nel}, r) \tag{4.215}$$

为了对比分析碳税与其他税收收入对区域住户总收入的影响，模型将区域的税收总和 TAXREV(r) 拆分为间接税 INDTAX(r) 和碳税 CTAX(r)，并定义间接税与区域住户总收入的比重为 INDTAXR(r)，则有

$$\text{INDTAX}(r) = \text{TPC}(r) + \text{TGC}(r) + \text{TIU}(r)$$
$$+ \text{TFU}(r) + \text{TOUT}(r) + \text{TIM}(r) + \text{TEX}(r) \tag{4.216}$$

$$\text{INDTAXR}(r) = \frac{\text{INDTAX}(r)}{\text{INCOME}(r)} \tag{4.217}$$

将式(4.216)代入式(4.217)，并对式(4.217)两边取微分，则有

$$\text{del\_indtaxr}(r) = \text{del\_taxrpc}(r) + \text{del\_taxrgc}(r)$$
$$+ \text{del\_taxriu}(r) + \text{del\_taxrfu}(r) + \text{del\_taxrout}(r) \tag{4.218}$$
$$+ \text{del\_taxrexp}(r) + \text{del\_taxrimp}(r)$$

式中， del_indtaxr(r) 为 INDTAXR(r) 的绝对变化量。

4.8.2　区域住户的总收入

介绍了区域住户的税收收入之后，下面对区域住户的要素收入和总收入进行说明。从全球角度来看，区域住户的股权收入实际上是区域住户提供资本要素后获得的报酬，因此，这里将它视为一种要素收入。为了便于分析区域住户各类收入对总收入的影响，模型将区域住户的要素收入定义为 FY(r)，则有

$$\text{FY}(r) = \sum_{\text{endwna}} \text{VOA}(\text{endwna}, r) + \text{YQHHLD}(r) \tag{4.219}$$

$$\text{VOA}(\text{endwna}, r) = \text{PS}(\text{endwna}, r) \times \text{QO}(\text{endwna}, r) \tag{4.220}$$

式中， PS(endwna,r) 为非累积性要素的供给价格(排除资本的原始要素，包括农业生态

区、劳动力和自然资源）；QO(endwna, r) 为非累积性要素 endwna 的产量。对式(4.219)进行线性化，则有

$$FY(r) \times fincome(r)$$
$$= \sum_{endwna} VOA(endwna, r) \times [ps(endwna, r) + qo(endwna, r)] + YQHHLD(r) \times yqh(r) \quad (4.221)$$

式中，fincome(r) 和 yqh(r) 分别为区域 r 中要素收入 FY(r) 和股权收入 YQHHLD(r) 的百倍变化率。此时重写区域住户的总收入式(4.142)，则有

$$INCOME(r) = FY(r) + INCOME(r) \times INDTAXR(r) + \sum_{nel} VCTAX(nel, r) \quad (4.222)$$

对式(4.222)两边取微分，则有

$$INCOME(r) \times y(r) = FY(r) \times fincome(r)$$
$$+ 100 \times INCOME(r) \times del\_indtaxr(r) + INDTAX(r) \times y(r) \quad (4.223)$$
$$+ 100 \times \sum_{nel} del\_VCTAX(nel, r) + INCOME(r) \times incomeslack(r)$$

式中，y(r) 为区域住户总收入 INCOME(r) 的百倍变动率；del_VCTAX(nel, r) 为碳税的绝对变化量；incomeslack(r) 为区域住户总收入的松弛变量。

4.8.3　区域住户的支出与效用

确定了区域住户的收入之后，我们接着分析区域住户的支出和效应问题。在效用最大化原则下，区域住户根据其综合效应函数，确定总收入在私人住户、政府和储蓄三者之间的分配。区域住户的顶层复合采用 C-D 函数的形式，假设私人住户、政府和储蓄三者之间的比例不变，这与下层私人住户消费品复合的非位似性假设不一致，因此，McDougall(2002)对固定比例份额的 C-D 函数进行修正，并作为区域住户性的消费需求系统。区域住户将区域收入通过 C-D 函数分配至三种形式的最终需求：私人消费、政府购买和储蓄，即

$$U(r) = [UP(r)]^{\frac{PRIVEXP(r)}{INCOME(r)}} \left[\frac{UG(r)}{POP(r)}\right]^{\frac{GOVEXP(r)}{INCOME(r)}} \left[\frac{QSAVE(r)}{POP(r)}\right]^{\frac{SAVE(r)}{INCOME(r)}} \quad (4.224)$$

式中，U(r)，UP(r)，UG(r) 分别为区域综合效用、私人住户消费的人均效用和政府支出的公共效用；POP(r) 为区域人口数量 QSAVE(r) 为区域 r 的净储蓄。各项指数是三种最终需求占总区域总收入的比例，这一比例固定不变。对此消费需求系统进行线性化，其中，私人住户、政府和储蓄的需求分别为

$$yp(r) - y(r) = -[uepriv(r) - uelas(r)] + dppriv(r) \quad (4.225)$$

$$yg(r) - y(r) = uelas(r) + dpgov(r) \quad (4.226)$$

$$psave(r) + qsave(r) - y(r) = uelas(r) + dpsave(r) \quad (4.227)$$

$$uepriv(r) = \sum_i XWCONSHR(i, r) \times [pp(i, r) + qp(i, r) - yp(r)] \quad (4.228)$$

$$uelas(r) = XSHRPRIV(r) \times uepriv(r) - dpav(r) \quad (4.229)$$

$$\begin{aligned} dpav(r) = {} & XSHRPRIV(r) \times dppriv(r) \\ & + XSHRGOV(r) \times dpgov(r) + XSHRSAVE(r) \times dpsave(r) \end{aligned} \quad (4.230)$$

私人住户的消费、政府购买和区域住户的效用为

$$yp(r) - pop(r) = ppriv(r) + UELASPRIV(r) \times up(r) \quad (4.231)$$

$$yg(r) - pop(r) = pgov(r) + qgov(r) \quad (4.232)$$

$$\begin{aligned} p(r) = {} & XSHRPRIV(r) \times ppriv(r) \\ & + XSHRGOV(r) \times pgov(r) + XSHRSAVE(r) \times psave(r) \end{aligned} \quad (4.233)$$

$$\begin{aligned} u(r) - au(r) = {} & DPARPRIV(r) \times \log\left[UTILPRIV(r)\right] \times dppriv(r) \\ & + DPARGOV(r) \times \log\left[UTILGOV(r)\right] \times dpgov(r) \\ & + DPARSAVE(r) \times \log\left[UTILSAVE(r)\right] \times dpsave(r) \\ & + \left[1/UTILELAS(r)\right] \times \left[y(r) - pop(r) - p(r)\right] \end{aligned} \quad (4.234)$$

$$\begin{aligned} DPARSUM(r) \times dpsum(r) = {} & DPARPRIV(r) \times dppriv(r) + DPARGOV(r) \\ & \times dpgov(r) + DPARSAVE(r) \times dpsave(r) \end{aligned} \quad (4.235)$$

式中，uepriv(r) 为私人消费支出的效用弹性 UELASPRIV(r) (即效用每增加一个百分点引起的私人消费支出的变化率)的百倍变动率；yg(r) 为区域 r 政府购买的百倍变动率。uelas(r) 为总支出的效用弹性(即效用增加一个百分点引起的区域住户总支出的变动率)的百倍变动率；psave(r)、qsave(r) 分别为区域 r 储蓄品价格和数量的百倍变动率。dppriv(r)、dpgov(r)、dpsave(r) 和 dpav(r) 分别为私人消费分配参数 DPPARRIV(r)、政府消费分配参数 DPARGOV(r)、储蓄分配参数 DPARSAVE(r) 和加权平均分配参数 DPAV(r) 的百倍变动率；XWCONSHR(i,r) 为 CDE 函数中加权扩展参数的比重；XSHRPRIV(r)、XSHRGOV(r) 和 XSHRSAVE(r) 分别为私人消费占区域住户总收入的比重、政府消费占区域住户总收入的比重和储蓄占区域住户总收入的比重；wp(r) 为区域 r 私人消费人均效用的百倍变动率；p(r) 为区域 r 收入分配的价格指数；u(r) 为区域 r 综合人均消费的百倍变动率；DPARSUM(r) 为分配参数之和；dparsum(r) 为 DPARSUM(r) 的百倍变动率。

4.9 市场出清条件

各类经济主体的效用最大化或成本最小化决策原则在给定价格的条件下决定了全球范围内的商品供给与需求，以及原始投入要素的供给。在全球范围内通过各经济主体面临价格的调整，保证商品数量的供给与需求均衡，本模型通过市场出清和零利润条件实现均衡。

首先是商品销售市场的均衡。

(1)对于运输服务类商品。区域 r 的运输服务类商品 m 的产出由三部分构成，分别为以区域 r 内市场价格衡量的国内销售 VDM(m,r)、以区域 r 内市场价格衡量的出口到区域 s 的价值量 VXMD(m,r,s) 和出口到国际运输服务部门的 VST(m,r)。

(2)对于非运输服务类商品，区域 r 的非运输服务类商品 nm 的产出由两部分构成，

分别为以区域 r 内市场价格衡量的国内销售 VDM(nm,r)、以区域 r 内市场价格衡量的出口到区域 s 的价值量 VXMD(nm,r,s)。

$$\text{VOM}(m,r) = \text{VDM}(m,r) + \sum_s \text{VXMD}(m,r,s) + \text{VST}(m,r) \tag{4.236}$$

$$\text{VOM}(\text{nm},r) = \text{VDM}(\text{nm},r) + \sum_s \text{VXMD}(\text{nm},r,s) \tag{4.237}$$

对式(4.236)和式(4.237)进行线性化，则有

$$\begin{aligned} \text{VOM}(m,r) \times \text{qo}(m,r) = \text{VDM}(m,r) \times \text{qds}(m,r) + \sum_s \text{VXMD}(m,r,s) \times \text{qxs}(m,r,s) \\ + \text{VST}(m,r) \times \text{qst}(m,r) + \text{VOM}(m,r) \times \text{tradeslack}(m,r) \end{aligned} \tag{4.238}$$

$$\begin{aligned} \text{VOM}(\text{nm},r) \times \text{qo}(\text{nm},r) = \text{VDM}(\text{nm},r) \times \text{qds}(\text{nm},r) + \sum_s \text{VXMD}(\text{nm},r,s) \\ \times \text{qxs}(\text{nm},r,s) + \text{VOM}(\text{nm},r) \times \text{tradeslack}(\text{nm},r) \end{aligned} \tag{4.239}$$

模型中加入了松弛变量 tradeslack(i,r)，一般情况下该松弛变量应外生为零。但是如果外生商品 i 的市场价格时，就需要将对应的松弛变量 tradeslack(i,r) 内生，此时就变成了一般均衡模型，且瓦尔拉斯松弛变量也需要外生。

其次是国产商品和复合进口商品在区域内商场上的销售均衡。在区域 r 的国内市场中，国产商品和复合进口商品 i 分别销售给该区域的各生产部门、私人住户和政府部门。均衡关系式为

$$\text{VDM}(i,r) = \sum_j \text{VDFM}(i,j,r) + \text{VDPM}(i,r) + \text{VDGM}(i,r) \tag{4.240}$$

$$\text{VIM}(i,r) = \sum_j \text{VIFM}(i,j,r) + \text{VIPM}(i,r) + \text{VIGM}(i,r) \tag{4.241}$$

对式(4.240)和式(4.241)进行线性化，则有

$$\begin{aligned} \text{VDM}(i,r) \times \text{qds}(i,r) = \sum_j \text{VDFM}(i,j,r) \times \text{qfd}(i,j,r) \\ + \text{VDPM}(i,r) \times \text{qpd}(i,r) + \text{VDGM}(i,r) \times \text{qgd}(i,r) \end{aligned} \tag{4.242}$$

$$\begin{aligned} \text{VIM}(i,r) \times \text{qim}(i,r) = \sum_j \text{VIFM}(i,j,r) \times \text{qfm}(i,j,r) \\ + \text{VIPM}(i,r) \times \text{qpm}(i,r) + \text{VIGM}(i,r) \times \text{qgm}(i,r) \end{aligned} \tag{4.243}$$

在要素供给方面，流动性要素的供给均衡条件如下：

$$\text{VOM}(\text{em},r) = \sum_j \text{VFM}(\text{em},j,r) \tag{4.244}$$

黏滞性要素的供给均衡条件为

$$\text{QO}(\text{es},j,r) = \text{QFE}(\text{es},j,r) \tag{4.245}$$

对式(4.244)和式(4.245)进行线性化，则有

$$\begin{aligned} \text{VOM}(\text{em},r) \times \text{qo}(\text{em},r) = \sum_j \text{VFM}(\text{em},j,r) \times \text{qfe}(\text{em},j,r) \\ + \text{VOM}(\text{em},r) \times \text{endwslack}(\text{em},r) \end{aligned} \tag{4.246}$$

$$qo(es, j, r) = qfe(es, j, r) \tag{4.247}$$

式中，$endwslack(em, r)$ 为流动性要素供给的松弛变量。

最后，我们说明模型达到瓦尔拉斯均衡的条件。瓦尔拉斯均衡指出，当存在 n 个相互关联的市场时，如果 $n-1$ 个市场均满足市场出清的均衡条件，那么剩下的第 n 个市场自动满足均衡条件。在其他市场达到均衡的条件下，我们讨论储蓄和投资情况。全球的总新增投资供给为各区域的区域投资扣除该区域的折旧，则有

$$GLOBINV = \sum_r \left[REGINV(r) - VDEP(r) \right] \tag{4.248}$$

另外，在投资与储蓄在全球范围内达到均衡的条件下，各区域的储蓄总和即为全球投资，则有

$$GLOBINV = \sum_r SAVE(r) \tag{4.249}$$

对式(4.248)和式(4.249)进行线性化，则有

$$GLOBINV \times walras\_sup = \sum_r \big\{ REGINV(r) \times \left[pcgds(r) + qcgds(r) \right]$$
$$- VDEP(r) \times \left[pcgds(r) + qk(r) \right] \big\} \tag{4.250}$$

$$GLOBINV \times walras\_dem = \sum_r SAVE(r) \times \left\{ psave(r) + qsave(r) \right\} \tag{4.251}$$

$$walras\_sup = walras\_dem + walraslack \tag{4.252}$$

式中，$walras\_sup$ 为全球投资的百倍变动率；$walras\_dem$ 为全球储蓄的百倍变动率；$walraslack$ 为瓦尔拉斯均衡松弛变量。

4.10　能源与碳排放模型

区域 r 内销售的能源产品来自国内和国外两部分，而其消费需求由该区域内的企业厂商的中间投入需求、私人住户的最终需求和政府部门的最终需求三部分构成。在模型的动态模拟过程中，各能源消费主体 t 期的能源消费量通过其相对于 $t-1$ 期能源消费量的增长率计算出来，则有

$$EDF_t(egy, j, r) = EDF_{t-1}(egy, j, r) \times \left[1 + 0.01 \times qfd(egy, j, r) \right] \tag{4.253}$$

$$EIF_t(egy, j, r) = EIF_{t-1}(egy, j, r) \times \left[1 + 0.01 \times qfm(egy, j, r) \right] \tag{4.254}$$

$$EDP_t(egy, r) = EDP_{t-1}(egy, r) \times \left[1 + 0.01 \times qpd(egy, r) \right] \tag{4.255}$$

$$EIP_t(egy, r) = EIP_{t-1}(egy, r) \times \left[1 + 0.01 \times qpm(egy, r) \right] \tag{4.256}$$

$$EDG_t(egy, r) = EDG_{t-1}(egy, r) \times \left[1 + 0.01 \times qgd(egy, r) \right] \tag{4.257}$$

$$EIG_t(egy, r) = EIG_{t-1}(egy, r) \times \left[1 + 0.01 \times qgm(egy, r) \right] \tag{4.258}$$

$$EXIDAG_t(egy, r, s) = EXIDAG_{t-1}(egy, r, s) \times \left[1 + 0.01 \times qxs(egy, r, s) \right] \tag{4.259}$$

式中，$EDF(egy, j, r)$ 为区域 r 中产业部门 j 消耗国产能源 egy 的实物量；$EIF(egy, j, r)$ 为区域 r 中产业部门 j 消耗进口能源 egy 的实物量；$EDP(egy, r)$ 为区域 r 中私人住户

消耗国产能源 egy 的实物量；EIP(egy,r) 为区域 r 中私人住户消耗进口能源 egy 的实物量；EDG(egy,r) 为区域 r 中政府消耗国产能源 egy 的实物量；EIG(egy,r) 为区域 r 中政府消耗进口能源 egy 的实物量；EXIDAG(egy,r,s) 为区域 r 出口到区域 s 的能源 egy 的实物量。那么区域 r 内对能源 egy 的总供给 DVOL(egy,r) 可以通过式(4.242)进行计算：

$$DVOL(egy,r) = \sum_j EDF(egy,j,r) + EDG(egy,r) \\ + EDP(egy,r) + \sum_s EXIDAG(egy,r,s) \tag{4.260}$$

区域 r 对能源 egy 的进口量、出口量和消费总量分别可以通过式(4.261)、式(4.262)和式(4.263)进行计算，则有

$$MVOL(egy,r) = \sum_s EXIDAG(egy,s,r) \tag{4.261}$$

$$XVOL(egy,r) = \sum_s EXIDAG(egy,r,s) \tag{4.262}$$

$$DCVOL(egyi,r) = \sum_j \left[EDF(egy,j,r) + EIF(egy,j,r) \right] \\ + EDG(egy,r) + EDP(egy,r) + EIG(egy,r) + EIP(egy,r) \tag{4.263}$$

另外，区域 r 的 CO_2 排放量与其消耗的化石能源的数量成比例。我们假设区域 r 的 CO_2 排放量增长率为 gco2(nel,r)，除原油外，各类能源在区域 r 的增长率可以通过式(4.264)表示：

$$DCVOL(egyi2,r) \times gco2(egyi2,r) = DVOL(egyi2,r) \times qo(egyi2,r) + MVOL(egyi2,r) \\ \times qim(egyi2,r) - XVOL(egyi2,r) \times qxw(egyi2,r) \tag{4.264}$$

原油所排放的 CO_2 是排除用于冶炼部分之后的排放，假设区域对原油的国内需求为原油在国内扣除销售给冶炼部门的所有销售量 OILSALES(oi,r)，则有

$$OILSALES(oi,r) = \sum_j VFA(oi,j,r) - VFA(oi,p\_c,r) + VPA(oi,r) + VGA(oi,r) \tag{4.265}$$

那么，原油部门的 CO_2 排放增长率可以通过式(4.266)表示：

$$OILSALES(oi,r) \times gco2(oi,r) = \sum_j \left[VFA(oi,j,r) \times qf(oi,pri,r) \right] \\ - VFA(oi,p\_c,r) \times qf(oi,p\_c,r) \\ + VPA(oi,r) \times qp(oi,r) + VGA(oi,r) \times qg(oi,r) \tag{4.266}$$

那么，区域 r 中 t 期的 CO_2 排放量则由式(4.267)进行计算：

$$CO2_t(nel,r) = CO2_{t-1}(nel,r) \times \left[1 + 0.01 \times gco2(nel,r) \right] \tag{4.267}$$

对于产业部门、私人住户和政府部门具体的 CO_2 排放量，可以采用与能源消费类似的方法进行计算，则有

$$MDF_t(nel,j,r) = MDF_{t-1}(nel,j,r) \times \left[1 + 0.01 \times qfd(nel,j,r) \right] \tag{4.268}$$

$$\text{MIF}_t(\text{nel}, j, r) = \text{MIF}_{t-1}(\text{nel}, j, r) \times \left[1 + 0.01 \times \text{qfm}(\text{nel}, j, r)\right] \tag{4.269}$$

$$\text{MDP}_t(\text{nel}, r) = \text{MDP}_{t-1}(\text{nel}, r) \times \left[1 + 0.01 \times \text{qpd}(\text{nel}, r)\right] \tag{4.270}$$

$$\text{MIP}_t(\text{nel}, r) = \text{MIP}_{t-1}(\text{nel}, r) \times \left[1 + 0.01 \times \text{qpm}(\text{nel}, r)\right] \tag{4.271}$$

$$\text{MDG}_t(\text{nel}, r) = \text{MDG}_{t-1}(\text{nel}, r) \times \left[1 + 0.01 \times \text{qgd}(\text{nel}, r)\right] \tag{4.272}$$

$$\text{MIG}_t(\text{nel}, r) = \text{MIG}_{t-1}(\text{nel}, r) \times \left[1 + 0.01 \times \text{qgm}(\text{nel}, r)\right] \tag{4.273}$$

$$\text{EF}(\text{nel}, i, r) = \text{MDF}(\text{nel}, i, r) + \text{MIF}(\text{nel}, i, r) \tag{4.274}$$

$$\text{EH}(\text{nel}, r) = \text{MDP}(\text{nel}, r) + \text{MIP}(\text{nel}, r) \tag{4.275}$$

$$\text{EG}(\text{nel}, r) = \text{MDG}(\text{nel}, r) + \text{MIG}(\text{nel}, r) \tag{4.276}$$

式中，$\text{MDF}(\text{nel}, j, r)$ 为区域 r 中产业部门 j 消耗国产能源 nel 时的 CO_2 排放量；$\text{MIF}(\text{nel}, j, r)$ 为区域 r 中产业部门 j 消耗进口能源 nel 时的 CO_2 排放量；$\text{MDP}(\text{nel}, r)$ 为区域 r 中私人消耗国产能源 nel 时的 CO_2 排放量；$\text{MIP}(\text{nel}, r)$ 为区域 r 中私人消耗进口能源 nel 时的 CO_2 排放量；$\text{MDG}(\text{nel}, r)$ 为区域 r 中政府消耗国产能源 nel 时的 CO_2 排放量；$\text{MIG}_t(\text{nel}, r)$ 为区域 r 中政府消耗进口能源 nel 时的 CO_2 排放量；$\text{EF}(\text{nel}, i, r)$ 为区域 r 中产业部门 i 消耗能源 nel 时的 CO_2 排放量；$\text{EH}(\text{nel}, r)$ 为区域 r 私人住户消耗能源 egyi 时的 CO_2 排放量；$\text{EG}(\text{nel}, r)$ 为区域 r 政府部门消耗能源 nel 时的 CO_2 排放量。

4.11 碳 税 模 块

财税政策是全球治理的一个重要手段，为了分析治理的财税政策问题，GOPer-GC 模型的经济模块包含了碳税模块。模型中我们通过将碳税强度的变化引入到各经济主体面临的价格关系中，通过征税前后的价格变化将碳税影响引入模型中。模型允许针对不同类型的经济主体征收不同税率的碳税，根据不同的经济主体计算被征收碳税的额度、税基和碳税权，则有

(1)对于产业部门，有

$$\text{VFCTAX}(\text{nel}, i, r) = \text{EF}(\text{nel}, i, r) \times \text{TaxRate}(\text{nel}, i, r) \tag{4.277}$$

$$\text{VFCTAXBAS}(\text{nel}, i, r) = \text{VDFANC}(\text{nel}, i, r) + \text{VIFANC}(\text{nel}, i, r) \tag{4.278}$$

$$\text{CFPOWER}(\text{nel}, i, r) = \frac{\text{VFCTAX}(\text{nel}, i, r)}{\text{VFCTAXBAS}(\text{nel}, i, r)} + 1 \tag{4.279}$$

式中，$\text{TaxRate}(\text{nel}, i, r)$ 为区域 r 中产业部门 i 消耗能源 nel 而排放 CO_2 时被征收的碳税税率；$\text{VFCTAX}(\text{nel}, i, r)$ 和 $\text{VFCTAXBAS}(\text{nel}, i, r)$ 分别为相应的碳税额和征税税基；$\text{CFPOWER}(\text{nel}, i, r)$ 为碳税权。

(2)对于私人住户，有

$$\text{VHCTAX}(\text{nel}, r) = \text{EH}(\text{nel}, r) \times \text{TaxRateP}(\text{nel}, r) \tag{4.280}$$

$$\text{VHCTAXBAS}(\text{nel}, r) = \text{VDPANC}(\text{nel}, r) + \text{VIPANC}(\text{nel}, r) \tag{4.281}$$

$$\text{CHPOWER}(\text{nel}, r) = \frac{\text{VHCTAX}(\text{nel}, r)}{\text{VHCTAXBAS}(\text{nel}, r)} + 1 \tag{4.282}$$

式中，VHCTAX(nel, r) 和 VHCTAXBAS(nel, r) 分别为区域 r 中的私人住户消耗能源 nel 而排放 CO_2 时被征收的碳税额和征税税基；CHPOWER(nel, r) 为碳税权 TaxRatep(nel, r) 为区域 r 私人住户消耗能源 nel 的碳税税率。

(3)对于政府部门，有

$$\text{VGCTAX}(\text{nel}, r) = \text{EG}(\text{nel}, r) \times \text{TaxRateG}(\text{nel}, r) \tag{4.283}$$

$$\text{VGCTAXBAS}(\text{nel}, r) = \text{VDGANC}(\text{nel}, r) + \text{VIGANC}(\text{nel}, r) \tag{4.284}$$

$$\text{CGPOWER}(\text{nel}, r) = \frac{\text{VGCTAX}(\text{nel}, r)}{\text{VGCTAXBAS}(\text{nel}, r)} + 1 \tag{4.285}$$

式中，VGCTAX(nel, r) 和 VGCTAXBAS(nel, r) 分别为区域 r 中私人住户消耗能源 nel 而排放 CO_2 时被征收的碳税额和征税税基；CGPOWER(nel, r) 为碳税权 TaxRateG(nel, r) 为区域 r 政府购买能源 nel 的碳税税率。

各类经济主体消耗能源时，被征收碳税前后的碳税权变化即为经济主体受到的由碳税引起的价格冲击。这里假设国产商品和进口复合品所受由碳税引起的价格冲击幅度一致，即

$$\text{dcwfd}(i, j, r) = \text{dcwfi}(i, j, r) = \text{p\_CFPOWER}(i, j, r) \tag{4.286}$$

$$\text{dcwpd}(i, r) = \text{dcwpi}(i, r) = \text{p\_CHPOWER}(i, r) \tag{4.287}$$

$$\text{dcwgd}(i, r) = \text{dcwgi}(i, r) = \text{p\_CGPOWER}(i, r) \tag{4.288}$$

式中，p_CFPOWER(i, j, r)、p_CHPOWER(i, r) 和 p_CGPOWER(i, r) 分别为相应的碳税权的百倍变动率；dcwfd(i, j, r)、dcwfi(i, j, r)、dcwpd(i, r)、dcwpi(i, r)、dcwgd(i, r)、dcwgi(i, r) 为因征收碳税引起的经济主体面临的价格冲击。那么各类经济主体在征收碳税前后面临的商品价格关系由式(4.289)~式(4.294)表述：

$$\text{pfd}(i, j, r) = \text{pfdnc}(i, j, r) + \text{dcwfd}(i, j, r) \tag{4.289}$$

$$\text{pfm}(i, j, r) = \text{pfmnc}(i, j, r) + \text{dcwfi}(i, j, r) \tag{4.290}$$

$$\text{ppd}(i, r) = \text{ppdnc}(i, r) + \text{dcwpd}(i, r) \tag{4.291}$$

$$\text{ppm}(i, r) = \text{ppmnc}(i, r) + \text{dcwpi}(i, r) \tag{4.292}$$

$$\text{pgd}(i, r) = \text{pgdnc}(i, r) + \text{dcwgd}(i, r) \tag{4.293}$$

$$\text{pgm}(i, r) = \text{pgmnc}(i, r) + \text{dcwgi}(i, r) \tag{4.294}$$

4.12 小 结

本章详细介绍了全球气候治理与发展政策模拟系统(GOPer-GC)经济模块的模型构建和具体的结构。GOPer-GC 经济模块是在标准 GTAP 模型的基础上引入能源嵌套复合关系和资本动态化方法而构建的多国多部门的动态可计算一般均衡经济模型，主要包括

政府购买行为、企业的生产行为、私人住户私人住户的消费行为、区域住户的收入和支出行为、资产累积与投资行为、国际贸易、全球运输、市场出清条件。在能源的投入中，模型将能源从中间投入中剔除，并加入到要素的复合嵌套中，首先将能源与资本复合为"资本-能源"复合品，而后再与其他要素通过 CES 函数最终复合为"增加值-能源"复合品。这样就在能源与资本之间建立了替代关系，可以使企业多投入资本而少消耗能源。在模型的动态化方面，**GOPer-GC** 模型采用动态递推的方法实现区域资本积累、流动和分配的动态化。利用投资的滞后调整和适应性预期理论，解决了区域投资水平的问题，并且确保所有区域的投资回报率在长期模拟中趋于相等。另外，本章阐述了能源与碳排放、碳税模块，为碳排放与碳税政策模拟奠定基础。

第5章 气候系统模拟：土地利用变化与简化 GCM 模型

5.1 概 述

本章主要关注气候变化治理的另一个子系统——气候系统，在气候-经济联系的人地关系系统中，可计算一般均衡中土地的供给和需求与气候系统直接关联，它的表现形式就是土地利用变化的碳排放问题。

可计算一般均衡模型通常假设土地像资本和劳动力一样具备同质性，可以在土地利用部门间自由流动，区域内各部门拥有统一的地租率，即整个区域只拥有一个土地利润率。基于这样的假设，当区域内某部门对土地的需求增加时，为了重新达到系统的均衡状态，土地的供给会有大幅的变动，这就夸大了土地的流动性，与实际情况不符。实际上，土地类型的变化受气候、地租、成本等诸多因素的限制，不可能具有完全的流动性。本书中的 GOPer-GC 模型解决该问题的办法是细分土地要素，将土地细分为多个农业生态区，体现气候和生产力等因素对土地流动的限制。全球农业生态区的详细数据来自 GTAP 第八版数据库，该数据库将生长期和气候类型结合起来进行农业生态区的划分，其中，生长期指的是某区域一年中土壤湿度和气温满足植被生长的天数，可以反映土地的生产力。通常情况下，将湿度充分且气温高于 5℃ 的天数定义为生长期。GTAP 第八版数据库定义了六类生长期，结合寒带、温带和热带三类气候类型，将全球划分为 18 个类型的农业生态区(图 5.1)，其中，AEZ1～AEZ6 代表热带地区，AEZ7～AEZ12 代表温带地区，AEZ13～AEZ18 代表寒带地区。

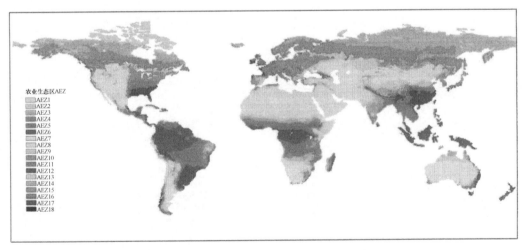

图 5.1 农业生态区分布示意图(由 GTAP 数据绘制得到)

引入农业生态区之后，模型对各农业生态区内的土地利用部门进行了限定。因为

GTAP 第八版数据库基于实际状况划分 AEZ 及其所包含的土地利用部门，因此模型限定 AEZ 中的土地部门为现有的土地利用部门，不再新增土地利用部门。也就是说，如果某 AEZ 中不存在畜牧业，那么畜牧业将不参与此 AEZ 中土地市场的竞争。需要说明的是，GTAP 第八版数据库中的土地利用部门包括种植业、畜牧业、林业、制造业，其他部门没有农业生态区要素的投入，并且数据库只提供了种植业、畜牧业、林业 3 个土地利用部门对应的土地覆被面积，缺少制造业部门土地要素投入的面积数据。另外，为了下文的建模需要，本书将种植业、畜牧业和林业合称为农业。

　　从供给的角度来看，将土地细分为 AEZ 之后，需要考虑 AEZ 内部土地市场的竞争问题，即土地在部门间的流动。除了气候因素，土地覆被类型变化的成本、管理、土地轮作等因素也会影响土地类型的转变，限制土地在部门间的流动，因此，需要对 AEZ 内生产部门间的土地流动进行限制。标准 GTAP 模型采用 CET 函数(constant elasticity of transformation)限制土地在部门间的流动。该函数在形式上同 CES 函数相同，区别是 CET 函数的价格是凸的，转移弹性是非正的。当转移弹性的绝对值变大时，土地流动的限制减小，且在不同部门的报酬率趋于相等，此时土地在不同部门间的流动性也就越强。为了更好地诠释土地在部门间的流动，GOPer-GC 模型沿用了 CET 函数形式，并对标准 GTAP 模型进行了扩展，采用多层嵌套的形式优化土地供给结构。土地供给者根据利润最大化原则，首先进行农业(包括种植业、畜牧业、林业)和制造业的土地分配，然后基于土地利润进行种植业、畜牧业和林业之间的分配。各阶段的土地分配通过 CET 函数实现，在自上而下的土地分配过程中，CET 函数的转移弹性逐步增大，这就意味着土地在下层部门间的流动性要高于上层部门。

　　从需求角度来看，在模型中细分土地要素为 AEZ，改变土地供给结构的同时，也细化了生产部门的要素需求结构。标准 GTAP 模型的要素投入是将土地作为一个单独的要素供企业消费，引入农业生态区之后，GOPer-GC 模型首先将农业生态区采用 CET 函数的形式复合为土地，然后再与其他的要素禀赋进一步复合。采用 CET 函数的形式复合，说明了农业生态区之间具有一定的相互替代性，实现了要素投入过程中农业生态区的最优分配。

　　另外，出于研究农业土地利用变化及碳排放的需要，我们还需要在模型中引入农业土地利用变化机制。GTAP-AEZ 模型是由普渡大学开发的基于农业生态区的静态 CGE 模型，它将农业土地覆被和土地利用变化纳入模型体系，模拟分析了经济发展过程中农业土地利用的变化情况(Hertel et al.，2008)。因此，我们在 GOPer-GC 模型中引入了 GTAP-AEZ 模型的土地利用变化模块，对土地覆被的面积变化进行长期模拟。AEZ-EF 模型是基于农业生态区的多区域模拟，用来估算农业土地利用变化的碳排放，为了满足农业土地利用变化碳排放的需求，本书在 GOPer-GC 模型中借鉴 AEZ-EF 模型，模拟分析农业土地利用变化的碳排放状况(Plevin et al.，2014)。介绍了土地利用变化模块之后，本章还对整个模型结构中的简化 GCM 模块进行了详细说明，它主要包括碳循环和气候反馈两个主要部分。

　　以上是本章的基本内容，下面先详细说明黏滞性要素的供给(5.2 节)，然后是农业生态区的复合需要(5.3 节)，接着说明土地利用变化模块(5.4 节)，5.5 节说明简化 GCM 模块，5.6 节说明模型体系的参数取值，最后简要总结本章主要内容(5.7 节)。

5.2 黏滞性要素的供给

与一般经济系统不同，与气候系统结合的经济系统需要考虑气候系统中自然资源和生态服务的黏滞性。在 GOPer-GC 模型刻画的经济系统中，区域住户是自然资源和 AEZ 的拥有者，而自然资源和 AEZ 同被定义为黏滞性要素，因此，这里将两者结合起来说明。

5.2.1 自然资源的供给

自然资源的供给结构较为简单，式(5.1)和式(5.2)解释了自然资源的价格与替代关系，使用 CET 函数描述，其复合方式为

$$QO(enatr, r) = A_{QOE} \left[\sum_j \delta_{QOE}(enatr, j, r) \times QOES(enatr, j, r)^{-\rho_{QOE}} \right]^{-1/\rho_{QOE}} \quad (5.1)$$

$$PM(enatr, r) \times QO(enatr, r) = \sum_j PMES(enatr, j, r) \times QOES(enatr, j, r) \quad (5.2)$$

式中，$QO(enatr, r)$ 为自然资源 enatr 的区域供给量；A_{QOE} 为规模参数；$\delta_{QOE}(enatr, j, r)$ 为部门 j 自然资源的供给量占所有部门总供给量的比重；$QOES(enatr, j, r)$ 为区域 r 部门 j 自然资源 enatr 的供给量；ρ_{QOE} 为替代弹性参数；$PM(enatr, r)$ 为区域自然资源 enatr 的复合价格；$PMES(enatr, j, r)$ 为区域 r 部门 j 投入自然资源 enatr 的市场价格。对式(5.1)和式(5.2)进行线性化可得区域 r 自然资源的复合市场价格及部门供给量的变动率：

$$pm(enatr, r) = \sum_j REVSHR(enatr, j, r) \times pmes(enatr, j, r) \quad (5.3)$$

$$
\begin{aligned}
qoes(enatr, j, r) &= qo(enatr, r) - endwslack(enatr, r) \\
&+ ETRAE(enatr) \times \left[pm(enatr, r) - pmes(enatr, j, r) \right]
\end{aligned} \quad (5.4)
$$

式中，$REVSHR(enatr, j, r)$ 为部门 j 自然资源的供给价值量占自然资源总供给价值量的比重；$ETRAE(enatr)$ 为替代弹性；$qoes(enatr, j, r)$、$qo(enatr, r)$ 分别为 $QOES(enatr, j, r)$、$QO(enatr, r)$ 的百倍变动率。

5.2.2 农业生态区的供给

以上说明了自然资源的供给，下面详细阐述农业生态区的多层供给结构。模型通过嵌套的 CET 函数实现农业生态区内的土地在各产业部门间的最优分配，如图 5.2 所示。

土地供给者首先实现 AEZ 在农业和制造业间的分配，其次是种植业、畜牧业和林业。土地拥有者基于利润最大化原则，首先在农业和制造业之间分配土地，对其进行 CET 函数的复合，价格关系和替代关系为

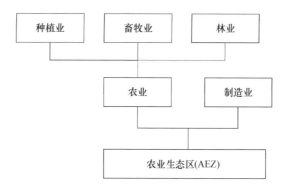

图 5.2　农业生态区供给的嵌套结构

$$\mathrm{PM}(\mathrm{aezi}, r) \times \mathrm{QO}(\mathrm{aezi}, r) = \mathrm{PMAGR}(\mathrm{aezi}, r) \times \mathrm{QOAGR}(\mathrm{aezi}, r) \\ + \mathrm{PMES}(\mathrm{aezi}, \mathrm{mfr}, r) \times \mathrm{QOES}(\mathrm{aezi}, \mathrm{mfr}, r) \tag{5.5}$$

$$\mathrm{QO}(\mathrm{aezi}, r) = A_{\mathrm{QOE}} \left[\begin{matrix} \delta_{\mathrm{MFR}} \mathrm{QOES}(\mathrm{aezi}, \mathrm{mfr}, r)^{-\rho_{\mathrm{EL1}}} \\ + \delta_{\mathrm{AGR}} \mathrm{QOAGR}(\mathrm{aezi}, r)^{-\rho_{\mathrm{EL1}}} \end{matrix} \right]^{-1/\rho_{\mathrm{EL1}}} \tag{5.6}$$

式中，$\mathrm{PM}(\mathrm{aezi}, r)$ 和 $\mathrm{QO}(\mathrm{aezi}, r)$ 分别为区域 r 农业生态区 aezi 的复合价格和供给数量；$\mathrm{PMAGR}(\mathrm{aezi}, r)$ 和 $\mathrm{QOAGR}(\mathrm{aezi}, r)$ 分别为农业的复合市场价格和供给数量；δ_{MFR} 和 δ_{AGR} 分别为制造业和农业部门土地供给数量占土地供给总量的比重；A_{QOE} 为规模参数；ρ_{EL1} 为替代弹性参数。对式(5.5)和式(5.6)进行线性化得到：

$$\mathrm{pm}(\mathrm{aezi}, r) = \sum_j \mathrm{REVSHR1}(\mathrm{aezi}, j, r) \times \mathrm{pmes}(\mathrm{aezi}, j, r) \tag{5.7}$$

$$\mathrm{qoes}(\mathrm{aezi}, \mathrm{mfr}, r) = \mathrm{qo}(\mathrm{aezi}, r) \\ - \mathrm{ETRAEL1}(\mathrm{aezi}, r) \times \left[\mathrm{pmes}(\mathrm{aezi}, \mathrm{mfr}, r) - \mathrm{pm}(\mathrm{aezi}, r) \right] \tag{5.8}$$

$$\mathrm{qoagr}(\mathrm{aezi}, r) = \mathrm{qo}(\mathrm{aezi}, r) \\ - \mathrm{ETRAEL1}(\mathrm{aezi}, r) \times \left[\mathrm{pmagr}(\mathrm{aezi}, r) - \mathrm{pm}(\mathrm{aezi}, r) \right] \tag{5.9}$$

式中，$\mathrm{REVSHR1}(\mathrm{aezi}, j, r)$ 为部门 j 农业生态区的供给价值量占总供给价值量的比重；$\mathrm{ETRAEL1}(\mathrm{aezi}, r)$ 为土地利用部门的替代弹性。通过以上公式确定了农业的土地需求之后，进一步确定种植业、畜牧业或林业的土地替代和价格关系：

$$\mathrm{QOAGR}(\mathrm{aezi}, r) = A_{\mathrm{QOE}} \left[\delta_{\mathrm{CGF}} \mathrm{QOES}(\mathrm{aezi}, \mathrm{cgf}, r)^{-\rho_{\mathrm{EL2}}} \right]^{-1/\rho_{\mathrm{EL2}}} \tag{5.10}$$

$$\mathrm{PMAGR}(\mathrm{aezi}, r) \times \mathrm{QOAGR}(\mathrm{aezi}, r) = \sum_{\mathrm{cgf}} \mathrm{PMES}(\mathrm{aezi}, \mathrm{cgf}, r) \times \mathrm{QOES}(\mathrm{aezi}, \mathrm{cgf}, r) \tag{5.11}$$

式中，cgf 代表种植业、畜牧业或林业，对式(5.10)和式(5.11)线性化，则有

$$\mathrm{pmagr}(\mathrm{aezi}, r) = \sum_j \mathrm{REVSHR2}(\mathrm{aezi}, j, r) \times \mathrm{pmes}(\mathrm{aezi}, j, r) \tag{5.12}$$

$$\mathrm{qoes}(\mathrm{aezi}, \mathrm{cgf}, r) = \mathrm{qoagr}(\mathrm{aezi}, r) \\ + \mathrm{ETRAEL2}(\mathrm{aezi}, r) \times \left[\mathrm{pmagr}(\mathrm{aezi}, r) - \mathrm{pmes}(\mathrm{aezi}, \mathrm{cgf}, r) \right] \tag{5.13}$$

式中，ETRAEL2(aezi, r)为农业部门之间的替代弹性。农业生态区的供给嵌套结构确定之后，农业生态区的市场出清条件可表达为

$$VOM(aezi, r) = \sum_j VFM(aezi, j, r)$$

5.3 农业生态区的复合需求

在土地利用部门的产出结构中，不同 AEZ 之间存在一定的替代关系，模型采用 CET 函数将其复合为土地，其结构如图 5.3 所示。

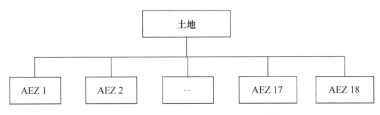

图 5.3 农业生态区的复合嵌套结构

由图 5.3 可以看出，区域 r 部门 j 中农业生态区的替代关系和复合价格关系为

$$QLAND(j, r) = \left\{ \sum_{aezi} \delta_{aezi} \left[AFE(aezi, j, r) \times QFE(aezi, j, r) \right]^{-\rho_{AEZ}} \right\}^{-1/\rho_{AEZ}} \tag{5.14}$$

$$PLAND(j, r) \times QLAND(j, r) = \sum_{aezi} PFE(aezi, j, r) \times QFE(aezi, j, r) \tag{5.15}$$

式中，QLAND(j, r)为区域 r 部门 j 投入的土地数量；δ_{aezi} 为区域 r 中农业生态区 aezi 的投入数量占土地总投入量的比重；AFE(aezi, j, r)为技术进步参数；QFE(aezi, j, r)为区域 r 部门 j 农业生态区 aezi 的投入数量；ρ_{AEZ} 为替代弹性参数；PLAND(j, r)为区域 r 部门 j 投入土地的复合价格；PFE(aezi, j, r)为农业生态区 aezi 作为部门 j 中间投入的价格。对以上两式进行线性化，则有

$$\begin{aligned} qfe(aezi, j, r) &= qland(j, r) \\ &\quad - ESUBAEZ(j, r) \times \left[pfe(aezi, j, r) - afe(aezi, j, r) - pland(j, r) \right] \end{aligned} \tag{5.16}$$

$$pland(j, r) = \sum_{aezi} SAEZ(aezi, j, r) \times \left[pfe(aezi, j, r) - afe(aezi, j, r) \right] \tag{5.17}$$

式中，ESUBAEZ(j, r)为区域 r 部门 j 农业生态区之间的替代弹性；SAEZ(aezi, j, r)为农业生态区 aezi 的投入价值量占土地投入价值总量的比重。

5.4 土地利用变化模块

该模块用于模拟农业部门的土地利用变化，将经济模块中农业部门土地要素供给的价值量与实物量面积建立关联，其中，土地覆被类型(prodcover)包括耕地(cropland)、

草地(grazeland)、林地(forland)，其对应的土地利用部门(landcom)分别为种植业(crop)、畜牧业(graze)、林业(forest)。土地利用变化模块由三部分组成，分别说明种植业收获面积、土地覆被面积、单位面积地租的变化机制，其中，土地覆被面积、土地供给面积、种植业收获面积等变量的关系可以用图 5.4 表示。可以看出，土地利用变化模块首先将农业部门的土地供给量(qoes)与各土地覆被类型的供给量(qograzeland/qoforland/qocropland)关联，进而得到土地覆被面积的百倍变化率(p_LANDCOVER)，最后得到整个农业生态区土地覆被面积的变化率(lcoveraez)。由于种植业存在收获面积与土地投入面积不等的状况，模型将两者区分开来，并通过参数(ETA)建立两者之间的关联。下面从种植业收获面积的变化开始，详细说明土地利用变化模块。

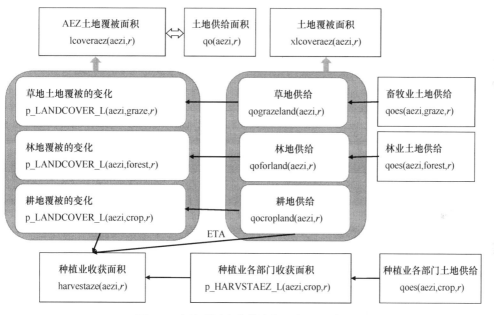

图 5.4　土地利用变化模块主要变量关系图

5.4.1　种植业收获面积的变化

在实际情况中，由于种植业的轮作和休耕，作物的收获面积与实际的土地投入量之间存在差异，为了确保土地在实物量和价值量上的均衡，因此，模型定义了参数 ETA，用公式表达为

$$\text{ETA} = \frac{\text{qocropland}}{\text{harvstaez}} \tag{5.18}$$

式中，qocropland 为种植业土地投入量的百倍变动率；harvstaez 为种植业收获面积的百倍变动率。由式(5.18)可以看出，ETA 为种植业土地投入量覆被面积与收获面积的弹性，以此来调整种植业土地投入与收获面积之间的差异。根据式(5.18)，农业生态区中收获面积的变化可以表示为

$$\text{harvstaez}(aezi, r) = \frac{\text{qocropland}(aezi, r)}{\text{ETA}} \tag{5.19}$$

式中，harvstaez($aezi, r$) 为农业生态区 aezi 中种植业收获面积的变化率；qocropland($aezi, r$) 为区域 r 农业生态区 aezi 中种植业土地供给的变动率。下面说明种植业各部门的单位地租，并由此得到种植业各部门收获面积的百倍变动率。种植业各部门的地租可以表示为种植业消耗土地的产出价值量与收获面积的比，见式(5.20)

$$\text{RENTCROP}(aezi, crop, r) = \frac{\text{VFM}(aezi, crop, r)}{\text{HARVSTAREA\_L}(aezi, crop, r)} \tag{5.20}$$

式中，RENTCROP($aezi, crop, r$) 为种植业投入 aezi 的地租水平；VFM($aezi, crop, r$) 为种植业部门投入要素 aezi 的价值量；HARVSTAREA_L($aezi, crop, r$) 为收获面积。另外，RENTCROP($aezi, crop, r$) 还可以通过土地供给的价值量来表示，见式(5.21)：

$$\begin{aligned}\text{RENTCROP}(aezi, crop, r) &\times \text{HARVSTAREA\_L}(aezi, crop, r) \\ &= \text{PMES}(aezi, crop, r) \times \text{QOES}(aezi, crop, r)\end{aligned} \tag{5.21}$$

式中，PMES($aezi, crop, r$) 为区域 r 种植业部门所投入的 aezi 的市场价格；QOES($aezi, crop, r$) 为区域 r 种植业部门 aezi 的供给数量。对式(5.21)进行线性化，则有

$$\begin{aligned}\text{p\_RENTCROP}(aezi, crop, r) &+ \text{p\_HARVSTAREA\_L}(aezi, crop, r) \\ &= \text{pmes}(aezi, crop, r) + \text{qoes}(aezi, crop, r)\end{aligned} \tag{5.22}$$

式中，p_RENTCROP($aezi, crop, r$) 和 p_HARVSTAREA_L($aezi, crop, r$) 分别表示地租和收获面积的百倍变动率，由此可以看出收获面积与土地供给的关系。另外，模型对收获面积与供给的变化进行了设定，在土地分配过程中引入松弛变量，对部门收获面积的变化进行调整，确保种植业部门收获面积与 aezi 的供给相等，见式(5.23)：

$$\text{p\_HARVSTAREA\_L}(aezi, crop, r) = \text{harvstslack}(aezi, r) + \text{qoes}(aezi, crop, r) \tag{5.23}$$

式中，harvstslack($aezi, r$) 为收获面积的松弛变量。农业生态区 aezi 中种植业的总收获面积 HARVSTAEZ($aezi, r$) 和区域 r 所有农业生态区中种植业部门的收获面积 HARVSTCOM($crop, r$) 均可以通过求和的形式得到：

$$\text{HARVSTAEZ}(aezi, r) = \sum_{crop} \text{HARVSTAREA\_L}(aezi, crop, r) \tag{5.24}$$

$$\text{HARVSTCOM}(crop, r) = \sum_{aezi} \text{HARVSTAREA\_L}(aezi, crop, r) \tag{5.25}$$

式(5.24)和式(5.25)线性化的结果为

$$\text{harvstaez}(aezi, r) = \sum_{crop} \text{HAREASHR}(aezi, crop, r) \times \text{p\_HARVSTAREA\_L}(aezi, crop, r) \tag{5.26}$$

$$\begin{aligned}\text{harvstcom}(crop, r) = \\ \sum_{aezi} \text{AEZHAREASHR}(aezi, crop, r) \times \text{p\_HARVSTAREA\_L}(aezi, crop, r)\end{aligned} \tag{5.27}$$

式中，harvstcom($crop, r$) 为 HARVSTCOM($crop, r$) 的百倍变动率；HAREASHR($aezi, crop, r$) 为种植业下属部门的收获面积占总面积的比重，AEZHAREASHR($aezi, crop, r$) 为种植业

部门收获总面积中，农业生态区 aezi 中该部门收获面积所占的比重。确定了部门收获面积的百倍变动率之后，就可以得到部门的新增收获面积，见式(5.28)：

$$
\begin{aligned}
\text{NEWHASREGCOMM}(crop, r) = \\
\text{harvstcom}(crop, r) \times \sum_{\text{aezi}} \text{HARVSTAREA\_L}(aezi, crop, r)
\end{aligned}
\tag{5.28}
$$

式中，NEWHASREGCOMM(crop, r) 为部门新增收获面积(实物量)。

5.4.2　土地利用变化

本节主要说明林业、畜牧业及区域土地利用的变化情况。先说明林业和畜牧业两个土地利用部门农业生态区的供给。式(5.29)和式(5.30)说明林业和畜牧业农业生态区的供给量由其下属部门的供给量 QOES 求和得到：

$$
\text{QOFORLAND}(aezi, r) = \sum_{\text{forest}} \text{QOES}(aezi, forest, r)
\tag{5.29}
$$

$$
\text{QOGRAZELAND}(aezi, r) = \sum_{\text{graze}} \text{QOES}(aezi, graze, r)
\tag{5.30}
$$

对式(5.29)和式(5.30)进行线性化，可得

$$
\text{qoforland}(aezi, r) = \sum_{\text{forest}} \text{REVSHR21}(aezi, forest, r) \times \text{qoes}(aezi, forest, r)
\tag{5.31}
$$

$$
\text{qograzeland}(aezi, r) = \sum_{\text{graze}} \text{REVSHR31}(aezi, graze, r) \times \text{qoes}(aezi, graze, r)
\tag{5.32}
$$

式中，QOFORLAND(aezi, r) 为区域 r 中林业部门农业生态区 aezi 的总供给面积 QOGRAZELAND(aezi, r) 为区域 r 中畜牧业农业生态区 aezi 的总供给面积；qoforland (aezi, r)、qograzeland(aezi, r) 分别为 QOFORLAND(aezi, r)、QOGRAZELAND(aezi, r) 的百倍变动率。REVSHR21(aezi, forest, r) 为林业下属部门 aezi 的投入价值量占所有下属部门 aezi 投入总量的比重；REVSHR31(aezi, graze, r) 为畜牧业下属部门 aezi 的投入价值量占所有下属部门 aezi 投入总量的比重。此时，整个农业生态区 aezi 的土地覆被面积变化 xlcoveraez(aezi, r) 可以表示为

$$
\begin{aligned}
\text{xlcoveraez}(aezi, r) = {} & \text{qoforland}(aezi, r) \times \sum_{\text{forest}} \text{REVSHR1}(aezi, forest, r) \\
& + \text{qograzeland}(aezi, r) \times \sum_{\text{graze}} \text{REVSHR1}(aezi, graze, r) \\
& + \text{qocropland}(aezi, r) \times \sum_{\text{crop}} \text{REVSHR1}(aezi, crop, r)
\end{aligned}
\tag{5.33}
$$

式中，REVSHR1(aezi, landcom) 为部门投入价值量的比重，用公式表示为

$$
\text{REVSHR1}(aezi, landcom, r) = \frac{\text{VFM}(aezi, landcom, r)}{\sum_{\text{landcom}} \text{VFM}(aezi, landcom, r)}
\tag{5.34}
$$

式中，VFM(aezi, landcom, r) 为土地利用部门 landcom 投入要素 aezi 的价值量。而各土地利用部门的土地覆被变化 RSHRLcover(landcom, r) 可表示为

$$\text{RSHRLcover(landcom, } r) = \text{qoes(aezi, landcom, } r) \times \sum_{\text{aezi}} \text{REVSHR1(aezi, landcom, } r) \quad (5.35)$$

与 xlcoveraez(aezi, r) 相似，整个区域的土地覆被面积变化 natcoveraez(r) 可以表示为

$$\begin{aligned}
\text{natcoveraez}(r) = {} & \text{qoforland(aezi, } r) \times \sum_{\text{aezi}} \sum_{\text{forest}} \text{REVSHR1(aezi, forest, } r) \\
& + \text{qograzeland(aezi, } r) \times \sum_{\text{aezi}} \sum_{\text{graze}} \text{REVSHR1(aezi, graze, } r) \\
& + \text{qocropland(aezi, } r) \times \sum_{\text{aezi}} \sum_{\text{crop}} \text{REVSHR1(aezi, crop, } r)
\end{aligned} \quad (5.36)$$

5.4.3 · 土地单位面积的地租

本节主要讲述种植业、林业和畜牧业的单位面积地租，其中，种植业土地覆被与土地供给的价值量关系可以表达为

$$\begin{aligned}
& \text{RENTCOVER(aezi, cropland, } r) \times \text{LANDCOVER\_L(aezi, cropland, } r) \\
& = \text{PMCROPLAND(aezi, } r) \times \text{QOCROPLAND(aezi, } r)
\end{aligned} \quad (5.37)$$

式中，RENTCOVER(aezi, cropland, r) 为种植业单位面积地租；LANDCOVER_L(aezi, cropland, r) 为种植业土地覆被的面积；PMCROPLAND 为种植业土地覆被的市场价格，QOCROPLAND 为种植业土地供给。对式(5.37)进行线性化，则有

$$\begin{aligned}
& \text{p\_RENTCOVER(aezi, cropland, } r) + \text{p\_LANDCOVER\_L(aezi, cropland, } r) \\
& = \text{pmcropland(aezi, } r) + \text{qocropland(aezi, } r)
\end{aligned} \quad (5.38)$$

式中，p_RENTCOVER(aezi, cropland, r) 和 p_LANDCOVER_L(aezi, cropland, r) 分别为单位面积地租和土地覆被的百倍变动率；pmcropland(aezi, r) 为 PMCROPLAND(aezi, r) 的百倍变动率。林业土地覆被与土地供给的价值量关系为

$$\begin{aligned}
& \text{RENTCOVER(aezi, forestland, } r) \times \text{LANDCOVER\_L(aezi, forestland, } r) \\
& = \text{PMFORLAND(aezi, } r) \times \text{QOFORLAND(aezi, } r)
\end{aligned} \quad (5.39)$$

式中，PMFORLAND(aezi, r) 为林业土地覆被的市场价格。

对式(3.39)进行线性化，则有

$$\begin{aligned}
& \text{p\_RENTCOVER(aezi, forestland, } r) + \text{p\_LANDCOVER\_L(aezi, forestland, } r) \\
& = \text{pmforland(aezi, } r) + \text{qoforland(aezi, } r)
\end{aligned} \quad (5.40)$$

其中，pmforland(aezi, r) 为 PMFORLAND(aezi, r) 的百倍变动率，用式(5.41)表示为

$$\text{pmforland(aezi, } r) = \sum_{\text{forest}} \text{REVSHR21(aezi, forest, } r) \times \text{pmes(aezi, forest, } r) \quad (5.41)$$

畜牧业土地覆被与土地供给的价值量关系为

$$\begin{aligned}
& \text{RENTCOVER(aezi, grazetland, } r) \times \text{LANDCOVER\_L(aezi, grazeland, } r) \\
& = \text{PMGRAZELAND(aezi, } r) \times \text{QOGRAZELAND(aezi, } r)
\end{aligned} \quad (5.42)$$

式中，PMGRAZELAND(aezi, r) 为畜牧业土地的市场价格。

对式(5.42)进行线性化，则有

$$p\_RENTCOVER(aezi, grazetland, r) + p\_LANDCOVER\_L(aezi, grazeland, r)$$
$$= pmgrazeland(aezi, r) + qograzeland(aezi, r) \tag{5.43}$$

式中，$pmgrazeland(aezi, r)$ 为 $PMGRAZELAND(aezi, r)$ 的百倍变动率，用式(5.44)表示为

$$pmgrazeland(aezi, r) = \sum_{graze} REVSHR31(aezi, graze, r) \times pmes(aezi, graze, r) \tag{5.44}$$

以上说明了各土地覆被类型的地租和价格关系，下面说明农业生态区 aezi 土地覆被变化与土地供给之间的关系。$HA\_LCSHR(aezi, r)$ 是土地覆被面积中的收获面积所占的比重，它将种植业土地覆被面积与收获面积关联起来，可以表达为

$$HA\_LCSHR(aezi, r) = \frac{\sum_{crop} HARVSTAREA\_L(aezi, crop, r)}{\sum_{cropland} LANDCOVER\_L(aezi, cropland, r)} \tag{5.45}$$

由此得到种植业土地覆被变化与收获面积变化之间的关系为

$$p\_LANDCOVER\_L(aezi, cropland, r) = HA\_LCSHR(aezi, r) \times harvstaez(aezi, r) \tag{5.46}$$

林业、畜牧业土地覆被的变化(实物量)与土地供给变化(价值量)之间的关系为

$$p\_LANDCOVER\_L(aezi, forestland, r)$$
$$= qoforland(aezi, r) + areaahjust(aezi, r) \tag{5.47}$$

$$p\_LANDCOVER\_L(aezi, grazeland, r)$$
$$= qograzeland(aezi, r) + areaadjust(aezi, r) \tag{5.48}$$

式中，$areaahjust(aezi, r)$ 为非种植业土地覆被的调整变量，确保土地供给与土地使用在实物量上的均衡。区域 r 的农业生态区 aezi 覆被面积的变化

$$lcoveraez(aezi, r) = \sum_{prodcover} LCOVERSHR(aezi, prodcover, r) \times p\_LANDCOVER\_L(aezi, prodcover, r) \tag{5.49}$$

其中，$LCOVERSHR(aezi, prodcover, r)$ 为土地覆被类型的面积占覆被总面积的比重，可以表示为

$$LCOVERSHR(aezi, prodcover, r) = \frac{LANDCOVER\_L(aezi, prodcover, r)}{\sum_{prodcover} LANDCOVER\_L(aezi, prodcover, r)} \tag{5.50}$$

与此同时，模型设定区域 r 的农业生态区 aezi 覆被面积的变化与供给变化相等，这确保了土地利用模型与模型其他部分的对接，即

$$lcoveraez(aezi, r) = qo(aezi, r) \tag{5.51}$$

基于各覆被类型的地租，可以得到区域 r 要素 aezi 的平均地租，定义为式(5.52)：

$$RENTCOVERAV(aezi, r) = \frac{\sum_{landcom} VFM(aezi, landcom, r)}{\sum_{prodcover} LANDCOVER\_L(aezi, prodcover, r)} \tag{5.52}$$

要素 aezi 在区域 r 平均地租与要素 aezi 的供给存在如下关系：

$$RENTCOVERAV(aezi, r) \times LCOVERAEZ(aezi, r) = PM(aezi, r) \times QO(aezi, r) \tag{5.53}$$

线性化公式式(5.53)，则有

$$p\_RENTCOVERAV(aezi, r) + lcoveraez(aezi, r) = pm(aezi, r) + qo(aezi, r) \tag{5.54}$$

5.4.4 土地利用变化碳排放

基于以上的土地利用模型可以得到土地覆被的面积变化量，然而要得到覆被变化导致的碳排放数据，还需要将覆被变化与碳排放结合起来。基于该需求，本小节在土地利用变化模块中借鉴了 AEZ-EF 模型(Plevin et al.，2014)。AEZ-EF 模型将全球划分为多个区域，并将各区域土地细分到 18 个农业生态区，可用于估算基于农业生态区的农业土地利用变化碳排放，也可用于研究农业生产力或者生物质能计划对农业土地利用变化的影响。以上是对 AEZ-EF 模型的简单介绍，AEZ-EF 模型的详细说明请参考 Plevin 等(2014)。至此，土地利用变化碳排放的估算可以表达为

$$LUCE(typei, aezi, r) = QLU(typei, aezi, r) \times CE(typei, aezi, r) \tag{5.55}$$

式中，$LUCE(typei, aezi, r)$ 是区域 r 农业生态区 aezi 中土地利用变化类型 typei 造成的碳排放；typei 包含林地变为耕地、林地变为草地、耕地变为林地、耕地变为草地、草地变为耕地、草地变为林地和农用地的非农化七种类型；$QLU(typei, aezi, r)$ 为土地利用变化类型 typei 的面积；$CE(typei, aezi, r)$ 为土地利用变化类型 typei 的碳排放系数，该参数取值详见于 Plevin 等(2014)。

5.5 简化 GCM 模块

在 IAM 模型中，简化 GCM 模块包括碳循环与气候反馈模型，其职能是模拟气候系统，并将全球温度变化的影响反馈给经济系统。本模型主要参考 Nordhaus 和 Yang(1996) 的 RICE 模型，以及吴静等(2016)的工作，将全球经济活动排放的 CO_2 看成一个整体，不存在地域上的差异化。首先介绍碳循环模块，本书将温室气体在自然界的循环过程简化为在大气中循环积累，其积累机制表达为

$$\varPsi_t - 590 = \beta^c Q_t + \left(1 - \delta^c\right)\left(\varPsi_{t-1} - 590\right) \tag{5.56}$$

式中，$\varPsi_t$ 为 t 时期的大气碳含量(10 亿 t 碳平均)；β^c 为 CO_2 在大气中的停滞率；Q_t 为 t 年全球的碳排放量，包含能源消耗碳排放和农业土地利用变化碳排放；δ^c 为 CO_2 的大气衰减率；590 为工业化前大气 CO_2 的含量(5900 亿 t)。大气中碳含量的增加将导致大气辐射能力增强，具体形式为

$$F_t = 4.1 \frac{\ln\left(\varPsi_t / 590\right)}{\ln(2)} + Og_t \tag{5.57}$$

$$Og_t = \begin{cases} 0.2604 + 0.0125t - 0.000034t^2 & t < 150 \\ 1.42 & 其他情况 \end{cases} \tag{5.58}$$

式中，F_t 为 t 时期大气的平均辐射能力；Og_t 为其他温室气体的辐射能力。辐射能力增强会导致大气温度上升，其形式如式(5.59)和式(5.60)所示：

$$T_t = T_{t-1} + (1/R_1)\left[F_t - \lambda_T T_{t-1} - (R_2/\tau_{12})(T_{t-1} - T_{t-1}^*) \right] \tag{5.59}$$

$$T_t^* = T_{t-1}^* + (1/R_2)(R_2/\tau_{12})(T_{t-1} - T_{t-1}^*) \tag{5.60}$$

式中，T_{t-1} 为 $t-1$ 时期地表温度变化；T_{t-1}^* 为 $t-1$ 时期深海温度变化；λ_T 为给定的辐射能力变化导致的地表温度的均衡变化；R_1、R_2、τ_{12} 为大气表层和深海的比热，以及它们之间的能量转化率。

以上是对碳循环模块的说明，下面说明全球升温对经济系统的反馈作用。气候反馈模块反映了气候变化对经济系统的影响，将碳循环模块与经济模块结合起来，是经济系统和气候系统相互耦合的关键。本书模型参考 Weitzman 模式(Weitzman，2010)构建气候反馈模块。在 Weitzman 模式中，温度上升带来的影响不存在国家差异，因此，模型只设置了单一的温度上升破坏系数，如式(5.61)所示：

$$\Omega(t) = \cfrac{1}{1 + \left(\cfrac{T_t}{20.46}\right)^2 + \left(\cfrac{T_t}{6.081}\right)^{6.754}} \tag{5.61}$$

式中，$\Omega(t)$ 为 t 时期温度上升对经济发展的破坏系数；$T(t)$ 为 t 时期的温度。在式(5.61)的作用下，t 时期的部门产出将受到来自温度变化的冲击，式(4.52)应改为式(5.62)：

$$QO(j,r) = AO(j,r) \times \left\{ \begin{array}{l} \delta_{\mathrm{VAEN}}\left[AVA(j,r) \times \Omega(t) \times QVAEN(j,r) \right]^{-\rho_{QO}} + \\ \sum_{\mathrm{neii}} \delta_{\mathrm{neii}}\left[AF(\mathrm{neii},j,r) \times QF(\mathrm{neii},j,r) \right]^{-\rho_{QO}} \end{array} \right\}^{-1/\rho_{QO}} \tag{5.62}$$

线性化之后的式(4.54)和式(4.56)应修改为式(5.63)和式(5.64)：

$$\begin{aligned} \mathrm{qvaen}(j,r) = {}& \mathrm{qo}(j,r) - \mathrm{ava}(j,r) - \mathrm{omega}(t) - \mathrm{ao}(j,r) \\ & - \mathrm{ESUBT}(j) \times \left[\mathrm{pvaen}(j,r) - \mathrm{ava}(j,r) - \mathrm{omega}(t) - \mathrm{ps}(j,r) - \mathrm{ao}(j,r) \right] \end{aligned} \tag{5.63}$$

$$\begin{aligned} \mathrm{ps}(j,r) = {}& -\mathrm{ao}(j,r) + \sum_{\mathrm{ei}} \mathrm{STC}(\mathrm{ei},j,r) \times \left[\mathrm{pfe}(\mathrm{ei},j,r) - \mathrm{afe}(\mathrm{ei},j,r) - \mathrm{ava}(j,r) - \mathrm{omega}(t) \right] \\ & + \sum_{\mathrm{egy}} \mathrm{STC}(\mathrm{egy},j,r) \times \left[\mathrm{pf}(\mathrm{egy},j,r) - \mathrm{af}(\mathrm{egy},j,r) - \mathrm{ava}(j,r) - \mathrm{omega}(t) \right] \\ & + \sum_{\mathrm{neii}} \mathrm{STC}(\mathrm{neii},j,r) \times \left[\mathrm{pf}(\mathrm{neii},j,r) - \mathrm{af}(\mathrm{neii},j,r) \right] \end{aligned} \tag{5.64}$$

式中，$\mathrm{omega}(t)$ 为温度上升破坏系数 $\Omega(t)$ 的变化率。

5.6　模型体系的参数取值

在 GOPer-GC 模型中，经济模块和土地利用变化模块的参数取值皆来自 GTAP 第八版数据库，详见 GTAP 官方网站[①]，这里不再赘述。下面展开简化 GCM 模型的参数说明，该模块主要参考 Nordhaus 和 Yang(1996)的 RICE 模型，以及王铮、顾高翔等(2015)工作，其参数取值见表 5.1。

[①] https://www.gtap.agecon.purdue.edu/databases/v8/default.asp.

表 5.1　碳循环模块参数取值

参数	取值	说明
T_{t0}^{*}	0.22	初始深海温度变化(℃)
T_{t0}	0.73	初始地表温度变化(℃)
Ψ_{t0}	794.4	初始大气碳含量(GtC)
β^{c}	0.00833	CO_2 大气停滞率
δ^{c}	0.64	CO_2 衰减率
R_1	0.048	大气表层比热
R_2	0.00455	深海比热
τ_{12}	0.44	相对能量转化率
λ	1.413793	辐射能力导致地表温度的敏感度

数据来源：Nordhaus 和 Yang(1996)，吴静等(2016)

5.7　小　　结

  本章主要介绍了黏滞性要素的供给、土地利用变化模块与简化 GCM 模块。在农业生态区的供给中，模型通过嵌套的 CET 函数实现农业生态区在各产业部门间的最优分配。土地利用变化模块涉及三种土地覆被类型，分别是耕地、草地、林地，其对应的土地利用部门分别是种植业、畜牧业、林业。该模块将农业部门 AEZ 供给的价值量与实物量面积建立关联，实现了农业土地利用变化面积的模拟，模块主要由三部分组成，分别说明种植业收获面积、土地覆被、单位面积地租的变化机制。简化 GCM 模块包括碳循环与气候反馈模型，其职能是模拟气候系统，并将全球温度变化的影响反馈给经济系统。碳循环模块利用经济模块输出的碳排放量估算大气碳含量的变化对全球地表均温的影响，而后，气候反馈模块利用该变化估算气候变化对经济发展的破坏系数，实现经济系统与气候系统的耦合。

第6章　全球宏观经济与碳排放模拟

在第3章和第4章模型详述的基础上，我们的系统能够对全球各区域的宏观经济发展趋势、碳排放量与全球气候变化趋势展开模拟。在本章中，我们首先设定气候变化基准情景，展开基准情景的模拟，作为模型建模与系统开发的检验。这模拟是作为全球气候治理基准情景进行的，它需要对无政策作用下世界各区域的经济增长、产业结构、能源消费、农业土地利用变化、碳排放及全球升温趋势展开模拟和分析。

6.1　基准情景设置

系统模拟需要有初值输入，本书研发的系统是一个多国、多产业部门的治理系统。本系统具体模拟的基础数据源自 GTAP 第八版数据库，它以 2007 年的全球数据为分析基年，包含了全球 134 个区域、57 个产业部门，提供了要素投入、中间投入、部门产出、资本存量、国际贸易等宏观经济数据。依据研究需要，我们将 GTAP 第八版数据库重新整合为 19 个区域和 14 个产业部门，以此为基础展开 2008~2050 年的动态模拟。考虑到碳排放的主要国家及全球各国间的地缘关系，并参考 Plevin 等(2014)研究中的区域设定，本书将全球 134 个区域整合为 19 个国家和地区，分别是美国、欧盟、巴西、加拿大、日本、中国、印度、中美洲及含加勒比海地区(简写为中美洲)、南美洲、东亚其他地区(简写为东亚)、马来西亚和印度尼西亚(简写为马来和印尼)、东南亚其他地区(简写为东南亚)、南亚、俄罗斯、东欧、其他欧洲国家、中东和北非地区、亚撒哈拉地区、大洋洲，区域整合的详细情况见表 6.1，各区域的空间分布见附录 A1。14 个部门分别是种植业、畜牧业、林业、渔业、煤、石油、天然气、石油制品、电力、制造业、矿业、建筑业、运输业、服务业，其中，能源部门设定为煤、石油、天然气、石油制品、电力部门，农业部门设定为种植业、畜牧业、林业，部门整合的详细情况见表 6.2。

表 6.1　全球各区域的整合

序号	区域	GTAP 数据库对应国家(地区)
1	美国	美国
2	欧盟	法国、德国、意大利、比利时、荷兰、卢森堡、英国、爱尔兰、丹麦、希腊、西班牙、葡萄牙、瑞典、芬兰、奥地利、塞浦路斯、捷克、爱沙尼亚、匈牙利、拉脱维亚、立陶宛、马耳他、波兰、斯洛伐克、斯洛文尼亚、罗马尼亚、保加利亚、克罗地亚
3	巴西	巴西
4	加拿大	加拿大
5	日本	日本
6	中国	中国内地、中国香港
7	印度	印度

序号	区域	GTAP 数据库对应国家(地区)
8	中美洲	墨西哥、哥斯达黎加、危地马拉、洪都拉斯、尼加拉瓜、巴拿马、萨尔瓦多、加勒比海地区、其他中美洲国家
9	南美洲	阿根廷、玻利维亚、智利、哥伦比亚、厄瓜多尔、巴拉圭、秘鲁、乌拉圭、委内瑞拉、世界其他地区
10	东亚	韩国、蒙古、朝鲜、其他地区
11	马来和印尼	马来西亚、印度尼西亚
12	东南亚	柬埔寨、老挝、菲律宾、新加坡、泰国、越南、其余东南亚国家(地区)
13	南亚	孟加拉国、尼泊尔、巴基斯坦、斯里兰卡、其余南亚国家
14	俄罗斯	俄罗斯
15	东欧	阿尔巴尼亚、白俄罗斯、乌克兰、哈萨克斯坦、吉尔吉斯斯坦、亚美尼亚、阿塞拜疆、格鲁吉亚、土耳其
16	其他欧洲国家	瑞士、挪威、欧洲其他国家
17	中东和北非地区	伊朗伊斯兰共和国、以色列、科威特、阿曼、卡塔尔、沙特、阿拉伯联合酋长国、埃及、摩洛哥、突尼斯、伊拉克、其余北非和西亚国家
18	亚撒哈拉地区	喀麦隆、科特迪瓦、加纳、尼日利亚、塞内加尔、其余西非国家、非洲中南部、埃塞俄比亚、肯尼亚、马达加斯加、马拉维、毛里求斯、莫桑比克、坦桑尼亚、乌干达、赞比亚、津巴布韦、博茨瓦纳、纳米比亚、南非
19	大洋洲	澳大利亚、新西兰、大洋洲其他国家

表 6.2　产业部门的整合

序号	产业部门	GTAP 数据库对应产业部门
1	种植业	水稻、小麦、玉米、油料作物、蔬果、甘蔗甜菜、植物纤维、其他作物
2	畜牧业	畜牧业
3	林业	林业
4	渔业	渔业
5	煤	煤
6	石油	石油
7	天然气	天然气、燃气制品
8	石油制品	石油制品
9	电力	电力
10	制造业	动物制品加工、原料乳、羊毛蚕丝、食用肉类、肉制品加工、乳制品、稻米加工、糖、食品制造业、制烟品、纺织业、服装业、皮革加工、木制品、纸制品、化学化工、黑色金属、金属加工、金属制品、汽车及零部件、交通运输设备制造业、电子设备、机械及设备制造业、其他制造业
11	矿业	矿物开采、矿产品
12	建筑业	建筑业
13	运输业	海上运输、航空运输、其他运输业
14	服务业	供水、贸易、通信业、金融服务业、保险业、商业服务业、娱乐服务业、公共健康教育、房地产

　　基准情景的构建是政策模拟评估的基础,本书将气候反馈下 GOPer-GC 模型的模拟结果设定为基准情景。GOPer-GC 模型包含熟练劳动力、非熟练劳动力、自然资源、农业生态区和资本五种类型的要素禀赋,模型将资本的增长内生化,因此,基准情景中需要设定其余四类要素的增长方式。熟练劳动力和非熟练劳动力的增长方式外生给定,基于 CEPII 提供的 2008～2050 年的劳动力数据整理得到,数据详见附录 A2 和附录 A3。由于各区域的自然资源供给数据较难获得,且本书的模拟属于中短期模拟,因此,设定基准情景中自然资源的供给在模拟中保持不变。与自然资源类似,本书中农业生态区的供给在模拟中不变。此外,基准情景还需设定 2008～2050 年各区域人口的增长数据,其中,2008～2013 年的增长率采用世界银行的真实数据,2014～2050 年的增长率来自 CEPII 预测数据,具体数值见附录 A4。基准情景的构建还需要确定各区域的技术进步情况,由于技术进步的大小不好直接衡量,所以本书首先假定各区域各部门的技术进步参数内生决定,以得到预先设定的各区域真实 GDP 增长率;在相关的动态参数标定之后,再将各区域各期的技术进步参数外生,而真实 GDP 增长率内生,进而求解递归动态 CGE 模型的各期均衡解。对于 2008～2014 年的 GDP 增长率数据,本小节采用世界银行提供的各区域真实 GDP 增长率;而 2015～2050 年的区域 GDP 增长率则采用 CEPII 提供的预测数据,详细的区域 GDP 增长率数据见附录 A5。

6.2　宏观经济模拟结果

6.2.1　区域 GDP

　　GDP 反映了区域经济发展的规模和速度,是气候经济集成评估模型的一个重要预测指标,本书基于 GOPer-GC 模型,估算了 2008～2050 年世界各区域真实 GDP 的变化情况。模拟发现,全球经济发展在基准情景中呈现逐年增长的趋势,从 2008 年的 56.8 万亿美元上升到 2050 年的 184.2 万亿美元,模拟期内 GDP 年平均增长率达到 2.8%。2008～2030 年全球 GDP 的年平均增长率为 3.1%,随后全球 GDP 增长放缓,2031～2050 年的平均增长率为 2.6%。

　　基准情景中,全球 19 个区域的经济总量整体上呈现上升趋势。2008 年区域 GDP 总量自高向低排序为:欧盟、美国、日本、中国、中东和北非地区、东亚、加拿大、中美洲、巴西、俄罗斯、印度、东欧、南美洲、大洋洲、亚撒哈拉地区、其他欧洲国家、东南亚、马来和印尼、南亚。2010 年、2020 年、2030 年、2040 年和 2050 年区域 GDP 的模拟结果见表 6.3。2050 年区域 GDP 自高向低的排序出现变化,依次是中国、美国、欧盟、印度、亚撒哈拉地区、中东和北非地区、日本、马来和印尼、中美洲、巴西、东亚、南亚、南美洲、东欧、东南亚、加拿大、俄罗斯、大洋洲、其他欧洲国家。其中,中国、亚撒哈拉地区、马来和印尼、印度、南亚的 2050 年排序较 2008 年有大幅上升,而加拿大则大幅下降。下面针对区域 GDP 的变化情况展开详细说明。

表 6.3　区域 GDP

国家(地区)	GDP/万亿美元					年平均增长率/%		
	2010 年	2020 年	2030 年	2040 年	2050 年	2008~2030 年	2031~2050 年	2008~2050 年
美国	14.0	17.6	21.9	26.0	29.5	2.2	1.7	2.0
欧盟	16.7	19.3	22.7	25.8	28.3	1.3	1.1	1.2
巴西	1.5	2.1	2.8	3.5	4.2	3.0	2.1	2.6
加拿大	1.4	1.9	2.2	2.6	3.1	2.0	1.5	1.8
日本	4.3	4.9	5.7	6.6	7.5	1.4	1.4	1.4
中国	4.9	11.1	20.8	31.7	41.8	7.6	3.2	5.5
印度	1.5	2.9	5.5	9.9	16.2	6.8	5.3	6.1
中美洲	1.4	2.0	2.8	3.5	4.3	3.0	2.3	2.7
南美洲	1.2	1.7	2.3	3.0	3.7	3.4	2.4	2.9
东亚	1.6	2.3	2.9	3.6	4.1	3.0	1.8	2.4
马来和印尼	0.7	1.2	2.0	3.1	4.4	5.2	3.9	4.6
东南亚	0.8	1.2	1.7	2.4	3.2	4.2	3.1	3.7
南亚	0.3	0.5	1.0	2.0	3.7	6.1	6.6	6.4
俄罗斯	1.3	1.8	2.3	2.7	3.0	2.3	1.3	1.8
东欧	1.3	1.9	2.5	3.0	3.5	3.1	1.6	2.4
其他欧洲国家	0.9	1.0	1.2	1.4	1.6	1.6	1.3	1.4
中东和北非地区	2.2	3.3	4.9	6.8	8.8	4.1	2.9	3.5
亚撒哈拉地区	1.0	1.7	3.0	5.6	11.0	5.4	6.9	6.1
大洋洲	1.1	1.4	1.7	2.1	2.5	2.2	1.8	2.0
世界	58.1	79.9	110.1	145.2	184.2	3.1	2.6	2.8

基准情景中，2008 年美国的 GDP 为 14.0 万亿美元，在 19 个区域排名中位列第二，在全球国家排名中位列第一，其 GDP 占世界总 GDP 的 24.7%，贡献了全球经济总量的 1/4。2008~2030 年，美国经济持续增长，年平均增长率为 2.2%，2030 年美国 GDP 增加到 21.9 万亿美元，占世界总 GDP 的 19.9%。随后美国的经济发展速度减缓，2031~2050 年 GDP 年平均增长率为 1.7%。2050 年美国实现 GDP 总量 29.5 万亿美元，占世界总 GDP 的 16.2%，与 2008 年相比，GDP 占比下降了 8.5%。值得注意的是，美国在 2032 年 GDP 达到 22.7 万亿美元，略低于中国 23 万亿美元的 GDP 总量，此时，美国在全球国家排名中被中国赶超，降至第二，并保持第二的位置至模拟结束。另外，美国的 GDP 总量将在 2039 年超过欧盟。总体上来看，美国在模拟期内的经济增长相对较为缓慢，GDP 年平均增长率为 2.0%，低于全球 GDP 的年平均增长率 2.8%，并且年平均增长率在 19 个区域中排名靠后，仅高于欧盟、日本、俄罗斯、加拿大、其他欧洲国家，对全球经济总量的贡献也有所降低。

欧盟是一个多国家集团，具备很强的经济实力。2008 年欧盟为全球第一大经济体，GDP 总量为 17.1 万亿美元，占全球总 GDP 的 30.1%。2008~2030 年，欧盟 GDP 年均增长 1.3%，在 19 个区域中排名靠后，只略高于日本的经济增速。2030 年欧盟实现 GDP 总量 22.7 万亿美元，占全球总 GDP 的 20.7%，尽管经济增长缓慢，但欧盟此时仍然保有全球第一大经济体的地位。2031～2050 年，欧盟 GDP 的年平均增长率为 1.1%，该时期欧盟分别于 2033 年和 2039 年相继被中国和美国超越，欧盟在 19 个区域中的排名下滑至第三位。2050 年欧盟的 GDP 为 28.3 万亿美元，占世界总 GDP 的 15.6%，与 2008 年相比下降了 14.5%，其 GDP 总值在 19 个区域中的排名也由第一位下降至第三位。总体来看，欧盟的 GDP 在 2008～2050 年年平均增长率为 1.2%，慢于全球 GDP 的年平均增速，是 19 个区域中 GDP 增长最慢的地区。

巴西是南美洲最大的国家，是重要的发展中国家之一。2008 年 GDP 总量为 1.4 万亿美元，在 19 个区域中排名第九，占全球 GDP 总量的 2.5%。2008～2030 年，巴西经济年平均增长率为 3.0%，2030 年实现 GDP 总量 2.8 万亿美元，在全球总 GDP 中的占比维持在 2.5%。2031～2050 年，巴西 GDP 年平均增速为 2.1%，经济增长稍有减缓，2050 年 GDP 增长至 4.2 万亿美元，占世界总 GDP 的 2.3%。GDP 总值在 19 个区域中的排名由 2008 年的第九位下降至 2050 年的第十位。总体上，巴西在模拟期内 GDP 年均增长率为 2.6%，略低于全球 GDP 的年平均增长率 2.8%，经济增速在 19 个区域中位列第十，GDP 总量在全球总 GDP 中的占比略微有所降低。

加拿大 2008 年的 GDP 总量为 1.44 万亿美元，占全球 GDP 的 2.5%，低于欧盟、美国、日本、中国、中东和北非地区、东亚，GDP 总量在所有研究区域中排位第七。2008～2030 年，加拿大 GDP 年平均增长率为 2.0%，经济增速仅高于欧盟、日本和其他欧洲国家，经济增长缓慢。2030 年加拿大 GDP 增加至 2.24 万亿美元，贡献全球 GDP 的 2.0%。随后加拿大的经济增长进一步放缓，2031～2050 年的 GDP 年平均增长率为 1.5%，仅高于该时段日本、俄罗斯和其他欧洲国家的经济增速。2050 年加拿大的 GDP 总量上升至 3.1 万亿美元，在全球 GDP 中占 1.7%，较 2008 年降低了 0.8%，GDP 总量在所有区域中的排名也下降至第十六位。总体上，加拿大 2008～2050 年的 GDP 年平均增长率为 1.8%，低于全球 GDP 的年平均增速，经济增长速度排名第十六，仅高于其他欧洲国家、日本和欧盟。

日本 2008 年 GDP 总量低于欧盟和美国，位列所有区域的第三位，达到 4.3 万亿美元，在全球 GDP 中占 7.6%。2008～2030 年，日本 GDP 年平均增长率为 1.4%，是该时段经济增长较为缓慢的区域。2030 年日本 GDP 达到 5.7 万亿美元，占全球 GDP 总量的 5.2%。2031～2050 年，日本的经济增速平稳，年平均增长率为 1.4%，高于该时期欧盟、其他欧洲国家、俄罗斯的 GDP 年均增速。2050 年日本实现 GDP 总量 7.5 万亿美元，占全球 GDP 的 4.2%，比 2008 年减少了 3.4%，GDP 总量排序从 2008 年的第三位下降到 2050 年的第七位。从整个模拟期来看，日本经济保持缓慢的增长势头，年均增长速率为 1.4%，低于世界经济的年均增速，GDP 增速仅高于欧盟，排位第十八。

2008 年中国的 GDP 总量为 4 万亿美元，低于欧盟、美国和日本，位于所有区域 GDP 总量排序的第四位，贡献全球 GDP 的 7.1%。2009 年中国经济发展好于日本，GDP 总量开始超越日本。2008～2030 年中国的经济将快速发展，GDP 年平均增长率为 7.6%，经济增速位列 19 个区域的首位。2030 年中国 GDP 总量实现 20.9 万亿美元，占全球总量的 18.8%，位列欧盟和美国之后，成为全球第三大经济体。2031～2050 年，中国经济增长的步伐放缓，该时期 GDP 的年平均增长率为 3.2%，低于亚撒哈拉地区、南亚、印度、马来和印尼。尽管中国的经济增长在模拟后期放缓，但中国的 GDP 总量却在 2032 年和 2033 年相继超越美国和欧盟，成为世界第一大经济体。2050 年中国 GDP 总量达到 41.8 万亿美元，位于世界首位，贡献了全球总 GDP 的 22.2%，较 2008 年上涨了 15.1%。总体来看，中国在 2008～2050 年的年均增速为 5.5%，高于全球 GDP 的平均增速，低于南亚、印度和亚撒哈拉地区的经济增长速率，GDP 年均增速位列第四。

　　印度是南亚次大陆最大的国家，2008 年 GDP 总量为 1.28 万亿美元，占世界总 GDP 的 2.3%，GDP 总量排序第十一。2008～2030 年，印度 GDP 年均增长率为 6.8%，低于该时期中国的年均增长率，经济增速位列全球第二。2030 年印度达到 5.5 万亿美元的 GDP 总量，贡献全球 GDP 的 5%。2031～2050 年，印度 GDP 的年均增长率略微下降到 5.3%，低于南亚和亚撒哈拉地区，经济增速排名第三。2050 年印度的 GDP 总量为 16.2 万亿美元，占世界总 GDP 的 8.6%，经济总量低于中国、美国和欧盟，位列世界第四。整体上，印度在 2008～2050 年的 GDP 年平均增长率为 6.1%，远高于全球 GDP 的年均增速，低于南亚的经济增长速度，经济增速位列世界第二。

　　中美洲的 GDP 总量在 2008 年时，位列 19 个区域的第八位，GDP 总量为 1.4 万亿美元，在全球总 GDP 中的占比为 2.5%。2008～2030 年，该地区年平均经济增长率为 3.0%，年平均增长速度与巴西和东亚接近。2030 年中美洲的 GDP 总量扩大至 2.8 万亿美元，较 2008 年 GDP 总量翻倍，其在世界 GDP 中的占比位置在 2.5% 左右，GDP 总量排序下降至第十位。2031～2050 年，中美洲的经济持续增长，但年均增长率缩小至 2.3%。整体来看，中美洲的经济在模拟期内缓慢增长，2008～2050 年 GDP 年平均增长率为 2.7%，接近全球 GDP 的年均增长速度。

　　南美洲国家的经济规模相对较小，2008 年的 GDP 总量为 1.1 万亿美元，在 19 个区域中位列第十三位，在全球 GDP 总量中占比 2%。2008～2030 年、2031～2050 年两个时间段的 GDP 年均增长率分别为 3.4% 和 2.4%，经济增长速度在模拟后期略微下滑。2030 年和 2050 年的 GDP 总量分别达到 2.3 万亿美元和 3.7 万亿美元，在全球 GDP 的占比从 2030 年的 2.1% 略微下降至 2050 年的 2%。南美洲在 2008～2050 年的 GDP 年均增速为 2.7%，略低于世界 GDP 的平均增速，其对世界 GDP 的贡献维持在 2.1% 左右。

　　东亚包括韩国、朝鲜和蒙古 3 个国家及其他地区。2008 年东亚地区 GDP 总量为 1.5 万亿美元，在世界 GDP 总量中占 2.7%。2008～2030 年，东亚地区 GDP 年平均增长率为 3.0%，高于 2031～2050 年的年均 GDP 增速 1.8%。2030 年和 2050 年东亚地区的 GDP 总量分别为 2.9 万亿美元和 4.1 万亿美元。虽然该地区的经济总量逐年上涨，但其在全球 GDP 中的占比却略有下降，从 2030 年的 2.7% 减少到 2050 年的 2.3%，GDP 总量在 19 个区域中的排序也从 2008 年的第六跌至 2050 年的第十一。总体上，东亚地区在整个模拟期的年均 GDP 增长率为 2.4%，低于全球经济增速。

　　马来和印尼经济发展迅速，但经济规模较小，2008 年两国 GDP 总量为 0.7 万亿美元，占世界 GDP 总量的 1.2%，在 19 个区域中位列第十八。2008～2030 年，这两个国家的经济增长势头良好，年平均增长率为 5.2%，仅低于中国、印度和南亚的经济增速。2030 年两国 GDP 总量上升至 2.0 万亿美元，在全球 GDP 中的占比增加至 1.8%，经济规模扩大，GDP 总量的位次也上升至第十五位。2031～2050 年，两国 GDP 年平均增速略微降低至 3.9%，低于印度、南亚和亚撒哈拉地区的经济增速，在该时期 GDP 增速中排列第四。2050 年马来和印尼的 GDP 总量为 4.4 万亿美元，在 GDP 总量排序的位次上升至第八位，贡献世界 GDP 总量的 2.4%。总体上，马来和印尼的 GDP 增速保持在一个较高的水平，2008～2050 年 GDP 年平均增长率为 4.6%，增长速度高于全球 GDP 的年均增速，在 19 个区域的 GDP 年平均增速中位列第五。

　　东南亚 2008 年的 GDP 总量为 0.7 万亿美元，在 19 个区域中排位第十七，占全球 GDP 总量的 1.23%。2008～2030 年、2030～2050 年该地区 GDP 的年平均增长率分别为 4.2% 和 3.1%，经济增长在模拟后期变得相对缓慢。2030 年和 2050 年东南亚的 GDP 总量分别达到 1.7 万亿美元和 3.2 万亿美元，占全球总 GDP 的 1.6% 和 1.8%，对全球 GDP 的贡献较模拟初期有所增长。总体上，东南亚在 2008～2050 年的年平均增长率为 3.7%，高于全球 GDP 的年均增长，经济增长势头良好，在 19 个区域的经济增速排名中位列第六。

　　南亚指不包含印度的其他南亚国家(地区)，均为发展中国家，经济规模排在 19 个区域的最后，2008 年 GDP 总量为 0.3 万亿美元，占全球 GDP 的 0.5%。尽管南亚的 GDP 总量相对较小，但该地区在模拟期内保持强劲的经济增长，2008～2030 年、2031～2050 年 GDP 的年平均增速分别为 6.1% 和 6.6%，经济发展保持良好的增长势头。2030 年和 2050 年该地区的 GDP 总量分别达到 1 万亿美元和 3.7 万亿美元，在世界 GDP 中的占比由 2030 年的 0.9% 提升到 2050 年的 2%，在世界经济中的排序也由 2008 年的最后一名上升到 2050 年的第十二位。整体上，南亚的 GDP 在模拟期内有显著增长，GDP 年平均增长率为 6.4%，高于全球 GDP 的年均增速，是 19 个区域中 GDP 增速最快的国家(地区)，对世界 GDP 的贡献逐年增强。

　　俄罗斯的 GDP 总量在 2008 年 19 个区域中位列第十，为 1.4 万亿美元，占世界 GDP 的 2.4%。2008～2030 年，俄罗斯的 GDP 年平均增长率为 2.3%，经济增速虽然大于该时期的美国、大洋洲、欧盟、日本、加拿大和其他欧洲国家，但仍小于其余的大部分国家(地区)。2030 年俄罗斯完成 GDP 总量 2.3 万亿美元，在 GDP 总量排序中下降至第十三，贡献世界 GDP 总量的 2.1%。2031～2050 年，俄罗斯 GDP 年平均增长率为 1.3%，经济增长处于较低水平。俄罗斯的 GDP 总量在 2050 年增长至 3.0 万亿美元，在 19 个区域的 GDP 排序中位置靠后，从 2008 年的第十位跌至 2050 年的第十七位。俄罗斯在整个模拟期内 GDP 年平均增速为 1.8%，低于世界 GDP 的年平均增速，因此，其在世界 GDP 中的占比也有所减少，从 2008 年的 2.4% 降低到 2050 年的 1.6%。

　　2008 年东欧的 GDP 总量为 1.2 万亿美元，在 GDP 总量排名中位列第十二，占全球 GDP 总量的 2.2%。整个模拟期内东欧地区经济的年平均增速为 2.4%，其中，2008～2030 年的经济增长保持在 3.1%，2030 年之后东欧地区的经济增长明显减缓，2031～2050 年的年平均增长率为 1.6%。该地区 2030 年和 2050 年的 GDP 分别为 2.5 亿美元和 3.5 亿美元，2050 年在世界 GDP 的占比降低为 1.9%，在 GDP 总量中的排名也稍有下滑，2050 年排名第十四。整体上，东欧地区的经济增长在模拟期内慢于世界 GDP 的年均增长，GDP 增速位列第十一。

　　其他欧洲国家以挪威和瑞士为代表，2008 年该地区 GDP 总量为 0.9 万亿美元，在

GDP 总量排序中位列第十六位，占全球 GDP 总量的 1.5%。2008～2030 年其他欧洲国家保有年平均增长 1.6%的 GDP 增长率，至 2030 年实现 GDP 总量 1.2 万亿美元，占世界 GDP 总量的 1.1%。2031～2050 年，其他欧洲地区的 GDP 增长放缓，年均经济增长率为 1.3%，2050 年完成 GDP 总量 1.6 万亿美元，在世界 GDP 中的占比为 0.86%，比 2008 年下降了 0.64 个百分点。整体上，其他欧洲国家在 2008～2050 年的 GDP 年平均增速为 1.4%，低于全球 GDP 的年平均增速，经济增长缓慢，在 19 个区域中经济增速排序靠后，位列第十七位。

中东和北非地区 2008 年的 GDP 总量为 2 万亿美元，占世界 GDP 总量的 3.5%，在 GDP 总量排序中比较靠前，低于欧盟、美国、日本、中国，位列第五。中东和北非地区在 2008～2030 年 GDP 保持年平均 4.1%的增长，2030 年之后经济增速稍有放缓，2031 年至 2050 年 GDP 的年均增长率为 2.9%。2030 年和 2050 年中东和北非地区的 GDP 总量分别为 4.9 万亿美元和 8.8 万亿美元。伴随着该地区的经济总量逐年增加，其在全球 GDP 中的占比也有所提升，2050 年中东和北非地区占全球 GDP 总量的 4.8%，较 2008 年增加了 1.3 个百分点。总体上，中东和北非地区在模拟期内的年平均经济增长率为 3.5%，高于全球 GDP 的年平均增长率，在经济增速的排名中位于第七位。

亚撒哈拉地区，又称撒哈拉以南非洲，泛指撒哈拉大沙漠中部以南的非洲。亚撒哈拉地区的 GDP 在 2008～2030 年保持年平均 5.4%的增长，GDP 总量从 2008 年的 0.9 万亿美元增加至 2030 年的 3.0 万亿美元。2031～2050 年亚撒哈拉地区经济增速进一步提升，GDP 年均增长 6.9%，2050 年的 GDP 总量为 11.0 万亿美元，在世界 GDP 中的占比从 2008 年的 1.6%提升到 2050 年的 5.9%。整体上，亚撒哈拉地区在模拟期内保持年均 6.1%的经济增长率，高于全球 GDP 的年均增长率，在 19 个区域的经济增速排名中低于南亚，位列第二。

大洋洲以澳大利亚和新西兰为代表，2008 年 GDP 总量为 1.1 万亿美元，占世界 GDP 总量的 1.9%。2008～2030 年、2031～2050 年大洋洲地区分别保持 2.2%和 1.8%的 GDP 年均增长率，GDP 增速在模拟后期减缓。2030 年和 2050 年大洋洲地区的 GDP 总量分别为 1.7 万亿美元和 2.5 万亿美元，其中，2050 年在全球 GDP 中的占比为 1.36%，较 2008 年减少了 0.5 个百分点。整体上，大洋洲地区在 2008～2050 年保有年均 2%的 GDP 增长率，低于全球 GDP 的年均增长率。

6.2.2　区域人均 GDP

基准情景下，2008～2050 年全球人口从 67 亿人增长至 90 亿人，与此同时，全球人均 GDP 呈现逐年稳定增长的趋势，从 2008 年的 0.85 万美元上涨至 2050 年的 2.03 万美元，年平均增长率为 2%。与全球人均 GDP 的增长趋势相似，区域人均 GDP 的增长也较为平稳，如图 6.1 和表 6.4 所示。2008 年各区域人均 GDP 的排序自高向低依次为：其他欧洲国家、美国、加拿大、欧盟、日本、大洋洲、东亚、俄罗斯、中美洲、巴西、南美洲、中东和北非地区、东欧、中国、马来和印尼、东南亚、亚撒哈拉地区、印度和南亚；2050 年各区域人均 GDP 的排序自高向低的排序依次为：其他欧洲国家、美国、日本、加拿大、欧盟、大洋洲、东亚、中国、俄罗斯、巴西、中美洲、中东和北非地区、东欧、南美洲、马来和印尼、印度、东南亚、亚撒哈拉地区和南亚。其中，中国在 2050 年人均 GDP 中的位次较 2008 年大幅提升，日本和印度的位次也有所上升，其余大部分区域的位次不变或者略有下降。

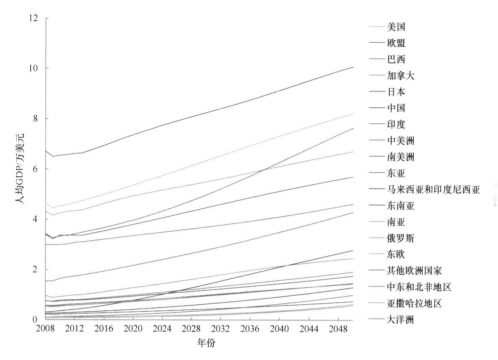

图 6.1　区域人均 GDP

表 6.4　区域人均 GDP　　　　　　　　　　（单位：万美元）

国家(地区)	2030 年	2050 年	国家(地区)	2030 年	2050 年
美国	6.1	7.6	马来和印尼	0.6	1.3
欧盟	4.5	5.7	东南亚	0.4	0.7
巴西	1.3	1.9	南亚	0.2	0.6
加拿大	5.5	6.8	俄罗斯	1.7	2.5
日本	4.8	7.3	东欧	1.0	1.5
中国	1.4	3.0	其他欧洲国家	8.3	10.1
印度	0.4	1.1	中东和北非地区	1.0	1.5
中美洲	1.2	1.7	亚撒哈拉地区	0.2	0.6
南美洲	1.0	1.5	大洋洲	3.7	4.7
东亚	2.8	4.2	世界	1.3	2.0

2008～2050 年，中国、印度、南亚在基准情景中的人均 GDP 增长率分别为 5.5%、5.4%和 5.2%，高于全球人均 GDP 的年均增长率 2%，是人均 GDP 增长最快的 3 个国家(地区)。中国和印度是世界人口最多的两个国家，其人均 GDP 增长的主要原因是，这两个国家 GDP 总量快速增长。另外，中国的人口规模在模拟后期出现降低的趋势，这进

一步促进了中国人均 GDP 的提升。2050 年中国和印度的人均 GDP 分别达到 3.0 万美元和 1.1 万美元，是该年美国人均 GDP 的 39%和 14%，是其他欧洲国家人均 GDP 的 30%和 11%，在该年人均 GDP 排序中分别位列第八位和第十六位。南亚的人均 GDP 从 2008 年的 0.1 万美元增加到 2050 年的 0.6 万美元，尽管人均 GDP 增长较快，但其人均 GDP 的绝对量相对较少，在 2050 年人均 GDP 排序中位列最后一名。总体上可以发现，中国、印度和南亚的人均 GDP 在模拟期内快速增加，但这些地区均属于发展中国家(地区)，其人均 GDP 的绝对量仍远低于欧盟其他国家、美国、欧盟等发达国家。

东亚、中东和北非地区、东欧 3 个地区的人均 GDP 在 2008～2050 年的年均增速相同，均为 2.5%，高于世界人均 GDP 的年均增速。2050 年东亚的人均 GDP 为 4.2 万美元，大于该年的世界人均 GDP，在人均 GDP 排序中位列第七位，是世界上人均收入较高的地区。2050 年中东和北非地区、东欧的人均 GDP 均为 1.5 万美元，低于世界人均 GDP，在人均 GDP 的排位中分别位于第十二位和第十三位。

俄罗斯、巴西、南美洲和中美洲地区的人均 GDP 增长率较为接近，2008～2050 年 GDP 的年平均增长率分别为 2.3%、2.3%、2.2%和 2%。2050 年这 4 个区域的人均 GDP 分别为 2.5 万美元、1.9 万美元、1.5 万美元和 1.7 万美元。2050 年俄罗斯的人均 GDP 高于世界人均 GDP，在该年的人均 GDP 排序中位列第九，与 2008 年相比下降了一位。巴西 2050 年的人均 GDP 稍低于世界人均 GDP 的水平，但其在人均 GDP 的排序与 2008 年相比，未出现变化，位列 19 个区域的第十位。南美洲和中美洲 2050 年的人均 GDP 同样低于世界人均 GDP，其在人均 GDP 的排序中也被其他国家超越，分别位列 2050 年排名的第十四位和第十一位。

亚撒哈拉地区、马来和印尼、东南亚属于新兴发展中国家或地区，其人均 GDP 在模拟期内分别持有年平均 4.1%、年平均 4%和年平均 3%的增长率，是人均收入增长较快的区域。在基准情景中，这 3 个国家(地区)2050 年的人均 GDP 分别达到 0.6 万美元、1.3 万美元和 0.7 万美元，远低于该年世界人均 GDP 的 2.0 万美元，在该年人均 GDP 的排序中位列第十八位、第十五位和第十七位，是世界上人均收入偏少的区域。

日本、欧盟、美国、加拿大、大洋洲和其他欧洲国家多属于发达国家和地区，其人均 GDP 的年均增长率分别为 1.9%、1.3%、1.2%、1.1%、1.1%和 1%，均低于世界人均 GDP 的年平均增长率，是人均收入增长较为缓慢的地区。2050 年这些区域的人均 GDP 分别为 7.3 万美元、5.7 万美元、7.6 万美元、6.8 万美元、4.7 万美元和 10.1 万美元。虽然这些地区人均 GDP 的增长较为缓慢，但人均收入的绝对量却远大于该年世界人均 GDP 的值，也大于世界其他区域的人均收入。其他欧洲国家以挪威和瑞士为代表，其在 2050 年的人均 GDP 排序中位列世界第一。之所以如此，主要是因为该地区的人口规模较小，2050 年的人口仅为 0.15 亿人，是 19 个区域中人口规模最小的地区。日本在 2050 年人均 GDP 排序中位列第三，较 2008 年上升了两位，这一方面是因为日本 GDP 总量增长，另一方面则是因为日本人口规模逐年下降，从 2008 年的 1.3 亿人缩减到 2050 年的 1.0 亿人。

6.3　产业结构模拟结果

经济系统的一个重要特征就是它有产业结构，GOPer-GC 模型之所以选择动态 CGE 模型作为经济模块，就是它在经济系统里描述了产业结构。在气候治理时，人们可以通过调整产业结构来实现减缓和适应气候变化。为此需要研究产业结构演化。

6.3.1　美国的产业结构

GOPer-GC 模拟显示，基准情景下的美国产业结构变化见表 6.5。从表 6.5 中可以看出，美国的产业结构呈现第一产业和第三产业比例略有下降，第二产业比例略有上升的整体格局。美国第一产业在产业结构中的占比从 2008 年的 0.93%下降至 2050 年的 0.91%；第二产业占比在模拟期总体上呈现上升趋势，2008 年第二产业占比 25.71%，至 2050 年占比增长为 27.23%；整个模拟期内，第三产业在产业结构中的占比最大，整体上略有下降，从 2008 年的 73.36%下降至 2050 年的 71.86%。

表 6.5　基准情景下美国的产业结构(%)

		2010 年	2020 年	2030 年	2040 年	2050 年
第一产业		0.89	0.79	0.84	0.89	0.91
	种植业	0.74	0.70	0.77	0.83	0.86
	畜牧业	0.07	0.04	0.03	0.02	0.02
	林业	0.06	0.03	0.02	0.01	0.01
	渔业	0.02	0.02	0.02	0.02	0.02
第二产业		26.02	26.54	27.70	28.17	27.23
	煤	0.17	0.16	0.13	0.11	0.09
	石油	0.68	0.78	0.83	0.91	1.01
	天然气	0.55	0.77	0.95	0.92	0.75
	石油制品	0.08	0.07	0.07	0.06	0.06
	电力	1.25	1.19	1.14	1.09	1.02
	制造业	15.78	17.56	19.62	21.05	20.90
	矿业	0.68	0.64	0.61	0.60	0.59
	建筑业	6.82	5.37	4.34	3.44	2.81
第三产业		73.09	72.66	71.46	70.94	71.86
	运输业	2.65	1.80	1.39	1.22	1.19
	服务业	70.44	70.87	70.07	69.72	70.67

基准情景下，从具体的产业部门来看，美国第一产业中，种植业占比总体上呈现增加趋势，从 2008 年的 0.75%增加至 2050 年的 0.86%。渔业在产业结构中的占比变化不大，稳定在 0.02%的水平。畜牧业和林业的占比均有所下降，分别从 2008 年的 0.08%和 0.08%下降至 2050 年的 0.02%和 0.01%。能源部门包括煤、石油、天然气、石油制品和电力部门，其中电力部门的占比相对较大。煤、石油制品、电力三个部门的占比在模拟

期内略有下降,石油部门在产业中的比例逐年增加,从 2008 年的 0.67%上升至 2050 年的 1.01%。天然气部门的占比在 2008 年至 2050 年间略有起伏,整体上从 2008 年的 0.54%上升至 2050 年的 0.75%。制造业是产业结构中占比上升最大的产业部门,从 2008 年的 15.5%上升到 2050 年的 20.9%。整体上,矿业、建筑业和运输业在产业结构中的占比呈现下降的趋势。服务业是所有具体的产业部门中占比最高的行业,模拟期间行业占比稳定在 70%左右。

整体上,美国的产业结构在 2008 年至 2050 年的整体格局不变,第三产业在产业结构中的比例始终处于首位,保持在 72%左右。但随着经济全球化以及行业国际分工的发展,第二产业的增长速度在模拟中后期将超过服务业,导致二产比例上升、三产比例下降,即小幅再工业化的现象。

6.3.2　欧盟的产业结构

基准情境下,2008~2050 年欧盟的产业结构见表 6.6。可以看出,欧盟的三次产业中,第三产业在产业机构中的占比最大,其次是第二产业,第一产业的占比最小。整个模拟期内,欧盟的第一产业和第二产业的占比整体上随时间逐渐下降,分别从 2008 年的 1.58%和 32.73%缩减至 2050 年的 0.9%和 24.47%,第三产业的占比逐年上升,从 2008 年的 65.69%上升至 2050 年的 74.63%。

表 6.6　基准情景下欧盟的产业结构(%)

		2010 年	2020 年	2030 年	2040 年	2050 年
第一产业		1.65	1.25	1.07	0.98	0.90
	种植业	1.27	1.03	0.88	0.79	0.71
	畜牧业	0.08	0.06	0.05	0.05	0.05
	林业	0.21	0.08	0.05	0.04	0.03
	渔业	0.09	0.09	0.09	0.10	0.11
第二产业		32.55	31.18	30.13	27.98	24.47
	煤	0.12	0.08	0.05	0.04	0.03
	石油	0.33	0.33	0.35	0.37	0.36
	天然气	0.28	0.14	0.09	0.06	0.02
	石油制品	0.15	0.15	0.12	0.10	0.08
	电力	1.63	1.60	1.57	1.53	1.46
	制造业	22.12	21.50	20.21	18.21	14.77
	矿业	1.19	1.10	1.08	1.08	1.15
	建筑业	6.73	6.27	6.65	6.58	6.61
第三产业		65.80	67.57	68.80	71.04	74.63
	运输业	3.55	2.89	2.39	2.08	1.89
	服务业	62.26	64.67	66.41	68.95	72.74

在欧盟具体的产业部门中,尽管种植业始终是农业部门中占比最高的行业,但其在产业结构中的占比逐步下降,至 2050 年下降至 0.71%,较 2008 年下降了 0.5 个百分点。

畜牧业和林业的变化趋势与种植业类似，在模拟期内的占比呈现下降趋势。渔业的比例逐年平稳上升。能源行业中，电力部门的占比最高，整体上缓慢下降。煤、天然气和石油制品的变化趋势与电力部门相似，在 2008~2050 年的占比缩小。石油部门的比例在模拟后期较模拟初期有小幅上升，2050 年较 2008 年上升了 0.05 个百分点。制造业比例在所有部门中的下降幅度最为明显，2008~2050 年下降了 6.5 个百分点。运输业同制造业的变化趋势相似，在模拟期内略有下降，建筑业和矿业的占比在模拟期内基本上没有太大波动，保持不变。服务业是占比最大的部门，呈现逐年上升的变化趋势。

整体上，欧盟的产业结构在 2008~2050 年变化不大，相对较为稳定，其中，第三产业位于主导地位，且在产业结构中的占比表现出增大趋势，并在模拟后期超过美国的第三产业占比。

6.3.3　巴西的产业结构

巴西在 2008~2050 年的产业结构模拟见表 6.7。整体上第三产业在产业结构中占据主导地位，至模拟后期第三产业占比略有下降。第一产业和第二产业的占比在模拟期间略有变动，第一产业占比下降，第二产业占比略有上升。

表 6.7　基准情景下巴西的产业结构(%)

		2010 年	2020 年	2030 年	2040 年	2050 年
第一产业		4.87	3.20	3.26	3.79	4.52
	种植业	3.91	2.67	2.81	3.37	4.10
	畜牧业	0.61	0.36	0.28	0.24	0.24
	林业	0.26	0.07	0.06	0.06	0.06
	渔业	0.09	0.09	0.10	0.12	0.13
第二产业		30.15	28.37	28.99	30.55	32.62
	煤	0.01	0.01	0.00	0.00	0.00
	石油	1.56	1.64	1.93	2.22	2.43
	天然气	0.09	0.07	0.08	0.12	0.16
	石油制品	0.22	0.20	0.15	0.11	0.08
	电力	2.53	2.32	2.27	2.27	2.29
	制造业	20.07	18.26	18.72	20.29	22.38
	矿业	1.81	1.52	1.67	1.94	2.12
	建筑业	3.86	4.35	4.17	3.60	3.14
第三产业		64.98	68.43	67.76	65.66	62.86
	运输业	4.77	3.83	3.26	2.77	2.35
	服务业	60.21	64.60	64.50	62.88	60.50

在巴西具体的产业部门中，种植业在第一产业部门中比例最高，其变化趋势与第一产业整体的变化趋势相同，模拟期间略有波动，从 2008 年的 3.70%略增至 2050 年的 4.10%。林业和畜牧业的占比在模拟中期稍有下滑，渔业在第一产业部门中占比最小，在模拟期内呈平稳增长趋势。在巴西的能源类部门中，电力部门在产业结构中的占比最

高，但其随时间稍有下滑。表现出下滑趋势的能源部门还有煤和石油制品行业，下降幅度不大，较 2008 年略有缩减。巴西石油行业同欧盟和美国的石油行业变化趋势相近，在模拟期内占比逐渐上升，其石油行业增加值的增速要高于其他能源部门。模拟后期，天然气的部门占比较模拟初期略有增加。制造业是第二产业中占比最大的部门，2050 年的比例比 2008 年高出 3.6 个百分点，是上升幅度最大的部门。建筑业和运输业的占比逐年下降，而矿业在产业结构中的占比略有上升。服务业是巴西所有行业中占比最大的产业，在模拟中期占比略有增加，至模拟后期则下降至模拟初期的水平。总体上看，在模拟后期，巴西第三产业的增速小于第一产业和第二产业，因此，第三产业的比例略有缩减，第二产业的占比有所增加，这是制造业向新兴发展中国家(地区)转移的表现。

6.3.4　加拿大的产业结构

加拿大的产业结构随时间的变化趋势可由表 6.8 得知。第三产业在 2008～2050 年中的占比缓慢上升，是第三产业占比最大的部门。第二产业的变化趋势相反，2050 年的占比为 30.22%，低于 2008 年的 32.67%，第一产业则较模拟初期有所下降。

表 6.8　基准情景下加拿大的产业结构(%)

		2010 年	2020 年	2030 年	2040 年	2050 年
第一产业		1.46	1.09	1.09	1.13	1.15
	种植业	0.74	0.74	0.81	0.87	0.93
	畜牧业	0.10	0.06	0.04	0.03	0.03
	林业	0.50	0.16	0.10	0.07	0.06
	渔业	0.13	0.12	0.14	0.16	0.14
第二产业		33.14	32.65	32.27	31.64	30.22
	煤	0.17	0.11	0.06	0.04	0.03
	石油	3.06	3.49	3.98	4.41	4.78
	天然气	2.52	1.40	1.20	1.45	1.97
	石油制品	0.31	0.28	0.23	0.18	0.13
	电力	2.18	1.99	1.84	1.71	1.57
	制造业	17.79	19.17	18.65	17.87	15.96
	矿业	1.29	1.07	1.00	0.96	0.94
	建筑业	5.83	5.13	5.30	5.01	4.84
第三产业		65.39	66.26	66.64	67.23	68.63
	运输业	2.33	1.65	1.25	1.02	0.88
	服务业	63.06	64.61	65.39	66.21	67.74

在具体的产业部门中，第一产业的增加值主要集中在种植业部门，林业、畜牧业和渔业的占比较少。种植业的占比从 2008 年的 0.70%上升至 2050 年的 0.93%，林业和畜牧业则表现出下降趋势。渔业的在产业结构中的占比略有波动，但变化幅度较小。能源部门中，煤、电力和石油制品行业所占比例逐年下降，石油部门的行业占比逐年扩大，天然气部门的占比在模拟后期略有增加。制造业是第二产业的主导部门，模拟期间整体

上呈现下降趋势，至2050年降低为15.96%。矿业、建筑业和运输业的占比随时间减少，其中，建筑业的占比从2008年的6.97%下降到2050年的4.84%。服务业的产业占比从2008年的63.59%增加到2050年的67.74%，增加了4个百分点，是加拿大产业比例增加最多的部门。

总体上来看，加拿大产业结构中以第三产业为主，其次是第二产业，第一产业的占比最小，这与美国、欧盟等国家的产业结构类似。加拿大的第三产业比重虽然有所增长，但与美国、日本和欧盟等国家(地区)的第三产业水平相比，仍存在一定的差距。

6.3.5　日本的产业结构

基准情景下，日本的产业结构模拟结果展示在表6.9中。从表中可以看出，日本的三次产业结构与美国、欧盟等发达国家(地区)保持一致，第三产业处于主导地位。第一产业的占比在模拟期内有所波动，基本上维持在1%左右。第二产业的占比在模拟期间下降明显，从2008年的24.80%降低至2050年的17.80%。与第二产业的变化趋势相反，第三产业占比整体上表现出上升势头，从2008年的74.06%扩大至2050年的81.30%，增长趋势显著。

表 6.9　基准情景下日本的产业结构(%)

		2010 年	2020 年	2030 年	2040 年	2050 年
第一产业		0.99	0.97	1.11	1.00	0.90
	种植业	0.78	0.77	0.86	0.78	0.71
	畜牧业	0.02	0.02	0.02	0.02	0.02
	林业	0.06	0.03	0.02	0.02	0.01
	渔业	0.13	0.14	0.20	0.19	0.16
第二产业		24.64	24.34	24.05	21.86	17.80
	煤	0.00	0.00	0.00	0.00	0.00
	石油	0.00	0.01	0.01	0.01	0.01
	天然气	0.01	0.01	0.01	0.00	0.00
	石油制品	0.10	0.08	0.07	0.06	0.05
	电力	1.26	1.30	1.42	1.44	1.39
	制造业	14.84	15.31	17.58	16.65	13.16
	矿业	0.69	0.89	0.98	1.05	1.21
	建筑业	7.72	6.74	3.98	2.65	1.99
第三产业		74.37	74.69	74.85	77.14	81.30
	运输业	4.81	4.65	4.58	4.25	4.04
	服务业	69.56	70.04	70.27	72.88	77.26

具体的产业部门中，第一产业中的种植业占比相对较高，其次是渔业，这两个产业部门的比例在模拟期内有所波动，整体上略有下降。畜牧业和林业在产业结构中的占比很小，不到0.1%，模拟期内这两个部门的占比有小幅下降。在日本的能源行业中，电力部门占主要地位，在模拟期内整体上表现出上升趋势。石油制品和天然气两个能源部

门的占比在 2008～2050 年略有下降。煤和石油两个部门在模拟初期的占比极小，接近于零，但在模拟后期，石油部门的占比有所提升。制造业是第二产业的主导行业，从 2008 年的 16.66%下降至 2050 年的 13.16%。建筑业和运输业的占比随时间逐渐降低，其中建筑业的占比从 2008 年的 6.09%下降到 2050 年的 1.99%，是占比下降幅度最大的行业。矿业和服务业的占比随时间增加，其中服务业的产业占比从 2008 年的 69.25%增加值 2050 年的 77.26%，是日本部门比例增加最多的部门。整体上，日本的产业结构中，第三产业比重上升较快，第二产业比重在后期有所下降，可见在模拟后期，第三产业将在日本的经济发展中发挥更多的贡献，成为日本经济增长的主要动力。

6.3.6　中国的产业结构

中国的产业结构在基准情景中的变化可从表 6.10 中得知。可以看出，在中国的产业结构中，第二产业的占比较高，在经济发展中发挥主导作用。模拟期内，第一产业在整体上略有下降，第二产业的比重略有增加，第三产业比重略低于第二产业，模拟后期的占比较模拟初期略有下降。中国的第一产业占比同美国、欧盟、日本等发达国家相比较高。种植业在第一产业部门中占主要地位，种植业比例整体上表现出下降趋势，自 2008 年的 6.91%跌至 2050 年的 4.45%，下降了 2.4 个百分点。渔业占比表现出上升趋势，而林业和畜牧业均表现出不同程度的下降。中国的能源行业中，电力、石油和煤的比例相对高于天然气和石油制品的占比。总体上，各能源部门的占比均有一定幅度的下降，电力部门的占比在能源行业中下降最多，从 2008～2050 年下降了 1.1 个百分点。制造业和

表 6.10　基准情景下中国的产业结构(%)

		2010 年	2020 年	2030 年	2040 年	2050 年
第一产业		8.16	5.95	6.13	6.91	6.82
	种植业	6.08	4.01	3.85	4.19	4.45
	畜牧业	0.32	0.21	0.23	0.27	0.30
	林业	0.62	0.35	0.26	0.23	0.22
	渔业	1.13	1.38	1.79	2.22	1.85
第二产业		49.81	47.88	46.20	47.61	53.24
	煤	1.11	0.78	0.48	0.32	0.23
	石油	1.27	0.85	0.45	0.29	0.33
	天然气	0.04	0.14	0.07	0.04	0.03
	石油制品	0.44	0.34	0.25	0.20	0.20
	电力	3.09	2.70	2.34	2.12	2.00
	制造业	33.29	31.00	30.40	33.28	40.01
	矿业	4.06	4.65	5.87	7.26	8.17
	建筑业	6.50	7.42	6.33	4.09	2.25
第三产业		42.03	46.17	47.67	45.49	39.94
	运输业	6.23	5.03	4.26	3.73	3.34
	服务业	35.80	41.14	43.41	41.75	36.60

矿业的占比整体上有所上升,分别从 2008 年的 32.92%和 4.05%上升到 2050 年的 40.01%和 8.17%。建筑业在产业结构中的占比从 2008 年的 6.26%下降至 2050 年的 2.25%,是中国产业中占比下降最大的部门。第三产业中,运输业占比随时间逐年下降,而服务业的变化趋势与第三产业的总体趋势一致,模拟中期略有上升,模拟后期至 2050 年下降至 36.60%。中国作为一个发展中国家,其产业结构与美国、欧盟、日本等发达国家(地区)有所不同。中国以第二产业为主导,且随着经济的发展,第二产业比重有所上升,可见未来中国经济仍将以发展制造业等第二产业部门为主,服务业等第三产业的经济增长在未来一段时间内会慢于第二产业。另外,中国作为一个人口大国,粮食问题是经济发展要解决的基本问题,这在某种程度上决定了中国第一产业的占比会高于欧盟、美国等发达国家(地区)。

6.3.7　印度的产业结构

基准情景下,印度产业结构的模拟结果见表 6.11。印度的产业结构中,第三产业在模拟初期的占比较大,但第三产业的占比逐渐缩小,从 2008 年的 52.85%下降至 2050 年的 43.43%,产业占比下降了 9.5 个百分点。伴随着第三产业占比下降,第二产业占比开始逐年上升,从 2008 年的 34.28%上升到 2050 年的 45.29%,上升了 11 个百分点。第一产业的占比要高于美国、欧盟、日本等国家(地区),相较于第二产业和第三产业的变化,第一产业占比的变化幅度较小,模拟初期第一产业比例在模拟中期略有上升,随后产业比例稍稍下滑至 2050 年的 11.28%,略低于模拟初期的占比水平。

表 6.11　基准情景下印度的产业结构(%)

		2010 年	2020 年	2030 年	2040 年	2050 年
第一产业		13.22	13.41	13.29	12.42	11.28
	种植业	11.39	11.87	11.74	10.82	9.82
	畜牧业	0.31	0.15	0.09	0.06	0.05
	林业	0.79	0.52	0.38	0.28	0.22
	渔业	0.73	0.87	1.08	1.26	1.20
第二产业		35.08	35.69	37.28	40.32	45.29
	煤	0.56	0.54	0.45	0.39	0.36
	石油	0.94	0.84	0.66	0.52	0.48
	天然气	0.53	0.55	0.45	0.31	0.19
	石油制品	0.48	0.36	0.28	0.22	0.16
	电力	2.72	2.50	2.49	2.60	2.84
	制造业	19.56	20.47	22.94	26.55	31.90
	矿业	2.05	2.19	2.35	2.49	2.61
	建筑业	8.25	8.23	7.66	7.25	6.74
第三产业		51.70	50.90	49.43	47.25	43.43
	运输业	7.14	6.08	5.16	4.41	3.79
	服务业	44.56	44.82	44.27	42.84	39.64

印度的种植业在第一产业中占据绝对优势,产业结构远大于其他第一产业部门。种植业在模拟期内,先小幅上升,至模拟后期开始下降,至 2050 年缩减到 9.82%。畜牧业和林业的发展速度要慢于其他产业部门,其产业占比在模拟期内逐年下降。渔业的占比在模拟期间整体上有所增长。电力是能源部门中占比较高的行业,电力部门的占比在模拟前期有所下降,至 2050 年则上升至 2.84%,略高于模拟初期的行业占比。不同于电力部门,煤、石油、天然气、石油制品部门随时间逐年下降。制造业是第二产业的主导部门,在模拟期中呈现逐年上升的状态,从 2008 年的 18.78%增长到 2050 年的 31.90%,是印度产业结构中增长最快的部门。矿业占比的变化趋势与制造业相似,但增长幅度较小。建筑业、运输业和服务业是比例不断下降的部门,其中,服务业从 2008 年的 45.63%下降到 2050 年的 39.64%,是产业比例下降最多的部门。整体上,印度的产业结构变化较为明显,表现出第二产业比例上升、第三产业比例下降的大趋势。可见印度在未来的经济发展中,第二产业的经济增速将快于其他两个产业,制造业等第二产业部门会是未来印度的主要经济增长点。

6.3.8　中美洲的产业结构

基准情景下中美洲产业结构的变化见表 6.12。从表中可以看出,中美洲的产业结构呈现第二产业比例显著上升,第三产业比例下降,第一产业略有上升的趋势。在模拟期内,第二产业占比从 2008 年的 32%上升到 2050 年的 52.53%。至 2050 年,第二产业成为 3 个产业中占比最高的产业。第三产业的占比从 2008 年的 62.24%降至 2050 年的42.37%。第一产业呈现先降后升的态势,模拟后期的占比较模拟初期有所增长。

表 6.12　基准情景下中美洲的产业结构(%)

		2010 年	2020 年	2030 年	2040 年	2050 年
第一产业		3.41	3.21	3.69	4.29	5.10
	种植业	2.76	2.70	3.14	3.65	4.31
	畜牧业	0.21	0.15	0.13	0.12	0.12
	林业	0.27	0.15	0.10	0.07	0.05
	渔业	0.16	0.21	0.32	0.45	0.61
第二产业		33.08	36.55	40.93	46.22	52.53
	煤	0.03	0.03	0.02	0.02	0.02
	石油	1.22	1.47	1.69	1.82	1.95
	天然气	0.47	0.52	0.69	0.85	0.74
	石油制品	0.37	0.24	0.16	0.11	0.07
	电力	0.70	0.68	0.69	0.69	0.70
	制造业	18.46	20.69	25.92	31.57	37.86
	矿业	2.26	2.69	2.84	3.09	3.54
	建筑业	9.57	10.25	8.92	8.08	7.65
第三产业		63.52	60.24	55.38	49.48	42.37
	运输业	6.58	5.86	5.15	4.39	3.57
	服务业	56.94	54.38	50.23	45.10	38.80

基准情景下,从具体的产业部门来看,中美洲第一产业中,种植业、渔业产业比例增加,而畜牧业和林业产业占比下降,其中,种植业占比相对较大,从 2008 年的 2.95% 增长至 2050 年的 4.31%。能源部门中,煤、石油制品、电力 3 个部门的产业占比略有下降,而石油、天然气的产业占比有所增加,其中,石油是能源行业的主导部门,产业占比至 2050 年增加到 1.95%。制造业是模拟期间产业占比上升幅度较大的部门,从 2008 年的 19.90% 逐渐增长至 2050 年的 37.86%。矿业的发展趋势与制造业相同,产业占比略有增加。建筑业的产业占比存在先上升后下降的趋势,至 2050 年产业占比下降为 7.65%。第三产业以服务业为主,其行业占比从 2008 年的 57.53% 跌落至 2050 年的 38.80%。不同于服务业的大幅下跌,运输业的行业占比略有缩小。

6.3.9　南美洲的产业结构

南美洲的产业结构在基准情景中的变化可从表 6.13 中得知。可以看出,南美洲的产业结构中第三产业占比较高,在经济发展中发挥主导作用。从整体上来看,中美洲第一产业和第三产业占比在模拟期间略有增长,而第二产业占比稍稍下降。从具体的行业结构来看,第一产业以种植业为主,其行业占比有所增长;渔业部门在产业结构中的比例略有提升;畜牧业和林业的产业比例下降明显。能源部门中,煤、石油、石油制品行业在产业中的地位有所下降,而天然气、电力部门的行业占比变化不大。第二产业中的制造业、矿业部门在模拟期间发展迅速,产业占比均有所增长。第三产业中,运输业的占比略有下降,而服务业的占比增加,至 2050 年服务业占比达到 51.75%。

表 6.13　基准情景下南美洲的产业结构(%)

		2010 年	2020 年	2030 年	2040 年	2050 年
第一产业		5.89	5.30	5.97	6.24	6.74
	种植业	4.51	4.15	4.79	5.12	5.67
	畜牧业	0.69	0.54	0.48	0.40	0.37
	林业	0.32	0.19	0.14	0.10	0.08
	渔业	0.37	0.43	0.57	0.62	0.62
第二产业		40.40	40.63	40.91	40.32	39.20
	煤	0.32	0.34	0.37	0.28	0.21
	石油	6.99	5.83	5.35	4.46	3.60
	天然气	0.41	0.39	0.41	0.45	0.44
	石油制品	0.65	0.37	0.24	0.16	0.11
	电力	1.63	1.64	1.70	1.69	1.64
	制造业	17.62	17.62	19.61	20.48	20.39
	矿业	3.69	4.06	4.66	5.13	5.59
	建筑业	9.09	10.38	8.58	7.66	7.21
第三产业		53.71	54.07	53.12	53.44	54.05
	运输业	4.33	3.55	3.08	2.65	2.30
	服务业	49.38	50.52	50.04	50.80	51.75

6.3.10　东亚的产业结构

2008～2050年东亚的产业结构模拟见表6.14。整体上看，第三产业在产业结构中占主导地位，从模拟初期的61.8%增长至模拟后期的67.49%。第一产业占比也表现出缓慢增长的趋势，而第二产业占比则有所下降，从2008年的36%降低至2050年的30.2%。第一产业中，种植业、渔业的占比略有增加，导致第一产业的整体比例有所抬升，而畜牧业和林业的行业占比有下降。整体上来看，能源部门的行业占比较少，主导部门——电力部门的占比略有增长，石油部门的占比增幅略小，而煤和石油制品行业占比减小，天然气部门的占比较为稳定。第二产业中的制造业、建筑业产业比重有所减小，而矿业部门的占比有所增大。服务业产业比重的增长是第三产业比重上升的主要原因，运输业则表现出比重下降的趋势。

表 6.14　基准情景下东亚的产业结构(%)

		2010 年	2020 年	2030 年	2040 年	2050 年
第一产业		2.18	2.09	2.32	2.36	2.32
	种植业	1.67	1.61	1.78	1.78	1.71
	畜牧业	0.19	0.15	0.15	0.14	0.14
	林业	0.06	0.03	0.02	0.02	0.01
	渔业	0.26	0.30	0.37	0.43	0.46
第二产业		36.24	34.67	33.89	32.54	30.18
	煤	0.10	0.08	0.06	0.04	0.02
	石油	0.04	0.04	0.04	0.05	0.05
	天然气	0.01	0.02	0.02	0.01	0.01
	石油制品	0.45	0.33	0.25	0.19	0.14
	电力	1.70	1.70	1.76	1.79	1.79
	制造业	25.95	24.77	25.19	24.87	23.26
	矿业	1.27	1.34	1.41	1.52	1.68
	建筑业	6.71	6.38	5.16	4.08	3.23
第三产业		61.59	63.23	63.79	65.10	67.49
	运输业	4.56	3.45	2.82	2.40	2.21
	服务业	57.02	59.78	60.97	62.70	65.29

6.3.11　马来西亚和印度尼西亚的产业结构

表6.15说明了马来西亚和印度尼西亚的产业结构模拟结果。可以看出，至模拟后期，马来西亚和印度尼西亚的第二产业与第三产业在产业结构中的占比较为接近，其中，第二产业的比例逐年下降，从2008年的47.25%下降到2050年的46.05%。第三产业的发展速度较快，整体上呈现上升状态，至2050年行业比重达到46.79%。第一产业整体上略有下降。

马来西亚和印度尼西亚第一产业中的各部门整体上表现出下降趋势，其中，种植业部门比重从2008年的7.72%下滑到2050年的5.14%。不同于其他部门，渔业部门在模拟期间占比有所增加,从 2008 年的 1.21%增加至 1.62%。能源部门中,石油部门的占比相对较高,在模拟期间其占比略有下降。与石油部门相似,煤、天然气和石油制品行业的比重也随时间下滑。电力部门在产业结构中的比重逐渐增加,至 2050 年行业比例达到 1.14%,略高于模拟初期的比重。制造业在模拟期间发展良好,其行业比重整体上有所上升,至 2050 年行业占比接近 30%。模拟期间,矿业和服务业的行业占比也随时间增加,尤其是服务业,2050 年马来西亚和印度尼西亚的服务业比重达到 45.56%,成为产业结构中的主导产业。建筑业和运输业的发展相对缓慢,行业占比略有下降。总体上看,马来西亚和印度尼西亚正处于产业结构的转型升级阶段,第二产业的发展速度将慢于第三产业,未来的产业发展将更多地偏向于第三产业。

表 6.15 基准情景下马来西亚和印度尼西亚的产业结构(%)

	2010 年	2020 年	2030 年	2040 年	2050 年
第一产业	10.00	7.98	7.95	7.51	7.16
种植业	7.30	5.98	5.97	5.50	5.14
畜牧业	0.37	0.21	0.17	0.15	0.15
林业	1.13	0.56	0.41	0.32	0.24
渔业	1.20	1.23	1.39	1.54	1.62
第二产业	47.31	46.83	46.50	46.36	46.05
煤	1.75	1.48	1.11	0.74	0.51
石油	5.28	4.85	4.44	3.87	3.37
天然气	3.24	2.64	2.43	2.24	1.89
石油制品	0.73	0.55	0.38	0.26	0.17
电力	1.04	1.05	1.08	1.11	1.14
制造业	25.58	25.68	27.11	28.57	29.39
矿业	3.34	3.37	3.39	3.55	3.99
建筑业	6.35	7.21	6.55	6.00	5.58
第三产业	42.69	45.20	45.56	46.13	46.79
运输业	2.92	2.20	1.77	1.45	1.23
服务业	39.78	43.00	43.79	44.67	45.56

6.3.12 东南亚的产业结构

东南亚的产业结构在基准情景中的变化可从表 6.16 中得知。可以看出,东南亚的产业结构中,第三产业的占比较高,在经济发展中发挥主导作用。模拟期内,第一产业比重略有上升,第二产业比重下滑,第三产业比重上升显著。

与其他国家相比,东南亚的产业结构中,第一产业占比相对较高,以种植业和渔业为主。模拟期间,种植业、畜牧业、林业的产业占比出现不同程度的下滑,而渔业的产业占比增加显著,从 2008 年的 1.63%增长至 2050 年的 2.67%。东南亚的能源部门以石油、电力部门为主,从表 6.16 中可以看出,能源部门在产业结构中的比例均呈现下滑趋势,其中,天然气行业的比重下滑最为明显。制造业是第二产业的主要部门,模拟期间其占比略有下降,2050 年的制造业占比为 27.75%。运输业的行业占比在模拟期间也呈现下滑态势,而矿业、建筑业和服务业的产业比重逐年增长。从模拟后期的产业结构来看,东南亚未来的产业发展以第三产业为主,制造业等第二产业的地位逐渐下降。

表 6.16　基准情景下东南亚的产业结构(%)

		2010 年	2020 年	2030 年	2040 年	2050 年
第一产业		7.26	6.62	7.56	8.02	8.15
	种植业	4.87	4.44	5.10	5.25	5.03
	畜牧业	0.28	0.24	0.26	0.27	0.33
	林业	0.52	0.28	0.21	0.16	0.13
	渔业	1.59	1.66	1.99	2.34	2.67
第二产业		42.55	41.59	40.50	39.55	38.05
	煤	0.30	0.28	0.20	0.14	0.10
	石油	1.74	1.54	1.37	1.19	1.05
	天然气	1.63	1.14	0.87	0.65	0.45
	石油制品	0.57	0.34	0.19	0.11	0.07
	电力	2.13	2.11	2.09	2.05	1.99
	制造业	29.99	28.96	28.95	28.85	27.75
	矿业	1.78	1.94	1.94	1.99	2.17
	建筑业	4.41	5.28	4.88	4.57	4.47
第三产业		50.18	51.79	51.94	52.43	53.79
	运输业	6.07	4.51	3.58	3.03	2.75
	服务业	44.12	47.28	48.36	49.40	51.04

6.3.13　南亚的产业结构

基准情景下,南亚的产业结构模拟结果见表 6.17。模拟初期,南亚的产业结构中,第三产业为主导产业,但第三产业的占比逐渐缩小,从 2008 年的 48.68%下降至 2050年的 44.27%。伴随着第三产业占比下降,第二产业占比开始逐年上升,从 2008 年的 36.1%上升到 2050 年的 43.40%。南亚第一产业的占比要高于美国、欧盟、日本等国家(地区),第一产业在模拟期间占比略有下降,从 2008 年的 15.18%下降到 2050 年的 12.33%。

南亚的种植业在第一产业中占据绝对优势,产业结构远大于其他第一产业部门。种植业占比在模拟期间整体上表现出下滑趋势,至 2050 年缩减到 10.73%。南亚畜牧业和林业的变化趋势与种植业相同,逐年下降。渔业的占比则呈现出上升趋势。天然气和电力是南亚能源部门的主导行业,其行业占比在模拟期间均有所下降,煤、石油、石油制品 3 个行业的占比相对较小,在模拟期间其产业比重同样呈现出下降趋势。在模拟期间,制造业的产业比重随时间稳步上涨,至 2050 年产业比重达到 29.24%,较模拟初期提高了 11 个百分点。矿业、建筑业、运输业的产业比重在模拟期间呈现下滑趋势,而服务业的产业比重保持在 40%左右,变化不大。整体上,南亚的产业结构变化较为明显,表现出第二产业比例上升、第三产业比例下降的大趋势。可见，南亚在未来的经济发展中，第二产业的经济增速将快于其他两个产业，制造业等第二产业部门会是未来南亚的主要经济增长点。

表 6.17　基准情景下南亚的产业结构(%)

		2010 年	2020 年	2030 年	2040 年	2050 年
第一产业		14.32	13.35	12.99	12.44	12.33
	种植业	11.60	11.64	11.37	10.73	10.73
	畜牧业	0.91	0.42	0.27	0.20	0.16
	林业	0.80	0.26	0.10	0.05	0.03
	渔业	1.01	1.02	1.24	1.47	1.41
第二产业		37.27	40.21	42.11	43.64	43.40
	煤	0.06	0.06	0.03	0.02	0.01
	石油	0.52	0.57	0.47	0.36	0.33
	天然气	3.78	4.04	4.26	4.23	2.95
	石油制品	0.29	0.21	0.16	0.12	0.08
	电力	2.39	2.18	2.09	2.01	1.93
	制造业	18.89	21.86	25.16	27.69	29.24
	矿业	1.89	1.90	1.65	1.48	1.39
	建筑业	9.45	9.38	8.28	7.73	7.46
第三产业		48.41	46.44	44.90	43.92	44.27
	运输业	8.10	6.76	5.53	4.42	3.51
	服务业	40.31	39.68	39.37	39.50	40.76

6.3.14　俄罗斯的产业结构

表 6.18 说明了基准情景下俄罗斯的产业结构模拟结果。从表中可以看出，在俄罗斯的产业结构中，第三产业占比相对较高，其次是第二产业，第一产业位列最后。第三产业的发展在模拟期内有所起伏，模拟中期第三产业的占比渐渐缩小，至模拟后期第三产业占比逐年提升，至 2050 年占比达到 55.78%，高于模拟初期的占比水平。第二产业的占比在模拟初期小幅波动，在模拟后期占比水平较模拟初期略有下降。第一产业占比在整体上有所下降。

俄罗斯的第一产业中，种植业是主要的产业部门，在模拟后期，行业占比较模拟初期下降。畜牧业和林业在产业结构中表现出下降态势，而渔业的占比略有增长。能源行业中，石油部门的比例相对较高，与制造业的比例相当，在俄罗斯的产业发展中起重要作用。整体上，石油部门的占比呈增加趋势，从 2008 年的 11.65%增加到 2050 年的15.31%。不同于石油部门和天然气产业的上升趋势，煤、石油制品和电力在产业结构中的比例逐渐下滑。制造业、建筑业和运输业在基准情景模拟中，表现出下滑趋势，而矿业和服务业的占比整体上略有上升。在模拟期内，俄罗斯第二产业占比逐渐下降，而第三产业占比略有上升。在未来的经济发展中，能源行业，尤其是石油部门的发展较为显著，这符合俄罗斯石油资源丰富的特点，但也说明能源行业在俄罗斯经济发展中的地位升高，将加剧俄罗斯经济发展的局限性，缩减经济增长空间，不利于社会经济的可持续发展。

表 6.18　基准情景下俄罗斯的产业结构(%)

		2010 年	2020 年	2030 年	2040 年	2050 年
第一产业		5.31	6.22	5.73	5.03	4.64
	种植业	4.24	5.12	4.66	4.00	3.57
	畜牧业	0.37	0.39	0.33	0.29	0.26
	林业	0.54	0.36	0.31	0.25	0.16
	渔业	0.17	0.34	0.42	0.50	0.64
第二产业		41.59	44.00	43.20	41.64	39.58
	煤	0.39	0.24	0.12	0.07	0.04
	石油	12.20	15.20	15.96	15.62	15.31
	天然气	2.78	4.23	3.88	3.63	3.06
	石油制品	0.61	0.37	0.29	0.23	0.18
	电力	2.55	2.60	2.53	2.43	2.35
	制造业	11.41	11.47	11.33	10.32	8.73
	矿业	1.50	1.65	1.62	1.73	2.02
	建筑业	10.16	8.24	7.46	7.62	7.89
第三产业		53.10	49.78	51.08	53.32	55.78
	运输业	6.01	5.18	4.45	3.98	3.73
	服务业	47.09	44.60	46.63	49.35	52.05

6.3.15　东欧的产业结构

东欧的产业结构在基准情景中的变化可从表 6.19 中得知。可以看出，东欧的产业结构中，在模拟初期第三产业占比较高，在经济发展中发挥主导作用，至模拟后期第三产业占比下降，第二产业占比超过第三产业，成为经济主导产业。第一产业占比在模拟后期略有上升。

从表 6.19 中可以看出，种植业的发展对第一产业的整体发展影响较大，其行业占比在模拟后期略有增大，畜牧业、林业、渔业的行业占比较小，其中，畜牧业和林业的产业占比下降，而渔业的产业比重略有增加。电力和石油行业在能源部门中的占比较高，其中，石油行业占比上涨明显，而电力部门的行业占比略有下滑。煤、天然气、石油制品的行业占比逐年下滑。在模拟初期，制造业的产业比重约为 18.95%，至 2050 年占比增长至 27.68%，上涨趋势显著。矿业表现为先下降后上升的发展趋势，整体来看，行业占比有所增长。建筑业、运输业和服务业在模拟期间的占比有所下降，服务业下降尤其明显，从 2008 年的 45.13% 滑落到 2050 年的 38.82%。总体上看，在模拟初期东欧以第三产业为主导，但随着经济的发展，第二产业比重有所上升，至模拟后期转变为以第二产业为主导，第二产业对经济增长的拉动作用增强。

表 6.19　基准情景下东欧的产业结构(%)

		2010 年	2020 年	2030 年	2040 年	2050 年
第一产业		6.83	5.93	5.97	6.32	6.81
	种植业	5.70	5.11	5.19	5.51	5.94
	畜牧业	0.42	0.31	0.27	0.26	0.27
	林业	0.35	0.16	0.13	0.11	0.11
	渔业	0.36	0.36	0.39	0.44	0.50
第二产业		39.11	41.48	44.96	47.49	48.72
	煤	0.49	0.35	0.24	0.19	0.16
	石油	3.63	4.64	5.80	6.78	7.70
	天然气	2.07	2.12	2.09	1.87	1.29
	石油制品	0.41	0.37	0.27	0.20	0.14
	电力	4.04	3.92	3.89	3.85	3.74
	制造业	19.80	22.03	24.49	26.66	27.68
	矿业	2.07	1.86	1.94	2.08	2.32
	建筑业	6.61	6.19	6.24	5.86	5.70
第三产业		54.06	52.59	49.07	46.19	44.47
	运输业	10.06	8.42	7.17	6.24	5.65
	服务业	44.00	44.17	41.89	39.95	38.82

6.3.16　其他欧洲国家的产业结构

其他欧洲国家的产业结构模拟结果见表 6.20,其产业结构同美国、欧盟和日本相似,第三产业在产业结构中的份额最大。第一产业在其他欧洲国家的产业结构中占比不到

表 6.20　基准情景下其他欧洲国家的产业结构(%)

		2010 年	2020 年	2030 年	2040 年	2050 年
第一产业		0.98	0.78	0.73	0.72	0.63
	种植业	0.32	0.28	0.25	0.21	0.17
	畜牧业	0.17	0.11	0.08	0.08	0.08
	林业	0.21	0.12	0.11	0.11	0.09
	渔业	0.29	0.28	0.30	0.31	0.29
第二产业		32.28	30.24	28.03	25.80	24.05
	煤	0.01	0.01	0.00	0.00	0.00
	石油	5.81	4.71	4.02	3.09	2.02
	天然气	2.56	1.93	1.38	1.14	1.08
	石油制品	0.12	0.10	0.08	0.06	0.04
	电力	1.42	1.28	1.13	1.01	0.87
	制造业	17.01	17.08	15.75	14.18	13.42
	矿业	0.64	0.61	0.56	0.50	0.46
	建筑业	4.71	4.54	5.11	5.81	6.15
第三产业		66.73	68.97	71.24	73.49	75.32
	运输业	4.87	4.51	4.18	3.94	3.70
	服务业	61.86	64.46	67.06	69.55	71.62

1%，且在模拟期内呈现下降趋势。第二产业的变化同第一产业相似，从 2008 年的 32.29%
下降到 2050 年的 24.05%。第三产业具有良好的发展势头，2008~2050 年该产业的比例
上升了 9 个百分点，至 2050 年第三产业占比达到 75.32%。

其他欧洲国家的种植业、畜牧业和林业在产业结构中的份额很小，均不超过 0.5%，
并且它们在产业结构中的占比随时间减少。渔业在产业结构中的比例略有上升。整体上，
能源行业在产业结构中的份额随时间降低，其中，石油部门从 2008 年的 5.72% 下跌至
2050 年的 2.02%，是能源部门中占比下降最多的部门。制造业在产业部门中的占比从
2008 年的 16% 跌落至 2050 年的 13.42%，行业占比大幅下滑，这是第二产业占比下降的
主要原因。矿业和建筑业在产业结构中的比重略小，其中矿业占比下滑，建筑业比重略
有增加。第三产业中，服务业占比上升明显，而运输业的行业比重缓慢下降。总体来看，
第三产业在其他欧洲国家的经济中发挥越来越重要的作用，是其他欧洲国家经济增长的
动力来源。

6.3.17　中东和北非地区的产业结构

表 6.21 说明了基准情景下中东和北非地区的产业结构模拟结果。从表中可以看出，
模拟初期，中东和北非地区的产业结构以第二产业为主，至模拟后期，第三产业占比超
过第二产业，成为产业发展中的主导行业。第一产业增长缓慢，至模拟后期行业占比略
有增加。

表 6.21　基准情景下中东和北非地区的产业结构(%)

		2010 年	2020 年	2030 年	2040 年	2050 年
第一产业		3.66	3.61	3.74	3.83	4.05
	种植业	3.15	3.06	3.11	3.10	3.18
	畜牧业	0.28	0.27	0.26	0.26	0.27
	林业	0.06	0.05	0.04	0.04	0.04
	渔业	0.17	0.23	0.32	0.43	0.55
第二产业		57.49	54.72	52.16	48.74	44.20
	煤	0.01	0.00	0.00	0.00	0.00
	石油	27.50	23.66	20.66	17.26	14.08
	天然气	4.14	3.11	3.03	3.09	2.84
	石油制品	1.37	1.20	1.07	0.99	0.89
	电力	0.77	0.71	0.68	0.67	0.68
	制造业	14.13	15.18	16.91	17.60	16.95
	矿业	2.61	2.68	2.44	2.26	2.21
	建筑业	6.96	8.18	7.37	6.85	6.55
第三产业		38.85	41.67	44.10	47.43	51.75
	运输业	2.91	2.40	2.16	2.05	2.01
	服务业	35.93	39.27	41.95	45.38	49.74

中东和北非的第一产业中，种植业是主要的产业部门。随着中东和北非地区经济的

发展，种植业、渔业占比均出现上升趋势，而畜牧业和林业的占比略有降低。能源行业中，石油部门的比例相对较高，在中东和北非地区的产业发展中发挥重要着作用。整体上，石油部门的占比呈下降趋势，从 2008 年的占比 28.88%下降到 2050 年的 14.08%，产业比例下降了约 15 个百分点。和石油部门下降趋势相似，煤、天然气、石油制品和电力在产业结构中的比例也呈现下降趋势。制造业在模拟期间占比整体上上涨，至模拟后期稍有下滑。矿业和运输业的行业占比较为接近，至模拟后期产业比重缩小建筑业的产业占比在模拟初期略有上升，但之后表现出下降趋势。服务业的行业比重稳步增长，服务业的比重从 2008 年的 35.26%增长至 2050 年的 49.74%。

6.3.18　亚撒哈拉地区的产业结构

基准情景中，亚撒哈拉地区的产业结构变化情景见表 6.22。亚撒哈拉地区的产业结构在模拟初期呈现以第三产业为主，第二产业次之，第一产业最小的整体格局，至模拟后期，第二产业比重上升，成为主导行业，第三产业所占比重下降，第一产业比重略有上升。总体上来看，第二产业，尤其是制造业将是亚撒哈拉地区未来经济发展的拉动部门。

表 6.22　基准情景下亚撒哈拉地区的产业结构(%)

		2010 年	2020 年	2030 年	2040 年	2050 年
第一产业		16.14	14.74	14.50	14.76	15.42
	种植业	13.27	12.60	12.47	12.74	13.44
	畜牧业	0.99	0.70	0.54	0.42	0.34
	林业	0.98	0.52	0.43	0.38	0.30
	渔业	0.89	0.91	1.06	1.22	1.34
第二产业		37.86	38.86	41.21	43.96	46.88
	煤	0.51	0.41	0.30	0.24	0.20
	石油	12.36	12.17	11.58	9.41	6.66
	天然气	0.82	0.42	0.52	1.03	2.29
	石油制品	0.10	0.08	0.06	0.05	0.03
	电力	1.18	1.12	1.10	1.08	1.05
	制造业	17.22	18.76	22.29	27.31	32.09
	矿业	2.20	1.88	1.73	1.52	1.31
	建筑业	3.47	4.01	3.63	3.32	3.25
第三产业		46.00	46.40	44.28	41.28	37.71
	运输业	3.52	2.80	2.21	1.69	1.26
	服务业	42.48	43.60	42.07	39.59	36.44

相对于其他国家，亚撒哈拉地区第一产业的比重相对较高，并以种植业为主。种植业在模拟初期的产业比重达到 13.28%，之后产业比重稍有下滑，2050 年的产业比重达

到 13.44%。第一产业中，比重上升的部门还有渔业，至 2050 年其占比达到 1.34%，而畜牧业和林业的产业比重在模拟期间呈现下滑趋势。从表 6.22 中可以看出，亚撒哈拉地区的能源部门以石油行业为主，但其产业比重随时间下跌。煤、石油制品和电力部门的行业比重存在不同程度的下降，而天然气的行业比重则有所增加，至 2050 年占比达到 2.29%。制造业在模拟期间发展良好，在产业结构中的比重几乎翻倍，其在模拟后期的比重达到 32.09%。第二产业中，矿业和建筑业的比重则表现出下滑趋势，与第三产业中运输业、服务业的下降趋势相同。

6.3.19 大洋洲的产业结构

表 6.23 说明了大洋洲在基准情景中的产业结构发展趋势。从表 6.23 中可以看出，模拟初期，在大洋洲的产业结构中，第三产业占据绝对优势，产业占比将近 70%，第二产业占比约为 28%，第一产业占比最小。整体上来看，模拟期间大洋洲的产业结构较为稳定，产业占比变化不大。种植业在产业结构中的占比逐渐上升，直接导致第一产业比重增加。除了种植业，渔业部门的比重也表现出增长趋势，畜牧业和林业的行业占比则略有降低。第二产业的比重在模拟期间略有下降，其中，煤、石油制品、电力、矿业、建筑业的行业占比下滑，石油、天然气、制造业所占比重略有上升。相较于第二产业的下滑，第三产业的比重略有上升，服务业占比从 2008 年的 65.8% 缓慢增长至 2050 年的 68.29%，而运输业所占比重有所降低，2050 年其占比约为 1.76%，较模拟初期下降了一半。

表 6.23　基准情景下大洋洲的产业结构(%)

		2010 年	2020 年	2030 年	2040 年	2050 年
第一产业		2.92	2.46	2.58	2.85	2.99
	种植业	1.45	1.27	1.43	1.73	2.04
	畜牧业	0.94	0.80	0.72	0.66	0.55
	林业	0.33	0.17	0.14	0.12	0.08
	渔业	0.21	0.23	0.29	0.34	0.32
第二产业		28.33	28.34	28.04	27.73	26.96
	煤	1.38	1.33	0.99	0.76	0.59
	石油	1.04	1.33	1.63	1.85	2.07
	天然气	1.05	1.00	1.09	1.52	2.06
	石油制品	0.16	0.15	0.12	0.08	0.06
	电力	1.50	1.48	1.43	1.37	1.29
	制造业	13.90	14.51	14.27	13.85	12.97
	矿业	3.54	3.49	3.64	3.68	3.36
	建筑业	5.75	5.04	4.89	4.62	4.56
第三产业		68.75	69.20	69.37	69.42	70.05
	运输业	3.73	3.09	2.54	2.10	1.76
	服务业	65.02	66.11	66.83	67.32	68.29

6.4　能源消费及碳排放模拟结果

6.4.1　能源消费量

在基准情景下，利用 GOPer-GC 模型对全球各区域能源消费进行模拟的结果见图 6.2。由于全球各区域在经济发展、产业结构、能源结构、能源强度和人口变化等多个方面存在差异，各区域 2008～2050 年的能源消费量也表现出不同的变化趋势。全球及各区域能源消费量的模拟结果也可从表 6.24 中得知。基准情景下，全球能源消费量增长较为平稳，从 2008 年的 16 355 Mtoe[①]增长到 2050 年的 23 728 Mtoe，较 2008 年上升了 45%，年平均增速为 0.9%。

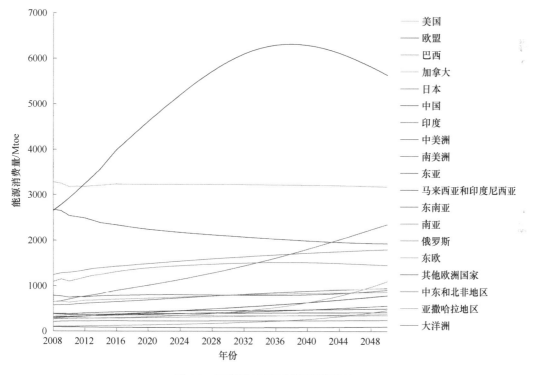

图 6.2　基准情景下区域能源消费量

基准情景下，美国、欧盟、加拿大、日本和其他欧洲国家的能源消费量在 2008～2050 年整体上呈现下降趋势。美国是能耗大国，能源消费规模相对较大，其 2008 年的能耗总量居世界首位。模拟期间，美国的能源消费量从 2008 年的 3282 Mtoe 下降到 2050 年的 3176 Mtoe，其在世界能源消费总量中的比例也从 20%降低到 13.4%，下降了 6.6%。欧盟 2008 年的能源消费量处于美国之下，排名世界第二，其 2008 年和 2050 年的能源消费量分别为 2677Mtoe 和 1929 Mtoe，能源消费量下降了 38%，在世界能源消费总量中

———————————

① Mtoe 为百万吨油当量。

表 6.24　全球及各区域能源消费量　　　　　　（单位：Mtoe）

国家(地区)	2010 年	2020 年	2030 年	2040 年	2050 年
美国	3173	3226	3227	3213	3176
欧盟	2540	2245	2098	1988	1929
巴西	280	297	324	348	369
加拿大	369	353	345	343	343
日本	804	796	788	748	738
中国	2925	4609	5931	6289	5633
印度	707	1012	1355	1803	2350
中美洲	360	383	398	406	414
南美洲	384	437	457	471	493
东亚	585	692	796	882	945
马来和印尼	311	409	515	634	787
东南亚	320	369	414	472	560
南亚	111	139	183	263	458
俄罗斯	1098	1391	1488	1512	1452
东欧	637	728	791	837	864
其他欧洲国家	95	92	84	81	79
中东和北非地区	1292	1484	1615	1718	1795
亚撒哈拉地区	278	315	414	633	1098
大洋洲	221	226	228	233	244
世界	16489	19206	21450	22875	23728

的占比从 16%下降到 8%。加拿大的能源消耗规模相对较少，从 2008 年的 378 Mtoe 降低到 2050 年的 343 Mtoe，在全球能源消费总量中的比例也从 2.3%跌落到 1.4%。日本的能源消费量从 2008 年的 806 Mtoe 逐渐降低到 2050 年的 738 Mtoe，在世界能源消费总量中的份额从 4.9%缩小到 3.1%。其他欧洲国家的能源消费量同样表现出减少趋势，但其能源消费量的绝对数量较少，能源消费量的减少规模也相应较少，从 2008 年的 100 Mtoe 降低到 2050 年的 79 Mtoe，能源消费总量减少了 21 Mtoe。

在基准情景下，中国和俄罗斯的能源消费量表现出先上升后下降的趋势。2008 年中国的能源消费量为 2652 Mtoe，在世界排名第三位，占世界能源消费总量的 16%。至 2038 年，中国的能源消费量上升到 6315 Mtoe，达到能源消费的高峰，然后开始下降，至 2050 年消耗能源 5633 Mtoe，占世界能源消费总量的 24%，较能耗高峰减少了 682 Mtoe。俄罗斯的能源消费量变化趋势与中国类似，呈现先上升后下降的趋势。2008 年俄罗斯消耗能源 1092 Mtoe，是当年世界能源消费总量的 6.7%。俄罗斯能源消耗的高峰出现在 2037 年，达到 1516 Mtoe。至 2050 年，俄罗斯的能源消耗量为 1452 Mtoe，占世界能耗总量的 6.1%。值得一提的是，在图 6.2 中，中国实现能源消费高峰的时间在 2038 年，这是在基准情景下的，换言之，中国承诺 2030 年左右实现碳高峰，是要做出牺牲的，是需要推行更积极的气候治理政策的，如增加碳汇、改变能源结构等。

　　模拟显示，在缺乏治理政策的情况下，巴西、印度、中美洲、南美洲、东亚的能源需求始终处于上升趋势。巴西的能源消耗量从 2008 年的 277 Mtoe 增加到 2050 年的 369 Mtoe，其在世界能耗总量中的占比从 1.7%下降到 1.6%。印度的能耗量在模拟期内快速上升，从 2008 年的 649 Mtoe 上升到 2050 年的 2350 Mtoe，在世界总能耗中的占比从 4%上升到 10%，这是印度经济增长迅速的结果。中美洲地区的能源消耗在模拟期内增加较为缓慢，至 2050 年，能源消耗量达到 414 Mtoe，较 2008 年增加了 34 Mtoe。南美洲 2008 年的能耗量占世界能耗总量的 2.4%，为 386 Mtoe。至 2050 年，南美洲能耗总量增加了 111 Mtoe，达到 493 Mtoe。东亚的能耗规模较小，2008 年消耗能源 578 Mtoe，占世界能耗总量的 3.5%，2050 年东亚的能源消耗总量达到 945 Mtoe，在世界能耗总量中的比例也上升为 4%。

　　马来和印尼、东南亚、南亚、东欧、中东和北非地区、亚撒哈拉地区和大洋洲的能源消耗量在模拟期内呈不断增加的趋势。马来和印尼的能耗增长较快，2050 年消耗能源 787 Mtoe，较 2008 年增加了 489 Mtoe，是能耗增长较快的地区。东南亚的能源消耗从 2008 年的 322 Mtoe 增加到 560 Mtoe。随着南亚经济的快速增长，南亚的能源消费量也有较为明显的增加，2050 年消耗的能源达到 458 Mtoe，较 2008 年增加了 351 Mtoe。东欧 2008 年的能源消费量占世界能耗总量的 4%，2050 年能耗增加到 864 Mtoe，是世界能耗总理的 3.6%。中东和北非地区 2008 年的能耗总量在美国、欧盟、中国之后，位列世界第四，达到 1242 Mtoe，2050 年的能耗总量为 1795 Mtoe，占世界能耗总量的 7.6%。亚撒哈拉地区和大洋洲 2008 年的能源消耗总量分别为 267 Mtoe 和 211 Mtoe，之后能耗量开始增加，至 2050 年分别达到 1098 Mtoe 和 244 Mtoe。

6.4.2　能源消费碳排放量

　　利用 GOPer-GC 模型对全球各区域能源消费碳排放量进行模拟，结果见图 6.3 及表 6.25。2008～2050 年，全球能耗碳排放受全球能源消耗的影响，呈现逐步增长的变化趋势。2008 年全球能耗碳排放量为 7.3 GtC[①]，之后全球能耗碳排放量以年均 1%的速度增长，2050 年全球能耗碳排放量为 11.2 GtC，较 2008 年增加了 53%。值得注意的是，与 2050 年全球能源消耗量增加 45%相比，全球能耗碳排放量增加的比例略大(53%)，这主要是因为，全球大部分发展中国家(地区)能源消耗量上涨，这些地区本身的碳排放强度较大，这就导致全球单位能源的碳排放强度变相上升，进而造成全球碳排放量的增速略大于全球能耗的增速。

　　全球各区域的能耗碳排放量变化趋势大体可以分为三类：始终上升、始终下降、先上升后下降。其中，欧盟、日本、加拿大和其他欧洲国家的碳排放量始终下降，美国的能耗碳排放量至模拟中后期则呈现下降趋势；中国和俄罗斯的碳排放量先上升后下降；巴西、印度、中美洲、南美洲、东亚、马来和印尼、东南亚、南亚、东欧、中东和北非地区、亚撒哈拉地区及大洋洲的碳排放量始终上升。

---

① 1GtC 为 10 亿吨碳。

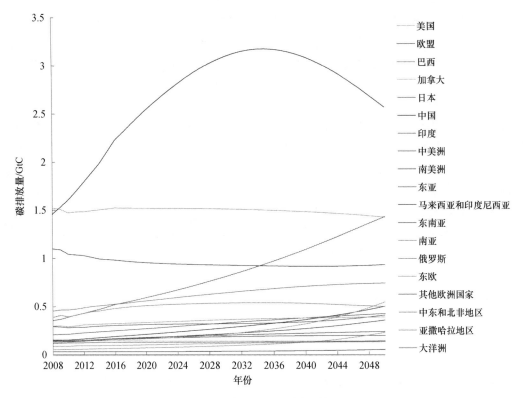

图 6.3　全球各区域能源消耗碳排放量

表 6.25　全球及各区域能源消费碳排放量　　　　　　　　　　　（单位：GtC）

国家(地区)	2010 年	2020 年	2030 年	2040 年	2050 年
美国	1.47	1.52	1.51	1.48	1.43
欧盟	1.04	0.96	0.93	0.92	0.91
巴西	0.09	0.10	0.12	0.13	0.14
加拿大	0.15	0.14	0.14	0.14	0.14
日本	0.33	0.32	0.31	0.29	0.27
中国	1.61	2.54	3.10	3.09	2.57
印度	0.39	0.59	0.81	1.09	1.43
中美洲	0.15	0.17	0.19	0.20	0.20
南美洲	0.14	0.18	0.20	0.22	0.24
东亚	0.21	0.27	0.33	0.38	0.43
马来和印尼	0.16	0.21	0.28	0.36	0.50
东南亚	0.13	0.18	0.22	0.27	0.36
南亚	0.06	0.07	0.09	0.13	0.23
俄罗斯	0.40	0.51	0.54	0.53	0.50
东欧	0.29	0.33	0.36	0.38	0.39
其他欧洲国家	0.05	0.04	0.03	0.03	0.03
中东和北非地区	0.47	0.56	0.64	0.71	0.74
亚撒哈拉地区	0.15	0.17	0.21	0.32	0.55
大洋洲	0.12	0.13	0.13	0.13	0.14
世界	7.41	8.99	10.14	10.81	11.20

GOPer-GC 模型模拟显示，在基准情景下，美国、欧盟、日本、加拿大和其他欧洲国家的能源消费逐年下降，其造成的碳排放量也随之减少。2008 年美国能耗碳排放量为 1.52 GtC，是全球能源消耗碳排放量最多的国家，占世界碳排放量的 21%。至 2050 年，美国碳排放量减少到 1.43 GtC，占世界能耗总碳排放量的 13%，较 2008 年下降了 8%。随着美国碳排放量的减少，美国先后被中国和印度于 2009 年与 2050 年超过，在能耗碳排放排序中位列第三。欧盟的能源消费碳排放量从 2008 年的 1.1 GtC 减少到 2050 年的 0.91 GtC，在世界总碳排放量的比例也从 15.1% 下滑至 8.2%，减少了 7%。与此同时，欧盟在碳排放总量中的排序，被印度在 2035 年超过，下跌了一位。与美国和欧盟相比，日本能源消费带来的碳排放量相对较小，2008 年碳排放量为 0.34 GtC，2050 年其碳排放量减少了 0.07 GtC，达到 0.27 GtC。加拿大 2008 年和 2050 年的能耗碳排放量分别为 0.15GtC 和 0.14 GtC，模拟期间碳排放量减少的幅度较小。其他欧洲国家的能耗碳排放量规模较小，2008 年造成碳排放量为 0.05 GtC，不到全球总碳排放量的 1%，至 2050 年欧洲其他国家的碳排放量下滑至 0.03 GtC。

基准情景下，2008～2050 年中国和俄罗斯能源使用的碳排放量先上升后下降。2008 年中国能源消耗带来的碳排放量略低于美国，居世界第二位，达到 1.46 GtC，是世界能耗总排放量的 20%。2009 年中国的能耗碳排放量超过美国，在碳排放排序中居世界首位。伴随中国能耗规模的增加，其碳排放量也逐年上涨，2035 年中国碳排放量达到峰值，为 3.18 GtC。2035 年之后，中国碳排放量开始下降，至 2050 年中国能耗碳排放量为 2.57 GtC，是该年世界总碳排放量的 23%。强化治理，中国大约可以在 2030 年左右实现碳高峰，甚至可以提前。

俄罗斯碳排放量的趋势与中国相近，2008～2037 年俄罗斯的碳排放量从 0.39 GtC 上升到 0.54 GtC，达到能耗碳排放量的峰值。2037 年之后俄罗斯的碳排放量开始逐年减少，至 2050 年降低为 0.50 GtC。

印度的能耗碳排放量在基准情景下始终上涨，从 2008 年的 0.36 GtC 增加到 2050 年的 1.43 GtC，增加了 3 倍。印度能耗碳排放量在世界总碳排放量中的占比，也从 2008 年的 4.9% 上涨到 2050 年的 12.8%，较模拟初期增加了近 8 个百分点。另外，印度的能耗碳排放量在 2035 年超过欧盟，2050 年超过美国，在模拟结束时，印度成为世界第二碳排放国。隶属于美洲的巴西、中美洲、南美洲 3 个区域的能耗碳排放量在基准情景中，始终处于上升状态。2008 年这些地区的碳排放总量分别为 0.09 GtC、0.15 GtC 和 0.14 GtC，至模拟结束，它们的碳排放总量分别升至 0.13 GtC、0.2 GtC 和 0.24 GtC。东亚的能耗碳排放量在模拟期间翻倍，从 2008 年的 0.2 GtC 增加到 0.4 GtC。马来和印尼是新兴发展中国家(地区)，其碳排放增长相对较快，2008 年能耗碳排放量为 0.15 GtC，至 2050 年增加到 0.5 GtC。东南亚地区的其他国家，同马来和印尼相比，能耗碳排放量相对较少。尽管东南亚的碳排放量逐年增加，其 2008 年和 2050 年的碳排放量分别为 0.13 GtC 和 0.36 GtC，但它们的碳排放量始终低于马来和印尼。2008 年东欧能耗碳排放量是世界总排放量的 4.1%，为 0.3 GtC，之后东欧碳排放量逐年上升，至 2050 年达到 0.39 GtC，在世界总排放量中的比例为 3.5%。中东和北非地区碳排放量在世界总碳排放量中的占比，从 2008 年的 6.2% 上升至 2050 年的 6.6%，其 2050 年的碳排放量较 2008 年增加了

0.3 GtC。亚撒哈拉地区的能耗碳排放量在模拟期间增长较快，2008 年碳排放量为 0.14 GtC，占世界总碳排放量的 1.9%。2050 年时，亚撒哈拉地区碳排放量为 0.55 GtC，是世界总碳排放量的 4.9%，较 2008 年增加了 3%。大洋洲能耗碳排放量的增长较为缓慢，从 2008 年的 0.12GtC 上升到 2050 年的 0.14 GtC，涨幅较小。

6.4.3　人均能源消费碳排放量

全球各区域能耗碳排放量的模拟结果与各区域人口数据相结合，就可以估算全球各区域的人均能耗碳排放量，结果如图 6.4 和表 6.26 所示。2008 年，全球人均能耗碳排放量自高向低排序依次是：美国、加拿大、其他欧洲国家、大洋洲、俄罗斯、日本、欧盟、东亚、东欧、中东和北非地区、中国、中美洲、南美洲、马来和印尼、巴西、东南亚、印度、亚撒哈拉地区、南亚。其中，美国的人均能耗碳排放量远高于世界其他国家，而中美洲、南美洲、马来和印尼、巴西、东南亚、印度、亚撒哈拉地区、南亚的人均碳排放量较小，低于世界人均碳排放量水平。在模拟过程中，各区域人均能耗碳排放量的变化主要呈现三种不同的趋势类型：始终上升、始终下降、先上升后下降。美国、加拿大、大洋洲和其他欧洲国家属于始终下降的类型；巴西、印度、东亚、马来和印尼、南美洲、东南亚、南亚、东欧和亚撒哈拉地区属于始终上升的类型；中国、俄罗斯、中美洲、中东和北非地区属于先上升后下降的类型；欧盟和日本大体上呈现下降趋势，但在模拟后期略有上升。

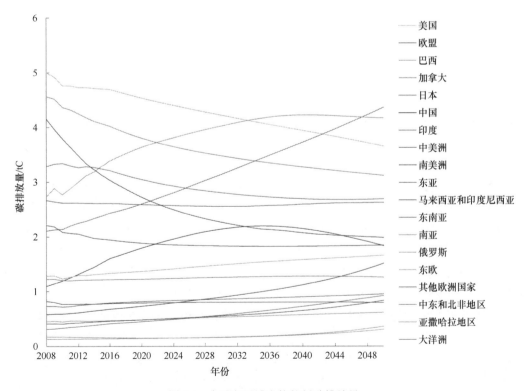

图 6.4　全球各区域人均能耗碳排放量

表 6.26　全球及各区域人均能耗碳排放量　　　　　　　(单位：tC)

国家(地区)	2008 年	2010 年	2020 年	2030 年	2040 年	2050 年
美国	5.01	4.76	4.53	4.22	3.94	3.65
欧盟	2.21	2.09	1.88	1.83	1.82	1.84
巴西	0.45	0.45	0.48	0.53	0.57	0.62
加拿大	4.56	4.37	3.80	3.48	3.27	3.12
日本	2.67	2.62	2.59	2.56	2.60	2.63
中国	1.10	1.20	1.80	2.14	2.15	1.83
印度	0.31	0.33	0.45	0.57	0.73	0.92
中美洲	0.82	0.77	0.79	0.80	0.80	0.79
南美洲	0.73	0.72	0.82	0.86	0.90	0.95
东亚	2.11	2.14	2.60	3.14	3.73	4.37
马来和印尼	0.58	0.59	0.73	0.90	1.12	1.51
东南亚	0.41	0.41	0.48	0.55	0.65	0.83
南亚	0.13	0.13	0.14	0.17	0.22	0.36
俄罗斯	2.74	2.77	3.64	4.03	4.22	4.17
东欧	1.29	1.24	1.37	1.49	1.58	1.66
其他欧洲国家	4.15	3.79	2.72	2.26	2.07	1.98
中东和北非地区	1.23	1.20	1.23	1.26	1.28	1.26
亚撒哈拉地区	0.17	0.17	0.15	0.16	0.21	0.31
大洋洲	3.28	3.34	3.05	2.80	2.69	2.69
世界	1.09	1.08	1.18	1.23	1.25	1.24

在基准情景中，全球人均碳排放量整体上呈上升趋势，在模拟后期略有下降，这主要是因为全球碳排放量的增长速度在模拟后期低于全球人口的增长速度。2008 年全球人均碳排放量为 1.1tC，至 2036 年全球人均碳排放量实现峰值 1.25 tC，之后全球碳排放量下降至 2050 年的 1.24 tC。

美国的碳排放量从 2008 年的 5.01 tC 下降到 2050 年的 3.65 tC，下降了 27%。其中，美国的人均碳排放量分别于 2034 年和 2034 年相继被俄罗斯和东亚超过，人均碳排放量居世界第三位。加拿大 2008 年人均碳排放量为 4.56 tC，居世界第二位，之后该国的人均碳排放量逐年降低，至 2050 年人均碳排放量为 3.12 tC，位列世界第四。模拟初期，其他欧洲国家的人均能耗碳排放水平位列美国和加拿大之后，排名世界第三，随着其他欧洲国家人均碳排放量减少，2050 年该区域人均碳排放量为 1.98 tC，位列世界第七。2008 年大洋洲的人均能耗碳排放水平位居世界第四，在整个模拟期内，其碳排放水平逐年下降至 2050 年的 2.69 tC，位列世界第五。

中国和俄罗斯的人均能耗碳排放量均呈先上升后下降的趋势。尽管中国的碳排放总量位居世界前列，但中国的人均能耗碳排放水平却相对较低，2008 年的人均碳排放量位列 19 个区域的第十一位。中国的人均碳排放量高峰出现在 2035 年，高峰值为 2.2 tC。到 2050 年，中国的人均碳排放量为 1.83 tC，比 2008 年上升了 66%，较人均碳排放量高峰值下降了 17%。俄罗斯的人均碳排放量在模拟初期位于世界第五。由于经济恢复，俄罗斯的人均碳排放量呈现上升趋势，高峰出现在 2041 年，峰值为 4.2 tC。到 2050 年，俄罗斯的人均碳排放量降至 4.17 tC，略低于高峰值。尽管俄罗斯人均碳排放量水平在后期略有降低，但其水平仍高于全球大部分区域，仅低于东亚，位列世界第二。中美洲及中东和北非地区的人均能耗碳排放量，同样表现出先上升后下降的趋势，这与模拟后期人口总量增加有关。

基准情景下，欧盟 2008 年的人均能耗碳排放量为 2.21 tC，之后欧盟的人均能耗碳排放量缓慢下降，至 2037 年碳排放量降至谷底 1.82 tC。2037 年之后欧盟的人均能耗碳排放量开始增加。这是由于模拟后期，欧盟能耗碳排放量减少的速率小于人口减少的速率，就造成人均碳排放量上升。日本的人均能耗碳排放量变化与欧盟类似，2033 年碳排放量达到最低水平 2.55 tC，至 2050 年回升到 2.63 tC。东亚的人均能耗碳排放量是所有区域中上升速度最快的，从 2008 年的 2.11 tC 增加到 2050 年的 4.37 tC，2050 年东亚地区的人均能耗碳排放量已超过美国和俄罗斯，居世界首位。这一方面是因为东亚的能耗碳排放总量逐年递增，另一方面则是因为东亚的人口在模拟后期逐年减少。

模拟过程中，尽管巴西、东南亚、印度、南亚、亚撒哈拉地区、南美洲 6 个区域的人均能耗碳排放量逐年上升，但它们的排放水平始终在全球人均能耗碳排放水平之下。其中，南亚和亚撒哈拉地区的人均能耗碳排放水平比较接近，且上升缓慢，整个模拟期内的人均能耗碳排放水平始终不高于 0.4 tC。东南亚、巴西、印度的人均能耗碳排放水平相当，2050 年它们的人均能耗碳排放量分别为 0.83 tC、0.62 tC 和 0.91 tC。南美洲的人均能耗碳排放水平自 2008 年的 0.73 tC 上升到 2050 年的 0.95 tC，上升缓慢，始终处于世界人均能耗的碳排放水平之下。马来和印尼的人均能耗碳排放量在模拟初期低于全球人均水平，至 2044 年马来和印尼的人均能耗碳排放水平达到 1.25 tC，开始超过世界人均水平，并且 2050 年的人均能耗碳排放水平达到 1.51 tC。东欧的人均能耗碳排放水平与世界人均能耗碳排放接近，但始终稍高于全球人均水平，2008 年东欧人均能耗碳排放量为 1.29 tC，至 2050 年增加到 1.66 tC。

6.5　农业土地利用变化及碳排放量模拟

6.5.1　农业土地利用面积变化

1. 农用地总面积变化

土地覆盖的变化是陆地碳汇变化的主要动因，而土地覆盖的变化在这里是农用土地的变化。通过 GOPer-GC 模型模拟，基准情景下全球农用地总面积的模拟结果，见图 6.5 次坐标轴对应的黑色实线。从图中可以看出，全球农用地总面积以年均 0.04% 的速度逐年减少，这与经济发展过程中技术进步和农用地土地非农化有关。2008 年全球农用地总面积为 5933 Mha，到 2050 年面积减少至 5830.5 Mha，每年平均减少 1.9 Mha。本章中农用地主要包括林地、草地和耕地三种覆被类型。图 6.5 的主坐标轴相应曲线，显示了基准情景下这三种覆被类型的变化趋势。

模拟期间，全球总人口的增加导致粮食需求剧增，进而促使全球耕地面积以年均

0.12%的速度扩张，从 2008 年的 1547 Mha 上涨到 2050 年的 1624 Mha，增加了 77 Mha。与此同时，2050 年耕地占全球农用地总面积的 28%，较 2008 年增加了 2%。其中，耕地面积的增加主要是通过砍伐森林实现的。与全球耕地面积的变化趋势不同，全球草地面积在基准情景中略有下降。2008 年，全球草地面积为 2710 Mha，占农用地总面积的 46%。全球草地面积逐年减少，至 2050 年全球草地面积达到 2609 Mha，减少了 101 Mha，年均减少 0.09%，在全球农用地中的占比同时降低 1 个百分点。全球农用地中，林地面积的减少速率略高于草地，年均减少 0.11%，从 2008 年的 1676 Mha 降低到 2050 年的 1597 Mha，较 2008 年减少了 5%。伴随着全球林地面积的减少，林地在全球农用地面积中的占比也略有降低，2008 年和 2050 年的占比分别为 28%和 27%。

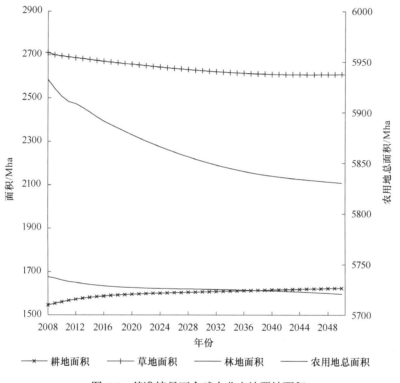

图 6.5　基准情景下全球农业土地覆被面积

　　全球各区域的农用地总面积在基准情景模拟中，呈现不同的变化趋势，其模拟结果见图 6.6 和表 6.27。基准情景下，区域农用地总面积的变化趋势大体分为上升和下降两种类型，其中，美国、欧盟、巴西、日本、中美洲、东亚、马来西亚和印度尼西亚、俄罗斯、东欧、亚撒哈拉地区和大洋洲属于下降的类型，加拿大、中国、印度、南美洲、东南亚、南亚、其他欧洲国家及中东和北非属于上升的类型。

　　在农用地总面积上升的区域中，中国的农用地总面积增加比重最大，2050 年农用地总面积为 662.1 Mha，较 2008 年增加了 98.8 Mha(17.5%)。这主要是因为在模拟中前期，中国人口膨胀导致农产品的需求增长，农业部门土地投入也随之增加。由表 6.27 可以看出，中国农用地面积的增加主要来自耕地面积的增加，2050 年中国的耕地面积为 184.4

Mha，较 2008 年增加了 43.6 Mha，占中国农用地增加总面积的 44%，是全球耕地面积增加最多的区域。2008～2050 年，东南亚农用地面积增长较快，增长比例仅低于中国，位列世界第二。到 2050 年，东南亚的农用地面积达到 180.0 Mha，比 2008 年增加了 24.5 Mha(16%)，其中，耕地面积增加 18.4 Mha，草地面积增加 2.4 Mha，林地面积增加 3.7 Mha。加拿大、南美洲、南亚、其他欧洲国家、印度及中东和北非地区的农用地面积也有不同程度地增加，分别增加了 5.0 Mha、12.9 Mha、2.3 Mha、0.5 Mha、0.6 Mha 和 0.5 Mha，是 2008 年农用地总面积的 3.2%、3%、2.5%、1.6%、0.3%和 0.3%。其中，加拿大、南亚、印度、中东和北非地区农用地的增长主要来自耕地面积的增加，模拟期间，耕地面积分别增加了 10.4 Mha、4.1 Mha、5.6 Mha 和 2 Mha。加拿大、印度、中东和北非地区的耕地增加面积之所以大于农用地增加的总面积，是因为加拿大的林地面积下降了 6.4 Mha，印度的草地和林地分别下降了 3.2 Mha 和 1.8 Mha，中东和北非地区的草地面积减少了 1.4 Mha。

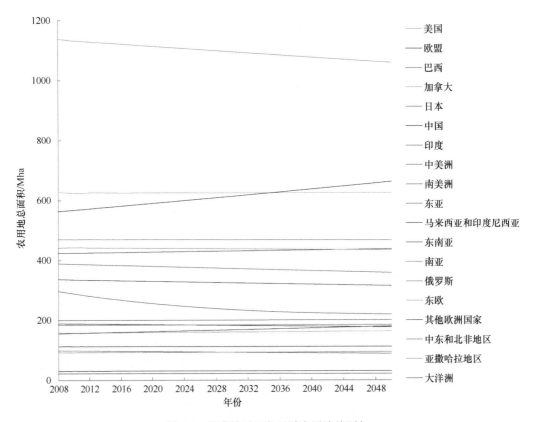

图 6.6　基准情景下各区域农用地总面积

　　基准情景下，农用地总面积减少的区域中，大洋洲农用地总面积减少较多，从 2008 年的 296.4 Mha 降低到 2050 年的 219.1 Mha，总面积减少 77.3 Mha(26%)，是农用地面积缩减比例最高的区域。大洋洲的农业用地以草地为主，2008 年草地面积为 261.7 Mha，至 2050 年面积下降到 200.4 Mha，较 2008 年减少了 61.3 Mha。大洋洲耕地和林地面积则相对较少，2008 年时的面积分别为 29.8 Mha 和 4.8 Mha，至 2050 年分别减少了 13.6

Mha 和 2.3 Mha。2008～2050 年，亚撒哈拉地区农用地面积降低了 79.1 Mha，从 1137.9 Mha 降低到 1058.8 Mha，是农用地缩减面积最大的区域。亚撒哈拉地区农用地减少的主要原因是草地面积下降得多，草地面积从 2008 年的 730.9 Mha 减少到 2050 年的 670.6 Mha，减少了 60.3 Mha。亚撒哈拉地区的耕地和林地面积也呈减少趋势，在模拟期内，分别减少了 6 Mha 和 12.9 Mha。由表 6.27 可以看出，与大洋洲和亚撒哈拉地区相比，巴西、欧盟、中美洲、东亚和东欧农用地减少数量相对较小，分别为 31 Mha、22.1 Mha、11.8 Mha、10.4 Mha 和 7.9 Mha。其中，巴西、欧盟、中美洲减少的农用地面积主要来自林地面积的减少，它们的林地缩减面积分别为 24.9 Mha、19.6 Mha 和 7.5 Mha，东亚和东欧则是草地面积的减少，缩减量分别为 8 和 7.6 Mha。

表 6.27　基准情景中区域农业土地覆被面积　　　（单位：Mha）

国家(地区)	2008 年				2050 年			
	耕地	草地	林地	合计	耕地	草地	林地	合计
美国	168.6	229.2	230.4	628.2	174.7	229.1	220.8	624.7
欧盟	125.1	59.4	152.5	337.0	121.6	60.5	132.9	314.9
巴西	60.6	173.4	155.2	389.2	57.0	170.8	130.3	358.2
加拿大	37.9	20.6	99.9	158.4	48.3	21.6	93.5	163.4
日本	3.6	0.4	18.3	22.4	3.8	0.4	17.9	22.0
中国	140.8	277.1	145.5	563.3	184.4	304.7	173.0	662.1
印度	172.2	10.5	17.4	200.1	177.8	7.2	15.6	200.7
中美洲	56.1	83.5	49.3	188.9	55.1	80.2	41.8	177.1
南美洲	61.3	253.9	109.1	424.3	67.2	260.4	109.7	437.2
东亚	5.1	76.5	17.6	99.2	4.6	68.5	15.6	88.8
马来和印尼	69.6	2.4	40.8	112.8	70.8	2.3	38.9	112.1
东南亚	55.7	5.1	94.7	155.5	74.1	7.5	98.4	180.0
南亚	47.8	36.9	7.6	92.4	51.9	36.7	6.1	94.7
俄罗斯	124.6	79.3	266.1	470.0	130.2	88.4	248.4	467.0
东欧	110.5	279.0	52.3	441.7	112.9	271.4	49.5	433.8
其他欧洲国家	0.9	1.1	28.5	30.5	1.0	0.9	29.1	31.0
中东和北非地区	53.8	128.9	1.6	184.4	55.2	127.5	1.6	184.9
亚撒哈拉地区	222.5	730.9	184.6	1137.9	216.5	670.6	171.7	1058.8
大洋洲	29.8	261.7	4.8	296.4	16.2	200.4	2.5	219.1
世界	1546.6	2709.8	1676.1	5932.6	1624.0	2609.2	1597.3	5830.5

2. 耕地、草地、林地面积变化

基准情景中，全球各区域耕地面积的模拟结果见图 6.7。2008 年全球 19 个区域中，亚撒哈拉地区的耕地面积最大(222.5 Mha)，其次，耕地面积大于 100 Mha 的区域还有印度(172.2 Mha)、美国(168.6 Mha)、中国(140.8 Mha)、欧盟(125.1 Mha)、俄罗斯(124.6

Mha)和东欧(110.5 Mha)。其他区域,如马来和印尼(69.6 Mha)、南美洲(61.3 Mha)、巴西(60.6 Mha)、中美洲(56.1 Mha)、东南亚(55.7 Mha)、中东和北非地区(53.8 Mha)、南亚(47.8 Mha)、加拿大(37.9 Mha)和大洋洲(29.8 Mha)的耕地面积在 29.8~69.6 Mha,而东亚(5.1 Mha)、日本(3.6 Mha)和其他欧洲国家(0.9 Mha)的耕地面积相对较小。从图 6.8 中可以看出,2008~2050 年美国、加拿大、日本、中国、印度、南美洲、马来西亚和印度尼西亚、东南亚、南亚、俄罗斯、东欧、其他欧洲国家、中东和北非地区 13 个区域的耕地面积较模拟初期有所增加,其中,中国、东南亚和加拿大耕地面积增加的数量位列前三位,分别为 43.6 Mha、18.4 Mha 和 10.4 Mha,其他地区的新增耕地面积相对较少。欧盟、巴西、中美洲、东亚、亚撒哈拉地区和大洋洲的耕地面积呈减少趋势,其中,大洋洲耕地面积的减少数量位居首位,模拟期间共减少 13.6 Mha,其次是亚撒哈拉地区,它的耕地面积减少 6 Mha。

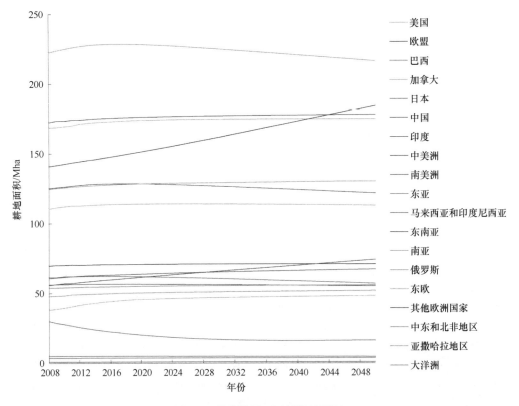

图 6.7 基准情景下区域耕地面积

图 6.8 说明了基准情景下,2008~2050 年全球各区域的草地面积。亚撒哈拉地区除了具备所有区域中最大的耕地面积以外,它还拥有广袤的草原,其草地面积也是所有区域中最大的,2008 年草地面积为 730.9 Mha。相较于亚撒哈拉地区,其他地区的草地面积相对较小,除了亚撒哈拉地区以外,2008 年其他草地面积大于 100 Mha 的区域有东欧(279 Mha)、中国(277.1Mha)、大洋洲(261.7Mha)、南美洲(253.9 Mha)、美国(229.2 Mha)、巴西(173 .4Mha)及中东和北非地区(128.9 Mha)。中美洲(83.5 Mha)、俄罗斯(79.3 Mha)

和东亚(76.5 Mha)的草地面积较为接近，欧盟(59.4 Mha)、南亚(36.9 Mha)、加拿大(20.6 Mha)和印度(10.5 Mha) 4 个区域的草地面积有限，而东南亚(5.1 Mha)、马来西亚和印度尼西亚(2.4 Mha)、其他欧洲国家(1.1 Mha)和日本(0.4 Mha)的草地较少，这与这些区域自身的面积有限有关。图 6.8 表明，模拟期间，草地面积上升的区域有中国、俄罗斯、南美洲、东南亚、欧盟、加拿大和美国。中国、俄罗斯和南美洲的草地面积增加明显，分别为 27.6 Mha、9.1 Mha 和 6.5 Mha，而其他区域新增草地面积有限。巴西、日本、印度、中美洲、东亚、马来和印尼、南亚、东欧、其他欧洲国家、中东和北非地区、亚撒哈拉地区及大洋洲属于草地面积减少的区域。亚撒哈拉地区和大洋洲的草地面积在模拟期间有较为显著的下降趋势，2050 年的草地面积较 2008 年分别减少了 60.3 Mha 和 61.3 Mha，而其他区域的草地面积缩减量相对较少，在 10 Mha 以下。

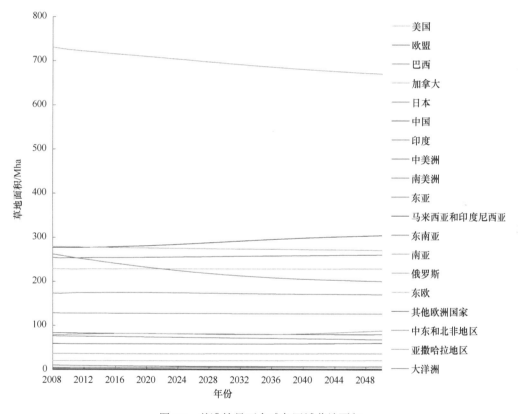

图 6.8　基准情景下全球各区域草地面积

基准情景下，全球各区域林地面积的模拟结果见图 6.9。全球多数区域的林地面积呈减少趋势，仅中国、南美洲、东南亚、其他欧洲国家、中东和北非地区的森林面积有所增长。中国的林地面积增长较快，从 2008 年的 145.5 Mha 增加到 2050 年的 173 Mha，年均增速为 0.4%。2008 年，俄罗斯、美国的林地面积较为接近，分别为 266.1 Mha 和 230.4 Mha，居世界林地面积的前两位。亚撒哈拉地区(184.6 Mha)、巴西(155.2 Mha)、欧盟(152.5 Mha)、南美洲(109.1 Mha)、加拿大(99.9 Mha)、东南亚(94.7 Mha)是世界上林地资源较为丰富的区域。东欧(52.3 Mha)、中美洲(49.3 Mha)、马来和印尼(40.8 Mha)、其他欧洲国家(28.5 Mha)、日本(18.3 Mha)、东亚(17.6 Mha)和印度(17.4 Mha)的林地资源有限，而南亚(7.6 Mha)、大洋洲(4.8 Mha)、中东和北非地区(1.6 Mha)的林地资源相对匮乏。

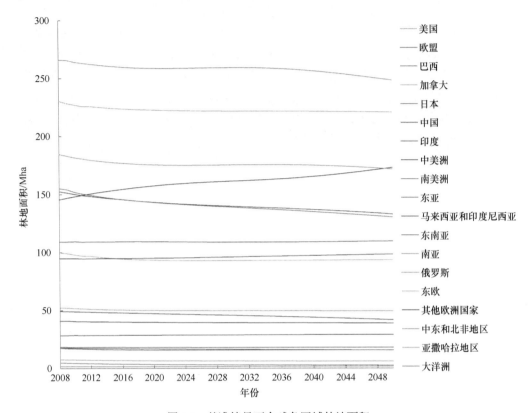

图 6.9　基准情景下全球各区域林地面积

3. 农业土地利用变化累计面积

全球各区域农业土地利用变化累计面积的模拟结果见表 6.28。不考虑非农化，农业土地利用变化主要指农用地覆被类型之间的相互转换，包括草地变为林地、草地变为耕地、耕地变为林地、耕地变为草地、林地变为耕地、林地变为草地六种方式。从表 6.32 来看，全球农业土地利用变化整体上以草地变为耕地、林地变为耕地、林地变为草地、草地变为林地为主，其累计面积分别达到 137.49 Mha、91.66 Mha、34.69 Mha、29.93 Mha，这与全球耕地面积增加，草地和林地面积下降的趋势一致。全球层面上，耕地变为草地、耕地变为林地的累计面积远远小于其他四种变化类型，模拟期间的累计面积分别为 1.15 Mha 和 1.45 Mha。

从区域尺度上来看，主导的农业土地利用变化方式存在显著的区域差异。其中，欧盟、巴西、南美洲、俄罗斯以林地变为草地、林地变为耕地为主；印度、中美洲、南亚、东欧以林地变为耕地、草地变为耕地为主；美国、加拿大、日本、马来和印尼、东南亚以林地变为耕地为主；东亚、中东和北非地区、亚撒哈拉地区、大洋洲以草地变为耕地为主；中国以草地变为耕地、草地变为林地为主；其他欧洲国家以草地变为林地为主。

表 6.28　基准情景下区域土地利用变化累计面积　　　　（单位：Mha）

国家(地区)	林地变为草地	林地变为耕地	耕地变为草地	耕地变为林地	草地变为耕地	草地变为林地
美国	3.33	9.10	0.00	0.00	2.41	0.05
欧盟	5.06	12.09	0.02	0.00	0.80	0.00
巴西	5.54	15.69	0.00	0.00	3.49	0.00
加拿大	0.83	9.27	0.00	0.00	0.69	0.00
日本	0.06	0.39	0.00	0.00	0.02	0.00
中国	0.00	0.00	0.39	0.99	22.87	17.23
印度	0.00	2.87	0.01	0.01	3.03	0.65
中美洲	1.16	4.92	0.00	0.00	2.86	0.21
南美洲	3.31	2.67	0.00	0.00	1.62	0.27
东亚	0.31	1.18	0.00	0.00	5.77	0.33
马来和印尼	0.26	1.89	0.02	0.03	0.07	0.00
东南亚	0.46	6.34	0.00	0.00	0.00	0.00
南亚	0.15	1.81	0.00	0.00	1.57	0.02
俄罗斯	13.20	6.48	0.00	0.00	1.92	0.84
东欧	0.15	2.78	0.00	0.00	6.39	0.96
其他欧洲国家	0.04	0.15	0.00	0.00	0.07	0.72
中东和北非地区	0.06	0.08	0.00	0.00	2.10	0.14
亚撒哈拉地区	0.67	12.54	0.00	0.00	39.62	7.66
大洋洲	0.10	1.41	0.71	0.42	42.19	0.85
世界	34.69	91.66	1.15	1.45	137.49	29.93

6.5.2　农业土地利用变化碳排放

1. 全球农业土地利用变化碳排放

本章中，农业土地利用变化主要包括农业用地向非农业用地转化，以及耕地、草地、林地之间的相互转化，因此，农业土地利用变化碳排放主要包括农用地非农化、林地变为耕地、林地变为草地、草地变为耕地、草地变为林地、耕地变为草地、耕地变为林地7 个部分，其中，农用地非农化、林地变为耕地、林地变为草地、草地变为耕地均会造成碳排放，而其他三种类型则带来碳汇。

全球农业土地利用变化碳排放量在基准情景下的变化趋势见图 6.10。在模拟初期，农业土地利用变化造成的碳排放量波动较大，这主要是因为，模拟初期各区域的经济增长与实际值接近，波动较大，农业土地利用面积的变化也有较大的起伏，进而其造成的碳排放量也会随之变动。基准情景下，2008～2050 年全球农业土地利用变化累计碳排放量为 51.9 GtC，其中，61%来自农用地非农化的累计排放，39%来自耕地、草地、林地相互转换的累计排放，由此可见，农用地非农化是农业土地利用变化碳排放的主要排放源。全球农业土地利用变化碳排放量在模拟期间，总体上呈减少趋势，从 2008 年的 2.4 GtC 降低到 2050 年的 0.9 GtC。尽管人口的膨胀会加速农用地非农化的速度，但人口膨胀也会加剧对粮食的需求，要求更多的土地投入到农业生产中，在这两方面的作用下，农用地非农化的速度会受到抑制，而农业土地利用碳排放主要来自农用地的非农化，因此，全球农业土地利用变化的碳排放整体上逐渐减少。

农地的非农化过程主要是农用地向建设用地转化，该过程伴随着地上和地下生物的大量清除，它是一个碳排放过程。基准情景下，2008～2050 年农用地非农化累计碳排放量为 31.9 GtC。图 6.10 说明，农用地非农化造成的碳排放量整体上呈现逐渐减少的趋势，从模拟初期的 1.6 GtC 下降至模拟后期的 0.6 GtC。模拟期间，全球耕地面积逐渐增加，而林地和草地面积逐渐减少，全球耕地面积的增加主要来自森林和草地向耕地转换，因为在基准情景下，耕地、草地、林地的相互转换在整体上也是一个碳排放的过程，合计累计造成的碳排放量为 20 GtC，并且在整个模拟期间也呈下降趋势，至模拟后期的碳排放量稳定在 0.3 GtC。

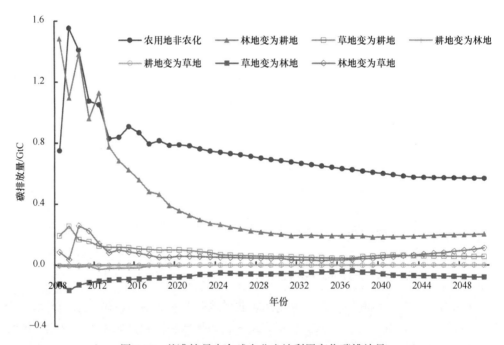

图 6.10　基准情景中全球农业土地利用变化碳排放量

耕地变为草地、耕地变为林地、草地变为林地三类过程吸收固定 CO_2，林地变为草地、林地变为耕地、草地变为耕地则会造成 CO_2 的排放。如图 6.11 所示，基准情景下，林地向耕地转变是农业土地覆被类型相互转换的主要方式，2008～2050 年林地转换为耕地，累计排放 CO_2 16.8 GtC，这一方面是因为林地向耕地转变的碳排放系数大于其他类型的碳排放系数，另一方面则是因为林地转换为耕地的绝对数量较大。林地变为草地和草地变为耕地同样会造成碳素的流失，释放 CO_2 到大气中，分别累计释放 3.0 GtC 和 3.6

GtC 的 CO_2 到大气中。需要说明的是，尽管草地转换为耕地的累计面积大于林地转换为耕地的累计面积，但林地变为耕地的碳排放系数大于草地变为耕地的碳排放系数，因此，林地变为耕地会造成更多的碳排放。耕地变为林地、耕地变为草地、草地变为林地均属于吸收碳的土地利用变化类型，分别累计吸收固定 CO_2 0.16 GtC、0.02 GtC 和 3.1 GtC，其中，草地被林地取代所吸收的 CO_2 较多，这是因为草地转换为林地的面积较多，累计达到 30 Mha，而耕地变为林地、耕地变为草地的累计面积分别为 1.5 Mha 和 1.2 Mha，转换数量相对较小，故碳汇总量也有限。

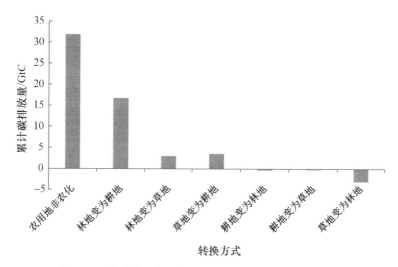

图 6.11　基准情景全球农业土地利用变化累计碳排放量

2. 区域农业土地利用变化碳排放

基准情景中，全球各区域农业土地利用变化累计碳排放量的模拟结果见图 6.12，图中将区域农业土地利用变化碳排放量分为两个部分，即农用地非农化和耕地、草地、林地的相互转换。全球大部分地区的农业土地利用变化会造成 CO_2 的排放，而中国的农业土地利用变化则是一个碳吸收的过程，这是因为中国的农用地总面积在基准情景中不断增加，农用地面积的扩张伴随着土地生物量的增加，所以基准情景下中国农业土地利用变化在总体上发挥碳汇的作用。模拟期间，中国农业土地利用变化累计吸收 CO_2 1.2 GtC，且以草地变为林地造成的碳汇为主。如表 6.29 所示，模拟期间中国草地变为林地累计吸收固定 CO_2 1835 MtC，其他土地利用变化类型的碳排放量或吸收量相对较小，草地变为耕地累计碳排放量为 717 MtC，耕地变为草地和耕地变为林地分别吸收 CO_2 10 MtC 和 87 MtC。

基准情景下，亚撒哈拉地区的农业土地利用变化，在模拟期间共计排放 CO_2 11.6 GtC，是累计碳排放量最大的区域，其中 74% 来自农用地的非农化(8.5 GtC)，26% 来自耕地、草地、林地的相互转换(3.1 GtC)，且以林地向耕地转换产生的碳排放为主。2008～2050 年，亚撒哈拉地区林地变为耕地的碳排放量累计达到 2891 MtC，同时草地变为耕地累计排放碳 949 MtC，它们是亚撒哈拉地区农用地内部类型转换的主要排放源，如表 6.29 所示。

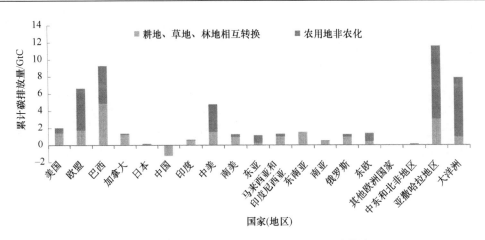

图 6.12　基准情景区域农业土地利用变化累计碳排放量

　　农业土地利用变化累计碳排放量较多的区域还有巴西、大洋洲、欧盟、中美洲地区，它们的累计碳排放量分别为 9.3 GtC、7.9 GtC、6.7 GtC、4.8 GtC，其中，农用地非农化累计碳排放量分别达到 4.4 GtC、6.9 GtC、4.9 GtC 和 3.2 GtC，而土地覆被类型相互转换累计造成碳排放量为 4.9 GtC、1.0 GtC、1.8 GtC、1.6 GtC。在耕地、草地、林地相互转换的碳排放中，巴西以林地变为耕地、林地变为草地为主，累计碳排放量分别达到 3711 MtC 和 1097 MtC；大洋洲草地变为耕地的碳排放量相对较大，累计排放量达到 878 MtC，这与大洋洲的覆被类型以草地为主有关；欧盟以林地变为耕地、林地变为草地为主，碳排放量分别累计达到 1427 MtC 和 271 MtC；中美洲地区林地变为耕地造成的碳排放量较为突出，累计达到 1258 MtC，其他土地利用变化类型的排放量或吸收量相对有限。

　　美国、加拿大、印度、南美洲、马来西亚和印度尼西亚、东南亚、南亚、俄罗斯的农业土地利用变化累计碳排放总量相对较少，分别为 2.0 GtC、1.4 GtC、0.7 GtC、0.85 GtC、1.3 GtC、15 GtC、0.5 GtC 和 1.3 GtC，且这些区域的碳排放量以耕地、林地、草地之间的转换为主，在农业土地利用变化累计碳排放量中所占的比例超过 50%。在耕地、草地、林地相互转换的碳排放中，美国、加拿大、印度、马来和印尼、东南亚、南亚以林地变为耕地为主，累计碳排放量分别达到 1136 MtC、1156 MtC、597 MtC、977 MtC、1469 MtC、389 MtC，而南美洲以林地变为草地、林地变为耕地为主，分别累计碳排放量为 414 MtC 和 474 MtC，俄罗斯与南美洲相似，林地转换为草地和林地转换为耕地的累计碳排放分别达到 388 MtC 和 541 MtC。

　　日本、东亚、东欧、其他欧洲国家及中东和北非地区的农业土地利用变化碳排放量也相对较少，2008～2050 年累计碳排放量分别为 0.2 GtC、1.2 GtC、1.4 GtC、0.02 GtC 和 0.13 GtC，但这些地区以农用地非农化的碳排放为主，在农业土地利用变化累计碳排放量中的占比分别达到 64%、78%、69%、79% 和 62%。其中，日本、东欧和其他欧洲国家的农业土地利用变化碳排放量较小，主要归因于这些区域的农用地总面积较少。

表 6.29　基准情景中区域耕地、草地、林地相互转换累计碳排放量　　（单位：MtC）

国家(地区)	林地变为草地	林地变为耕地	耕地变为草地	耕地变为林地	草地变为耕地	草地变为林地	合计
美国	236	1136	0	0	60	−4	1428
欧盟	271	1427	0	0	61	0	1759
巴西	1097	3711	0	0	112	0	4920
加拿大	65	1156	0	0	20	0	1241
日本	4	57	0	0	2	0	63
中国	0	0	−10	−87	717	−1835	−1215
印度	0	597	0	−2	80	−77	598
中美洲	182	1258	0	0	155	−22	1573
南美洲	414	474	0	0	93	−34	947
东亚	18	119	0	0	133	−8	262
马来西亚和印度尼西亚	60	977	−2	−15	3	0	1023
东南亚	76	1439	0	0	0	0	1515
南亚	20	389	0	0	42	−2	449
俄罗斯	388	541	0	0	54	−33	950
东欧	7	326	0	0	149	−42	440
其他欧洲国家	1	17	0	0	2	−17	3
中东和北非地区	7	11	0	0	47	−14	51
亚撒哈拉地区	130	2891	0	0	949	−903	3067
大洋洲	13	227	−8	−56	878	−98	956

注：正值表示碳排放，负值表示碳吸收

6.6　总碳排放及全球温度变化

6.6.1　总碳排放

模拟出农业土地利用变化与能源消费各自造成的碳排放之后，就可以估算基准情景下，全球总的碳排放量，如图 6.13 所示。基准情景中，全球累计排放 CO_2 471 GtC，从 2008 年的 9.6 GtC 上升到 2050 年的 12.3 GtC。其中，能源消耗碳排放在全球总碳排放中占主导地位，2008 年能源消耗贡献了全球碳排放量的 75%，而农业土地利用碳排放在总碳排放中的占比为 25%。模拟期间，能源消耗碳排放量呈现上升趋势，而农业土地利用变化的碳排放量则逐年减少，至 2050 年，全球总碳排放量中的 93% 来自能源消耗带来的 CO_2，仅有 7% 来自农业土地利用变化的碳排放。

各区域的能源消费碳排放量，加上农业土地利用变化的碳排放量之后得到区域总碳排放量，如图 6.14 所示。由于历年的农业土地利用变化碳排放量小于该年的能源消耗碳排放量，因此，各区域总碳排放量的变化趋势与能耗碳排放的趋势相近，各区域碳排放高峰的年份也没有明显变化。

在基准情景中，2008～2050 年，中国的累计碳排放量位居世界首位，共排放 CO_2 113GtC，占世界累计碳排放总量的 24%，2035 年中国的碳排放总量达到峰值 3.2 GtC。

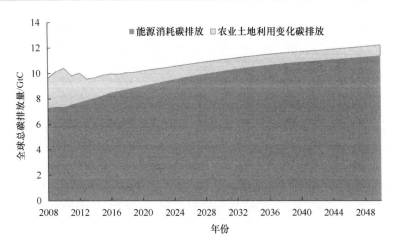

图 6.13　基准情景中全球总碳排放量

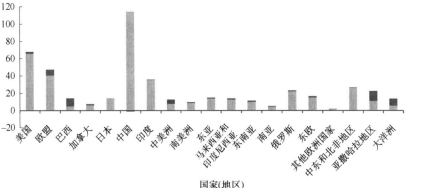

图 6.14　基准情景中区域累计总碳排放量

由于中国农业土地利用变化发挥碳汇的作用，因此，其累计总碳排放量要稍小于能源消耗的累计碳排放量，而其他国家因为农业土地利用变化的碳排放作用，累计总碳排放量要大于能源消耗的累计碳排放量。美国和欧盟的总碳排放量整体上呈现下降趋势，其累计碳排放总量分别位列世界第二和第三，分别达到 68 GtC 和 47 GtC，占世界总碳排放量的 14%和 10%。印度同属于排放大国的行列，模拟期间累计排放 36 GtC，贡献世界累计排放总量的 8%，位列碳排放累计总量排序的第四位。中东和北非地区、俄罗斯、亚撒哈拉地区的累计碳排放总量较为接近，分别达到 27 GtC、23 GtC、22GtC，贡献了全球累计排放总量的 6%、5%和 5%，其中，俄罗斯的总碳排放量随时间先升后降，2037 年实现峰值 0.6 GtC。东欧、东亚两个地区的累计碳排放总量分别达到 16 GtC 和 15 GtC，均贡献了全球碳排放量的 3%。日本、巴西、马来和印尼 3 个国家(地区)的累计碳排放量相同，均为 14GtC，大洋洲、中美洲、东南亚、南美洲的累计碳排放量在 10 GtC 之上，加拿大、南亚和其他欧洲国家的碳排放量规模较小，碳排放量均在 10 GtC 之下，其中，其他欧洲国家的累计排放量为 2 GtC，是碳排放量最少的地区。

6.6.2 全球温度变化

如图 6.15 所示,基准情景中全球大气碳浓度和地表温度较工业革命前的水平稳定上升。2008~2050 年,全球大气中的 CO_2 当量浓度从 415 ppmv[①]上升到 513 ppmv,超过了国际上提出的 CO_2 当量浓度控制范围 450~500 ppmv 的标准,因此,碳减排势在必行。从大气温度上升来看,2008 年全球地表温度上升了 0.89℃,随后全球地表平均温度不断上升,至 2050 年,全球地表温度将上升 1.85℃,较 2008 年增加了 0.96℃。由当前的升温趋势来看,在不采取任何治理措施的基准情景中,至 2050 年全球升温幅度已接近 2℃,全球气候治理势在必行。

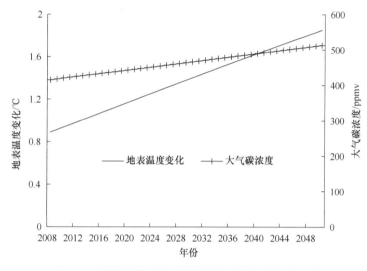

图 6.15 基准情景下全球地表温度变化与大气碳浓度

6.7 小 结

本章进行了基准情景的模拟。首先设置了基准情景的某些参数,并以此为基础构建基准情景;然后通过基准情景对现实世界进行模拟,研究内容包括,2008~2050 年世界及各区域的经济发展、能源消耗、农业土地利用变化、碳排放量的变化,以及全球地表的升温幅度和大气 CO_2 当量浓度的变化。对基准情景的模拟结果总结如下。

(1)美国、欧盟、日本、加拿大等发达地区的经济增长速度放缓,其中,欧盟从模拟初期的第一大经济体下降至模拟后期的第三大经济体,美国保持第二大经济体的地位,日本从第三位滑落至第七位。发展中国家的经济增速普遍高于发达国家,中国的 GDP 在 2034 年超过欧盟,在 2035 年超过美国,成为全球第一大经济体,2050 年中国的 GDP 占全球总量的 21%。印度的经济增长保持了较高的水平,2050 年贡献全球 GDP 的 8%。尽管美国、欧盟、日本的 GDP 的增速较低,但它们的人均 GDP 仍保持了较高的水平,

---

① 1ppmv=1μl/L。

而发展中国家(地区)的人均 GDP 水平与发达国家仍有较大的差距。

(2)从各国产业结构的模拟结果来看，发达国家(地区)总体上呈现第二产业占比下降、第三产业占比上升的变化格局。美国在模拟期间第二产业占比有所上升，这与再工业化现象有关。部分发展中国家的产业结构变化趋势与发达国家类似，第三产业占比有所上升，如南美洲、东亚、马来西亚和印度尼西亚、东南亚、俄罗斯，而巴西、中国、印度、东欧和亚撒哈拉地区的产业格局整体上表现为第二产业占比上升和第三产业占比下降。整体上来看，发展中国家(地区)的产业结构变动幅度要大于发达国家(地区)。

(3)碳排放量的模拟结果显示，全球碳排放量呈现逐步上升的趋势，全球大气中的碳当量浓度至 2050 年达到 513 ppmv，全球地表均温至 2050 年增加 1.85℃，这与国际公认的较工业化前升温 2℃的目标接近，可见当前全球面临严峻的减排形势。区域碳排放量模拟结果显示，中国、美国、欧盟是全球的碳排放大国，其累计碳排放量在全球总碳排放量中的占比均超过 10%，在气候变化的全球治理中，这些国家应采取积极的措施应对碳减排问题。

第7章 作为治理手段的碳税与技术进步的协同减排

7.1 概 述

随着全球气候变化成为当前世界上最受瞩目的焦点之一，碳减排问题受到越来越多国家的重视。碳税作为应对气候变化和碳减排的重要手段，得到了广泛的关注。碳税作为治理手段，不仅具有抑制碳排放的作用，更重要的是，碳税可以作为投入，调整产业结构，推动技术进步，其这种特性把碳税从被动治理手段转变为主动治理手段。然而在全球气候治理背景下，国际碳税政策的实施需要综合考虑区域减排责任、区域间的经济联系等多种因素，很难落实到实践层面上，因此，全球性碳税政策的研究还处于理论研究层面。Manne 和 Richels(2006)在 MERGE 模型的基础上，研究了全球的最优碳税税率。Nordhaus(2008)将全球看作一个整体，展开了国际碳税政策的研究，但以上研究未能将研究对象细化到区域或部门层面上，均未说明征收碳税对各区域经济发展的影响，且未研究税收的使用方式对碳减排和区域经济的影响。Lemoine 和 Traeger(2014)及 Cai 等(2013)均在 DICE 模型的基础上研究了征收碳税的影响，但他们更关注最优税率的计算。总体来看，以上研究着重于征收碳税对社会经济发展和碳排放的影响，以及最优税率的设定等问题。事实上，碳税的使用方式对征收碳税的效果有较大的影响，碳税使用方式的设定是国际碳税政策制定的重要内容，也是碳税政策落实到实践层面的重要一步，而以上研究均未涉及该问题，这使得以上研究难以准确地评估碳税政策的影响，降低了碳税政策的可行性。

全球性碳税政策的设定必然涉及国家间碳税收入的分配问题，而在以往的研究中，该问题并未得到足够的重视，而碳税收入的分配问题与全球气候治理中各国的减排责任、经济利益密切相关，会对碳税政策的可行性产生极大的影响。此外，以往的研究表明，开征碳税在达到节能减排目标的同时，也会给经济增长造成相当大的损失(刘静，2011)，而将碳税收入投资低碳技术，通过技术水平的提高削弱征收碳税给经济发展带来的负面影响，是各国减少经济损失、提升碳减排规模的有效途径(顾高翔和王铮，2015)，然而当前学术界对该方面的研究还较为薄弱。

针对以上研究的种种不足，在考虑世界经济发展不均衡现状的基础上，本章对碳税政策的实施对象及范围、碳税税率、税收使用方式等进行了设定，构建了六种碳税政策情景，对比、分析了税率差异、税收的不同使用方式对区域宏观经济、产业发展、碳排放及全球地表平均温度、大气碳浓度的影响。

值得说明的是，本书旨在提出一种兼顾经济发展与碳减排的全球气候治理政策措施。基于该理念，本书在碳税政策情景中将碳税与技术进步结合，并参考 Jin(2012)、王铮等(2015)的假设，认为区域技术水平与区域资本累积相关，资本的积累提高了生产效率，如式(7.1)所示：

$$A_t = B_t K_t^{\varphi} \tag{7.1}$$

式中，A_t 为 t 年区域的技术水平；B_t 为区域资本累积与区域技术水平之间的转化率，为常数；K_t 为 t 年区域的资本累积；φ 为弹性系数。式(7.1)可转化为式(7.2)：

$$a_t = \varphi k_t = \varphi \frac{T_t}{K_t + T_t} \tag{7.2}$$

式中，a_t 为 t 年区域的技术水平变动率；k_t 为 t 年区域的资本累积变动率；T_t 为 t 年区域的碳税收入。式(7.2)说明了区域技术进步与资本累积变动的关系，本书中将碳税收入用作区域资本的累积，以此建立碳税收入与技术水平变动的关系。其中，弹性系数 φ 根据王铮等(2015)的设定，取值为 0.1。

7.2　碳税政策情景设置

本章包含了六种碳税政策情景，依照政策情景设置的序列，设定本章情景为政策情景 A 系列。A 系列碳税政策情景的设置，主要涉及碳税的征收范围、起征时间、碳税税率、使用方式等。

首先，从 3 个方面考虑征税的范围，分别为被征收碳税的经济主体、温室气体类别和征税的地域范围。由于本书从消费的角度对 CO_2 排放进行征税，涉及的消费环节包括企业厂商的中间需求消费、家庭住户及政府部门的最终消费，因此，本书主张对企业厂商、私人住户和政府三类经济主体征收碳税。CO_2 是产业生产的主要温室气体，因此，模型只考虑对 CO_2 排放征收碳税。关于征收碳税的地域范围，根据唐钦能(2014)、顾高翔(2014)的研究结果，相较于在部分国家(地区)施行碳税政策，全球范围的碳税政策具备更好的碳减排效用，对全球升温的抑制作用也更为显著，因此，本书在全球所有区域施行碳税政策。关于碳税起征时间的设定，本书将六种碳税政策情景的起征时间统一虚拟为 2016 年。

其次，根据国务院发展研究中心(2009)的研究报告，同时参考曹静(2009)、刘宇等(2015)的研究，本书在情景 A1 和情景 A2 中构建统一碳税政策，将全球各区域的碳税税率统一设定为 10 \$/tC 和 15 \$/tC，以此评估税率高低对经济发展和碳排放的影响程度。另外，考虑到世界经济发展不均衡的现状，统一碳税政策对世界各区域经济发展的影响存在区域差异，因此，本书在情景 A5 和情景 A6 中构建差别碳税政策，针对不同区域制定差异化的碳税税率，期望得到一种更加合理有效、更公平的碳税实施方案。

最后，本书考虑了两种碳税收入的使用方式，碳税收入分别作为一般性财政收入，或者用于区域技术水平的提高。情景 A1 和情景 A2 中，碳税收入作为区域财政收入，用来改善区域的收支状况，最终被用于居民消费、政府支出或者储蓄。参考顾高翔(2014)的方法，其余四种碳税情景中，碳税收入通过资本累积的方式，促进区域技术进步。下面详细说明各政策情景的设置。

政策情景 A1：各国家(地区)自 2016 年开始征收 10 $/tC 的碳税，模拟期间税率不变，各区域的碳税收入全部作为本区域的一般性财政收入。

政策情景 A2：各国家(地区)自 2016 年开始征收 15$/tC 的碳税，模拟期间税率不变，各区域的碳税收入全部作为本区域的一般性财政收入。

政策情景 A3：各国家(地区)自 2016 年开始征收 15$/tC 的碳税，模拟期间税率不变，各区域的碳税收入全部用来促进本区域技术水平的提高。

政策情景 A4：各国家(地区)自 2016 年开始征收 15 $/t C 的碳税，模拟期间税率不变。征收碳税后，将各区域的碳税收入汇总，然后按照各国的返还比例统一分配，用于促进区域技术水平的提高，实现碳税政策与技术进步的协同减排。本书参考顾高翔(2014)对各国碳税返还的分配方案，设定了区域碳税收入的分配比例，见表 7.1。总体上，发达国家(地区)分配到的碳税收入要低于发展中国家(地区)，相当于将发达国家的部分碳税收入用来补贴发展中国家。发展中国家的碳排放属于生存性排放，碳减排的同时必须保证社会经济的正常发展，因此，将较多的碳税收入返还给发展中国家，以期减少碳税政策对经济发展的负面影响，这体现了共同但有区别的责任原则。其中，经济发展水平较低而历史人均累计排放量较少的国家(地区)，如中国、印度、巴西等，获得较多的碳税收入；发达国家(地区)且历史人均排放量较高的区域，如美国、欧盟、日本等，碳税分配比例较小。

表 7.1　区域碳税收入的分配比例(%)

地区	美国	欧盟	巴西	加拿大	日本	中国	印度
比例	5.5	4	8	1.5	1.5	18	18
地区	中美洲	南美洲	东亚	马来和印尼	东南亚	南亚	俄罗斯
比例	4	5	1.5	8	6	6	1.5
地区	东欧	其他欧洲国家	中东和北非地区	亚撒哈拉地区	大洋洲		
比例	3	1.5	2.5	3	1.5		

政策情景 A5：各国自 2016 年开始征收碳税，且在模拟期间税率不变，得到的碳税收入汇总后，按照表 7.1 的比例分配给各国家(地区)，用于促进技术进步。考虑到发达国家在碳排放方面的责任和发展中国家经济发展的需求，各国家(地区)采用不同的碳税税率，总体上，发达国家承担的碳税税率高于发展中国家，而俄罗斯由于较高的人均碳排放量，其碳税税率也相对较高。各国家(地区)具体的碳税税率见表 7.2。

表 7.2　情景 A5 区域碳税税率　　　　　(单位：$/tC)

国家(地区)	碳税税率
美国、欧盟、加拿大、日本、俄罗斯、其他欧洲国家、大洋洲	20
巴西、中国、印度、中美洲、南美洲、东亚、马来和印尼、东南亚、南亚、东欧、中东和北非地区、亚撒哈拉地区	15

政策情景 A6：各国自 2016 年开始征收碳税。考虑到基准情景下全球碳排放量在模拟期间随时间上升，本书采用逐步推进的方式，设定各国的碳税税率随时间有所增加，

见表 7.3。各国征收碳税后，将碳税收入汇总，然后按照表 7.1 中各区域的比例统一分配碳税收入，用来促进区域技术水平的提高。

表 7.3　情景 A6 区域碳税税率　　　　　　　　　　　　　　　　　　　　（单位：$/tC）

国家(地区)	2016~2030 年	2031~2040 年	2041~2050 年
美国、欧盟、加拿大、日本、俄罗斯、其他欧洲国家、大洋洲	20	25	30
巴西、中国、印度、中美洲、南美洲、东亚、马来和印尼、东南亚、南亚、东欧、中东和北非地区、亚撒哈拉地区	15	20	25

7.3　碳税对碳排放总量的影响

大气 CO_2 浓度增加，首先是由于化石燃料的排放，其次是由于土地利用变化带来的碳排放，因此，本书将能源消耗及农业土地利用变化的碳排放量汇总，作为全球及区域的总碳排放总量。情景 A 中，全球及区域的碳排放总量较基准情景的变化率分别见图 7.1 及表 7.4。从图 7.1 中可以看出，全球碳排放总量在六种碳税政策的冲击下，均呈现逐年下降的趋势。从累计减排量上来看，政策情景 A6 对全球碳排放总量的削弱作用最为明显，2050 年全球碳排放总量比基准情景下降了 10.5%，累计减排 29.6 GtC。其次是情景 A5，累计减排量达到 28 GtC，2050 年的全球排放总量较基准情景下降 9.1%。模拟期间，情景 A2 的累计减排量达到 27 GtC，略低于情景 A5，但情景 A2 中 2050 年全球碳排放量较基准情景下降 10%，在模拟后期的下降幅度大于情景 A5。情景 A3 和情景 A4 中，全球碳排放总量的减少幅度较为接近，2050 年的碳减排量均为 8%，但情景 A4 的累计碳减排量 24.9 GtC 略高于情景 A3 的 24.7 GtC。情景 A1 对全球碳排放总量的抑制作用最弱，全球碳排放总量的下降幅度最小，2050 年的全球碳排放总量较基准情景减少 5.2%，累计实现碳减排 14 GtC。

比较六种碳税政策情景下全球碳排放量的模拟结果，首先可以发现，碳税税率的高低直接影响碳税政策的减排效果，高税率的情景具有更好的减排效果。情景 A6 中碳税税率相对于其他情景有所提高，因此，情景 A6 中全球碳排放的下降程度较其他情景显著，而情景 A1 的碳税税率相对最低，故其对碳排放的抑制作用也最弱。其次，从减排效果来比较文中碳税收入的两种使用方式，情景 A2 的累计减排量和减排幅度均大于情景 A3 和情景 A4，可见碳税收入作为一般性财政收入的减排效果更好。这是因为碳税收入用来提高技术进步时，技术进步会带来能源效率的提高和能源价格的降低，进而产生能源反弹效应，能源需求大幅上升，最终引起整个社会能源消费的增加，碳排放也随之增多。这是情景 A3 和情景 A4 的减排效果弱于情景 A2 的主要原因。最后，从全球尺度上来讲，情景 A3 和情景 A4 这两种碳税政策的减排效果相当，几乎没有差异，但这两种碳税政策在区域层面上的减排效果是否存在差异，我们将在下文做进一步的分析评估。

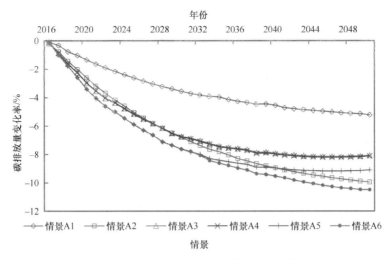

图 7.1　情景 A 中世界总碳排放量的变化

六种碳税情景下，世界各区域的年碳排放量较基准情景的变化见表 7.4。情景 A1 中，世界各区域统一施行 10 \$/tC 的碳税政策。各区域的碳排放总量在情景 A1 碳税政策的控制下均有所下降，只是在模拟后期，日本的碳排放量却较基准情景有所增加，这一方面是因为日本自身的碳排放总量较少，高耗能部门在产业结构中的占比较小，日本的产业发展对碳税政策并不敏感，另一方面则是因为日本的技术水平位于世界前列，在全球碳税治理的背景下，高耗能行业会向技术发达地区转移，这两方面的原因最终导致日本的经济规模在模拟后期较基准情景有所增加，能源需求反弹，故碳排放量有所增加。情景 A1 中，印度、中国、美国的碳排放量总量下降明显，2050 年的碳排放缩减比例均高于世界碳排放量的减少幅度，而中美洲及其他欧洲国家的碳排放受碳税政策的影响较弱，碳排放总量的下降幅度较小。情景 A2 中，世界各区域碳排放总量的变化趋势与情景 A1 相同，只是碳排放的变化幅度较情景 A1 有所增加，这与碳税税率的增加有关。

情景 A3 中，各区域的碳税收入被用于自身技术水平的提高。在此情景下，尽管多数区域的碳排放总量较基准情景有所下降，但其下降幅度却低于情景 A2 中的下降幅度，这是由技术进步条件下能源消耗的反弹效用所致。其中，印度、中国、美国和俄罗斯的碳排放量下降幅度明显，2050 年的碳排放总量分别减少 15.8%、15.8%、9.2% 和 8.5%，高于该年世界碳排放总量的下降幅度 8.1%。其中，印度、中国、美国在情景 A3 中的减排幅度较情景 A2 下降，而俄罗斯的减排幅度较情景 A2 略有增加，这与俄罗斯的能源产业占比较大有关，技术水平的提高进一步增进了能源使用效率，减少了能源使用量。情景 A3 中，部分发达国家(地区)因为技术进步，抵消了碳税政策对能源消费的削弱作用，能源需求上增加，碳排放量反而有所增加，2050 年日本、欧盟和其他欧洲国家的碳排放总量分别较基准情景增加 6.5%、3.2% 和 6.2%，可见在这些地区，将碳税收入用作一般性财政收入的减排效果更为显著。

情景 A4 将全球各区域的碳税收入汇总之后，按比例分配给世界各区域。由于情景 A4 中发达地区的分配比例较低，技术进步导致的能源消费反弹效应减弱，发达地区碳减排总量较情景 A3 有所增加，其中，2050 年美国、加拿大、大洋洲的碳排放总量分别

表 7.4　情景 A 中 2050 年区域碳排放变化率(%)

国家(地区)	情景 A1	情景 A2	情景 A3	情景 A4	情景 A5	情景 A6
美国	−5.5	−10.8	−9.2	−9.5	−16.3	−18.0
欧盟	−1.2	−1.2	3.2	2.3	−2.0	−2.1
巴西	−1.3	−3.0	−1.5	−1.2	−0.4	−0.8
加拿大	−4.0	−7.9	−6.2	−6.3	−11.5	−12.6
日本	0.3	0.6	6.5	6.3	3.5	3.4
中国	−9.1	−17.4	−15.8	−15.9	−14.8	−17.4
印度	−9.2	−17.5	−15.8	−15.2	−14.1	−16.5
中美洲	−1.2	−2.4	−2.7	−2.8	−2.1	−2.6
南美洲	−3.3	−6.3	−5.5	−5.4	−4.3	−5.1
东亚	−3.0	−5.7	−3.3	−3.6	−2.3	−3.2
马来和印尼	−4.3	−8.4	−6.9	−6.5	−5.3	−6.4
东南亚	−2.7	−5.2	−3.2	−2.7	−1.0	−1.8
南亚	−1.7	−3.2	−3.2	−0.7	2.0	1.7
俄罗斯	−4.8	−8.4	−8.5	−9.1	−14.1	−14.9
东欧	−4.3	−8.4	−6.6	−7.1	−6.0	−7.1
其他欧洲国家	−0.4	−1.1	6.2	6.0	3.2	3.0
中东和北非地区	−3.9	−7.7	−6.2	−6.4	−5.3	−6.4
亚撒哈拉地区	−4.5	−8.9	−7.6	−7.5	−7.4	−8.5
大洋洲	−4.4	−8.1	−6.2	−6.5	−11.1	−12.1
世界	−5.2	−9.9	−8.1	−8.1	−9.1	−10.5

减少 9.5%、6.3%、6.5%,减排量均大于该年情景 A3 中的减排量。欧盟、日本和其他欧洲国家在情景 A4 中的碳排放总量仍然高于基准情景,2050 年它们的碳排放总量分别较基准情景增加 2.3%、6.3%和 6%,但相较于情景 A3,这些地区的碳排放总量略有下降。与情景 A3 相比,印度、亚撒哈拉地区、马来和印尼等新兴发展中国家(地区)的碳排放总量在情景 A4 中略有下降,2050 年它们的碳排放总量分别比基准情景下降 15.2%、7.5%和 6.5%。总体上来看,发达国家(地区)在情景 A4 中的碳减排量较情景 A3 有所增加,而发展中国家(地区)因为能源的反弹效应,在情景 A4 中的碳减排量小于情景 A3。

情景 A5 中,发达地区的碳税税率提高,碳税收入的分配比例不变,这直接导致发达地区的碳排放总量较基准情景下降明显,其中,美国、加拿大、大洋洲、欧盟的碳排放较基准情景有显著的下降,2050 年它们分别较基准情景下降 16.3%、11.5%、11.1%和 2%,其减排量均高于情景 A3 和情景 A4。情景 A5 中,2050 年日本和其他欧洲国家的碳排放总量分别比基准情景增加 3.5%和 3.2%,但同情景 A3 和情景 A4 相比,其碳排放总量增加幅度减小。情景 A5 中,发展中国家(地区)的碳税税率不变,分配到的碳税收入却有所增加,因此,多数发展中国家(地区)的碳减排量较情景 A4 降低。

情景 A6 中,各区域的碳税税率随时间增加,碳税政策对碳排放的抑制作用增强,各区域的碳排放总量较其他政策情景显著减少。美国、中国、印度、俄罗斯、加拿大、大洋洲的碳排放总量下降幅度高于世界碳减排幅度,2050 年它们分别较基准年份减少排放 18%、17.4%、16.5%、14.9%、12.6%和 12.1%。从减排幅度上来看,全球各区域在情景 A6 中的减排效果相对最优。

　　区域碳排放规模是区域经济发展水平、技术水平、产业结构、能源结构等多种因素共同作用的结果，因此，在碳税政策情景下，世界各地的减排水平存在显著的区域差异。为了更为直观地体现各碳税政策情景下世界各区域的减排情况，本书在表 7.5 中说明了 2008～2050 年世界各区域累计碳减排量的模拟结果。首先来看发达地区，比较美国、欧盟、加拿大和大洋洲在六种碳税政策情景中的累计碳减排结果，可以发现，这 4 个国家(地区)在情景 A6 中的碳排放量下降最为明显，分别累计减少碳排放量为 5.9 GtC、1.4 GtC、0.4 GtC 和 0.5 GtC，其中，美国对全球碳减排做出了主要贡献，约占全球累计碳减排量的 20%。尽管日本和其他欧洲国家同属发达地区，但这两个区域的碳排放量对碳税政策的冲击并不敏感。同其他碳税政策情景相比，日本和其他欧洲国家在情景 A2 中的累计碳排放量减少最多，2008～2050 年这两个国家(地区)分别累计减排 0.06 GtC 和 0.02 GtC。发展中国家(地区)中，在碳税政策冲击下，中国、印度、俄罗斯、中东和北非地区、亚撒哈拉地区、马来和印尼对全球碳减排的贡献较大，其中，中国、印度、中东和北非地区、马来和印尼在情景 A2 中的碳减排效果最佳，2008～2050 年它们分别累计减排 12 GtC、3.9 GtC、1.1 GtC、0.9 GtC 和 0.7 GtC，而俄罗斯、亚撒哈拉地区在情景 A6 中的碳减排效果最好，模拟期内累计减排 CO_2 1.9 GtC 和 0.9 GtC。同中国、印度类似，巴西、中美洲、南美洲等其他发展中国家(地区)在情景 A2 中的减排效果好于其他政策情景，但碳税政策对这些地区碳排放的控制作用较弱，碳排放量的下降并不明显。

表 7.5　情景 A 中区域累计减排量　　　　　　　(单位：GtC)

国家(地区)	情景 A1	情景 A2	情景 A3	情景 A4	情景 A5	情景 A6
美国	1.9	3.72	3.41	3.45	5.68	5.92
欧盟	0.19	0.38	0.29	0.4	1.34	1.36
巴西	0.07	0.18	0.21	0.18	0.15	0.16
加拿大	0.13	0.26	0.22	0.22	0.38	0.4
日本	0.03	0.07	−0.21	−0.19	0.01	0.01
中国	6.3	12.03	11.02	11.05	10.55	11.2
印度	2.04	3.87	3.53	3.49	3.31	3.56
中美洲	0.09	0.18	0.19	0.19	0.17	0.18
南美洲	0.18	0.36	0.44	0.44	0.43	0.45
东亚	0.32	0.6	0.5	0.52	0.44	0.48
马来和印尼	0.38	0.73	0.65	0.63	0.56	0.6
东南亚	0.21	0.4	0.31	0.29	0.19	0.21
南亚	0.07	0.14	0.15	0.11	0.05	0.06
俄罗斯	0.56	1.07	1.22	1.26	1.88	1.93
东欧	0.37	0.71	0.72	0.74	0.68	0.72
其他欧洲国家	0.01	0.02	−0.02	−0.02	0.01	0.01
中东和北非地区	0.56	1.11	0.98	0.99	0.88	0.95
亚撒哈拉地区	0.44	0.84	0.81	0.82	0.82	0.87
大洋洲	0.15	0.3	0.32	0.32	0.51	0.53
世界	14.01	26.97	24.73	24.88	28.05	29.62

注：表 7.5 说明的是碳减排量，正值表示碳排放减少，负值表示碳排放增加

　　总体上，仅从减缓碳排放的角度来看，碳税政策情景 A6 对多数发达国家(地区)碳排放的控制作用最为显著，如美国、欧盟、加拿大、大洋洲，这些国家(地区)的最优减排效果出现在情景 A6 中，而日本、其他欧洲国家在情景 A2 中的减排效果相对最佳。多数发展中国家在情景 A2 中的减排效果最佳，如中国、印度、东亚、马来和印尼、东南亚、其他欧洲国家、中东和北非地区，而巴西、中美洲、南亚在情景 A3 中的减排效果最好，俄罗斯、亚撒哈拉地区则在情景 A6 中的减排规模最大。

7.4　碳税对全球升温的影响

　　除了碳减排量，碳税政策对全球升温的影响是判断碳税政策有效性的另一个重要指标。表 7.6 显示了在政策情景 A 系列中，全球地表平均温度和大气中 CO_2 浓度的模拟结果。从中可以看出，在征收碳税的情况下，全球地表升温幅度和大气中 CO_2 的浓度较基准情景均有所下降。与基准情景相比，情景 A1 的全球升温幅度有所降低，至2050 年全球升温 1.84℃，大气中 CO_2 浓度当量达到 508.8 ppmv。情景 A2 中，2050 年的全球升温幅度和大气 CO_2 浓度当量分别为 1.82℃和 504.9 ppmv，情景 A2 的升温幅度之所以小于情景 A1，是因为碳税税率提高之后，碳税政策对经济的负面冲击和对碳排放的抑制作用更为明显，全球升温幅度自然有所降低。情景 A3 的碳税税率与情景A2 保持一致，但情景 A3 将碳税收入用来提高区域的技术水平，技术进步使能源消费反弹，因此，情景 A3 中的全球碳排放量和全球升温幅度均大于情景 A2。情景 A4 对全球升温的控制与情景 A3 较为接近，但从大气 CO_2 浓度上来看，情景 A4 的碳减排效用要略好于情景 A3。尽管发展中国家(地区)在情景 A4 中的碳排放总量较情景 A3 略有增长，但是发达国家(地区)在情景 A4 中的减排量增加，因此，情景 A4 中的大气碳浓度会稍小于情景 A3。考虑到各国经济发展水平和历史碳排放责任的差异，情景 A5 将各区域的碳税税率差别化，提高了发达地区的碳税税率。该情景的减排效用有所提高，2050 年全球升温 1.817℃，大气 CO_2 浓度当量为 504.7 ppmv。情景 A6 是六种政策情景中全球升温幅度最小的，在 A6 情景中，2050 年全球升温 1.816℃，这归因于模拟中后期碳税税率逐步增加。

表 7.6　情景 A 中 2050 年气候变化模拟结果

情景	全球升温/℃	大气 CO_2 浓度当量/ppmv
基准情景	1.853	513.02
情景 A1	1.835	508.82
情景 A2	1.819	504.93
情景 A3	1.821	505.65
情景 A4	1.821	505.60
情景 A5	1.817	504.66
情景 A6	1.816	504.16

　　整体上看，六种碳税政策对全球升温均有抑制作用，从控制升温的角度来看，情景

A6 中的碳税政策最有效。尽管在六种碳税政策情景下，全球温度有所下降，但下降的幅度有限，差别不大，且大气 CO_2 浓度当量仍然超过 500 ppmv 时，全球仍旧面临严峻的减排形势。

7.5　碳税对宏观经济的影响

7.5.1　世界 GDP 的变化分析

碳税政策通过影响价格体系，对整个经济系统造成冲击，因此，我们需要比较分析碳税政策实施前后，宏观经济的变化状况。基于这里发展的模型，我们对碳税政策情景开展了模拟，并与第 4 章的基准情景做了比较，六种碳税政策情景下全球 GDP 的变化情况见表 7.7。

情景 A1 中，碳税政策在一定程度上阻碍了全球经济的发展，2020 年和 2030 年的全球 GDP 较基准情景有所下降，而在模拟后期，全球 GDP 有所回升，2050 年全球 GDP 较基准情景增加 0.2%。模拟初期，全球 GDP 之所以下降，一方面是因为，对于产业部门来说，碳税政策提高了企业厂商的生产成本，使区域的总产出减少；另一方面则是因为，对于最终消费的用户来说，征收碳税提高了其消费成本，最终消费需求得到抑制，从这两方面进行分析，征收碳税会使全球 GDP 减少。模拟后期，全球 GDP 有所增长，这主要得益于发达国家(地区)所表现出的经济上升。伴随着碳税政策的实施，资源密集型的传统产业逐步向技术密集型产业过渡，导致国际产业的再布局会偏向于技术发达、资金充足的发达国家(地区)，因此，这些发达国家(地区)在模拟后期经济水平反而有所上升，并带动全球 GDP 小幅上涨。

情景 A2 中，全球 GDP 在模拟初期的变化趋势与情景 A1 大体相同，但 GDP 所受的负面冲击程度要大于情景 A1，这与情景 A2 中碳税税率的提高有关。情景 A2 中，全球 GDP 在 2020 年和 2030 年分别比基准情景下降了 0.05% 和 0.11%。与情景 A1 一样，情景 A2 中全球 GDP 在模拟后期表现出上扬的态势，2040 年和 2050 年分别比基准情景增加了 0.07% 和 0.35%。可见，碳税税率的提高会加强碳税政策对经济系统的影响程度，不管是正面的影响，还是负面的冲击。

情景 A3 中，全球各区域的碳税收入被用来提高本区域的技术水平，全球 GDP 较基准情景、情景 A1 和情景 A2 均有明显的增加，2030 年和 2050 年的全球 GDP 分别比基准情景上升了 0.8% 和 3.4%。不同于情景 A1 和情景 A2 中 GDP 在模拟初期的小幅下跌，情景 A3 中的全球 GDP 在整个模拟期内涨幅明显，这归因于技术进步对产出的促进作用。尽管碳税政策对经济发展会产生负面影响，但技术进步提高了生产效率，加速了社会生产，一定程度上弥补了碳税政策的负面冲击，因此，情景 A3 中全球 GDP 较基准情景有所增加。

情景 A4 中，2030 年和 2050 年的全球 GDP 分别比基准情景增加了 0.8% 和 3.63%，大于情景 A3 的涨幅，这与碳税收入在区域间的再分配有关。碳税收入在情景 A4 中更多地分配给发展中国家(地区)，这些地区的经济规模相对较小，技术水平较低，相对于发达国家(地区)，技术进步在这些地区能够发挥更大的产出效应，因此，情景 A4 中全球 GDP 的涨幅大于情景 A3。

情景 A5 中，发达地区的碳税税率提高，对这些区域经济发展的影响也会有所加剧，但从全球尺度上看，碳税总收入的提高会加速技术水平的进步，能够更大限度地弥补碳税政策对全球经济的负面冲击，因此，情景 A5 中全球 GDP 仍表现出上升趋势，2030 年和 2050 年全球 GDP 分别增加了 1 个百分点和 4.3 个百分点，全球 GDP 增幅高于前四种政策情景。

情景 A6 中，全球 GDP 在 2030 年和 2050 年分别比基准情景上升了 1% 和 4.45%，是六种情景中全球 GDP 增加最多的碳税政策情景。尽管情景 A6 中各区域的碳税税率随时间有所增加，模拟后期碳税政策对全球经济的冲击加大，但不断提升的技术水平对社会生产有更大的正面促进作用，因此，情景 A6 中的全球 GDP 逐年增长。

总体上，综合六种碳税政策情景下全球经济发展和碳减排模拟结果，可以发现，政策情景 A1 和情景 A2 单纯地将碳税收入归入一般性财政收入，会在一定程度上抑制全球碳排放量的增加，但各区域的经济发展受到不同程度的负面影响，特别是发展中国家(地区)为碳减排付出了巨大的经济代价。其余四种碳税政策情景，特别是情景 A6，借助于碳税收入促进区域技术水平的提高，不仅会削弱全球及区域的碳排放总量，还能在一定程度上抵消碳税政策对经济的负面冲击，促进全球经济的发展，因此，用碳税收入来促进技术进步是更为有效、可行的碳减排方案。

表 7.7　碳税政策情景下全球 GDP 的变化率(%)

年份	情景 A1	情景 A2	情景 A3	情景 A4	情景 A5	情景 A6
2020	−0.02	−0.05	0.06	0.07	0.08	0.08
2030	−0.05	−0.11	0.79	0.82	0.99	0.99
2040	0.05	0.07	2.02	2.13	2.54	2.56
2050	0.20	0.35	3.36	3.63	4.34	4.45

六种碳税政策情景中，全球人均 GDP 的模拟结果见表 7.8。与全球 GDP 的变化趋势相同，情景 A1 和情景 A2 将碳税收入作为一般性财政收入时，全球人均 GDP 在模拟初期较基准情景下降，模拟后期高于基准情景。将碳税收入被用来提高区域技术水平时，全球人均 GDP 得到提升，高于基准情景，这进一步印证了将碳税收入用来促进技术进步的有效性。情景 A3 与情景 A4 中的全球人均 GDP 较为接近，2050 年达到 2.10 万美元。情景 A5 与情景 A6 中，全球人均 GDP 水平是五种政策情景最高的，2050 年的全球人均 GDP 均为 2.12 万美元。从人均产出的角度出发，将碳税收入用于提高技术水平是更为有效的政策措施。

表 7.8　碳税政策情景下全球人均 GDP   (单位：$)

年份	基准情景	情景 A1	情景 A2	情景 A3	情景 A4	情景 A5	情景 A6
2030	13 414	13 407	13 399	13 520	13 523	13 547	13 547
2050	20 335	20 374	20 405	21 017	21 072	21 218	21 239

7.5.2　区域 GDP 的变化分析

　　碳税政策情景中，全球 19 个区域的 GDP 变化情况如图 7.2～图 7.7 所示。尽管在六种碳税政策情景中，全球 GDP 在模拟后期均有所上升，但世界主要经济体及各区域的 GDP 变化情况却表现出不同程度的分化。

　　情景 A1 在全球所有区域施行 10 \$/tC 的碳税政策，各区域 GDP 的变化情况见图 7.2。政策施行初期，全球所有区域的经济均受到碳税政策的冲击，GDP 较基准情景有所下降。这是因为施行碳税政策后，企业生产成本上升，产品的中间投入需求和最终需求下降，导致经济下行。模拟中后期，大部分区域的经济增长加速，GDP 有所上升，这是因为在全球相互贸易的环境下，碳税政策的实施促使国际产业重新分工，制造业等高耗能产业将逐渐从技术相对落后的国家转移到技术发达、能耗和碳排放强度较低的国家，从而导致美国、欧盟、加拿大、日本、其他欧洲国家、大洋洲等区域的 GDP 较基准情景有所上升，其中，日本的 GDP 增幅最大，其 2050 年的 GDP 较基准情景上升了 1.7%，这与日本技术水平较高、碳排放总量较少有关。发达地区经济形势的转好也会带动发展中国家(地区)经济的恢复，特别是一些出口导向型经济体，于是巴西、中美洲、南美洲、东南亚、南亚、中东和北非地区、亚撒哈拉地区在模拟后期，GDP 也会有所上升。

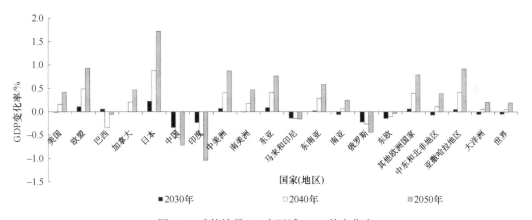

图 7.2　政策情景 A1 中区域 GDP 的变化率

　　情景 A1 中，中国、印度、马来和印尼、俄罗斯、东欧的经济发展在整个模拟期内始终受到碳税政策的负面影响，GDP 呈现下降趋势。至 2050 年，中国和印度的 GDP 分别比基准情景下降了 0.7% 和 1%。基准情景中，中国、印度的经济发展正处于上升期，产业结构中以制造业主导的第二产业为主，然而与欧盟、美国等发达国家(地区)相比，中国和印度的制造业仍存在技术落后、资源依赖度高的特点。情景 A1 中，碳税政策的实施使制造业等耗能产业向技术发达的区域转移，中国和印度制造业的发展就会面临着更强的国际竞争压力，在国际产业中的地位下滑，致使 GDP 总量低于基准情景。另外，中国和印度的碳排放总量较高，相较于碳排放量小的国家(地区)，碳税政策会对中国和印度的经济发展带来更多的负面影响。在模拟期间，马来和印尼的经济发展之所以持续受到碳税政策的负面影响，首先是因为碳税政策施行之后，该地区主要的能源出口国印度、中国经济下行，对能源的进口需求下降，使马来和印尼的能源出口规模缩小，尤其是煤炭的出口量下跌，致使该地区经济发展受阻。其次，马来西亚和印尼的工业主要是原料主导型的加工工业，国际竞争力较弱，受碳税政策的冲击，该地区的工业在国际市场的地位下降，这是该地区经济下滑的另一个原因。俄罗斯在情景 A1 中经济受挫的主要原因在于，碳税政策对能源行业发展具有抑制作用，而俄罗斯的能源行业在其经济发展中具有重要地位，碳税政策的实施使俄罗斯的能源出口总额下跌，导致俄罗斯 2050 年的 GDP 总量较基准情景略有下降。东欧的经济发展与俄罗斯有着密不可分的联系，俄罗斯经济形势的下滑必定会波及东欧，因此，该地区在情景 A1 中的 GDP 也较基准情景有所下降。

情景 A2 相对于情景 A1，碳税税率有所提高，增加至 15 $/tC。情景 A2 中全球各区域的 GDP 变化结果如图 7.3 所示。比较图 7.2 和图 7.3 可以发现，在情景 A1 与情景 A2 中，各区域的经济发展变化趋势相同。总体上，发达地区和部分发展中国家(地区)在模拟初期经济发展受阻，在模拟后期经济发展逐渐恢复，其中，2050 年日本的 GDP 总量比基准情景上升了 3.3 个百分点，GDP 上升幅度最大，而中国、印度、马来和印尼、俄罗斯、东欧的 GDP 在模拟期内始终低于基准情景。与情景 A1 不同的是，情景 A2 中 GDP 受碳税政策的影响程度更大，由此可见，碳税税率的提高会加剧碳税政策对经济系统的影响程度。

综合情景 A1 和情景 A2 的模拟结果，从经济发展的角度来说，实施碳税政策，并将碳税收入用于一般性财政收入，能在一定程度上抑制全球升温，却也遏制了新兴发展中国家(地区)的经济发展，以牺牲发展中国家(地区)的经济发展为代价，加剧了发达国家(地区)与发展中国家(地区)的经济差异。该类政策措施在保证有效性的同时，未能体现政策的公平性。

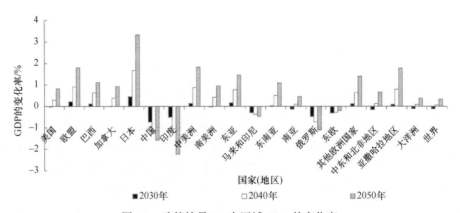

图 7.3　政策情景 A2 中区域 GDP 的变化率

情景 A3 中的碳税税率与情景 A2 保持一致，但各区域将碳税收入用于本区域技术水平的提高，这会在一定程度上弥补碳税政策对经济系统的冲击，因此，多数区域在情景 A3 中的 GDP 总量会高于基准情景和情景 A2，如图 7.4 所示。情景 A3 中，日本的 GDP 涨幅最大，2030 年和 2050 年的 GDP 在基准情景的基础上，分别增加了 1.7%和 8.8%。其他欧洲国家和欧盟的 GDP 在情景 A3 中也有较高的提升，2050 年分别比基准情景增加了 5.8%和 5.7%，高于情景 A2 中的 GDP 增幅。美国、加拿大、大洋洲在情景 A3 中的 GDP 增幅同样大于情景 A2，2050 年的 GDP 总量分别比基准情景增加了 3.4%、3.8%和 2.9%。发展中国家(地区)中，东亚、东南亚、中美洲、亚撒哈拉地区的经济规模涨幅明显，2050 年分别较基准情景增加 4.8%、4.7%、4.4%和 4.3%，其余大部分发展中国家(地区)的 GDP 也有小幅增加。相较于其他地区 GDP 的涨幅，中国、印度的 GDP 增长幅度相对较小，印度的 GDP 在 2050 年甚至低于基准情景，这可以从碳排放量的增加来解释，印度碳排放量呈现不断增加的趋势，整个经济系统因碳税政策导致的成本提升不断加剧，技术进步对社会产出的推进程度已无法弥补碳税政策的负面影响，因此，印度的 GDP 在模拟后期低于基准情景。

回顾情景 A1、情景 A2 和情景 A3 的分析结果，从经济发展的角度来看，情景 A3 将碳税收入用于技术水平的提高之后，各区域的经济发展均受到不同程度的推进作用，经济发展较情景 A1 和情景 A2 有所好转，但情景 A3 对全球升温的控制作用稍逊于情景 A1 和情景 A2，因此，该种碳税政策还需要进一步完善。

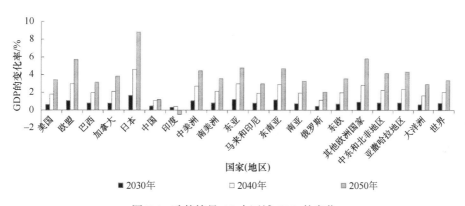

图 7.4　政策情景 A3 中区域 GDP 的变化

情景 A4 将碳税收入汇总后，按比例分配给全球各区域，用于技术水平的提高，其中，发达国家(地区)分配到的碳税收入相对较少，而发展中国家(地区)相对较多，该情景下各区域 GDP 的变化率如图 7.5 所示。由于发达地区用来提高技术水平的碳税收入有所减少，因此，情景 A4 中，发达国家(地区)的 GDP 涨幅较情景 A3 有所下跌，如 2050 年，日本的 GDP 涨幅从情景 A3 的 8.8%下降到情景 A4 的 8.5%，欧盟则从 5.7%下跌至 5.5%，美国从 3.4%降至 3.2%。发展中国家(地区)因受碳税收入分配的倾斜，技术水平有了进一步提升，因此，情景 A4 中，发展中国家(地区)的经济得到更好的推进，如南亚、东南亚、马来和印尼 2050 年的 GDP 增幅分别达到 8%、6.9%和 5.9%，涨幅均高于情景 A3。由于俄罗斯的人均碳排放量较高，在碳税收入分配中比例较小，因此，情景 A4 中俄罗斯的 GDP 上涨幅度小于情景 A3，2050 年 GDP 较基准情景上升 0.7%。中国在情景 A4 中的经济发展与情景 A3 较为接近，尽管中国在情景 A4 中的碳税收入分配比例较高，但情景 A3 中，中国因较高的碳排放量也拥有较大的碳税收入，因此，这两种情景下，中国的经济增长并未有太大差别。情景 A4 中，印度在整个模拟期内的 GDP 总量要高于基准情景，2050 年 GDP 上升了 1.8%，经济发展形势好于情景 A3，这主要得益于印度技术水平的提升。

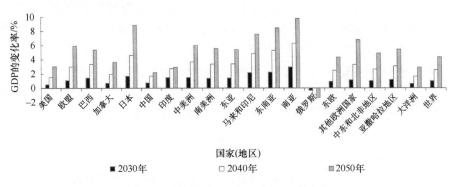

图 7.5　政策情景 A4 中区域 GDP 的变化

　　情景 A5 中世界各区域 GDP 的变化如图 7.6 所示，该政策情景下，全球各区域不再采用相同的碳税税率，考虑到发达地区的历史碳排放和减排责任，我们将发达地区的税率提高。在碳税税率提高的前提下，美国、加拿大和大洋洲的经济发展仍好于基准情景，但较情景 A4 有所下滑，2050 年的 GDP 分别较情景 A4 减少了 0.15%、0.1%和 0.15%。欧盟、日本、其他欧洲国家的 GDP 高于基准情景，并在情景 A4 的基础上有所提高，高于世界 GDP 的涨幅。其中，其他欧洲国家的 GDP 增长较为显著，2050 年 GDP 较情景 A4 上升 0.52%，欧盟和日本分别较情景 A4 增加 0.34%和 0.28%。由于全球碳税总收入增加，发展中国家(地区)在情景 A5 中的经济增长普遍好于基准情景，且 GDP 涨幅高于情景 A4。情景 A5 中，东亚、东南亚、马来和印尼的经济增速较为突出，2050 年它们的 GDP 较基准情景增加 9.8%、8.5%和 7.6%，高于世界 GDP 的增长幅度，较情景 A4 的 GDP 总量也有明显增加，技术水平的快速增加弥补了碳税政策对这些地区经济发展的负面影响，并进一步促成了经济的快速增长。中国在情景 A5 中的经济发展同样呈现稳步增长的态势，2050 年较基准情景上升 2.2%，较情景 A4 增加 1.3 个百分点。印度在情景 A5 中的经济增速也有一个明显的提高，2050 年其 GDP 在基准情景的基础上增加 3.1%，比情景 A4 多出 1.3 个百分点，这主要是由印度技术水平的快速增长引起的。情景 A5 中，碳税税率的提高对俄罗斯的经济发展产生更多的负面作用，2050 年俄罗斯的 GDP 较基准情景降低 0.7%。

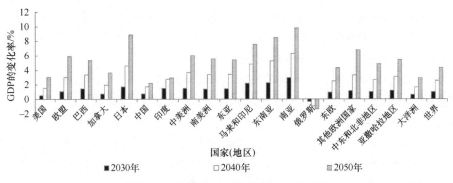

图 7.6　政策情景 A5 中区域 GDP 的变化

情景 A6 中，大部分地区的经济发展要好于基准情景，如图 7.7 所示。情景 A6 中，南亚的 GDP 增速最高，2050 年其 GDP 较基准情景上升 10.1%，其次是日本，2050 年其 GDP 比基准情景上升 9.2%。欧盟、巴西、中美洲、南美洲、东亚、马来和印尼、东南亚、其他欧洲国家、中东和北非地区、亚撒哈拉地区的经济也有较快的发展，它们的 GDP 涨幅高于世界 GDP 的涨幅。美国、加拿大、中国、印度、大洋洲的 GDP 虽大于基准情景，但却低于世界 GDP 的涨幅。由于碳税税率提高，且随时间增长，俄罗斯的经济发展更多地受到来自碳税政策的冲击，2050 年其 GDP 比基准情景下降了 1.5%。

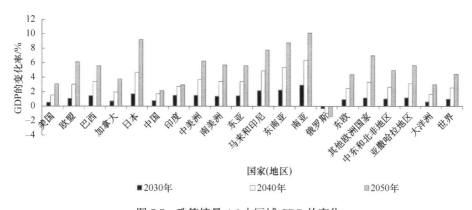

图 7.7　政策情景 A6 中区域 GDP 的变化

7.6　碳税对产业结构的影响

碳税政策影响各区域经济增长的同时，必将对区域产业结构产生一定的冲击，特别是一些能源集中度较高的行业，受碳税政策的影响较大。表 7.9～表 7.14 分别说明了在六种碳税政策情景下，2050 年世界各区域的产业结构变化。表中的数值为碳税政策下产业占比与基准情景产业占比之差，正值表示占比增加，负值表示占比下降。总体上来看，六种碳税政策情景下，区域产业占比的变动较小，模拟期内鲜有超过 1% 的变动发生，可见世界各区域产业结构的变动不显著，碳税政策并未对区域产业结构格局造成大的影响。

比较六种碳税政策情景下区域产业结构的变化结果，可以发现，情景 A1 对产业结构的影响相对最弱，其 2050 年的产业结构变化模拟结果见表 7.9。从表 7.9 中可以看出，能源行业，特别是化石能源行业，受碳税政策冲击较大，在各区域产业结构中的占比均有不同程度的下降。其中，俄罗斯、中东和北非地区的能源行业占比下降较其他地区更为明显，尤其是石油行业，2050 年这两个地区的石油行业占比分别下降 0.42% 和 0.55%。由于碳税政策对化石能源产业发展有抑制作用，大部分区域对电力能源的需求上升，电力部门在产业结构中的地位由此上升，占比增加，可见碳税政策的实施在能源结构的优化调整中发挥了一定的促进作用。其中，中国电力部门占比的增加较其他区域明显，2050 年较基准情景上升 0.09%。

表 7.9　情景 A1 中 2050 年区域产业结构变化(%)

国家(地区)	1	2	3	4	5	6	7	8	9	10	11	12	13	14
	种植业	畜牧业	林业	渔业	煤	石油	天然气	石油制品	电力	制造业	矿业	建筑业	运输业	服务业
美国	−0.01	0.00	0.00	0.00	−0.01	−0.07	−0.03	0.00	0.00	0.03	0.01	0.04	−0.01	0.05
欧盟	0.00	0.00	0.00	0.00	0.00	−0.03	0.00	0.00	0.00	0.02	0.01	0.08	0.01	−0.09
巴西	−0.03	0.00	0.00	0.00	0.00	−0.17	−0.01	0.00	0.01	−0.27	0.01	0.04	0.03	0.39
加拿大	0.00	0.00	0.00	0.00	0.00	−0.29	−0.20	−0.01	0.03	0.30	0.02	0.07	0.00	0.09
日本	0.00	0.00	0.00	0.00	0.00	0.00	0.00	0.00	0.00	−0.05	0.02	0.04	0.00	−0.01
中国	0.00	0.00	0.00	−0.04	−0.02	−0.03	0.00	0.00	−0.01	0.09	0.12	0.09	0.01	0.03	−0.23
印度	−0.07	0.00	0.00	−0.07	−0.04	−0.02	0.01	0.00	0.06	0.58	0.01	−0.02	0.01	−0.43
中美洲	0.00	0.00	0.00	−0.02	0.00	−0.14	−0.04	0.00	0.01	0.30	0.05	0.09	0.02	−0.26
南美洲	0.03	0.00	0.00	−0.02	0.00	−0.28	−0.04	0.00	0.04	0.18	0.06	0.10	0.07	−0.09
东亚	0.02	0.00	0.00	0.00	−0.02	−0.13	0.00	0.00	0.01	0.18	0.02	0.03	0.01	−0.16
马来和印尼	0.05	0.00	0.00	−0.04	−0.04	−0.17	−0.08	0.00	0.02	0.34	0.05	0.02	0.03	−0.18
东南亚	0.09	0.01	0.00	−0.06	−0.01	−0.08	−0.03	0.00	0.02	0.23	0.02	0.03	0.03	−0.22
南亚	0.01	0.00	0.00	−0.08	0.00	−0.01	−0.12	0.00	0.01	0.27	0.03	0.05	0.01	−0.18
俄罗斯	0.08	0.00	0.00	−0.02	0.00	−0.42	−0.12	0.00	0.04	0.21	0.04	0.02	0.08	0.09
东欧	0.05	0.00	0.00	−0.01	−0.01	−0.35	−0.06	0.00	0.06	0.12	0.02	0.05	0.01	−0.06
其他欧洲国家	0.00	0.00	0.00	−0.01	0.00	−0.16	0.00	0.00	0.01	0.01	0.01	0.08	0.01	0.05
中东和北非地区	0.04	0.00	0.00	−0.02	0.00	−0.55	−0.12	−0.01	0.02	0.34	0.05	0.07	0.00	0.18
亚撒哈拉地区	−0.03	0.00	0.00	−0.05	−0.02	−0.36	−0.18	0.00	0.04	0.55	0.02	0.04	0.04	−0.02
大洋洲	0.00	0.00	0.00	−0.01	−0.05	−0.13	−0.15	0.00	0.01	0.07	0.08	0.04	0.03	0.11

　　情景 A1 中，多数区域的畜牧业、林业在产业结构中的比例较基准情景没有变化，而渔业和种植业受碳税政策的影响程度较大，其中，渔业的产业占比下降，种植业的产业占比上升。制造业、矿业、建筑业、运输业在大部分区域产业结构中的占比略有上升，其中，印度和亚撒哈拉地区的制造业占比上升相对显著，2050 年分别较基准情景上升 0.58%和0.55%，巴西和日本，这两个区域的制造业占比在 2050 年分别比基准情景下降 0.27%和0.05%。发展中国家(地区)的服务业占比在情景 A1 中多呈下降趋势，而美国、加拿大、其他欧洲国家、大洋洲的服务业发展良好，在产业结构中的比例较基准情景有所增加。

　　情景 A2 中区域产业结构变化见表 7.10。由于碳税税率提高，碳税政策对产业结构的影响程度加大。各区域化石能源行业占比的下降幅度高于情景 A1，俄罗斯、中东和北非地区均属于能源输出国，其化石能源行业在产业结构中的占比明显下降。化石能源行业发展受阻的同时，电力能源的需求上升，因此，电力部门在各区域产业结构中的地位逐渐上升，其中，中国、印度和东欧电力部门行业占比增加相对明显。

　　情景 A2 中，各区域畜牧业、林业、渔业的变化趋势与情景 A1 相似，渔业在产业结构中的占比下降，且下降幅度高于情景 A1。部分发展中国家(地区)的种植业占比上升，如南美洲、东亚、马来和印尼、东南亚等，且增幅高于情景 A1。发展中国家(地区)产业结构中的制造业、矿业、建筑业占比均较基准情景有所增加，且制造业涨幅较大，而服务业占比普遍下降。其中，2050 年印度、亚撒哈拉地区的制造业比例分别上升 1.15%和 1.09%，而服务业占比分别下降 0.84%和 0.04%。发达国家(地区)，如美国、加拿大、其他欧洲国家、大洋洲的制造业、矿业、建筑业、服务业比例均有所增加，其中，服务业的上升幅度要高于其他行业，而欧盟和日本的服务业较基准情景和情景 A1 均呈下降趋势。

表 7.10　情景 A2 中 2050 年区域产业结构变化(%)

国家(地区)	1 种植业	2 畜牧业	3 林业	4 渔业	5 煤	6 石油	7 天然气	8 石油制品	9 电力	10 制造业	11 矿业	12 建筑业	13 运输业	14 服务业
美国	-0.01	0.00	0.00	0.00	-0.02	-0.14	-0.06	-0.01	0.01	0.04	0.01	0.09	-0.02	0.10
欧盟	-0.01	0.00	0.00	-0.01	0.00	-0.05	0.00	0.00	0.01	0.02	0.01	0.16	0.03	-0.16
巴西	0.01	0.00	0.00	-0.01	0.00	-0.32	-0.01	-0.01	0.06	0.38	0.09	0.07	0.06	-0.33
加拿大	0.00	0.00	0.00	-0.01	0.00	-0.57	-0.38	-0.01	0.05	0.57	0.03	0.14	0.00	0.18
日本	0.00	0.00	0.00	0.00	0.00	0.00	0.00	0.00	0.00	-0.11	0.03	0.09	0.01	-0.02
中国	-0.02	0.00	0.00	-0.07	-0.04	-0.06	-0.01	-0.02	0.18	0.18	0.18	0.02	0.07	-0.41
印度	-0.17	0.00	-0.01	-0.14	-0.08	-0.03	0.01	0.00	0.13	1.15	0.02	-0.05	0.02	-0.84
中美洲	0.00	0.00	0.00	-0.04	0.00	-0.28	-0.07	-0.01	0.03	0.59	0.09	0.18	0.04	-0.53
南美洲	0.06	0.01	0.00	-0.03	-0.03	-0.54	-0.07	-0.01	0.06	0.31	0.21	0.14	0.07	-0.19
东亚	0.04	0.01	0.00	-0.01	0.00	-0.01	0.00	0.00	0.02	0.15	0.05	0.07	0.03	-0.33
马来和印尼	0.10	0.00	0.00	-0.08	-0.07	-0.34	-0.15	-0.01	0.05	0.67	0.09	0.04	0.06	-0.37
东南亚	0.17	0.00	0.00	-0.13	-0.02	-0.15	-0.06	0.00	0.05	0.45	0.06	0.06	0.05	-0.46
南亚	0.01	0.00	0.00	-0.15	-0.01	-0.03	-0.24	0.00	0.05	0.55	0.06	0.10	0.02	-0.36
俄罗斯	0.15	0.01	0.00	-0.04	0.00	-0.84	-0.23	-0.01	0.08	0.40	0.08	0.04	0.17	0.19
东欧	0.09	0.00	0.00	-0.03	-0.03	-0.69	-0.11	0.00	0.13	0.53	0.06	0.09	0.11	-0.13
其他欧洲国家	0.00	0.00	0.00	-0.03	0.00	-0.30	-0.01	0.00	0.01	0.02	0.01	0.16	0.04	0.10
中东和北非地区	0.08	0.00	0.00	-0.03	0.00	-1.09	-0.24	-0.03	0.03	0.68	0.10	0.15	0.01	0.35
亚撒哈拉地区	-0.08	0.01	0.00	-0.09	-0.04	-0.71	-0.35	0.00	0.05	1.09	0.05	0.08	0.03	-0.04
大洋洲	-0.01	0.00	0.00	-0.01	-0.10	-0.26	-0.30	0.00	0.02	0.13	0.16	0.09	0.05	0.23

表 7.11　情景 A3 中 2050 年区域产业结构变化(%)

国家(地区)	1 种植业	2 畜牧业	3 林业	4 渔业	5 煤	6 石油	7 天然气	8 石油制品	9 电力	10 制造业	11 矿业	12 建筑业	13 运输业	14 服务业
美国	0.01	0.00	0.00	0.00	-0.02	-0.13	-0.08	-0.01	0.01	-0.26	0.02	0.21	-0.03	0.29
欧盟	-0.01	0.00	0.00	-0.01	0.00	-0.06	-0.01	0.00	0.00	-0.62	0.03	0.39	0.01	0.28
巴西	0.23	0.01	0.00	0.00	0.00	-0.27	-0.01	-0.01	0.08	0.84	0.15	0.13	0.05	-1.20
加拿大	0.02	0.00	0.00	-0.01	0.00	-0.56	-0.34	-0.01	0.05	0.28	0.04	0.32	-0.01	0.22
日本	0.00	0.01	0.00	-0.01	0.00	0.00	0.00	0.00	-0.01	-0.65	0.05	0.20	-0.01	0.42
中国	0.18	0.02	0.02	-0.13	-0.04	-0.04	0.00	-0.02	0.22	1.90	0.39	0.04	0.04	-2.56
印度	0.12	0.00	-0.02	-0.26	-0.08	0.01	0.03	-0.01	0.18	2.41	0.11	0.02	-0.09	-2.43
中美洲	0.27	0.01	1.00	0.00	0.00	-0.25	-0.06	-0.01	0.04	2.30	0.17	0.29	-0.14	-2.62
南美洲	0.35	0.02	0.01	-0.02	-0.02	-0.48	-0.07	-0.01	0.06	0.38	0.30	0.24	0.06	-0.82
东亚	0.14	0.01	0.00	0.00	0.00	-0.01	0.00	0.00	0.02	0.29	0.08	0.16	0.06	-0.75
马来和印尼	0.36	0.01	0.01	-0.08	-0.08	-0.31	-0.10	-0.01	0.03	0.93	0.15	0.15	0.05	-1.13
东南亚	0.47	0.04	0.00	-0.07	-0.02	-0.15	-0.06	-0.01	0.03	0.38	0.06	0.14	0.07	-0.89
南亚	0.38	0.00	0.00	-0.18	-0.01	-0.02	-0.24	0.00	0.03	0.68	0.06	0.20	-0.05	-0.85
俄罗斯	0.22	0.01	0.00	-0.02	-0.01	-0.67	-0.24	-0.01	0.06	0.39	0.11	0.16	0.13	-0.17
东欧	0.26	0.00	0.00	-0.03	-0.03	-0.65	-0.15	-0.01	0.13	0.96	0.08	0.25	0.06	-0.87
其他欧洲国家	-0.01	0.00	0.00	-0.04	0.00	-0.40	-0.01	0.00	0.00	-0.21	0.00	0.51	-0.03	0.18
中东和北非地区	0.13	0.00	0.00	-0.03	0.00	-0.98	-0.18	-0.04	0.02	0.68	0.13	0.31	0.00	-0.06
亚撒哈拉地区	-0.04	0.01	0.01	-0.07	-0.04	-0.68	-0.26	0.00	0.05	1.25	0.06	0.14	0.02	-0.44
大洋洲	0.08	0.00	0.00	-0.02	-0.11	-0.24	-0.27	-0.01	0.01	-0.12	0.13	0.24	0.04	0.26

情景 A3 中，各区域的技术水平较情景 A2 有所提高，但各区域能源行业在产业结构中的占比与情景 A2 相当，只有少数区域化石能源行业的占比较情景 A2 稍有增加，见表 7.11。俄罗斯、中东和北非地区石油行业占比较基准情景有所下降，产业占比在 2050 年分别下降了 0.67% 和 0.98%，小于情景 A2 的下降幅度。

在情景 A3 技术进步的背景下，发达国家(地区)的服务业占比普遍上升，制造业占比下降，这与情景 A2 中制造业、服务业的产业占比均有提高不同。当世界各区域技术水平提高时，发达国家(地区)技术优势逐渐消失，发展中国家(地区)的资源、劳动力的优势更加凸显，制造业等资源依赖度高的行业开始向发展中国家(地区)转移，因此，发达国家(地区)的制造业较基准情景下降，服务业比重上升。对发展中国家(地区)来说，情景 A3 的碳税政策使这些地区的制造业占比上升，服务业占比则呈现下降趋势，这与情景 A2 中的产业变化趋势相同，不过技术水平的提高使发展中国家(地区)的制造业发展更为迅猛，产业占比较情景 A2 有明显提高。2050 年，中国和印度的制造业比例分别比基准情景上升了 1.90% 和 2.41%。情景 A3 中，全球各区域建筑业和矿业的占比略有上升，交通运输行业的产业占比变化存在区域差异。除了欧盟和其他欧洲国家，大部分地区的种植业发展较快，在产业结构中的占比上升。畜牧业也略有上升，渔业则呈现下降的趋势。整体来看，发达国家(地区)技术水平的提升促使产业结构向服务业倾斜，而发展中国家(地区)则因为技术的提高带来了制造业的良好发展。

情景 A4 汇总各区域的碳税收入后按比例分配给各区域，该情景下，世界各区域能源行业比例上升或下降的幅度与情景 A3 基本一致，整体上呈现化石能源行业占比下降、电力部门占比上升的变化趋势，见表 7.12。情景 A4 中，世界各区域产业结构中的矿业、

表 7.12　情景 A4 中 2050 年区域产业结构变化(%)

国家(地区)	1 种植业	2 畜牧业	3 林业	4 渔业	5 煤	6 石油	7 天然气	8 石油制品	9 电力	10 制造业	11 矿业	12 建筑业	13 运输业	14 服务业
美国	0.01	0.00	0.00	0.00	−0.02	−0.13	−0.08	−0.01	0.01	−0.32	0.02	0.21	−0.03	0.34
欧盟	−0.01	0.00	0.00	−0.01	0.00	−0.06	−0.01	0.00	0.00	−0.67	0.03	0.40	0.01	0.33
巴西	0.20	0.01	0.00	−0.01	0.00	−0.28	−0.01	−0.01	0.08	0.90	0.13	0.15	0.03	−1.19
加拿大	0.03	0.00	0.00	−0.01	0.00	−0.55	−0.33	−0.01	0.05	0.22	0.04	0.32	0.00	0.25
日本	0.00	0.00	0.00	−0.01	0.00	0.00	0.00	0.00	−0.01	−0.69	0.05	0.20	0.00	0.45
中国	0.18	0.02	0.02	−0.13	−0.04	−0.04	0.00	−0.02	0.22	1.90	0.40	0.03	0.04	−2.59
印度	0.08	0.00	−0.02	−0.24	−0.08	0.00	0.00	−0.01	0.17	2.43	0.09	0.11	−0.11	−2.45
中美洲	0.26	0.01	0.00	−0.01	0.00	−0.25	−0.06	−0.01	0.04	2.32	0.17	0.31	−0.15	−2.65
南美洲	0.34	0.02	0.00	−0.02	−0.02	−0.49	−0.07	−0.01	0.04	0.40	0.28	0.26	0.05	−0.81
东亚	0.14	0.01	0.00	0.00	−0.01	−0.01	0.00	0.00	0.02	0.25	0.08	0.15	0.08	−0.71
马来和印尼	0.32	0.01	0.00	−0.08	−0.08	−0.36	−0.14	−0.01	0.04	1.09	0.12	0.22	0.04	−1.16
东南亚	0.47	0.04	0.00	−0.06	−0.02	−0.17	−0.07	−0.01	0.03	0.46	0.05	0.16	0.06	−0.96
南亚	0.15	0.00	0.00	−0.18	−0.01	−0.03	−0.38	−0.01	0.03	1.15	0.03	0.35	−0.12	−0.99
俄罗斯	0.21	0.00	0.02	−0.02	0.00	−0.56	−0.23	−0.01	0.06	0.30	0.12	0.13	0.16	−0.18
东欧	0.27	0.00	0.00	−0.03	−0.03	−0.63	−0.15	−0.01	0.13	0.88	0.08	0.24	0.07	−0.85
其他欧洲国家	−0.01	0.00	0.00	−0.04	0.00	−0.40	−0.01	0.00	0.00	−0.21	0.00	0.51	−0.02	0.18
中东和北非地区	0.14	0.00	0.00	−0.03	0.00	−0.93	−0.16	−0.05	0.00	0.59	0.13	0.31	0.00	−0.05
亚撒哈拉地区	−0.04	0.01	0.00	−0.07	−0.04	−0.67	−0.25	0.00	0.05	1.25	0.06	0.14	0.02	−0.47
大洋洲	0.08	0.00	0.00	−0.02	−0.11	−0.24	−0.26	−0.01	0.00	−0.15	0.12	0.24	0.05	0.26

建筑业、运输业的变化幅度与情景 A3 一致，而制造业和服务业的变化与情景 A3 略有不同。碳税收入汇总再分配之后，发达国家(地区)的制造业比例下降，服务业比例上升，与情景 A3 的变化趋势相同，但变化幅度增加，2050 年美国制造业占比下降 0.32%，服务业占比上升 0.34%，变化幅度均高于情景 A3。与发达国家(地区)不同，发展中国家(地区)的制造业占比持续增加，服务业占比略有下降，且变化幅度高于情景 A3。2050 年印度的制造业占比上升 2.43%，服务业占比下降 2.45%。世界各区域的矿业、建筑业占比仍呈上升趋势，变化幅度与情景 A3 接近。情景 A4 中，各区域第一产业部门在产业结构中的地位变化同情景 A3 较为接近，只有发展中国家(地区)的种植业占比较情景 A3 略有下降。整体上来看，碳税收入再分配的差异化处理，使技术进步对区域产业结构发展的影响趋势更为显著，发达国家(地区)的产业结构趋于稳定，发展中国家(地区)的产业迅速成长。

情景 A5 中，各区域产业结构较基准情景的变化见表 7.13。情景 A5 中提高了发达地区的碳税税率，能源行业发展得到进一步抑制，化石能源行业占比下降更为显著，其中，2050 年加拿大和其他欧洲国家石油行业占比分别下降 0.66% 和 0.46%，大于情景 A4 的下降幅度。对于发展中国家(地区)来说，化石能源行业，尤其是煤、石油、天然气 3 个行业，在产业结构中的比例同样有所下降，且下降幅度高于情景 A4，这主要是因为情景 A5 的碳税总收入高于情景 A4，发展中国家(地区)的技术水平较情景 A4 进一步提高，能源效率较情景 A4 增加，对化石能源产品的需求小幅下降，故化石能源行业占比

表 7.13　情景 A5 中 2050 年区域产业结构变化(%)

国家(地区)	1 种植业	2 畜牧业	3 林业	4 渔业	5 煤	6 石油	7 天然气	8 石油制品	9 电力	10 制造业	11 矿业	12 建筑业	13 运输业	14 服务业
美国	0.03	0.00	0.00	0.00	−0.02	−0.16	−0.09	−0.01	0.01	−0.24	0.03	0.21	−0.05	0.29
欧盟	−0.01	0.00	0.00	−0.01	−0.01	−0.07	−0.01	0.00	0.00	−0.71	0.03	0.43	0.02	0.33
巴西	0.23	0.01	0.00	−0.01	0.00	−0.34	−0.01	−0.01	0.08	0.95	0.16	0.18	0.03	−1.28
加拿大	0.05	0.00	0.00	−0.01	−0.01	−0.66	−0.39	−0.02	0.07	0.38	0.05	0.34	−0.01	0.20
日本	0.01	0.00	0.00	0.00	0.00	−0.70	0.06	0.21	0.04	0.39
中国	0.22	0.02	0.02	−0.12	−0.04	−0.05	−0.01	−0.03	0.22	1.85	0.47	0.05	0.05	−2.67
印度	0.20	0.00	−0.02	−0.25	−0.08	−0.01	0.02	0.16	2.48	0.11	0.18	−0.12	−2.66
中美洲	0.32	0.00	−0.01	−0.01	−0.31	−0.07	0.04	2.59	0.20	0.36	−0.16	−2.97
南美洲	0.40	0.02	0.00	−0.03	−0.03	−0.61	−0.08	0.01	0.40	0.30	0.32	0.05	−0.80
东亚	0.17	0.00	0.00	−0.01	−0.01	0.00	0.02	0.26	0.10	0.18	0.08	−0.81
马来和印尼	0.39	0.00	−0.09	−0.02	−0.44	−0.19	0.04	1.16	0.13	0.27	0.04	−1.22
东南亚	0.58	0.05	0.00	−0.07	−0.02	−0.20	−0.09	0.00	0.44	0.06	0.20	−1.04
南亚	0.19	0.00	0.00	−0.20	−0.01	−0.03	−0.48	0.00	1.18	0.03	0.42	−0.13	−0.99
俄罗斯	0.25	0.01	0.02	−0.03	−0.01	−0.39	−0.31	−0.01	0.09	0.38	0.12	0.03	0.24	−0.40
东欧	0.32	0.01	0.00	−0.03	−0.03	−0.80	−0.19	0.13	0.98	0.10	0.30	0.01	−0.88
其他欧洲国家	−0.01	0.00	0.00	−0.04	0.00	−0.46	−0.01	−0.01	−0.22	0.00	0.55	−0.01	0.20
中东和北非地区	0.18	0.01	0.00	−0.03	0.00	−1.18	−0.23	−0.05	0.03	0.70	0.16	0.37	0.05	0.00
亚撒哈拉地区	0.03	0.01	0.00	−0.08	−0.04	−0.80	−0.35	0.02	0.06	1.39	0.07	0.16	0.03	−0.48
大洋洲	0.14	0.01	0.01	−0.02	−0.13	−0.27	−0.30	−0.01	0.02	−0.17	0.16	0.25	0.08	0.24

随之下降。情景 A5 中，全球各区域产业结构中的建筑业、矿业比例仍表现出上升趋势，且上升幅度高于情景 A4，而运输业的变化与情景 A4 相当。多数发达国家(地区)产业结构中，制造业的比例减少，减少幅度大于情景 A4，而服务业的比重增加，这是因为碳税政策对产业发展的影响程度随着税率的提高有所增大，整个经济受到碳税政策更大的负面冲击，尤其是制造业等资源集中度高的行业，因此，制造业在产业结构中的地位下降。发展中国家(地区)因为技术水平的提高，制造业在产业结构中的比重继续上升，服务业的比重进一步下降。2050 年，中国和印度的制造业分别较基准情景增加 1.85%和 2.48%，服务业均下降 2.7 个百分点。在第一产业部门中，全球大部分区域的种植业比重较情景 A4 略有提升，渔业的产业比重下降，而畜牧业和林业的产业比重与情景 A4 基本一致。

　　表 7.14 说明了情景 A6 中世界各区域产业结构的变化情况。情景 A6 中，碳税税率随时间增加，各区域能源行业中煤、天然气、石油制品、电力部门比重的变化同情景 A5 接近，石油行业对碳税税率的提高更为敏感，情景 A6 中石油行业占比的下降较情景 A5 更为明显。综合六种碳税政策情景中能源行业占比的变化，可以发现，世界各区域的煤、石油、天然气、石油制品在产业结构中的占比均有不同程度的下跌。整体上，碳税政策 A6 对能源行业的冲击程度相对较强。2050 年，俄罗斯、中东和北非地区石油行业比重分别下降 0.54%和 1.34%，高于情景 A5 的下降幅度。情景 A6 中，世界各区域第一产业、矿业、建筑业、运输业在区域产业结构中的地位同情景 A5 相似，这些产业对

表 7.14　情景 A6 中 2050 年区域产业结构变化(%)

国家(地区)	1 种植业	2 畜牧业	3 林业	4 渔业	5 煤	6 石油	7 天然气	8 石油制品	9 电力	10 制造业	11 矿业	12 建筑业	13 运输业	14 服务业
美国	0.03	0.00	0.00	0.00	−0.02	−0.18	−0.09	−0.01	0.01	−0.22	0.03	0.23	−0.05	0.28
欧盟	−0.01	0.00	0.00	−0.01	−0.01	−0.08	−0.01	−0.01	0.00	−0.72	0.04	0.46	0.03	0.31
巴西	0.24	0.01	0.00	−0.01	0.00	−0.38	−0.01	−0.01	0.08	1.01	0.16	0.20	0.03	−1.33
加拿大	0.05	0.00	0.00	−0.01	−0.01	−0.73	−0.43	−0.02	0.08	0.45	0.05	0.36	−0.01	0.22
日本	0.01	0.00	0.00	−0.01	0.00	−0.04	−0.01	−0.01	0.02	−0.73	0.07	0.22	0.05	0.39
中国	0.22	0.02	0.02	−0.13	−0.04	−0.06	−0.01	−0.03	0.23	1.89	0.50	0.06	0.07	−2.74
印度	0.18	0.00	−0.02	−0.26	−0.09	−0.02	0.02	−0.01	0.16	2.61	0.11	0.19	−0.12	−2.76
中美洲	0.32	0.01	0.00	−0.02	0.00	−0.34	−0.02	−0.01	0.04	2.67	0.21	0.39	−0.15	−3.05
南美洲	0.41	0.02	0.00	−0.03	−0.03	−0.68	−0.08	−0.01	0.07	0.46	0.32	0.34	0.06	−0.85
东亚	0.18	0.02	0.00	0.00	−0.01	−0.15	−0.01	−0.01	0.02	0.27	0.16	0.20	0.09	−0.85
马来和印尼	0.40	0.01	0.01	−0.10	−0.10	−0.49	−0.21	−0.01	0.04	1.27	0.14	0.28	0.04	−1.28
东南亚	0.60	0.05	0.00	−0.03	0.00	−0.22	−0.10	−0.01	0.03	0.50	0.16	0.21	0.09	−1.11
南亚	0.19	0.00	0.00	−0.22	−0.01	−0.04	−0.52	0.00	0.03	1.28	0.04	0.44	−0.13	−1.06
俄罗斯	0.27	0.01	0.02	−0.03	−0.03	−0.54	−0.33	−0.01	0.10	0.44	0.14	0.04	0.26	−0.37
东欧	0.33	0.01	0.00	−0.03	−0.03	−0.20	−0.01	−0.01	0.15	1.07	0.14	0.32	0.12	−0.94
其他欧洲国家	−0.01	0.00	0.00	−0.05	0.00	−0.50	−0.01	−0.01	0.01	−0.23	0.00	0.58	−0.01	0.21
中东和北非地区	0.19	0.01	0.00	−0.04	0.00	−1.34	−0.25	−0.05	0.03	0.81	0.17	0.39	0.05	0.03
亚撒哈拉地区	0.02	0.00	0.00	−0.10	−0.04	−0.90	−0.39	0.00	0.01	1.54	0.08	0.17	0.04	−0.49
大洋洲	0.14	0.00	0.00	−0.02	−0.15	−0.31	−0.34	−0.01	0.00	−0.15	0.18	0.26	0.09	0.27

模拟中后期碳税税率的提高并不敏感，而制造业、服务业则有不同。各发达国家(地区)的制造业、服务业比重的变化与情景 A5 一致，而发展中国家(地区)产业结构中，制造业上升、服务业下降的幅度较情景 A5 略有增大。

7.7　碳税对能源消费及碳排放的影响

7.7.1　能源消费量的变化分析

1. 世界能源消耗量的变化

六种碳税政策情景中，全球能源消耗总量均比基准情景有所下降，变化率见图 7.8。由图 7.8 可以发现，情景 A2 下能源消耗总量下降幅度最大，且在模拟期内其下降幅度不断增大，2030 年和 2050 年的世界能耗总量分别比基准情景下降了 5.2% 和 6.9%。其次是情景 A6，该情景中世界能源消耗总量下降明显，2050 年比基准情景减少耗能 6.2%，稍低于情景 A2 的能耗减少量。

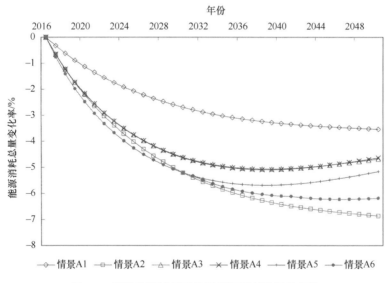

图 7.8　碳税政策情景下世界能源消耗总量的变化

情景 A3 和情景 A4 中，世界能耗总量下降幅度相近，世界能耗总量的下降幅度分别在 2039 年和 2038 年达到最大下降幅度 5.1%，之后下降幅度开始逐年减小，2050 年分别比基准情景减少 4.7% 和 4.6%。尽管情景 A3 与情景 A4 中，世界各区域的碳税税率与情景 A2 相同，但情景 A3 与情景 A4 中碳税政策对能源消耗的抑制作用却不如情景 A2，这需要从能源消费的反弹效应来解释。人们普遍认为，技术进步可以提高能源的使用效率，进而减少能源的消耗，然而这种观点忽视了经济主体行为的改变可能抵消技术进步带来的能源消费的降低，技术进步带来的能源使用效率的提高和能源价格下降，反而会刺激经济主体对能源的消费，能源消费量有所增长，即能源反弹效应。情景 A5 中，世界能源消耗总量的下降趋势与情景 A3 和情景 A4 的趋势相似，2038 年能耗下降率最大至 5.7%，之后下降幅度逐年减小，至 2050 年比基准情景下降 5.2%。情景 A1 对世界能源消耗总量的控制作用相对较弱，能耗减少量相对最小，2050 年的能耗总量比基准情景减少 3.5%。

2. 区域能源消耗量的变化

碳税政策情景 A1 中，各区域能耗总量的变化率见图 7.9。可以发现，多数区域的能源消耗量在征收 10 $/tC 碳税的情况下，均有不同程度的下降，除了日本。日本在模拟初期，能源消耗量稍有降低，2030 年比基准情景下降 0.3%，模拟后期，日本的能耗总量开始逐年上升，至 2050 年，能耗总量比基准情景增加 1%。日本的能耗量之所以上升，与日本经济总量的大幅上升有直接关系。情景 A1 中，伴随着印度 GDP 的下滑，印度的能源消耗较基准情景有所下降，且下降幅度是 19 个区域中最大的，在模拟期内下降幅度不断增大，2050 年较基准情景减少能耗 144 Mtoe，下降了 6.4 个百分点，高于 2050 年世界能耗的下降比率。中国的能源消耗量在整个模拟期内下降明显，这与中国 GDP 的减少相呼应，2050 年的能耗量下降 308 Mtoe，比基准情景减少 5.6 个百分点。尽管美国的 GDP 在模拟后期较基准情景有所上升，但美国的能源消耗量在情景 A1 中有所下降，2050 年能耗减少了 116 Mtoe，占基准情景能源消耗量的 3.4%，低于世界能耗下降的幅度。在情景 A1 中，亚撒哈拉地区和大洋洲的能源消耗量下降幅度明显，2050 年分别较基准情景下降了 4.8% 和 4%，高于世界能耗的下降幅度，但这两个地区的能耗规模相对较低，能耗的减少量也相对较小。俄罗斯的能源消耗量同样受到碳税政策的控制，2050 年能耗减少了 3.2%。情景 A1 中，中美洲、南美洲、东亚、南亚、其他欧洲国家的能源消耗变化率，在整个模拟期内均为负值，但在模拟后期，能源消耗的下降幅度有所降低。

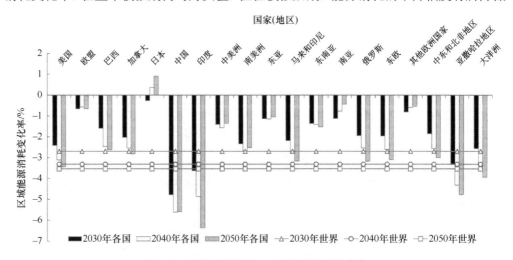

图 7.9　碳税政策情景 A1 区域能耗量的变化

情景 A2 中，全球各区域的能耗量变化如图 7.10 所示。提高碳税税率并未改变各区域能源消耗量的变化趋势，却使碳税政策对区域能耗的冲击程度加大。各区域能耗量在情景 A2 中的变化幅度均高于情景 A1，日本的 GDP 在模拟后期有所上升，2050 年较基准情景上升 1.8%，大于情景 A1 中的增长率。除了日本，其他区域的能源消耗均得到碳税政策的显著控制，印度、中国、亚撒哈拉地区、大洋洲和美国能源消耗的下降幅度尤为显著，高于或接近世界能耗的下降幅度。情景 A2 中，印度的能源消耗量大幅下降，2050 年比基准情景下降 12.3%，是能耗下降幅度最大的国家，对全球碳减排做出了重要贡献。中国的能源消耗同样受到严格的控制，2050 年的能耗总量下降 10.8%，下降幅度居世界第二。美国的能耗下降幅度随时间逐渐增大，2030 年和 2050 年其能耗量分别较基准情景下降 4.8% 和 6.8%，能源消耗规模下降趋势明显。情景 A2 中，俄罗斯能源消耗的下降幅度与世界能耗接近，2050 年能耗下降了 6.3%，是能耗下降比较显著的国家，且能耗下降幅度随时间递增。

从图 7.10 中可以发现，情景 A2 中，欧盟、中美洲、东亚、南亚、其他欧洲国家的能耗降幅相对较小，均低于世界能耗的下降幅度，并且能耗的降低幅度在模拟后期有所减小。欧盟 2030 年和 2050 年的能耗分别下降 1.28% 和 1.27%。南亚 2030 年能耗减少 2.1%，2050 年下降至 0.7%。模拟后期，这些区域的经济发展加速，拉动能源需求量的上涨，因此，碳税政策对能源消耗的抑制作用减弱，能耗的下降幅度随之减小。

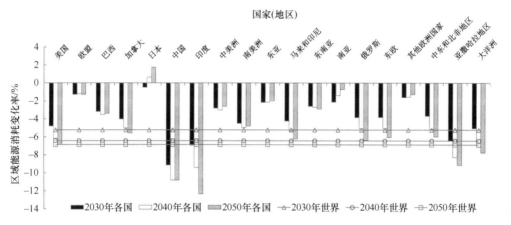

图 7.10　碳税政策情景 A2 区域能耗量的变化

不同于情景 A2 中将碳税收入作为一般性财政收入，情景 A3 将碳税收入用于技术水平的提高，其各区域能耗的变化见图 7.11。比较图 7.10 和图 7.11 可以看出，情景 A3 中各区域能耗的减少量有所下降，这是因为情景 A3 中的碳税收入用来促进技术水平提高，这会带动社会总产出增加，能源投入需求上涨，碳税政策对能耗的削减作用减弱。情景 A3 中，多数区域的能源消耗量较基准情景有所下降，其中，印度和中国能源消耗量下降明显，2050 年分别比基准情景下降 10.9% 和 8.3%，大于世界能耗的下降幅度。

与图 7.11 中大部分区域能耗下降的趋势不同，在情景 A3 中，欧盟、日本、东亚、其他欧洲国家的能源消耗较基准情景有所提高。将这些区域的碳税收入用于本区域技术水平的提高，反而加剧了能源消耗，促进了 CO_2 的排放。日本在情景 A3 中，能耗上升的幅度最大，至 2050 年能源消耗较基准情景上升 7.6%。与欧盟在情景 A2 中能耗量下降不同，情景 A3 中欧盟的能耗在模拟后期超过基准情景，2050 年的能耗比基准情景增加 2.6%。由此可见，在没有开展国际合作的前提下，各区域碳税收入用于自身技术水平的提高，会增加某些区域，尤其是发达国家(地区)，的能耗及碳排放量，削弱碳税政策的减排效果，从碳减排的角度来看，这违背了实施碳税政策的初衷，因此，在兼顾经济发展与减缓全球升温的背景下，开展国际合作减排势在必行。

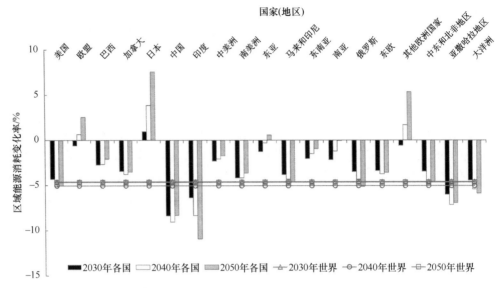

图 7.11　碳税政策情景 A3 区域能耗量的变化

情景 A4 中，碳税收入汇总后，按照比例分配给各区域用来促进技术水平的提高，各区域能源消耗的变化情况见图 7.12。该情景中，印度的能耗量比基准情景下降 10.1%，稍低于情景 A3 的下降幅度。中国 2050 年的能耗在基准情景的基础上减少了 8.5%，从图 7.11 可以看出，模拟后期中国能耗的下降速度开始减缓，这是因为技术水平的提高增加了能源投入的需求。情景 A4 中，美国、俄罗斯、亚撒哈拉地区、大洋洲的能耗下降幅度高于全球能耗的变化率，2050 年的能源消耗分别减少了 5.2%、5.9%、6.8% 和 5.9%。与情景 A3 的模拟结果相似，欧盟、日本、东亚和其他欧洲国家在情景 A4 中的能源消耗量于模拟后期增加明显，但欧盟、日本和其他欧洲国家的能耗增幅小于情景 A3，这与它们分配到的碳税收入变少有关。

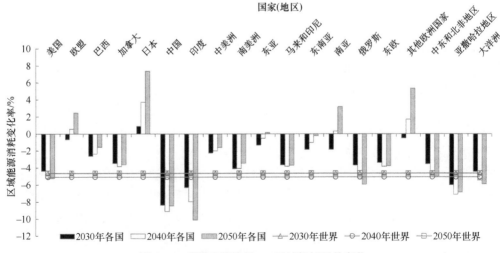

图 7.12　碳税政策情景 A4 区域能耗量的变化

情景 A5 与情景 A4 的区别在于发达国家(地区)碳税税率的提高，美国、欧盟、日本、加拿大、其他欧洲国家、大洋洲的碳税税率从 15 \$/tC 增加至 20 \$/tC。由图 7.13 可以发现，情景 A5 中，发达国家(地区)由于碳税税率提高，能源消耗规模下降明显，2050 年美国、加拿大、大洋洲的能源使用分别减少 10%、7.7% 和 10.7%。俄罗斯在情景 A5 中的碳税税率也有所提高，因此，俄罗斯的能耗量缩减明显，2050 年较基准情景减少能源使用 10.6%。印度、中国、亚撒哈拉地区的能耗下降比例均大于世界能耗，2050 年分别减少能源使用 9%、7.3% 和 10.7%。欧盟、日本、东亚、东南亚、南亚、其他欧洲国家的能源消耗量，在模拟后期大于基准情景的能耗，其中，日本和南亚的能耗增幅较大，2050 年较基准情景增加 5.3% 和 5.8%。

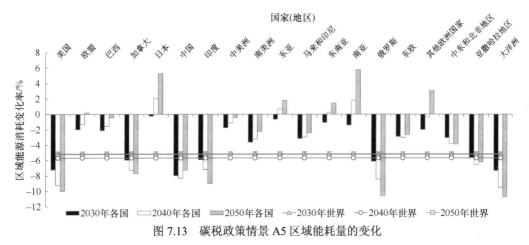

图 7.13　碳税政策情景 A5 区域能耗量的变化

图 7.14 显示了情景 A6 较基准情景的能耗变化率。情景 A6 下，各区域的碳税税率随时间所有增长，且全球的碳税总收入按照分配比例，返还给各个国家(地区)用于技术水平的提高。情景 A6 中，印度、美国、俄罗斯、大洋洲的能耗下降明显，2050 年较基准情景减少 11.1%、10.7%、11.2%、11.8%。日本、南亚在情景 A6 中的能耗增加明显，2050 年较基准情景分别增加 5.4% 和 5.8%。

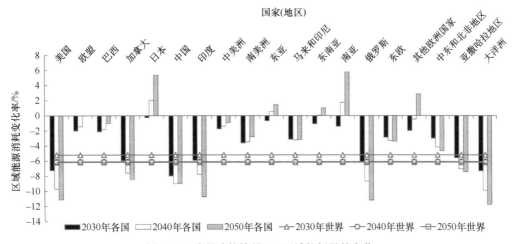

图 7.14　碳税政策情景 A6 区域能耗量的变化

7.7.2 能源消费碳排放的变化分析

碳税情景下，世界能耗碳排放的变化如图 7.15 所示。总体上看，六种碳税政策情景下，能耗碳排放较基准情景的变化趋势与能源消耗量的变化趋势大体一致。比较世界能源消耗及其碳排放的下降幅度，由图 7.8 和图 7.15 可以看出，世界能耗碳排放量的下降幅度高于能源消耗量的下降幅度，这是因为碳税政策的实施，促使碳排放系数高的能源逐渐被碳排放系数低的能源所替代，因此，碳排放量的下降幅度大于能源消耗的下降幅度。

比较图 7.8 和图 7.15 可知，尽管情景 A6 中世界能源消耗量的下降幅度小于情景 A2，但情景 A6 的碳减排效果要好于情景 A2，2050 年世界能耗碳排放量较基准情景下降 11.1%，这与情景 A6 世界各区域技术水平的提高有关。情景 A6 中，技术进步提高了能源使用效率，并在一定程度上进一步优化了世界各区域的能源消费结构，化石能源的消费量逐渐减少，单位能耗的碳排放量随之降低，因此，情景 A6 的能耗量大于情景 A2，能耗碳排放量却小于情景 A2。情景 A2 中的世界能耗碳排放略高于情景 A6，2050 年世界碳排放较基准情景下降 10.8%。情景 A5 中 2050 年世界能耗碳排放量比基准情景下降 9.6%。情景 A3 与情景 A4 的碳减排作用相似，2050 年分别较基准情景均下降 8.7%。情景 A1 的碳减排控制作用最弱，2050 年比基准情景下降 5.6%，这与碳税税率较低有关。

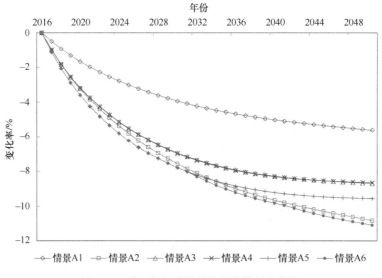

图 7.15　世界能耗碳排放较基准情景的变化

情景 A1 中，除了日本，世界其他区域的能耗碳排放量逐年降低，其中，印度、中国、亚撒哈拉地区的能耗碳排放下降趋势明显，下降幅度高于世界水平，见图 7.16。情景 A1 中，印度和中国能源消耗量的下降导致其碳排放量也随之减少，整个模拟期内分别累计减少能耗碳排放量为 2 GtC 和 6.3 GtC，位列区域碳减排规模排序的前两位，其中，2050 年印度和中国的能耗碳排放量分别达到 0.13 GtC 和 0.23 GtC，是该年基准情

景能耗碳排放量的 9.2%和 9%。亚撒哈拉地区的能耗碳排放量下降幅度较为明显，2050
年较基准情景减少 7%，但亚撒哈拉地区的碳排放基数较小，2008～2050 年累计减少能
耗碳排放量 0.5 GtC。发达国家(地区)中，美国和大洋洲的能耗碳排放量下降幅度与世界
接近，2050 年分别减排 CO_2 0.09 GtC 和 0.01 GtC，相当于该年基准情景的 5.6%和 5.4%。
由于美国的能耗碳排放规模较大，其在情景 A1 中 2008～2050 年累计减少能耗碳排放量
1.9 GtC，碳减排规模位列世界第三。

世界其他地区在情景 A1 中的碳减排规模相对较小，能耗碳减排幅度均低于世界水
平。整个模拟期内，俄罗斯、中东和北非地区累计减少能耗碳排放量 0.53 GtC 和 0.56 GtC，
这两个区域 2050 年的能耗碳排放量分别较基准情景下降 4.6%和 3.9%，低于世界能耗碳
排放量的下降幅度。欧盟和其他欧洲国家的能耗碳排放受碳税政策的影响相对较弱，
2008～2050 年累计减排 0.33 GtC 和 0.01 GtC，对全球碳减排的贡献相对较小，2050 年
分别比基准情景减少碳排放量 1.5%和 0.5%。日本的能耗碳排放量在模拟初期较基准情
景有所下降，但在模拟后期，日本的能源需求逐渐提升，能耗碳排放量也稍有增长，2050
年较基准情景增加 0.5%，但总体上来看，日本在 2008～2050 年累计减少能耗碳排放量
为 0.03 GtC。

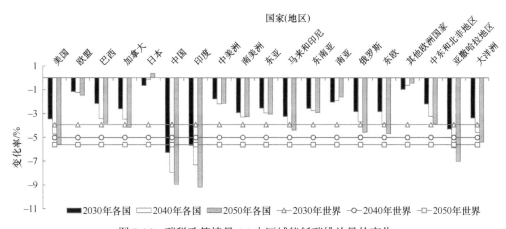

图 7.16　碳税政策情景 A1 中区域能耗碳排放量的变化

情景 A2 中，全球各区域能耗碳排放量受碳税政策的冲击作用更为显著，区域碳减
排量较情景 A1 有所增长，如图 7.17 所示。印度和中国 2050 年的能耗碳排放分别较基
准情景下降 0.24 GtC 和 0.43 GtC，占基准情景的 17.5%和 17.2%，均高于世界能耗碳
放量的下降幅度，且整个模拟期内分别实现累计减排 4 GtC 和 12 GtC，较情景 A1 的减
排量明显增加。尽管亚撒哈拉地区的碳减排幅度较大，2050 年的能耗碳排放量减少
13.4%，但该地区能耗碳排放的规模小，因此，2050 年碳减排的绝对数量只有 0.07 GtC，
且 2008～2050 年的累计碳减排量仅为 0.94 GtC。大洋洲、美国能耗碳排放量的下降幅
度与世界接近，2050 年分别比基准情景减少 10.6%和 11%，2008～2050 年累计减排量
分别达到 0.31 GtC 和 3.75 GtC，其中，美国的碳减排位列世界第三，略小于印度的碳减
排量。2050 年欧盟、欧洲其他国家分别减少能耗碳排放 2.8%和 1.1%，模拟期内累计碳
减排量分别达到 0.66 GtC 和 0.02 GtC。俄罗斯、中东和北非地区的累计能耗碳减排量较

为接近，2008～2050 年分别实现减排 1.04 GtC 和 1.11 GtC，其中，2050 年分别较基准情景减排 9%和 8%。情景 A2 中，日本在模拟后期的能耗碳排放较情景 A1 稍有上升，2050 年增加能耗碳排放 0.7%，尽管如此，日本在整个模拟期内仍然实现碳减排 0.06 GtC。世界其余大部分区域的累计碳减排量较情景 A1 有所上升，但这些区域的碳减排规模有限，2008～2050 年的累计碳减排量均未超过 0.8 GtC。

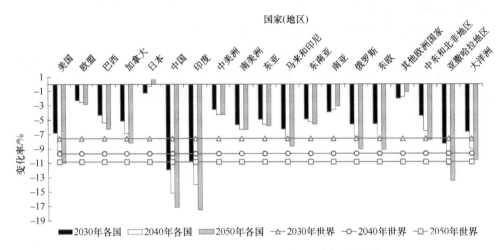

图 7.17 碳税政策情景 A2 中区域能耗碳排放的变化

情景 A3 中，世界能耗碳排放总量累计下降 23.9 GtC，较基准情景减少 8.7%，碳减排规模小于情景 A2，大于情景 A1。情景 A3 中各区域能耗碳排放的变化如图 7.18 所示。印度、中国、美国、亚撒哈拉地区的能耗碳排放下降幅度高于世界水平，2050 年分别较基准情景减排 16%、15%、9%和 11%，其中，印度、中国、美国能耗碳排放减少的绝对数量较大，2050 年它们的能耗碳排放在碳税政策的冲击下分别减少 0.22 GtC、0.38 GtC和 0.14 GtC，2008～2050 年累计减排 3.6 GtC、10.9 GtC 和 3.4 GtC，能耗碳排放的缩减规模远大于世界其他地区。尽管印度、中国、美国在情景 A3 中的碳减排趋势明显，但其减排规模小于情景 A2，这与情景 A3 中各区域 GDP 较基准情景上升直接相关。俄罗斯、大洋洲的能耗碳排放减少幅度接近世界水平，2050 年分别减少能耗碳排放 8.1%和8.7%，但其碳排放的缩减规模相对较小，2008～2050 年分别累计减排 0.97 GtC 和 0.27 GtC。中东和北非地区的累计减排量与俄罗斯接近，2008～2050 年实现碳减排 0.98 GtC。

从图 7.18 中可以看出，情景 A3 中欧盟的能耗碳排放在模拟初期低于基准情景，而模拟后期却开始高于基准情景，2050 年其能耗碳排放量较基准情景增加 1.5%，可见技术进步带动欧盟经济增长的同时，也进一步刺激了能源消耗及碳排放量的增长。尽管欧盟的能耗碳排放有所增加，但从累计碳减排量的角度来看，2008～2050 年欧盟累计减少能耗碳排放 0.2 GtC。情景 A3 中，日本和其他欧洲国家的能耗碳排放量要大于基准情景，2050 年能耗碳排放量分别较基准情景增加 6.8%和 6.2%，模拟期内分别增加能耗碳排放0.2 GtC 和 0.02 GtC，其中，日本的碳排放增幅要大于情景 A2。世界其他区域的能耗碳排放在情景 A3 中仍呈现下降趋势，但碳减排规模相对较小，模拟期内累计碳减排量均未超过 0.7 GtC。这主要是因为模拟初期，碳税政策削弱了这些地区的能耗碳排放，但在模拟后期，技术进步导致能源消耗反弹，能耗量增加的同时，碳排放也有所上升。

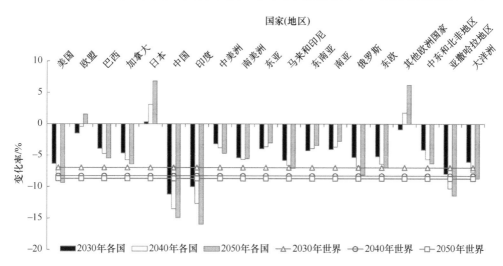

图 7.18　碳税政策情景 A3 中区域能耗碳排放的变化

情景 A4 中，世界能源消耗碳排放总量在整个模拟期内，比基准情景减少 24 GtC，碳减排效果与情景 A3 接近，但各区域能耗碳排放的变化与情景 A3 略有不同，见图 7.19。印度、中国、美国、亚撒哈拉地区 2050 年分别减少能耗碳排放 0.21 GtC、0.38 GtC、0.14 GtC 和 0.06 GtC，分别占该年基准情景的 15%、15.4%、9.6% 和 11.3%。其中，印度、中国、美国对全球碳减排做出主要贡献，2008~2050 年累计减少碳排放 3.5 GtC、11 GtC 和 3.4 GtC。情景 A4 中，中国和美国的累计减排量略高于情景 A3，而印度的累计减排量略低于情景 A3，这与它们的能源消耗量有直接关系，中国和美国的能耗量略低于情景 A3，印度的能耗量则略高于情景 A3。俄罗斯、中东和北非地区 2008~2050 年累计碳减排量分别为 1 GtC 和 0.99 GtC，略高于情景 A3 的减排量，这与它们的能耗量较情景 A3 上升有关。

从图 7.19 得知，欧盟、日本、其他欧洲国家的能耗量在模拟后期上升，能耗碳排放量较基准情景增加，2050 年分别比基准情景增加了 1.5%、6.6% 和 6%。其中，欧盟在模拟期内的累计碳排放量小于基准情景，2008~2050 年累计减排 0.21 GtC，略高于情景 A3 的减排量，而日本和其他欧洲国家在情景 A4 中的累计碳排放仍然高于基准情景，模拟期内累计排放 CO_2 0.22 GtC 和 0.02 GtC，与情景 A3 的排放量接近。除了以上国家(地区)，世界其余地区中的发展中国家(地区)的累计减排量较情景 A3 略有减少，累计碳减排量在 0.65 GtC 以下。

世界各区域能耗碳排放量在情景 A5 中的变化如图 7.20 所示。情景 A5 中，世界累计减少碳排放 26.7 GtC，减排规模大于情景 A3、A4，略小于情景 A2。发达国家(地区)的碳税税率有所提高，其能耗碳减排规模显著增加，美国、欧盟、加拿大、大洋洲 2050 年的能耗碳排放量分别较基准情景减少 16.5%、1.9%、11.8%、14.7%，2008~2050 年分别累计减少碳排放 5.6 GtC、0.9 GtC、0.4 GtC、0.4GtC，减排规模较情景 A4 显著增加。日本和其他欧洲国家同属于发达国家(地区)，但它们的能耗碳排放在模拟后期大于基准情景，2050 年的能耗碳排放量分别高出基准情景 3.8% 和 3.2%。其中，2008~2050 年日本的累计碳排放量比基准情景多 0.02 GtC，碳排放量上升幅度远小于情景 A4，而其他欧洲国家的累计碳排放量则比基准情景少 0.01 GtC，与情景 A4 中的增加趋势相反。情景 A5 中，俄罗斯的碳税税率有所增加，因此，其能耗碳排放下降幅度较情景 A4 有所上升，2050 年比基准情景减少碳排放 14.6%，2008～2050 年累计减少排放 CO_2 1.7 GtC，对世界碳减排的贡献有所增加。

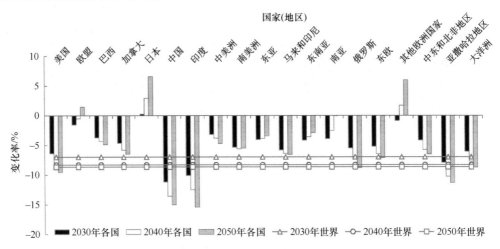

图 7.19　碳税政策情景 A4 中区域能耗碳排放的变化

发展中国家(地区)在情景 A5 中的碳减排规模均有不同程度的减少。中国 2050 年减排 0.35GtC，比基准情景减排 14%，模拟期内累计减排 10.5 GtC。印度 2050 年较基准情景减少 14.3%，达到 0.2 GtC，2008～2050 年累计减少能耗碳排放 3.3 GtC。从图 7.20 中可以看出，南亚的能耗碳排放量在模拟后期高于基准情景，2050 年比基准情景增加碳排放 2.7%，但其 2008～2050 年的累计碳排放量为 0.03 GtC，这与情景 A5 中南亚能源消耗量的上升相对应。

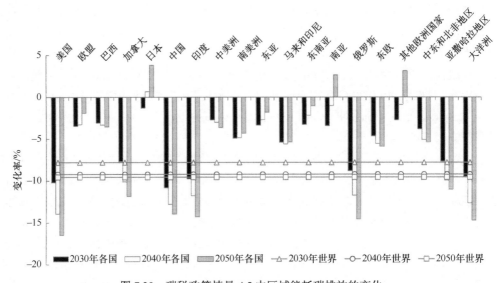

图 7.20　碳税政策情景 A5 中区域能耗碳排放的变化

情景 A6 中，世界能耗碳排放量比基准情景减少 28.3 GtC，减排量高于其他五种碳税政策情景。全球各区域能耗碳排放量的变化结果如图 7.21 所示。世界各区域能耗碳减排幅度进一步增加，大于情景 A5。发达国家(地区)中，美国、加拿大、大洋洲的减排幅度均高于世界减排幅度。美国的能耗碳排放量下降幅度最高，2050 年比基准情景减少碳排放 0.28 GtC，约为基准情景的 18%，远高于世界能耗碳排放的减少幅度，2008～2050 年累计减少碳排放 5.9 GtC，高于情景 A5 的累计减排量。加拿大、大洋洲 2050 年分别比基准情景减少碳排放 13%和 16%，模拟期内累计减少碳排放 0.38 GtC 和 0.44 GtC，减排量高于情景 A5。欧盟在碳税政策的冲击下，能耗碳排放量较基准情景有所减少，但其减少幅度随时间递减，2050 年欧盟能耗碳排放量减少 2.3%，2008～2050 年其累计减少碳排放 0.9 GtC。日本和其他欧洲国家的能耗碳排放量在模拟后期高于基准情景，2050 年分别比基准情景增加碳排放 4%和 3%，其中，日本在 2008～2050 年累计增加碳排放 0.01 GtC。

发展中国家(地区)的能耗碳排放量在情景 A6 中下降明显，均大于情景 A5 的下降幅度。2050 年中国能耗碳排放量减少 0.4 GtC，比基准情景减少碳排放 16%，累计实现碳减排 11.1 GtC。2050 年印度能耗碳排放下降幅度与中国接近，减少碳排放 0.23 GtC，约为基准情景的 17%，累计减少碳排放 3.6 GtC。俄罗斯在情景 A6 中，2050 年其能耗碳排放减少 0.1 GtC，约为基准情景的 15%，累计减少碳排放 1.7 GtC。与多数发展中国家(地区)能耗碳排放量下降不同，南亚的碳排放在模拟后期高于基准情景，2050 年较基准情景增加碳排放 2%，尽管如此，2008～2050 年南亚仍然实现累计碳减排 0.04GtC。

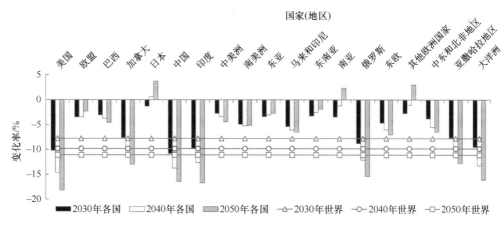

图 7.21　碳税政策情景 A6 中区域能耗碳排放的变化

7.8　碳税政策对农业土地利用变化碳排放的影响

7.8.1　农业土地利用面积的变化

1. 农业土地覆被面积

碳税政策的实施对整个经济系统的价格体系产生重要影响，也会间接地影响农用地覆被面积及碳排放。六种政策情景下，世界耕地、林地、草地面积的变化见表7.15。整体上来看，碳税政策的实施对世界农业土地覆被面积的影响有限，并未改变世界农业土地覆被的整体格局。六种碳税政策情景下，全球的草地面积均大于耕地、林地面积，且在模拟期间呈现逐年下降的趋势；世界林地面积逐年减少，模拟初期其面积要大于世界耕地面积，至模拟后期则小于世界耕地面积；世界耕地面积在模拟期内缓慢增长，模拟后期略大于世界林地面积。

　　情景A1中，世界农用地面积较基准情景下降，至2050年全球农业用地面积达到5830.5 Mha，较基准情景减少2.8 Mha。情景A1中，2050年全球耕地、林地和草地的面积分别达到1622.6 Mha、1596.4 Mha和2608.7 Mha，分别较基准情景下降1.4 Mha、0.9 Mha和0.5 Mha。情景A2中，各土地覆被类型面积的变化趋势与情景A1相同，减少幅度较情景A2增加。2050年农用地总面积减少6.6 Mha，其中，耕地面积较基准情景减少3.1 Mha，林地面积减少1.9 Mha，草地面积减少1.6 Mha。情景A3中，全球农用地总面积在模拟初期较基准情景减少，至模拟中后期有所增加，至2050年全球农用地总面积增加9.2 Mha。其中，耕地面积整体上逐年增加，但较基准情景有所减少，至2050年耕地面积减少0.5 Mha，而林地和草地面积较基准情景均有所增长，2050年的面积分别增加4.9 Mha和4.8 Mha。情景A4中，各覆被类型面积的变化趋势与情景A3相同，2050年的耕地面积达到1623.5 Mha，比基准情景减少0.5 Mha，林地和草地面积均增加5.1 Mha，最终全球农用地总面积达到5840.1 Mha，较基准情景增加9.6 Mha。情景A5中，全球农用地总面积整体上较基准情景增加，2050年全球农业土地覆被面积达到5844.2 Mha，增加13.7 Mha，耕地、林地和草地面积分别增加1.0 Mha、6.5 Mha和6.3 Mha。情景A6中，全球农用地覆被面积同样较基准情景增长，但增幅略小于情景A5。该情景中，2050年的全球农用地总面积较基准情景增加13.3 Mha，达到5843.8 Mha，其中，耕地、林地、草地面积分别达到1624.7 Mha、1603.8 Mha和2615.4 Mha，分别比基准情景增加0.7 Mha、6.5 Mha和6.2 Mha。

表7.15　情景A中世界农业土地覆被面积变化量　　　　　　（单位：Mha）

土地类型	年份	情景A1	情景A2	情景A3	情景A4	情景A5	情景A6
耕地	2030	−0.5	−1.0	−0.1	−0.2	0.1	0.1
	2050	−1.4	−3.1	−0.5	−0.5	1.0	0.7
林地	2030	−0.7	−1.4	0.8	0.8	1.3	1.3
	2050	−0.9	−1.9	4.9	5.1	6.5	6.5
草地	2030	−0.5	−1.0	0.8	0.7	1.0	1.0
	2050	−0.5	−1.6	4.8	5.1	6.3	6.2
合计	2030	−1.6	−3.4	1.6	1.3	2.4	2.4
	2050	−2.8	−6.6	9.2	9.6	13.7	13.3

2. 农业土地利用变化

以上说明了在六种碳税政策情景下，世界耕地、林地、草地面积的变化，下面分析说明这三种土地覆被类型之间的相互转换。六种碳税政策情景下，农业土地利用变化均以草地变为耕地、林地变为耕地为主，2008～2050 年草地变为耕地的累计面积最大，在 135 Mha 左右波动，其次是林地变为耕地，累计面积在 91 Mha 左右波动；草地变为林地、林地变为草地的累计面积较为接近，其中，草地变为林地的累计面积维持在 30Mha 左右，林地变为草地的累计面积在 34 Mha 左右；耕地变为林地、耕地变为草地的累计面积较小，两者的累计面积分别维持在 1.5 Mha 和 1.2 Mha 左右。整体上来看，六种政策情景下，农业土地利用变化的格局与基准情景保持一致。尽管如此，六种碳税政策情景下，农业土地利用的变化结果还是存在一定的差异，见图 7.22。

　　六种碳税情景下，农业土地利用变化累计面积的变化量如图 7.22 所示。可以看出，各情景中农业土地利用变化累计面积的变化量较小，变化量处于–3～2 Mha。其中，林地变为耕地的累计面积在情景 A1 和情景 A2 中较基准情景略有增加，在其余情景中则较基准情景下降，情景 A5 中的下降幅度最大，累计面积减少 1.6 Mha，约为基准情景的 1.7%。林地变为草地的累计面积在情景 A1 和情景 A2 中有所上升，情景 A2 中的累计面积较基准情景增加 2.4%，约为 0.8 Mha。情景 A3～情景 A6 中，林地转化为草地的累计面积有所下滑，其中，情景 A5 的累计面积减少 1.5 Mha，约为基准情景的 4.2%。耕地变为林地、耕地变为草地的累计面积较基准情景均有所增加，但增加规模有限，均在 0.3 Mha 以下。尽管这两种类型累计面积的增加数量较小，但基准情景中耕地转化为林地和草地的累计面积较小，因此，情景 A 中，耕地转化为林地和草地的变化幅度较大，在情景 A6 中，变化率分别达到 18.3% 和 18.8%。草地变为林地的累计面积在情景 A1 和情景 A2 中略有减少，在其他情景中则显著增加，其中，在情景 A5 中累计面积增加 1.5 Mha，约为基准情景累计面积的 5%。草地变为耕地的累计面积在六种情景中均有所减少，情景 A6 中的农业土地利用累计面积较基准情景减少 2.8 Mha，下滑了两个百分点。

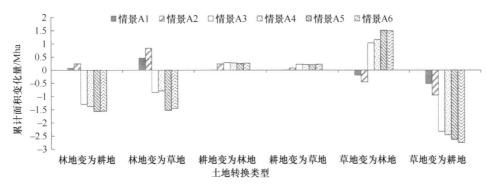

图 7.22　情景 A 世界农业土地利用变化累计面积的变化量

7.8.2　农业土地利用变化碳排放

1. 全球农业土地利用变化碳排放

　　六种情景下，全球农业土地利用变化累计碳排放的模拟结果见表 7.16。情景 A 中，全球农业土地利用变化累计碳排放总量维持在 51 GtC 左右，较基准情景变化不大，这说明碳税及技术进步的协同减排政策对农业土地利用变化碳排放的削弱作用较弱。情景 A1 和情景 A2 的土地利用变化碳排放较基准情景略有上升,主要表现在农用地非农化碳排放量的增加。情景 A1 和情景 A2 中,农用地非农化的累计碳排放分别较基准情景增加 0.14 GtC 和 0.32 GtC。可以看出,在全球范围内,将碳税收入作为一般性财政收入反而会减少全球农用地面积,加剧农业土地利用变化的碳排放。情景 A3 中,全球农业土地利用变化的累计碳排放量达到 51.11 GtC,较基准情景减少碳排放 0.79 GtC,其中,农用地非农化减少碳排放 0.46 GtC,耕地、草地、林地相互转换的累计碳排放合计减少 0.33 GtC。情景 A4 中,全球农业土地利用变化的碳减排规模略高于情景 A3,达到 0.9 GtC,农用地非农化和耕地、草地、林地相互转换的累计碳排放分别降低 0.55 GtC 和 0.36 GtC。情景 A5 的农业土地利用变化碳减排规模要高于其他情景,累计减排量达到 1.34 GtC,主要来自农用地非农化碳排放量的减少 0.89 GtC,而耕地、草地、林地相互转换带来的碳排放量合计较基准情景减少 0.45 GtC。情景 A6 中,全球土地利用变化的碳减排规模略低于情景 A5,约为 1.30 GtC,农用地非农化和覆被类型相互转换的累计碳排放分别减少 0.86 GtC 和 0.44 GtC。

表 7.16 情景 A 中全球农业土地利用变化累计碳排放量　　　　　　(单位:GtC)

情景	农用地非农化	耕地、草地、林地相互转换	合计
基准情景	31.87	20.03	51.90
情景 A1	32.01	20.11	52.12
情景 A2	32.19	20.13	52.33
情景 A3	31.41	19.70	51.11
情景 A4	31.32	19.67	51.00
情景 A5	30.98	19.58	50.56
情景 A6	31.01	19.59	50.60

全球耕地、草地、林地相互转换造成的累计碳排放量见表 7.17。整体来看,碳税及技术进步的减排政策对各类土地利用变化的影响有限。林地向耕地转换导致的碳排放量占主导地位,其中,情景 A1 和情景 A2 中林地变为耕地的累计碳排放量较基准情景略有增加,其余四种情景下的累计碳排放量则略低于基准情景,情景 A5 和情景 A6 的累计碳排放规模最小,达到 16.56 GtC。相较于林地变为耕地造成的碳排放,林地变为草地、草地变为耕地的碳排放规模相对较小,其中,情景 A5 中林地向草地转化的累计碳排放量略低于其他情景,草地变为耕地的累计碳排放量在情景 A4、情景 A5 和情景 A6 中大体一致,均为 3.49 GtC。与以上三种土地利用变化不同,草地变为林地在全球范围内发挥碳汇的作用,其中,情景 A5 和情景 A6 的累计碳汇量较为接近,且高于其他情景,约为 3.19 GtC。耕地向林地和草地的转变过程伴随着碳的吸收和固定,但这两种土地利用变化类型的碳吸收规模相对较小,碳税政策的实施对其碳汇量的影响也相对有限。情景 A 中,耕地变为草地的累计碳汇量大体维持在 0.03 GtC,而耕地变为林地的累计碳汇量大体维持在 0.19 GtC。

表 7.17　全球耕地、草地、林地相互转换累计碳排放量　　　（单位：GtC）

情景	林地变为耕地	林地变为草地	耕地变为林地	耕地变为草地	草地变为林地	草地变为耕地
基准情景	16.75	2.99	−0.16	−0.02	−3.09	3.56
情景 A1	16.78	3.05	−0.16	−0.02	−3.08	3.54
情景 A2	16.80	3.07	−0.19	−0.02	−3.05	3.53
情景 A3	16.61	2.97	−0.19	−0.03	−3.15	3.50
情景 A4	16.59	2.97	−0.19	−0.03	−3.17	3.49
情景 A5	16.56	2.93	−0.19	−0.03	−3.19	3.49
情景 A6	16.56	2.94	−0.19	−0.03	−3.19	3.49

2. 区域农业土地利用变化碳排放

情景 A 中，区域农业土地利用变化累计碳排放量的模拟结果见表 7.18，其中，区域农用地非农化累计碳排放量的模拟结果见表 7.19，耕地、草地、林地相互转换的累计碳排放量结果见表 7.20。由表 7.18 可以看出，碳税政策的差异使各区域农业土地利用变化的累计碳排放量略有变动。比较各情景的模拟结果可以发现，中美洲、东南亚、其他欧洲国家、亚撒哈拉地区在基准情景中的累计碳排放规模最小，碳税政策的实施反而增加了这些地区的农业土地利用变化碳排放量。印度在情景 A1 中的累计碳排放规模最小。

表 7.18　区域农业土地利用变化累计碳排放　　　（单位：GtC）

国家(地区)	基准情景	情景 A1	情景 A2	情景 A3	情景 A4	情景 A5	情景 A6
美国	2.04	2.05	2.07	2.00	2.00	2.00	2.00
欧盟	6.65	6.79	6.93	6.56	6.47	6.18	6.20
巴西	9.30	9.33	9.30	9.25	9.27	9.26	9.26
加拿大	1.39	1.38	1.38	1.38	1.38	1.38	1.38
日本	0.17	0.17	0.17	0.15	0.15	0.15	0.15
中国	−1.21	−1.22	−1.23	−1.30	−1.31	−1.30	−1.31
印度	0.65	0.64	0.66	0.68	0.68	0.67	0.68
中美洲	4.77	4.79	4.81	4.78	4.78	4.77	4.77
南美洲	1.28	1.30	1.30	1.20	1.19	1.16	1.16
东亚	1.17	1.14	1.12	1.06	1.06	1.03	1.03
马来和印尼	1.33	1.33	1.34	1.33	1.33	1.33	1.33
东南亚	1.54	1.54	1.54	1.54	1.54	1.54	1.54
南亚	0.53	0.53	0.52	0.52	0.51	0.51	0.51
俄罗斯	1.28	1.24	1.25	1.02	1.03	1.05	1.04
东欧	1.40	1.41	1.43	1.32	1.31	1.28	1.28
其他欧洲国家	0.02	0.02	0.02	0.02	0.02	0.02	0.02
中东和北非地区	0.13	0.13	0.13	0.13	0.13	0.13	0.13
亚撒哈拉地区	11.59	11.64	11.69	11.63	11.62	11.59	11.60
大洋洲	7.88	7.89	7.89	7.84	7.83	7.81	7.81

注：正值表示碳排放，负值表示碳吸收

中东和北非地区农业土地利用变化累计碳排放的最小规模出现在情景 A2 中。巴西、加拿大、俄罗斯的累计碳排放最小规模出现在情景 A3 中。美国、欧盟、南美洲、马来和印尼、东欧、大洋洲在情景 A5 中的累计碳排放规模最小。日本、东亚、南亚的最小累计碳排放规模则出现在情景 A6 中。中国的农业土地利用变化在模拟期间则发挥固碳的作用，情景 A6 中的固碳规模最大。

所有区域中，欧盟、日本、中美洲、东亚、东欧、其他欧洲国家、中东和北非地区、亚撒哈拉地区、大洋洲的农业土地利用变化碳排放以农用地的非农化为主，见表 7.19。亚撒哈拉地区农业土地利用变化累计碳排放规模最大，且以农用地非农化造成的碳排放量为主。基准情景中，亚撒哈拉地区的累计碳排放量达到 11.59 GtC，主要来自农用地非农化造成的累计碳排放量为 8.52 GtC(表 7.19)，约占农业土地利用变化累计碳排放量的 74%。大洋洲农用地非农化累计碳排放的最小规模出现在情景 A5 中，约为 6.86 GtC，占大洋洲农业土地利用变化碳排放量的 88%。与大洋洲相同，欧盟农用地非农化的累计碳排放量在情景 A5 中最小，达到 4.46 GtC，约为农业土地利用变化碳排放量的 72%。情景 A5 中，中美洲农用地非农化的碳排放量约为农业土地利用变化碳排放量的 66%，达到 3.17 GtC。相较于亚撒哈拉地区、大洋洲、欧盟、中美洲的农用地非农化碳排放规模，日本、东亚、东欧、其他欧洲国家、中东和北非地区中农用地非农化的碳排放规模相对较小，均在 1 GtC 以下。

表 7.19 区域农用地非农化累计碳排放 (单位：GtC)

国家(地区)	基准情景	情景 A1	情景 A2	情景 A3	情景 A4	情景 A5	情景 A6
美国	0.61	0.62	0.63	0.59	0.59	0.59	0.59
欧盟	4.90	5.01	5.13	4.80	4.72	4.46	4.48
巴西	4.38	4.39	4.39	4.33	4.34	4.32	4.32
加拿大	0.15	0.15	0.15	0.15	0.15	0.15	0.15
日本	0.11	0.11	0.11	0.09	0.09	0.09	0.09
中国	0.00	0.00	0.00	0.00	0.00	0.00	0.00
印度	0.05	0.07	0.11	0.12	0.12	0.11	0.12
中美洲	3.20	3.20	3.20	3.18	3.18	3.17	3.17
南美洲	0.34	0.34	0.34	0.34	0.34	0.34	0.34
东亚	0.90	0.89	0.87	0.81	0.82	0.79	0.79
马来和印尼	0.30	0.30	0.30	0.30	0.30	0.30	0.30
东南亚	0.02	0.02	0.02	0.02	0.02	0.02	0.02
南亚	0.08	0.08	0.08	0.08	0.08	0.08	0.08
俄罗斯	0.33	0.30	0.30	0.17	0.18	0.21	0.20
东欧	0.96	0.97	0.98	0.89	0.88	0.86	0.86
其他欧洲国家	0.01	0.01	0.01	0.01	0.01	0.01	0.01
中东和北非地区	0.08	0.08	0.08	0.08	0.08	0.08	0.08
亚撒哈拉地区	8.52	8.53	8.55	8.54	8.54	8.54	8.54
大洋洲	6.93	6.93	6.94	6.88	6.88	6.86	6.86

美国、巴西、加拿大、印度、南美洲、马来和印尼、东南亚、南亚、俄罗斯的农业土地利用变化累计碳排放以耕地、草地、林地相互转换造成的碳排放为主，见表 7.20。相较于其他情景，巴西耕地、林地、草地相互转换造成的累计碳排放量在情景 B2 中最小，达到 4.91 GtC，约为巴西农业土地利用碳排放量的 53%。模拟期间，东南亚农业覆被类型相互转换的累计碳排放量约为农业土地利用变化碳排放量的 99%，且其在基准情景中的碳排放量规模最小，达到 1.51 GtC。美国耕地、草地、林地相互转换的累计碳排放规模略低于东南亚地区，且其最小值出现在情景 A3 中，约为 1.41 GtC。加拿大土地覆被类型相互转换的累计碳排放量最小值出现在情景 A3 中，约为农业土地利用变化碳排放量的 89%，达到 1.24 GtC。马来和印尼覆被类型相互转换在基准情景中的累计碳排放规模最小，达到 1.02 GtC。印度、南美洲、南亚、俄罗斯耕地、林地、草地之间转换造成的碳排放量相对较小，均在 1 GtC 之下。

表 7.20 区域耕地、草地、林地相互转换累计碳排放 （单位：GtC）

国家(地区)	基准情景	情景 A1	情景 A2	情景 A3	情景 A4	情景 A5	情景 A6
美国	1.43	1.43	1.44	1.41	1.41	1.41	1.41
欧盟	1.76	1.78	1.80	1.76	1.75	1.72	1.73
巴西	4.92	4.95	4.91	4.92	4.93	4.94	4.94
加拿大	1.24	1.24	1.24	1.24	1.24	1.24	1.24
日本	0.06	0.06	0.06	0.06	0.06	0.06	0.06
中国	−1.21	−1.22	−1.23	−1.30	−1.31	−1.30	−1.31
印度	0.60	0.57	0.55	0.56	0.55	0.57	0.56
中美洲	1.57	1.59	1.61	1.61	1.60	1.60	1.60
南美洲	0.95	0.96	0.97	0.86	0.86	0.83	0.83
东亚	0.26	0.26	0.26	0.24	0.24	0.24	0.24
马来和印尼	1.02	1.03	1.03	1.03	1.03	1.02	1.02
东南亚	1.51	1.52	1.52	1.52	1.52	1.52	1.52
南亚	0.45	0.45	0.44	0.43	0.43	0.43	0.43
俄罗斯	0.95	0.94	0.95	0.85	0.85	0.84	0.84
东欧	0.44	0.44	0.44	0.43	0.42	0.42	0.42
其他欧洲国家	0.00	0.00	0.00	0.00	0.00	0.00	0.00
中东和北非地区	0.05	0.05	0.05	0.05	0.05	0.05	0.05
亚撒哈拉地区	3.07	3.11	3.14	3.09	3.08	3.06	3.06
大洋洲	0.96	0.96	0.96	0.95	0.95	0.95	0.95

注：正值表示碳排放，负值表示碳吸收

7.9 小 结

本章构建了碳税与技术进步协同减排的气候治理方案，对比分析了将碳税作为一般性财政收入或用来提高区域技术水平两种气候治理手段下，全球宏观经济和碳排放量的变化情况。综合以上的模拟结果可以发现，将碳税收入作为一般性财政收入时，全球碳排放总量较基准情景下降明显，并带动全球升温幅度略有下滑。全球的碳减排主要来自能源消耗碳排放规模的减少，而农业土地利用变化碳排放较基准情景略有上升，主要表现在农用地非农化碳排放量的增加。模拟初期，碳税政策在一定程度上阻碍了全球经济的发展，这归因于征收碳税带来生产成本增加，进而造成社会产出下滑；而在模拟后期，全球 GDP 有所回升，主要是因为国际产业重新分工，发达国家(地区)的经济发展随之转好，并带动全球经济逐渐回升。

碳税政策对国家(地区)经济发展和碳排放的影响具有较大的地域差异性。在不同国家征收相同的碳税税率，且将碳税收入作为一般性财政收入时，美国、日本、欧盟等发达国家(地区)在征税初期，经济小幅下滑，但在模拟中后期经济增长复苏，并好于未征税的基准情景。其中，日本和欧盟的经济增长尤为明显，但它们的碳减排规模有限，对全球升温控制的贡献较小，而美国的碳排放规模缩减明显。中国、印度、俄罗斯、马来和印尼等发展中国家(地区)的碳排放下降趋势显著，对全球碳减排做出主要贡献，但这些地区的经济增长持续受到碳税政策的负面冲击，为碳减排付出了沉重的经济代价，经济发展难以持续，经济安全受到威胁，这加剧了全球经济发展的不均衡性。

本书旨在构建一种兼顾经济发展与碳减排的全球气候经济治理政策。基于该理念，进一步提出了碳税政策与技术进步协同减排的治理方案。与碳税作为一般性财政收入相比，在碳税税率相同的前提下，碳税与技术进步协同减排的方案对全球升温的减缓作用稍弱，这主要是因为技术进步下能源消费的反弹效应，导致能耗碳排放规模较碳税作为一般性财政收入时增加。与碳税作为一般性财政收入不同的是，协同减排方案中，全球农业土地利用变化的累计碳排放量较基准情景减少，这主要是因为农用地非农化碳排放量减少。在对碳税政策做了地域差异化处理，提高发达国家(地区)的碳税税率后，协同减排方案的碳减排效果更为显著，全球地表升温得到更好的控制。在此情景下，除了俄罗斯，世界各区域在实现碳减排的同时，保证了经济的平稳发展，且从协同减排政策中受益，经济增长好于未征税的基准情景。美国、中国、印度、俄罗斯对全球碳减排做出主要贡献。尽管俄罗斯的碳减排规模较大，但其经济发展对碳税政策较为敏感，技术进步对经济增长的促进作用也难以弥补较高的碳税税率对经济发展带来的负面作用。

进一步研究发现，协同减排政策不仅对经济发展具有促进作用，对区域产业结构也产生不同程度的调整。世界各区域化石能源行业在产业结构中的占比呈现下降趋势，较为显著的是俄罗斯、中东和北非地区，它们均属于能源输出大国，能源行业在碳税政策冲击下发展受阻；各区域电力部门在产业发展中的地位提升，可见协同减排政策对能源结构的优化作用。发达国家(地区)的产业结构中，制造业占比下降，服务业占比上升，产业结构进一步优化升级，而发展中国家(地区)，特别是中国、印度等制造业大国，其产业结构中的制造业占比增加，服务业占比下降。

总体来看，碳税政策与技术进步的协同减排政策，考虑了区域经济发展的差异性，兼顾了气候治理的公平性，是一种有效、可行的全球气候经济治理政策。

第8章　碳税收入补贴至农业部门的模拟分析

8.1　概　　述

农业是国民经济体系的基础，在全球气候治理中，农业与气候变化存在复杂的相互作用和联系。首先，农业部门在应对气候变化中面临着减少碳排放的压力。农业部门直接或间接地造成温室气体的大量排放，考虑到农业食品链直接和间接用能产生的排放，"农业、林业和其他土地用途"排放类型占总排放量的比例约为 1/3(FAO，2011；马晓哲和王铮，2015)，农业部门减缓碳排放势在必行。其次，农业部门在全球气候治理中具有特殊作用，造成碳排放的同时，又可以通过林业和土地恢复吸收和固定 CO_2，具有构成碳汇的独特潜力，这进一步增大了农业在减缓气候变化中的重要性。

当前，农业在气候治理中的特殊作用已引起国际社会的广泛关注，农业增汇也成为学者研究的重点领域。《京都议定书》明确规定将造林、再造林活动的碳汇量并入碳排放总量的计算中。《哥本哈根协定》明确了通过 REDD-plus 机制(reducing emissions from deforestation and forest degradation，REDD)促进森林生态系统碳汇的重要性。由于退耕还林等政策的实施，中国大量荒漠地、农田都转化为了草地或林地，六大造林工程使森林覆盖率不断增加(杨景成等，2003)。Fang 等(2007)指出 1981～2000 年中国森林面积由 116.5 Mhm^2 增加到 142.8 Mhm^2，森林总碳库由 4.3 PgC 增加到 5.9 PgC，年均碳汇为 0.096～0.106 PgC/a，相当于同期中国工业 CO_2 排放量的 14.6%～16.1%。Cantarello 等(2011)估算了英国西南部地区 2000～2020 年退耕还林和加强现有森林管理带来的碳汇，这种情境下年碳汇量相对较高，达到 3.63 MgC/(hm·a)。以上研究均说明了农业土地利用格局的优化可以实现 CO_2 的吸收和固定，达到减缓气候变化的目的，然而这些研究多针对某个特定的区域，未能模拟全球尺度上土地利用变化的增汇潜力。另外，这些研究只是单纯地评估土地利用变化的碳汇潜力，对促进土地利用变化增汇的手段和措施少有关注。

事实上，在全球气候治理中，提高农业部门减缓和适应气候变化的能力，需要大量的资金支持和政策倾斜，尤其是农业生态系统较为脆弱的贫困地区。尽管当前针对农业的国际公共融资水平有了显著提升，但融资规模仍然相对较小，并且大部分农业资金来自国内政府或私人投资，来自国际渠道的投资仅占一小部分(OECD，2015)。因此，在全球共同应对气候变化的大趋势下，把碳税收入作为公共资金补贴至农业部门，可缓解农业部门气候融资的紧缺现状，进而减少农业碳排放，增加农业碳汇。因此，将碳税收入补贴至农业部门，通过经济手段改变土地利用变化格局达到增汇的目的，具有重要的研究价值和参考意义。

以往的碳汇研究中，统计模型、生态系统模型、土地利用与生态系统的耦合模型是主要的模拟工具，这些模型往往能够很好地模拟生态系统的碳收支，以及土地利用变化对生态系统的影响,然而这些模型却没有建立生态系统与经济系统之间的关联,无法模拟经济发展与土地利用变化和生态系统的相互影响,更无法评估税收等宏观调控财政政策对农业土地利用变化和碳排放量的影响,因此,本章将以气候-经济综合评估模型GOPer-GC 为工具,在碳税政策的基础上构建了农业部门土地投入税的补贴政策,以期改变农业土地利用变化格局,达到碳减排的目的,延缓全球的升温幅度。

8.2　农业部门补贴情景设置

考虑到农业部门的碳汇功能,本章在世界各区域自 2016 年征收 15$/tC 碳税的基础上,将各区域的部分碳税收入返还至该区域的农业部门(种植业、畜牧业、林业),用于这些部门土地投入税的补贴,期望通过补贴的方式减少农用地的非农化,并促使其他土地覆被类型向林地转化,达到增汇的目的,以此降低全球地表均温的上升幅度。基于以上考虑,本章构建了农业部门补贴情景,即情景 B 系列。在情景 B 的构建中,我们需要考虑补贴在农业部门间的分配及补贴规模问题。首先,为了比较不同返还规模对宏观经济、农业土地利用变化及碳排放等的影响,本章设定情景 B1 中,各区域将碳税总收入的 5%返还至农业部门,用于下一年农业部门土地投入税的补贴,而情景 B2 和情景 B3 中,将区域碳税总收入的 30%返还至农业部门。其次,为了比较部门间不同返还比例对农业土地利用变化的影响,设定情景 B1 和情景 B2 中,返还的碳税总收入在种植业、畜牧业和林业间的平均分配。由于耕地、草地和林地的碳汇能力有差别,林地的碳汇能力最强,草地次之,耕地相对较弱,因此,在情景 B3 中,设定林业部门获得较多的碳税收入,即碳税总收入的 15%。种植业同粮食生产密切相关,在世界人口增多的背景下,为了确保种植业正常发展,本章在情景 B3 中返还至种植业的补贴相对较多,为碳税总收入的 14%,而畜牧业的补贴相对较少,为碳税总收入的 1%。现将情景 B 系列汇总于表 8.1 中。

表 8.1　碳税补贴情景设置

情景	碳税税率	农业部门碳税收入返还方案
B1	15$/tC	5%用于农业部门补贴,95%作为一般性财政收入,其中,5%的碳税收入平均分配至种植业、畜牧业、林业
B2	15$/tC	30%用于农业部门补贴,70%作为一般性财政收入,其中,30%的碳税收入平均分配至种植业、畜牧业、林业
B3	15$/tC	30%用于农业部门补贴,70%作为一般性财政收入,其中,碳税收入的 14%补贴给种植业,1%补贴给畜牧业,15%补贴给林业

8.3　补贴政策对碳排放的影响

补贴政策实施后,全球碳排放总量仍然呈现缓慢上升的趋势,但排放量较基准情景有所下降,其变化率如图 8.1 所示。情景 B1 中,世界碳排放总量逐年上升,2030 年和2050 年总碳排放量分别达到 10.5 GtC 和 10.9 GtC,较基准情景下降了 5.5 个百分点和

10.7 个百分点。从累计碳排放总量来看，情景 B1 中世界累计碳排放总量达到 445 GtC，小于基准情景的总碳排放量 471 GtC，累计减排 25.5 GtC，约为基准情景累计碳排放量的 5.4%。情景 B1 中，实施碳税政策的同时，一部分碳税收入被用作农业部门的补贴，这有别于将碳税收入全部用作一般性财政收入的情景 A2。与情景 A2 相比，情景 B2 在模拟初期的减排率小于情景 A2，而模拟后期减排率较情景 A2 提升，这与情景 B1 中农业土地利用变化碳排放，较情景 A2 先增加后减少的趋势有关。总体上来看，情景 B1 的累计减排量略低于情景 A2 的 27 GtC。

情景 B2 中，用作农业部门补贴的碳税收入增多，占碳税总收入的 30%。由图 8.1 可以看出，世界碳排放总量的上升速度较基准情景和情景 B1 放缓，2050 年的世界碳排放总量为 10.6 GtC，较基准情景减少了 1.6 GtC，约为 13.4 个百分点。模拟期间，情景 B2 中全球累计碳排放量为 441 GtC，减排 29.7 GtC，较基准情景下降了 6.3%。同情景 A2 相比，情景 B2 的年减排率和累计减排率均有所增加，这主要是因为情景 B2 中农业土地利用变化排放量减少。

情景 B3 中，各区域碳税收入的返还总量与情景 B2 相同，但林业和种植业的补贴相对较多。由图 8.1 可以发现，情景 B3 中，补贴政策实施后，全球碳排放量较基准情景下降明显，2050 年排放 CO_2 10 GtC，较基准情景减少了 2.2 GtC，约下降了 18.2%，这归因于农业土地利用变化碳排放的大幅下降。情景 B3 中，全球累计碳排放量为 415 GtC，累计减排量达到 56 GtC，较基准情景减少了 11.9 个百分点，减排效果明显好于其他补贴情景及情景 A2。这与情景 B3 中，林业部门获得更多的补贴直接相关。

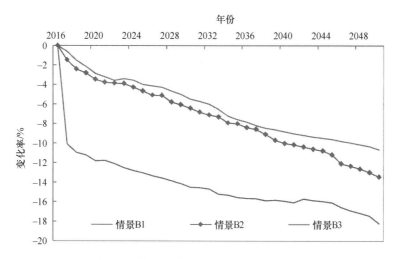

图 8.1 情景 B 中全球总碳排放量的变化

从区域层面来看，补贴情景下区域碳排放趋势整体上与情景 A2 保持一致，可见区域碳排放量的变化趋势主要受碳税政策的影响，而农业部门的补贴政策对区域碳排放量的影响有限。情景 B 中，区域碳排放量呈现出三种变化趋势：上升、下降和先上升后下降。美国、欧盟、巴西、加拿大、中美洲、南美洲、俄罗斯、东欧、其他欧洲国家、亚撒哈拉地区、大洋洲的碳排放量在模拟期内缓慢增长;日本、印度、东亚、马来和印尼、东南亚、南亚的碳排放量呈现出缓慢上升的趋势;中国、中东和北非地区的碳排放则呈现先上升后下降的变化趋势。其中,中国碳排放高峰在情景 B2 和情景 B3 中出现于 2032 年,较其他情景提前,且情景 B3 的碳排放峰值最小,达到 2.68 GtC,较其他情景显著下降;中东和北非地区的碳排放高峰在补贴政策下有所提前,碳排放量的峰值最在出现在情景 B3 的 2047 年,且情景 B3 中的峰值最小,达到 0.65 GtC。

　　情景 B 中全球碳排放总量较基准情景有所下降,主要体现在大部分区域碳排放量降低,如表 8.2 和表 8.3 所示。表 8.2 说明了在三种补贴情景下,世界各区域 2030 年和 2050 年碳排放总量较基准情景的变化率。由表 8.2 可以看出,情景 B1 中多数区域的碳排放总量在政策实施后,较基准情景有所下降,且下降幅度随时间逐年增加。巴西碳排放总量的下降幅度最为显著,2030 年和 2050 年分别较基准情景下降了 33.6% 和 53.3%,累计减排 26.5%,远高于其他地区的减排幅度。这是因为巴西的碳排放中,农业土地利用变化碳排放占主要地位,对农业部门的补贴政策更为敏感,因此,补贴政策的实施对巴西碳排放的削弱作用较强。与巴西碳排放的大幅下降类似,欧盟、印度、美国的碳排放总量下降幅度较为显著,2050 年它们的碳排放总量较基准情景均减少了 10% 以上,而其他大部分地区的碳减排幅度相对较低,均在 10% 以下,低于世界碳排放量的下降幅度。与多数区域不同,加拿大、中美洲和亚撒哈拉地区的碳排放总量在政策实施初期较基准情景略有上升,这与模拟初期这些国家(地区)土地利用变化碳排放量上升有关。然而随着政策的实施,这 3 个国家(地区)的碳排放总量在模拟后期低于基准情景,碳排放总量有所下降,2050 年它们的碳排放总量分别下降了 12.2%、1.6% 和 7.7%。值得注意的是,补贴政策实施的初期,日本的碳排放总量低于基准情景,但在模拟后期,日本的碳排放总量逐渐恢复至基准情景水平。这一方面是因为其土地利用变化碳排放量占其碳排放总量的比重很小,补贴政策的增汇效果有限;另一方面则是因为其能耗碳排放量在模拟后期较基准情景增加。

　　情景 B2 中,由于返还至农业部门的补贴增多,多数区域的土地利用变化碳排放量略有减少,故碳排放总量低于基准情景和情景 B1。马来和印尼、欧盟和东欧地区的碳排放总量在情景 B2 中存在较大幅度的减少,且减排幅度逐年增加,2050 年碳排放总量分别较基准情景下降 24.2%、24% 和 21.8%,远高于世界碳排放的减少幅度 13.4%,且碳减排量高于情景 B1。相较于情景 B1,这些区域因为补贴增多,农业土地利用变化碳排放量显著下降,导致区域总排放量降低。至 2050 年,中国、东南亚和加拿大的碳减排率分别为 18.1%、17.4% 和 15.6%,碳减排幅度高于世界减排幅度。与情景 B1 相比,情景 B2 中这些区域的碳减排幅度更大,尤其是农用地各类型之间转换的碳排放量大幅减少,可见补贴政策在农业土地利用变化碳减排方面具有显著的效果。不同于情景 B1 中碳排放量的大幅下降,情景 B2 中巴西的碳减排规模明显缩小,碳排放总量在政策实施初期较基准情景增加,至模拟后期,碳排放总量较基准情景略有下降。同巴西类似,情景 B2 中,美国、印度、东亚的碳减排幅度较情景 B1 略有下降。俄罗斯的碳排放总量在情景 B2 中明显下降,2030 年和 2050 年的碳排放总量分别比基准情景下降了 21.5% 和 12.9%,高于情景 B1 中的碳减排规模。

表 8.2　情景 B 中区域总碳排放的变化率(%)

国家(地区)	情景 B1		情景 B2		情景 B3	
	2030 年	2050 年	2030 年	2050 年	2030 年	2050 年
美国	−6.6	−11.0	−6.2	−10.8	−6.0	−10.5
欧盟	−7.4	−22.8	−13.1	−24.0	−13.9	−22.0
巴西	−33.6	−53.3	8.4	−8.9	−54.8	−58.0
加拿大	8.8	−12.2	−2.1	−15.6	−1.9	−14.2
日本	−1.7	0.0	−2.3	0.7	−2.3	1.1
中国	−3.1	−5.0	−5.3	−18.1	−15.2	−24.0
印度	−9.9	−16.8	−10.0	−16.5	−11.6	−18.9
中美洲	0.7	−1.6	−0.9	−7.9	−22.1	−19.5
南美洲	−10.2	−6.3	−24.9	−15.8	−79.8	−63.8
东亚	−6.9	−8.0	−8.2	−6.3	−7.0	−8.3
马来和印尼	−5.7	−8.4	−8.5	−24.2	−10.9	−10.7
东南亚	−4.4	−5.4	−15.9	−17.4	−30.1	−35.3
南亚	−4.0	−4.2	−3.8	−4.4	−9.3	−4.7
俄罗斯	−6.0	−9.1	−21.5	−12.9	−12.3	−10.4
东欧	−5.2	−8.7	−11.0	−21.8	−12.5	−13.0
其他欧洲国家	−0.4	−0.3	−0.5	−1.7	−2.6	−2.8
中东和北非地区	−4.5	−7.9	−5.5	−11.0	−5.8	−11.9
亚撒哈拉地区	1.0	−7.7	33.3	7.3	−12.8	−12.2
大洋洲	−3.2	−8.0	−7.2	−8.9	−9.6	−7.6
世界	−5.5	−10.7	−6.4	−13.4	−14.5	−18.2

　　情景 B3 中，各区域林业、种植业获得较多的补贴，而畜牧业补贴相对较少。该情景下，全球碳排放总量显著下降，2050 年减排 18.2%，高于情景 B1 和情景 B2 的减排幅度。从区域层面来看，南美洲、巴西、东南亚、中国等区域的碳排放总量下降明显，2050 年的碳排放总量分别下降 63.8%、58%、35.3% 和 24%，远高于 2050 年的世界减排率。这主要是因为，情景 B3 中返还至林业部门的补贴增多，土地利用变化的增汇作用加强，导致多数区域的碳排放总量下降明显。情景 B3 中，美国的碳减排幅度在模拟初期要大于情景 B1 和情景 B2，至 2050 年，减排幅度较情景 B1 和情景 B2 略有下降。与美国类似，欧盟、加拿大、俄罗斯、大洋洲在情景 B3 中的减排规模较其他情景略有下降。尽管马来和印尼、东欧的碳排放量在情景 B3 中较基准情景有所减少，但其下降幅度却低于情景 B2，情景 B3 的碳减排效果减弱。与其他地区不同，情景 B3 中日本的碳排放总量在模拟后期反而较基准情景有所增长。

　　以上说明了区域碳排放在政策冲击下的变化情况，可以看出各区域对政策实施的敏感度不同，政策实施的碳减排效果存在较大的地域差异性。为了更为详细地说明情景 B 中各区域的减排状况，表 8.3 给出了模拟期间各区域的累计减排量。比较三种补贴情景下的累计减排量，可以发现，欧盟、日本、东亚、马来和印尼、俄罗斯、东欧在情景 B2 中的减排效果最好，而其他地区则是在情景 B3 中取得更好的减排效果。整体上来看，发展中国家(地区)的累计减排量相对较大，发达国家(地区)的减排贡献相对较小。发展中国家(地区)中，中国、巴西、印度的碳减排规模在情景 B3 中分别达到 15.8 GtC、6.1 GtC 和 4.2 GtC，占基准情景累计碳排放量的 13.9%、43.4%和 11.7%。发达国家(地区)中，美国对世界碳减排作出了重要贡献，美国在情景 B3 中累计减少碳排放量 3.8 GtC，约为基准排放量的 5.6%，这主要是因为林业部门补贴增加，使模拟初期的碳排放大幅降低。欧盟在情景 B2 中的减排效果最佳，较基准情景减少排放 CO_2 5.2 GtC，约为 10.9 个百分点，在全球减排中发挥了重要作用。情景 B1 中，加拿大、中美洲的累计碳排放量在政策实施后，反而较基准情景分别增加了 0.18 GtC 和 0.03 GtC，这与土地利用变化碳排放的增加有关。

表 8.3　情景 B 中区域累计碳减排量　　　　　　　　(单位：GtC)

国家(地区)	情景 B1	情景 B2	情景 B3	国家(地区)	情景 B1	情景 B2	情景 B3
美国	3.60	3.41	3.80	马来和印尼	0.73	1.47	1.19
欧盟	3.65	5.32	5.15	东南亚	0.42	1.26	2.58
巴西	3.72	0.26	6.11	南亚	0.20	0.16	0.31
加拿大	−0.18	0.22	0.27	俄罗斯	1.13	2.12	1.94
日本	0.13	0.17	0.16	东欧	0.81	1.76	1.70
中国	4.62	8.94	15.75	其他欧洲国家	0.01	0.01	0.04
印度	3.65	3.70	4.17	中东和北非地区	1.15	1.48	1.56
中美洲	−0.03	0.14	2.14	亚撒哈拉地区	0.30	−3.77	1.87
南美洲	0.41	1.29	5.60	大洋洲	0.35	0.75	0.82
东亚	0.86	1.00	0.89	世界	25.51	29.70	56.04

注：表 8.3 说明了碳减排量，正值表示碳排放减少，负值表示碳排放的增加

8.4　补贴政策对全球升温及碳浓度的影响

实施碳减排政策的目的是减缓全球升温，补贴政策下，全球升温及大气碳浓度的模拟结果见表 8.4。与基准情景相比，情景 B1 的全球升温幅度有所降低，至 2050 年全球升温 1.822℃，大气中 CO_2 浓度当量达到 505.3 ppmv。与情景 A2 相比，情景 B1 的升温幅度略大，这主要是因为部分碳税收入用于补贴之后，农用地类型间的转换增多，特别是林地向草地、耕地的转化增多，导致农业土地利用变化碳排放量增加，大气升温幅度也随之提高。情景 B2 中，2050 年全球升温幅度和大气 CO_2 浓度当量分别为 1.818℃和 504.1 ppmv，情景 B2 的升温幅度之所以小于情景 B1，主要是因为农业部门获得的补贴较情景 B1 增多，农用地非农化碳排放量减少，土地利用变化的增汇作用得到加强，这进一步抑制了全球碳排放量的增长，全球升温幅度随之有所下降。整体上来看，情景 B3 的控温效果最佳，2050 年大气碳浓度达到 496.5ppmv，全球升温 1.78℃，升温幅度较基准情景显著下降。情景 B3 中，考虑到森林生态系统较其他生态系统具有显著的增汇作用，补贴政策向林业部门倾斜。在此情景下，土地利用变化在模拟后期不再像基准

情景中发挥碳源的作用，而是起到增汇的作用，整体上降低了全球碳排放水平，使全球升温幅度较基准情景显著下降。

表 8.4　情景 B 中 2050 年全球升温及大气碳浓度

情景	全球升温/℃	大气 CO_2 浓度当量/ppmv
基准情景	1.853	513.0
情景 A2	1.819	504.9
情景 B1	1.822	505.3
情景 B2	1.818	504.1
情景 B3	1.779	496.5

8.5　补贴政策对宏观经济的影响

8.5.1　世界 GDP 的变化分析

补贴政策的实施势必影响全球的经济发展，为此本节对补贴情景下全球 GDP 的变化展开分析说明。情景 B 中，全球 GDP 较基准情景的变化率见表 8.5。整体上来看，全球 GDP 在补贴政策的影响下变化不大，较基准情景的变化率均小于 0.5%。另外，情景 B 中全球 GDP 的变化幅度与情景 A2 较为接近，且变化趋势一致，可见情景 B 中全球 GDP 的变化主要来自碳税政策的影响，农业部门的补贴政策对全球 GDP 的影响较小。情景 B 中，全球 GDP 在模拟初期较基准情景下降，这归因于碳税政策对社会产出的负面冲击；模拟后期，全球 GDP 较基准情景上升，主要是因为国际产业重新分工，发达国家(地区)的经济发展随之转好，并带动全球经济逐渐回升。

尽管在三种补贴情景下，全球 GDP 的变化趋势大体相同，但补贴政策的实施还是会对全球 GDP 的发展产生一定的影响。如表 8.5 所示，情景 B1 中的 GDP 变化率在模拟初期与情景 A2 大体一致，而在模拟后期，GDP 的增长率略低于情景 A2。这是因为，区域碳税总收入会随着全球碳排放量的增多而增加。模拟初期，用于补贴的碳税收入较少，抵扣的土地投入税规模较小，对经济发展产生的影响有限。至模拟后期，碳税总收入水平提高，用于补贴的碳税收入增加，土地投入税的税收规模进一步减小，致使全球 GDP 较情景 A2 下降。另外，至模拟后期，情景 B1 的区域财政收入较情景 A2 下降明显，区域投资和消费支出也随之减少，对区域经济增长的拉动作用减弱，所以模拟后期全球 GDP 在情景 B1 中的上升幅度要小于情景 A2。

表 8.5　全球 GDP 的变化率(%)

年份	情景 A2	情景 B1	情景 B2	情景 B3
2020	−0.046	−0.046	−0.045	−0.044
2030	−0.113	−0.113	−0.111	−0.098
2040	0.065	0.062	0.059	0.100
2050	0.333	0.325	0.296	0.394

　　情景 B2 中，各区域补贴至农业部门的碳税收入增多。该情景下，全球 GDP 在模拟初期下滑，但下滑幅度略小于情景 B1，这与其他部门土地投入的价格上涨有关。情景 B2 中，随着农业部门土地投入补贴的增多，农业部门土地投入量增加，其他部门则由于土地资源需求的竞争导致部门土地投入价格上涨，进而促使其他部门在生产过程中投入更多的资本、人力等要素，这会在一定程度上提高部门产出，抵消了碳税政策对全球经济发展的负面影响，因此，模拟初期情景 B2 的全球 GDP 下滑幅度小于情景 B1。至模拟后期，全球 GDP 在情景 B2 中的上升幅度小于情景 B1，这是由于情景 B2 中土地投入税的补贴增加，区域税收收入较情景 B1 进一步减少，所以全球 GDP 的增长幅度也会较情景 B1 略小。

　　情景 B3 中，全球 GDP 在模拟初期下滑程度较其他情景进一步减小，在模拟后期上升幅度进一步增加，这与该情景中补贴政策向种植业倾斜有关。从全球产业规模及结构来看，种植业在农业部门中占据主要地位，其部门产值远高于林业和畜牧业，但全球耕地面积却低于草地和林地，因此，种植业土地价格要高于畜牧业和林业。情景 B3 中，种植业的补贴水平较情景 B2 提高，土地要素更多地流向种植业，土地价格整体上较情景 B2 增加，其他部门则因为土地的需求竞争对资本、劳动力等要素的需求增加，部门产值有所增加，弥补了税收收入减少对 GDP 的负面影响，因此，情景 B3 中全球 GDP 表现出更好的发展势头。

　　人均 GDP 是宏观经济运行状况的另一个重要指标，是居民生活水平的一个重要衡量标准。情景 B 中全球人均 GDP 的模拟结果见表 8.6。可以看出，各情景下全球人均 GDP 的相对变化与全球 GDP 的变化趋势一致。模拟初期，情景 B 中的全球人均 GDP 较基准情景略有下降，碳税及补贴政策的实施初期对居民生活水平的提升产生了一定的负面影响，而在模拟后期，伴随着碳税及补贴政策对全球经济发展的正向促进作用，全球人均 GDP 也较基准情景有所提高，居民生活水平提高。其中，全球人均 GDP 在情景 B3 中的提升幅度最大，2050 年全球人均 GDP 达到 20 415 \$，高于其他情景，这与碳税及补贴政策在模拟后期对全球经济发展的推动有关。

表 8.6　全球人均 GDP

（单位：\$）

年份	基准情景	情景 A2	情景 B1	情景 B2	情景 B3
2030	13 414	13 399	13 399	13 399	13 401
2050	20 335	20 405	20 401	20 395	20 415

8.5.2　区域 GDP 的变化分析

　　补贴情景即情景 B 下，区域 GDP 较基准情景的变化见表 8.7。整体上来看，情景 B 中各区域 GDP 较基准情景的变化趋势与情景 A2 接近，可见区域 GDP 的变化主要是因为碳税政策的冲击，农业部门的补贴政策对区域 GDP 的影响有限。与情景 A2 相似，多数区域的经济发展随着补贴政策的实施在模拟后期好于基准情景，如日本、欧盟、加拿大、美国、巴西、中美洲、东亚、亚撒哈拉地区等。与多数区域不同，某些区域的经济发展在模拟期间一直受到政策的负面影响,如中国、印度、马来和印尼、俄罗斯、东欧。其中,中国在情景 B1 中受到的负面冲击要大于其他情景,2050 年中国 GDP 较基准情景下滑 1.6%。尽管情景 B1 中农业部门的补贴规模较小,税收减少量小于其他情景,但相对于情景 B2 和情景 B3,情景 B1 中其他部门面临的土地需求竞争较小,部门产出受补贴政策的影响有限。因此,中国在情景 B1 中的经济受损程度较大。与中国不同,印度、马来和印尼、俄罗斯、东欧在情景 B2 中的经济下滑相对严重,2050 年它们的 GDP 分别较基准情景减少了 2.3%、0.7%、1.3%和 0.4%,这是因为情景 B2 中,用于抵扣土地投入税的补贴水平提高,区域税收规模减小,导致区域 GDP 下滑明显。

表 8.7 情景 B 中区域 GDP 的变化(%)

国家(地区)	情景 B1			情景 B2			情景 B3		
	2030 年	2040 年	2050 年	2030 年	2040 年	2050 年	2030 年	2040 年	2050 年
美国	−0.03	0.29	0.81	−0.03	0.30	0.84	−0.02	0.33	0.91
欧盟	0.22	0.90	1.80	0.22	0.91	1.82	0.24	0.95	1.90
巴西	0.12	0.63	1.09	0.12	0.62	1.05	0.13	0.67	1.19
加拿大	0.00	0.39	0.93	0.00	0.40	0.96	0.01	0.43	1.03
日本	0.45	1.67	3.33	0.46	1.69	3.40	0.47	1.74	3.50
中国	−0.72	−1.24	−1.56	−0.71	−1.21	−1.49	−0.70	−1.18	−1.46
印度	−0.51	−1.05	−2.24	−0.50	−1.05	−2.25	−0.48	−1.00	−2.17
中美洲	0.13	0.87	1.82	0.14	0.86	1.74	0.15	0.91	1.91
南美洲	−0.02	0.42	0.95	−0.01	0.44	0.91	−0.01	0.45	0.97
东亚	0.17	0.76	1.43	0.16	0.74	1.33	0.19	0.83	1.60
马来和印尼	−0.30	−0.38	−0.47	−0.32	−0.46	−0.74	−0.29	−0.37	−0.52
东南亚	0.03	0.50	1.08	0.04	0.47	0.91	0.04	0.47	0.85
南亚	−0.13	0.08	0.41	−0.15	0.01	0.16	−0.12	0.11	0.42
俄罗斯	−0.47	−0.74	−1.12	−0.51	−0.85	−1.32	−0.50	−0.80	−1.16
东欧	−0.31	−0.28	−0.21	−0.32	−0.32	−0.35	−0.30	−0.25	−0.17
其他欧洲国家	0.12	0.63	1.39	0.11	0.58	1.23	0.11	0.56	1.08
中东和北非地区	−0.16	0.12	0.64	−0.17	0.02	0.26	−0.15	0.11	0.50
亚撒哈拉地区	0.09	0.78	1.77	0.07	0.73	1.59	0.08	0.80	1.83
大洋洲	−0.11	0.08	0.37	−0.12	0.07	0.37	−0.13	0.03	0.31

8.6 补贴政策对能源消费碳排放的影响

8.6.1 能源消费量的变化分析

三种补贴情景下,全球能源消费量较基准情景的变化见表 8.8。由表 8.8 可以看出,三种情景下全球能源消耗的下降幅度基本相同,能源消耗量较基准情景的变化率差别不大，与情景 A2 大体一致。这说明能源消耗量的下降主要受碳税政策的影响，而农业部门的补贴政策对能源消耗量的影响较弱。情景 B1 中，在全球各区域征收 15$/tC 碳税的基础上，各区域将 5% 的碳税收入用于农业部门土地要素投入的补贴，该情景下 2030 年和 2050 年世界能源消耗量分别下降了 5.2% 和 6.87%，与情景 A2 将碳税收入全部用作一般性财政收入的能耗下降率接近。情景 B2 中，各区域 30% 的碳税收入补贴给农业部门。该情景下，世界能耗量的下降程度在模拟初期略低于情景 B1，在模拟后期与情景 B1 趋于一致。情景 B2 中，土地投入税的补贴规模较情景 B1 增加，农业部门的补贴政策加剧了土地资源的需求竞争，土地价格整体抬升，这导致其他部门对能源消耗的需求增加，因此，模拟初期情景 B2 中的能耗下降较情景 B1 减弱。情景 B3 中碳税总收入的返还比例与情景 B2 相同，但情景 B3 中能源消耗规模较情景 B2 进一步小幅增大。情景 B3 中全球 GDP 在模拟后期较情景 B2 增加，经济规模的增长势必带来能源需求量的增加，因此，情景 B3 中全球能源消耗的削减规模略小。

表 8.8　全球能源消费量的变化(%)

年份	情景 B1	情景 B2	情景 B3
2020	−2.22	−2.22	−2.22
2025	−4.01	−4.01	−4.00
2030	−5.20	−5.19	−5.18
2035	−5.97	−5.95	−5.93
2040	−6.42	−6.40	−6.37
2045	−6.69	−6.67	−6.63
2050	−6.87	−6.87	−6.80

全球各区域能源消费量较基准情景的变化见表 8.9。整体上来看，三种补贴情景中，区域能源消耗量的变化大体接近。印度、中国、亚撒哈拉地区、大洋洲的能耗大幅降低，且下降率随时间增加。三种补贴情景下，印度和中国经济发展较基准情景下滑，带来能源需求量减少，2050 年它们的能耗下降幅度分别维持在 12.4% 和 10.8%，在全球碳减排中发挥了重要作用。欧盟、中美洲、东亚、南亚、其他欧洲国家的能耗控制程度相对有限，并且能耗的下降幅度在模拟后期有所减少，这与模拟后期，这些区域的经济发展加快拉动能源需求量的上涨有关。与其他地区不同，日本的能源消费量在模拟后期较基准情景增加，这与模拟后期日本的经济发展好于基准情景有关。

比较三种补贴情景下各区域的能耗下降率可以发现，大部分区域的能耗减少规模在情景 B1 中最高，如美国、欧盟、巴西、加拿大、中国、印度、中美洲、南美洲、东亚，这与情景 B1 中全球能耗降幅相对较高一致。与以上国家的情况不同，俄罗斯、东欧、中东和北非地区、马来和印尼、亚撒哈拉地区最大能耗下降幅度出现在情景 B2 中，与这些地区 GDP 较基准情景有所下降或增幅较小有关。因为情景 B2 中返还至农业部门的碳税收入增加，税收收入进一步减少，区域 GDP 较其他情景有所下滑，能耗需求随之降低。东南亚、其他欧洲国家、大洋洲的最大能耗下降幅度出现在情景 B3 中，这是因为情景 B3 中这些区域的经济增长相对略低，能耗需求相对较小，所以在情景 B3 中能耗下降最为明显。

表 8.9　区域能源消费量的变化(%)

国家(地区)	情景 B1			情景 B2			情景 B3		
	2030 年	2040 年	2050 年	2030 年	2040 年	2050 年	2030 年	2040 年	2050 年
美国	−4.78	−6.15	−6.82	−4.78	−6.12	−6.73	−4.77	−6.10	−6.70
欧盟	−1.28	−1.19	−1.27	−1.27	−1.14	−1.15	−1.26	−1.13	−1.13
巴西	−3.18	−3.49	−3.37	−3.17	−3.48	−3.32	−3.17	−3.45	−3.26
加拿大	−4.01	−5.00	−5.53	−3.99	−4.96	−5.41	−3.99	−4.94	−5.39
日本	−0.49	0.65	1.76	−0.48	0.73	2.00	−0.46	0.77	2.07
中国	−9.13	−10.78	−10.79	−9.10	−10.73	−10.71	−9.09	−10.71	−10.69
印度	−6.94	−9.45	−12.43	−6.93	−9.45	−12.46	−6.93	−9.42	−12.39
中美洲	−2.79	−3.01	−2.59	−2.78	−3.00	−2.59	−2.77	−2.96	−2.48
南美洲	−4.49	−4.96	−4.77	−4.46	−4.91	−4.74	−4.47	−4.91	−4.71
东亚	−2.16	−2.14	−1.99	−2.14	−2.11	−1.99	−2.13	−2.03	−1.74
马来和印尼	−4.22	−5.34	−6.22	−4.24	−5.41	−6.45	−4.21	−5.34	−6.27
东南亚	−2.60	−2.71	−2.91	−2.60	−2.76	−3.13	−2.60	−2.81	−3.26
南亚	−2.14	−1.45	−0.87	−2.16	−1.56	−1.30	−2.13	−1.43	−0.92
俄罗斯	−3.82	−5.05	−6.34	−3.82	−5.11	−6.47	−3.82	−5.05	−6.30
东欧	−3.82	−5.05	−6.02	−3.82	−5.05	−6.05	−3.80	−5.00	−5.93
其他欧洲国家	−1.61	−1.58	−1.29	−1.63	−1.67	−1.67	−1.65	−1.79	−2.26
中东和北非地区	−3.68	−5.12	−5.98	−3.69	−5.18	−6.21	−3.67	−5.13	−6.07
亚撒哈拉地区	−6.42	−8.27	−9.15	−6.42	−8.29	−9.21	−6.42	−8.25	−9.09
大洋洲	−5.03	−6.67	−7.74	−5.01	−6.64	−7.68	−5.06	−6.75	−7.83

8.6.2　能源消费碳排放的变化分析

　　与能源消费量下降伴随的是能耗碳排放量的减少,在三种补贴情景下,全球能耗碳排放量的变化见表 8.10。三种情景下,2050 年全球能耗碳排放量较基准情景的缩减比例均在 10.8%左右,其中,情景 B1 的碳减排规模略大,情景 B2 次之,情景 B3 相对最小。这与三种补贴情景中全球能源消耗的变化趋势一致。

表 8.10　全球能源消耗碳排放的变化(%)

年份	情景 B1	情景 B2	情景 B3
2020	−3.25	−3.24	−3.24
2030	−7.56	−7.55	−7.54
2040	−9.66	−9.65	−9.62
2050	−10.83	−10.83	−10.77

　　从区域层面上来看,各区域在三种补贴情景中的能耗碳排放下降率变化不大,如表 8.11 所示。中国、印度、大洋洲、美国成为全球能耗碳减排的主要贡献地区,2050 年的能耗碳减排率在 10%以上,尤其是印度的碳减排率达到了 17.6%。欧盟、中美洲、东亚、南亚、其他欧洲国家的能耗规模下降有限,因此,这些国家(地区)对能耗碳排放量的贡

献也较小，并且其碳减排率在模拟后期有所减小。与日本的能源消耗量在模拟后期高于基准情景对应，日本的能耗碳排放量在模拟后期也表现出增长趋势，尤其是在情景 B3 中，日本 2050 年的能耗碳排放量较基准情景增长了 1%。比较表 8.11 中三种补贴情景下的变化率可以发现，美国、欧盟、巴西、加拿大、中国、南美洲的碳减排规模在情景 B1 中最好。印度、中美洲、东亚、马来和印尼、南亚、俄罗斯、东欧、中东和北非地区、亚撒哈拉地区在情景 B2 中的碳减排水平最高，而东南亚、其他欧洲国家、大洋洲的碳减排规模在情景 B3 中相对最大。

表 8.11　区域能源消耗碳排放的变化率(%)

国家(地区)	情景 B1			情景 B2			情景 B3		
	2030 年	2040 年	2050 年	2030 年	2040 年	2050 年	2030 年	2040 年	2050 年
美国	−6.79	−9.25	−10.99	−6.78	−9.22	−10.88	−6.77	−9.20	−10.87
欧盟	−2.27	−2.52	−2.80	−2.25	−2.46	−2.67	−2.24	−2.45	−2.65
巴西	−4.31	−5.36	−6.21	−4.30	−5.34	−6.14	−4.29	−5.31	−6.07
加拿大	−5.14	−6.85	−8.16	−5.13	−6.82	−8.05	−5.12	−6.79	−8.02
日本	−1.25	−0.32	0.66	−1.23	−0.24	0.92	−1.21	−0.19	0.99
中国	−11.91	−15.14	−17.13	−11.88	−15.09	−17.07	−11.87	−15.07	−17.03
印度	−10.75	−14.01	−17.59	−10.75	−14.02	−17.62	−10.74	−13.99	−17.55
中美洲	−3.54	−4.26	−4.24	−3.54	−4.25	−4.26	−3.53	−4.22	−4.15
南美洲	−5.66	−6.30	−6.31	−5.64	−6.27	−6.31	−5.64	−6.26	−6.26
东亚	−4.89	−5.60	−5.84	−4.87	−5.58	−5.86	−4.86	−5.49	−5.58
马来和印尼	−6.25	−7.64	−8.65	−6.26	−7.72	−8.91	−6.24	−7.64	−8.72
东南亚	−4.88	−5.25	−5.57	−4.88	−5.32	−5.85	−4.88	−5.38	−6.00
南亚	−3.91	−3.65	−3.22	−3.93	−3.76	−3.65	−3.90	−3.63	−3.26
俄罗斯	−5.58	−7.29	−9.04	−5.58	−7.35	−9.16	−5.58	−7.29	−9.00
东欧	−5.54	−7.51	−9.11	−5.54	−7.51	−9.14	−5.53	−7.47	−9.03
其他欧洲国家	−2.00	−1.77	−1.13	−2.03	−1.87	−1.58	−2.05	−2.01	−2.29
中东和北非地区	−4.39	−6.49	−7.73	−4.40	−6.52	−7.85	−4.39	−6.48	−7.74
亚撒哈拉地区	−8.27	−11.26	−13.44	−8.28	−11.29	−13.52	−8.27	−11.27	−13.43
大洋洲	−6.63	−8.97	−10.54	−6.61	−8.95	−10.49	−6.65	−9.04	−10.63

8.7　补贴政策对农业土地利用变化及碳排放的影响

8.7.1　农业土地覆被面积

农业部门针对土地要素投入的补贴政策，必将影响农业部门土地覆被面积的变化。图 8.2 说明了基准情景和三种补贴情景中，全球农用地总面积的变化趋势，这里将农用地总面积设定为全球耕地、草地和林地的面积之和。基准情景中，全球农用地总面积逐年下降，至 2050 年农用地总面积较基准年下降了 100 Mha，达到 5830 Mha。由图 8.2 得知，情景 B 中全球农用地总面积较基准情景均有所增加，可见土地投入的补贴政策减少了农用地的非农化，对农用地面积增长具有显著的促进作用。情景 B1 中，全球农用地总面积在模拟初期较基准情景增长缓慢，伴随着补贴政策的实施，至 2050 年全球农用地面积达到 5942 Mha，较基准情景提高了 1.9%。情景 B2 中，农业部门获取的补贴较情景 B1 提高，因此，情景 B2 中全球农用地总面积的增长更为显著，2050 年农用地总面积较基准情景增加了 260 Mha，约为 4.5 个百分点，达到 6090 Mha。尽管情景 B3 中，农业部门获取的补贴水平与情景 B2 保持一致，但种植业、林业、畜牧业间的分配比例有差异，这导致在情景 B3 中，全球农用地的增长幅度略小于情景 B2。情景 B3 中，全球农用地总面积在 2050 年达到 6059 Mha，较基准情景增长了 3.9 个百分点。

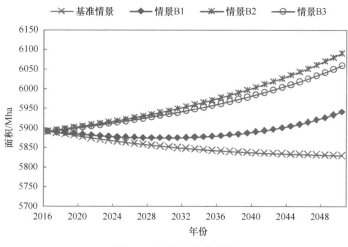

图 8.2　全球农用地面积

　　整体上来看，情景 B1 中，全球耕地、林地面积减少，草地面积增加。全球范围内，草地面积相对较大，但畜牧业部门产值相对较小，土地的产出弹性较小，因此，畜牧业土地投入的价格相对较低，在相同补贴水平的情况下，补贴政策对畜牧业土地面积增长的拉动作用更强，因此，全球草地面积增长显著，而耕地和林地的面积有所下降。情景 B2 中，全球耕地面积减少，草地、林地面积增加，草地面积的增加尤为显著。相对于草地和林地，全球耕地面积相对较小，但种植业的产值相对较高，种植业土地投入的产出弹性相对较大，补贴政策对土地增长的拉动作用较弱，而畜牧业和林业中土地的产出弹性相对较小，补贴政策对土地增长的拉动作用较强。因此，在情景 B2 补贴水平提高的情况下，草地和林地的面积有所增长，耕地的面积随之下降。情景 B3 中，全球耕地面积减少，但较情景 B2 有所增加；草地、林地面积增加，林地面积的增加较为显著。这与情景 B3 中补贴政策偏重于种植业和林业有关。下面详细说明三种补贴情景下，全球耕地、草地和林地面积的变化情况。

　　基准情景中，尽管全球农用地总面积逐年减少，但全球耕地面积呈现增长趋势。基准情景中，模拟初期耕地在全球农用地总面积中占比约为 26%，模拟后期其占比增加到 28%，耕地面积至 2050 年达到 1624 Mha，如图 8.3 所示。由图 8.3 得知，情景 B 中种植业的耕地面积较基准情景有不同程度的减少，可见农业部门土地投入的补贴政策导致耕地面积缩减。情景 B1 中，全球耕地面积在模拟期内缓慢增长，2050 年达到 1613 Mha。尽管如此，情景 B1 中全球耕地面积仍较基准情景略有下降，2050 年下降了 0.6 个百分点。情景 B2 中，全球耕地面积呈现先上升后下降的变化趋势，2050 年的全球耕地面积下降至 1573 Mha，较基准情景减少了 50 Mha，下降了 3.1 个百分点。情景 B3 中，全球耕地面积的减少略小于情景 B2，2050 年的全球耕地面积达到 1579 Mha，在基准情景的基础上减少了 44 Mha。

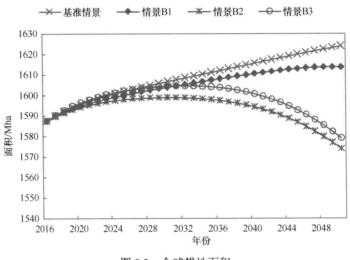

图 8.3　全球耕地面积

基准情景及情景 B 中，全球草地面积的变化趋势如图 8.4 所示。从图 8.4 上可以看出，情景 B 中，全球草地面积较基准情景增加，可见补贴政策对草地面积扩张的促进作用。情景 B1 中，全球草地面积至 2050 年增加至 2739 Mha，比基准情景增加了 5%。情景 B2 中，由于畜牧业补贴水平提高，全球草地面积的增长较情景 B1 更为显著，2050 年全球草地面积较基准情景增加了 11%，达到 2903 Mha。与情景 B1 和情景 B2 中全球草地面积的显著增长不同，情景 B3 中畜牧业获取的补贴数量减少，导致模拟初期全球草地面积与基准情景较为一致，至模拟后期，全球草地面积开始较基准情景略有增加，至 2050 年较基准情景增加了 32 Mha，约为 1.2 个百分点。

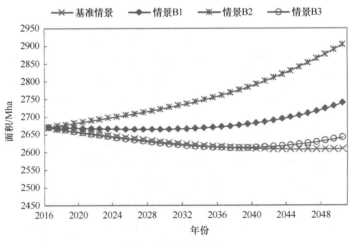

图 8.4　全球草地面积

　　情景 B 中，全球林地面积的模拟结果见图 8.5。基准情景中，全球林地面积呈现缓慢下降的趋势，2050 年全球林地面积达到 1597 Mha。情景 B1 中，全球林地面积在补贴政策下呈现下降趋势，2050 年全球林地面积为 1589Mha，森林面积比基准情景略有减少，这主要是因为畜牧业的草地面积增加，导致林地面积减少。情景 B2 中，林业部门获取的补贴较情景 B1 增多，较基准情景的面积略有增加，2050 年全球林地面积为 1613 Mha。情景 B3 中，林业部门获取的补贴显著增加，这导致全球林地面积显著上升，至 2050 年较基准情景增加了 242 Mha，约 15 个百分点，达到 1839 Mha。

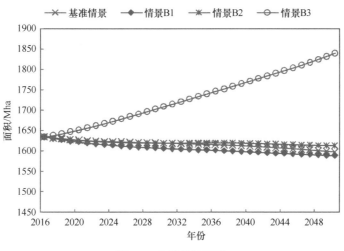

图 8.5　全球林地面积

　　情景 B 中，区域农业土地利用覆被面积的变化趋势存在显著差异。2050 年全球各区域耕地、草地、林地较基准情景的变化见表 8.12。总体上来看，多数区域的农用地总面积在情景 B 中表现出增长态势，草地面积的增长是农用地面积增长的主要原因。情景 B1 中，中国、欧盟的农用地增长面积相对较大，2050 年分别较基准情景增加 67.8 Mha、26.6 Mha，其中，草地面积分别增长了 92.3 Mha、16.3 Mha。中国的农用地涨幅较大，这与碳税收入较高有关，中国的碳排放总量明显高于世界其他区域，区域碳税总收入的规模相应较高，因此，农业部门获取的补贴数额相对较多，促使农用地面积大幅增长。其他地区农用地面积在情景 B1 中的增长相对较少，而印度和亚撒拉地区的农用地总面积甚至较基准情景有所下降。尽管补贴政策对农用地面积的增长具有拉动作用，但碳税政策实施会造成农用地总面积下降，因此，在情景 B1 农业部门补贴水平相对较低的情景下，印度和亚撒哈拉地区的总面积较基准情景略有下降，但下降幅度小于情景 B2。需要注意的是，情景 B1 中巴西的草地面积较基准情景下降，林地面积却有显著提升。这是因为巴西在情景 B2 碳税政策的刺激下，林地面积上升，补贴政策实施对林业面积的增长有小幅拉动作用，导致草地面积减少。

　　情景 B2 中，由于各区域农业部门获取的补贴增多，各区域农用地总面积较情景 B1 进一步增加，2050 年中国、欧盟、俄罗斯的农用地总面积分别较基准情景增加了 126.9 Mha、49.2 Mha 和 35.8 Mha。在此情景下，巴西 2050 年的草地面积增加 6.8 Mha，而耕地和林地面积却有所减少，这与补贴规模增加有关。巴西的农业覆被以草地为主，相较于种植业和林业，畜牧业土地投入的产出弹性较小，补贴政策对畜牧业土地增长的拉动作用更强，因此，情景 B2 中巴西的草地面积较基准情景增加，进而导致其他土地覆被类型面积减少。

表 8.12　2050 年区域土地覆被面积的变化量　　　（单位：Mha）

国家(地区)	情景 B1				情景 B2				情景 B3			
	耕地	草地	林地	合计	耕地	草地	林地	合计	耕地	草地	林地	合计
美国	−2.5	7.5	−2.2	2.8	−1.6	8.5	−1.5	5.5	−0.9	5.9	0.8	5.8
欧盟	0.2	16.3	10.1	26.6	9.5	11.6	28.1	49.2	11.6	10.5	28.9	51.0
巴西	−0.5	−17.3	18.1	0.3	−3.1	6.8	−1.7	2.0	−0.5	−28.1	29.8	1.3
加拿大	−0.8	4.7	−3.7	0.2	−1.0	1.4	0.6	1.0	−0.8	1.2	0.8	1.1
日本	−0.1	0.1	0.2	0.2	−0.2	0.0	0.6	0.4	−0.2	0.0	0.6	0.5
中国	−2.8	92.3	−21.7	67.8	−16.1	152.3	−9.4	126.9	−31.7	88.7	67.9	124.9
印度	−1.2	2.5	−1.7	−0.4	−0.8	3.0	−1.3	0.9	−1.7	0.9	1.4	0.6
中美洲	0.0	1.9	−1.8	0.1	−1.4	5.6	−3.2	0.9	−0.6	−9.6	10.7	0.5
南美洲	−0.1	0.0	0.3	0.2	−2.0	1.6	3.2	2.0	−1.7	−30.9	34.6	2.0
东亚	−0.1	2.8	1.2	4.0	−0.8	10.4	1.8	11.4	−0.1	3.5	1.8	5.2
马来和印尼	−0.1	0.2	−0.1	0.0	−2.4	1.4	1.1	0.1	−1.4	−0.6	2.0	0.0
东南亚	−0.2	0.0	0.3	0.0	−3.7	−0.8	4.5	0.1	−4.8	−2.8	7.7	0.1
南亚	−0.1	0.0	0.2	0.1	0.4	3.2	0.1	3.7	0.3	0.1	0.7	1.0
俄罗斯	0.1	6.2	0.0	6.3	−2.6	16.5	21.8	35.8	1.3	−11.2	33.3	23.4
东欧	−0.8	6.6	−3.2	2.6	−6.7	16.6	2.5	12.4	−2.7	−2.1	10.8	6.1
其他欧洲国家	0.0	0.5	−0.4	0.0	−0.1	0.4	−0.2	0.1	−0.1	−0.3	0.5	0.2
中东和北非地区	−1.1	1.4	0.1	0.4	−14.2	15.8	0.6	2.2	−11.0	10.7	2.2	2.0
亚撒哈拉地区	−0.1	4.0	−4.1	−0.3	−4.0	38.0	−32.5	1.5	−0.7	−5.0	5.8	0.1
大洋洲	0.1	0.2	0.0	0.2	0.6	1.9	0.9	3.4	0.6	1.1	1.4	3.2
世界	−10.2	129.9	−8.5	111.2	−50.1	294.1	16.0	260.0	−44.8	31.9	241.7	228.9

情景 B3 中，多数区域的农用地总面积较基准情景增加，但小于情景 B2 的增长幅度，这与畜牧业的补贴水平显著减少有关。整体上来看，畜牧业草地面积的增长对补贴政策更为敏感，林业其次，种植业最弱。情景 B3 中，畜牧业的补贴水平较情景 B2 下降，因此，情景 B3 中草地面积的增长幅度较情景 B2 下降。尽管林业和种植业获得补贴水平提升，但是面积的增长幅度却小于草地面积的下降幅度，因此，多数区域的农用地总面积在情景 B3 中较情景 B2 下降。

8.7.2　农业土地利用变化面积

农用地土地覆被类型之间的转换包括林地变为草地、林地变为耕地、耕地变为草地、耕地变为林地、草地变为耕地、草地变为林地。图 8.6 说明了情景 B 中全球六种土地利用变化累计面积的变化量。情景 B1 中，林地变为草地、林地变为耕地、耕地变为草地的累计面积增加，2016～2050 年这三种类型的累计面积分别较基准情景增加 57 Mha、15 Mha 和 11 Mha，耕地变为林地的累计面积也有所增加，但涨幅较小，仅有 1 Mha；草地变为耕地、草地变为林地的累计面积则较基准情景有所减少，模拟期内的累计减少量分别达到 18 Mha 和 4 Mha。情景 B2 中各类型土地累计面积的变化趋势与情景 B1 类似，林地变为草地、林地变为耕地、耕地变为草地、耕地变为林地的累计面积分别增加了 53 Mha、1 Mha、42 Mha 和 18 Mha；相较于基准情景，草地变为耕地的累计面积减少了 43 Mha，草地变为林地的累计面积减少了 15 Mha。情景 B3 中，林地变为草地、林地变为耕地的累计面积较基准情景分别减少了 12 Mha 和 31 Mha，耕地变为草地、耕地变为林地、草地变为耕地、草地变为林地的累计面积则表现出增长趋势，累计增加量分别达到 20 Mha、23 Mha、10 Mha 和 112 Mha，草地变为林地的增加尤为显著。

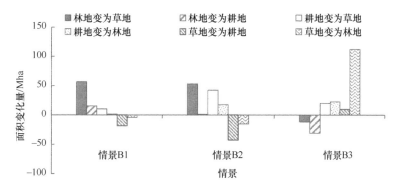

图 8.6　世界农用地土地利用变化累计面积的变化量

情景 B1 中，全球各区域土地利用变化累计面积变化量的模拟结果见表 8.13。从表 8.13 中可以看出，多数区域林地变为耕地、草地变为耕地、草地变为林地的累计面积下

表 8.13　情景 B1 区域土地利用变化累计面积变化量　　　　　（单位：Mha）

国家(地区)	林地变为草地	林地变为耕地	耕地变为草地	耕地变为林地	草地变为耕地	草地变为林地
美国	4.59	−0.9	1.50	0.03	−0.45	0.00
欧盟	5.09	−3.94	7.00	0.92	−0.01	0.00
巴西	−1.91	−7.38	0.00	0.00	6.62	8.71
加拿大	4.81	0.58	0.09	0.05	−0.13	0.00
日本	0.07	−0.13	0.04	0.07	0.00	0.00
中国	33.96	26.7	0.41	0.17	−16.24	−9.04
印度	1.06	0.11	0.24	0.00	−0.81	−0.46
中美洲	1.53	0.17	0.00	0.00	−0.26	−0.07
南美洲	−0.11	−0.07	0.00	0.00	−0.03	0.00
东亚	−0.12	−0.29	0.45	0.09	−1.73	0.10
马来和印尼	0.17	−0.04	0.02	0.00	−0.03	0.00
东南亚	0.00	−0.05	0.00	0.00	0.00	0.00
南亚	−0.05	−0.28	0.00	0.00	0.15	0.06
俄罗斯	4.29	−0.53	0.12	0.00	−0.70	−0.29
东欧	2.79	0.29	0.17	0.02	−2.71	−0.57
其他欧洲国家	0.29	0.00	0.02	0.03	−0.01	−0.19
中东和北非地区	−0.02	−0.03	0.63	0.07	−0.76	−0.04
亚撒哈拉地区	0.45	1.28	0.00	0.00	−1.19	−2.38
大洋洲	0.00	−0.01	0.00	0.00	−0.15	0.01

降，耕地变为草地、耕地变为林地的累计面积不变或略有上升。模拟期间，中国在情景B1 中的农用土地利用变化以林地变为草地、林地变为耕地、草地变为耕地和草地变为林地为主，其他的土地利用变化面积相对较小。情景 B1 中，美国农用地的土地利用变化以林地向草地转换为主，累计面积增加了 4.59 Mha；欧盟则以林地变为草地、耕地变为草地为主，累计面积分别增加了 5.09 Mha 和 7.00 Mha；巴西的土地利用变化中，林地变为草地、林地变为耕地的累计面积分别较基准情景减少了 1.91 Mha 和 7.38 Mha，而草地变为耕地、草地变为林地的累计面积分别增加了 6.62 Mha 和 8.71 Mha；东亚的土地利用变化中，草地变为耕地的累计面积下降明显，减少了 1.73 Mha；俄罗斯在情景B1 的补贴政策影响下，林地变为草地的累计面积增加了 4.29 Mha，涨幅明显；相较于基准情景，东欧新增 2.79 Mha 的林地变为草地，而草地变为耕地的累计面积则减少了2.71 Mha；亚撒哈拉地区草地变为林地的累计面积较基准情景减少了约 2.38 Mha。相较于以上区域，其他区域土地利用变化受政策冲击的程度较弱，累计面积变化较小。

　　情景 B2 中，各区域土地利用变化累计面积的变化趋势与情景 B1 类似，见表 8.14。情景 B2 中，林地变为耕地、草地变为耕地、草地变为林地的累计面积较基准情景下降，耕地变为草地、耕地变为林地的累计面积略有增加。这与情景 B2 中全球耕地面积减少、林地草地面积增加的变化趋势相一致。与情景 B1 不同的是，情景 B2 中各土地利用变化类型的累计面积变化量较情景 B1 增加。随着农业部门补贴数额的增加，全球耕地面积在情景 B2 中下降明显，因此，各区域耕地变为草地、耕地变为林地的累计面积增加。其中，中国新增 42.91 Mha 和 42.45 Mha 的耕地分别转化草地和林地；东南亚耕地变为

表 8.14　情景 B2 区域土地利用变化累计面积变化量　　　　　（单位：Mha）

国家(地区)	林地变为草地	林地变为耕地	耕地变为草地	耕地变为林地	草地变为耕地	草地变为林地
美国	7.58	0.08	0.79	0.00	−0.45	0.00
欧盟	−0.4	−1.88	0.86	0.46	−0.01	0.00
巴西	4.21	−2.16	0.27	0.00	−1.94	0.01
加拿大	0.91	−0.31	0.23	0.1	−0.12	0.00
日本	−0.03	−0.19	0.04	0.18	0.00	0.00
中国	0.00	0.00	42.91	42.45	−16.24	−9.03
印度	0.07	−0.42	0.31	0.88	−1.09	−0.56
中美洲	3.23	−1.6	0.04	0.32	−0.66	−0.11
南美洲	0.93	−1.35	3.46	0.00	−0.07	0.00
东亚	−0.1	−0.69	4.64	0.51	−1.56	−0.22
马来和印尼	0.03	−0.71	0.77	1.95	−0.04	0.00
东南亚	−0.27	−4.2	2.05	13.57	0.00	0.00
南亚	0.16	−0.13	0.02	0.02	−0.3	0.00
俄罗斯	0.51	−2.09	2.85	6.48	−1.41	−0.83
东欧	1.33	−0.22	5.2	1.59	−3.74	−0.79
其他欧洲国家	−0.02	0.00	0.06	0.07	−0.01	−0.08
中东和北非地区	−0.02	−0.03	13.51	0.56	−0.84	−0.05
亚撒哈拉地区	17.49	6.66	0.00	0.00	−13.5	−5.43
大洋洲	0.00	−0.46	−0.02	−0.03	−2.58	0.71

林地的累计面积新增 13.57 Mha；中东和北非地区新增 13.51 Mha 的耕地变为草地。相较于情景 B1、情景 B2 中多数区域林地变为耕地、草地变为耕地、草地变为林地的面积显著下降。模拟期间，东南亚在情景 B2 中林地变为耕地的累计面积较基准情景减少了4.2 Mha；亚撒哈拉地区草地变为耕地、草地变为林地的累计面积分别减少了 13.5 Mha和 5.43 Mha，较情景 B1 显著下降。

　　情景 B3 中、区域土地利用变化累计面积的变化见表 8.15。相较于基准情景，情景 B3 中多数区域林地变为草地、林地变为耕地的累计面积减少，而其他 4 个类型的累计面积有所增加，这与情景 B3 中全球林地面积的增长一致。相较于情景 B2，多数区域林地变为草地、林地变为耕地的累计面积在情景 B3 中略有下降，这直接导致多数区域林地面积增长。其中，俄罗斯林地变为草地的累计面积较基准情景减少了6.43 Mha；巴西林地变为耕地的面积减少了 9.4 Mha，缩减规模较情景 B2 大幅提高。尽管情景 B3 中大部分区域耕地变为草地、耕地变为林地的累计面积较基准情景增加，但较情景 B2 略有下降，这进一步说明了种植业补贴增多对耕地面积增长的拉动作用。其中，中国耕地变为林地的累计面积较基准情景增长了 17.38 Mha，涨幅较情景 B2的 42.45 Mha 有所下跌；中东和北非地区耕地变为草地的累计面积较基准情景增加了9.8 Mha，略小于情景 B2 的涨幅。不同于情景 B2 中的减少趋势，情景 B3 中草地变为耕地、草地变为林地的累计面积较基准情景增加。其中，南美洲、巴西、中国、俄罗斯草地变为林地的累计面积增长显著，分别较基准情景增长了 31.8 Mha、17.97 Mha、17.19 Mha 和 16.71 Mha。

表 8.15　情景 B3 区域土地利用变化累计面积变化量　　　　　（单位：Mha）

国家(地区)	林地变为草地	林地变为耕地	耕地变为草地	耕地变为林地	草地变为耕地	草地变为林地
美国	3.23	−1.5	0.75	0.00	0.36	1.4
欧盟	−1.64	−3.12	3.37	1.55	0.33	0.07
巴西	−2.26	−9.4	0.00	0.00	7.91	17.97
加拿大	0.85	−0.48	0.3	0.15	−0.12	0.00
日本	−0.04	−0.19	0.04	0.23	0.00	0.00
中国	0.00	0.00	5.07	17.38	−6.85	17.19
印度	0.1	−0.7	0.2	0.43	−0.53	0.21
中美洲	−1.16	−3.6	0.00	0.04	2.59	5.88
南美洲	−3.26	−2.14	0.00	0.00	2.41	31.8
东亚	−0.16	−0.37	0.77	0.1	−1.76	0.31
马来和印尼	−0.17	−0.64	−0.01	−0.01	0.08	0.31
东南亚	−0.27	−4.19	0.01	0.53	9.24	8.33
南亚	−0.14	−0.72	0.00	0.00	0.55	0.2
俄罗斯	−6.43	−1.3	0.00	0.00	−0.11	16.71
东欧	0.00	−0.57	0.02	0.12	−2.48	6.46
其他欧洲国家	−0.02	0.00	0.00	0.00	0.00	0.37
中东和北非地区	−0.02	−0.03	9.8	2.13	−0.83	−0.05
亚撒哈拉地区	−0.34	−1.45	0.00	0.00	0.61	4.03
大洋洲	0.00	−0.48	−0.04	−0.06	−1.22	0.78

8.7.3 农业土地利用变化碳排放

1. 全球农业土地利用变化碳排放

情景 B 中，全球农业土地利用变化碳排放的模拟结果见表 8.16。三种补贴情景下，农业土地利用变化的碳排放量较基准情景有不同程度的减少，可见补贴政策对农业土地利用变化碳减排的控制作用明显。模拟期内，世界农业土地利用变化在情景 B1 中发挥碳源的作用，碳排放总量在模拟初期较基准情景有所增长，至模拟后期较基准情景下降，2050 年向大气中排放 CO_2 0.79 GtC，略低于基准情景的 0.86 GtC。情景 B2 中，全球农业土地利用变化在模拟期间仍然发挥碳源的作用，但碳排放规模较情景 B1 有所减小，2050 年排放 CO_2 0.45 GtC，这与农业部门得到的补贴增加有关。情景 B3 中，世界土地利用变化在模拟初期的碳排放量较情景 B1 和情景 B2 显著降低，至 2047 年土地利用变化开始发挥碳汇的作用，碳排放量为负值，2050 年吸收固定 CO_2 0.14 GtC。

表 8.16　全球农业土地利用变化碳排放　　　　　　　（单位：GtC）

年份	基准情景	情景 B1	情景 B2	情景 B3
2020	1.22	1.22	1.16	0.31
2030	0.93	1.09	0.99	0.09
2040	0.84	0.86	0.72	0.02
2050	0.86	0.79	0.45	−0.14

全球农业土地利用变化的累计碳排放量从另一个角度反映了补贴政策对碳排放的影响，其模拟结果见图 8.7。情景 B1 中，农业土地利用变化累计碳排放量为 53.8 GtC，其中，农用地非农化造成的碳排放量为 28.7 GtC，略高于耕地、草地、林地相互转换合计造成的碳排放量 25.1 GtC。整体来看，情景 B1 中农业土地利用变化的累计碳排放规模高于基准情景的 51.9 GtC。情景 B1 中农业部门的补贴政策抑制了农用地的非农化，促使全球农用地面积增加，因此，农用地非农化碳排放较基准情景减少，而耕地、草地、林地相互转换带来的碳排放较基准情景增加了 5.1 GtC，这与情景 B1 中林地变为草地的累计面积较基准情景增加有关。

情景 B2 中，全球土地利用变化在模拟期间向大气累计排放 $CO_2$49.6 GtC，略低于基准情景和情景 B1 的碳排放量。农用地的非农化在情景 B2 中累计碳排放量为 25.9 GtC，低于基准情景和情景 B1，这与情景 B2 中全球农用地面积显著增加有关。情景 B2 中，耕地、草地、林地相互转换合计造成的累计碳排放量达到 23.6 GtC，略高于基准情景，但较情景 B1 有所下降。这与情景 B2 中耕地变为草地的累计面积增加、草地变为耕地的累计面积减少直接相关。

情景 B3 中，全球土地利用变化在模拟期间的累计碳排放量显著降低，达到 23.1 GtC，明显低于其他情景。全球农用地非农化在情景 B3 中的碳排放量达到 26.3 GtC，低于基准情景和情景 B1，却较情景 B2 有所增加，这主要是因为情景 B3 中草地面积较情景 B2 大规模降低，2050 年全球草地面积较情景 B2 减少了 262 Mha。情景 B3 中，农用地各覆被类型之间的相互转换整体上表现为碳汇，模拟期内累计吸收固定 CO_2 3.2 GtC，这是情景 B3 中农业土地利用变化碳排放量减少的主要原因。

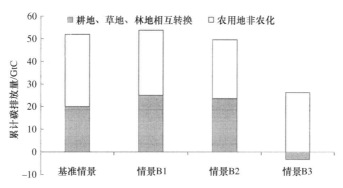

图 8.7　全球农业土地利用变化累计碳排放

以上说明了全球农业土地利用变化碳排放量的变化趋势，下面详细说明全球耕地、草地、林地相互转换的碳排放情况，模拟结果见图 8.8。从图 8.8 中可以看出，三种补贴情景下，农业土地覆被相互转换的碳排放趋势差异显著。情景 B1 中，林地变为耕地、林地变为草地、草地变为耕地三种类型合计造成碳排放 29 GtC，高于基准情景。其中，林地变为耕地是主要排放源，累计碳排放 18.8 GtC，超过基准情景；其次是林地向草地的转化，累计碳排放 7.2 GtC，相较于基准情景的 3.0 GtC 显著提高；草地向耕地的转化在情景 B1 中累计排放量达到 3.0 GtC。情景 B1 中，耕地变为草地、耕地变为林地、草地变为林地的碳汇量与基准情景相近，分别达到 0.4 GtC、0.3 GtC 和 3.3 GtC，合计固碳 3.9 GtC，高于基准情景。

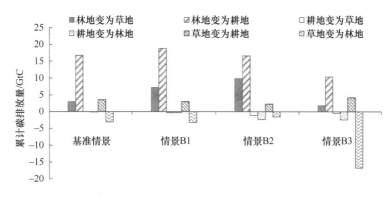

图 8.8　全球农用地覆被类型相互转换累计碳排放

情景 B2 中，三种排放源类型总计排放 CO_2 28.7GtC，高于基准情景，低于情景 B1。其中，林地变为耕地仍然是主要的排放源，累计碳排放量为 16.6 GtC，较情景 B1 略有下降；林地变为草地的碳排放累计达到 9.8 GtC，超过基准情景和情景 B1；草地变为耕地累计排放量为 2.3 GtC，略低于基准情景和情景 B1 的排放量。情景 B2 的累计固碳规模较基准情景和情景 B1 均有所增长，三种固碳类型合计碳汇 5.1 GtC，高于基准情景和情景 B1 的吸收量。其中，耕地变为草地累计固碳 1.1 GtC，耕地变为林地累计固碳 2.4 GtC，草地变为林地累计固碳 1.6 GtC。

情景 B3 中，三种碳排放类型合计排放量为 16.5 GtC，远小于其他情景，其中，林地变为草地、林地变为耕地、草地变为耕地的累计碳排放量分别为 1.8 GtC、10.4 GtC 和 4.2 GtC。三种碳吸收类型合计固碳 19.6 GtC，明显高于其他情景，其中，耕地变为草地、耕地变为林地、草地变为林地分别固碳 0.5 GtC、2.4 GtC 和 16.7 GtC。

2. 区域农业土地利用变化碳排放

三种补贴情景下，区域农业土地利用变化累计碳排放的模拟结果见图 8.9。多数区域在情景 B1 和情景 B2 中累计碳排放量较基准情景略有增加，而情景 B3 中的累计碳排放量则小于基准情景，可见提高林业部门土地投入的补贴是更为有效的增汇政策。全球所有区域中，亚撒哈拉地区、大洋洲、巴西、中美洲、中国、欧盟和美国的碳排放规模相对较大，其他地区的碳排放水平相对较小。图 8.9 将各区域农业土地利用变化碳排放整合为两个部分，分别是非农化碳排放和耕地、草地、林地相互转换的合计碳排放。三种情景中，相较于各区域非农化累计碳排放的变化，耕地、草地、林地相互转换导致的碳排放变化更为明显。

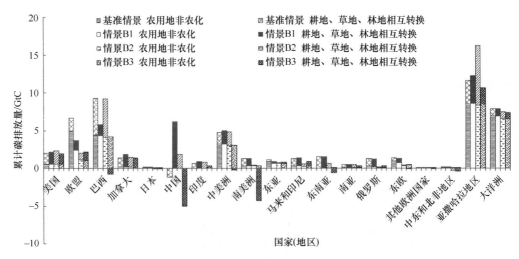

图 8.9　区域农业土地利用变化累计碳排放

比较三种情景的区域碳排放结果可以发现，多数区域的农业土地利用变化碳排放在情景 B1 中最大，在情景 B3 中最小，如加拿大、中国、印度、中美洲、南美洲、东南亚、其他欧洲国家、中东和北非地区、大洋洲。这一方面是因为情景 B1 的农业部门获取的补贴数额有限，另一方面则是因为情景 B3 中耕地、草地、林地相互转化碳排放量减少，其中，中国和南美洲在情景 B3 中覆被类型的相互转换发挥碳汇的作用，累计减排分别达到 5 GtC 和 4.3 GtC。三种补贴情景中，美国、巴西、南亚、亚撒哈拉地区农业土地利用变化碳排放量的最小值出现在情景 B3 中，最大值出现在情景 B2 中，累计碳排放量分别达到 2.4 GtC、9.2 GtC、0.5 GtC 和 16.3 GtC。这与这些地区在情景 B2 中林地变为耕地、林地变为草地的累计面积增加有关。林地面积的减少直接造成农用地土地利用变化碳排放量升高，所以这些地区在情景 B2 中的碳排放量相对较高。欧盟、日本、东亚、马来和印尼、俄罗斯、东欧在情景 B1 中的土地利用变化碳排放量最大，在情景 B2 中的累计碳排放量最小，这是因为情景 B2 中这些区域耕地变为林地碳汇量增加、林地变为耕地碳排放量减少。

以上说明了各区域农业土地利用变化碳排放状况，下面详细分析说明在三种补贴情景中，区域耕地、草地、林地相互转换导致的碳排放情况。情景 B1 中，各区域耕地、草地、林地相互转换总体上发挥碳源的作用，其累计碳排放模拟结果见表 8.17。情景 B1 中，欧盟、巴西、日本、南美洲、东亚、东南亚、南亚、中东和北非地区、大洋洲的累计碳排放量低于基准情景，其他地区的累计碳排放规模较基准情景有所增加。情景 B1 中，六类土地利用变化类型中，林地变为耕地、林地变为草地、草地变为耕地的碳排放规模相对较大，尤其是林地变为耕地的累计碳排放，而耕地变为草地、耕地变为林地、草地变为林地的碳吸收规模相对较小。情景 B1 中，中国、亚撒哈拉地区、中美洲的耕地、草地、林地相互转换合计碳排放规模较大，分别达到 6173 MtC、3689 MtC 和 1838 MtC，均大于基准情景的碳排放量。其中，林地变为耕地、林地变为草地的累计碳排放量居多，中国、亚撒哈拉地区、中美洲林地向耕地转换分别造成 4135 MtC、3162 MtC 和 1297 MtC 的碳排放；林地变为草地的累计碳排放规模次之，分别达到 2791 MtC、215 MtC 和 419 MtC。与其他地区相比，日本、其他欧洲国家、中东和北非地区耕地、草地、林地相互转换造成的累计碳排放规模较小，分别为 33 MtC、17 MtC 和 13 MtC，远远小于其他地区的累计碳排放量。这与日本、其他欧洲国家、中东和北非地区自身的农业面积较少有关。其中，日本、中东和北非地区的累计碳排放量分别较基准情景减少 30 MtC 和 38 MtC。

表 8.17　情景 B1 区域农业覆被类型相互转换累计碳排放　　　　（单位：MtC）

国家(地区)	林地变为草地	林地变为耕地	耕地变为草地	耕地变为林地	草地变为耕地	草地变为林地	合计
美国	576	1024	−32	−3	49	−4	1610
欧盟	579	963	−261	−103	60	0	1238
巴西	711	1957	0	0	338	−1578	1428
加拿大	442	1225	−2	−5	16	0	1676
日本	8	38	−3	−11	1	0	33
中国	2791	4135	−20	−100	206	−839	6173
印度	141	619	−6	−2	59	−21	790
中美洲	419	1297	0	0	138	−16	1838
南美洲	401	464	0	0	91	−34	922
东亚	11	92	−10	−8	97	−11	171
马来和印尼	101	956	−3	−13	2	0	1043
东南亚	75	1428	0	0	0	0	1503
南亚	13	331	0	0	49	−11	382
俄罗斯	504	497	−3	0	36	−16	1018
东欧	157	357	−4	−1	80	−13	576
其他欧洲国家	12	17	0	−2	2	−12	17
中东和北非地区	5	8	−11	−9	30	−10	13
亚撒哈拉地区	215	3162	0	0	900	−588	3689
大洋洲	13	226	−8	−55	875	−99	952

注：正值表示碳排放，负值表示碳吸收

情景 B2 中,全球各区域耕地、草地、林地相互转换累计碳排放量的模拟结果见表 8.18。日本、中东和北非地区耕地、草地、林地相互转换整体上发挥碳汇的作用,而其他国家(地区)的土地覆被类型转换整体上表现为碳源。情景 B2 中,多数区域耕地、草地、林地相互转换整体上造成 CO_2 的排放,以林地变为耕地、林地变为草地的碳排放为主。与多数区域不同,中东和北非地区耕地、草地、林地相互转换在情景 B2 中发挥了碳汇的作用,增汇 313 MtC,其中,耕地变为草地、耕地变为林地分别吸收固定 CO_2 267 MtC 和 77 MtC。亚撒哈拉地区、巴西和中美洲的碳排放规模在情景 B2 中相对较大,分别达到 7946 MtC、5122 MtC 和 1890 MtC,其中,林地变为耕地较其他土地利用变化类型的碳排放规模更大,亚撒哈拉地区、巴西和中美洲的碳排放量分别为 4133 MtC、3190 MtC 和 883 MtC。

与情景 B1 相比,由于农业部门补贴水平增加,多数区域耕地、草地、林地相互转换的碳排放规模有所减小。中国、俄罗斯、南美洲在情景 B2 中的排放量较情景 B1 显著下降,分别减少碳排放 4354 MtC、929 MtC 和 890 MtC,其他区域较情景 B1 的碳减排量相对较小。另外,相较于情景 B1,亚撒哈拉地区、巴西、美国、中美洲、南亚在情景 B2 中的累计排放规模有所上升,其中,亚撒哈拉地区、巴西的排放量分别较情景 B1 增加了 4257 MtC 和 3694 MtC,主要体现在了林地变为耕地、林地变为草地碳排放量增加,以及草地变为林地碳汇量减少。

表 8.18　情景 B2 区域农用地覆被类型相互转换累计碳排放　　　　(单位:MtC)

国家(地区)	林地变为草地	林地变为耕地	耕地变为草地	耕地变为林地	草地变为耕地	草地变为林地	合计
美国	693	1085	−23	0	49	−4	1800
欧盟	231	967	−161	−229	60	0	868
巴西	1897	3190	−10	0	46	−1	5122
加拿大	149	1147	−13	−22	16	0	1277
日本	1	29	−3	−40	1	0	−12
中国	1387	1572	−124	−383	205	−838	1819
印度	114	633	−1	−2	47	−10	781
中美洲	901	883	−5	0	120	−9	1890
南美洲	233	296	−174	−103	111	−331	32
东亚	12	55	−77	−45	96	−2	39
马来和印尼	122	657	−74	−389	1	0	317
东南亚	42	767	−1	−138	0	0	670
南亚	41	360	−1	−2	36	−2	432
俄罗斯	450	372	−76	−670	16	−3	89
东欧	50	274	−122	−220	60	−7	35
其他欧洲国家	6	17	−3	−3	1	−8	10
中东和北非地区	5	8	−267	−77	28	−10	−313
亚撒哈拉地区	3478	4133	0	0	557	−222	7946
大洋洲	13	161	−8	−52	851	−142	823

注:正值表示碳排放,负值表示碳吸收

表 8.19 说明了情景 B3 中全球各区域耕地、草地、林地相互转换累计碳排放模拟结果。由于补贴至林业部门的碳税收入增加，将近一半区域农业覆被类型转换累计碳排放量小于 0，达到增汇的目的，如巴西、日本、中国、中美洲、南美洲、东南亚、东欧、其他欧洲国家、中东和北非地区。情景 B3 中所有区域的累计碳排放量较基准情景均有所减少，主要是因为耕地变为林地、草地变为林地累计碳汇量增加。中国、南美洲的土地利用变化实现增汇的目的，累计碳汇量分别达到 5007 MtC 和 4272 MtC。

表 8.19　情景 B3 区域农用地覆被类型相互转换累计碳排放　　　（单位：MtC）

国家(地区)	林地变为草地	林地变为耕地	耕地变为草地	耕地变为林地	草地变为耕地	草地变为林地	合计
美国	473	949	−17	0	73	−87	1391
欧盟	208	1062	−129	−160	85	−3	1063
巴西	640	1470	0	0	382	−3292	−800
加拿大	132	1102	−9	−17	16	0	1224
日本	1	29	−3	−35	1	0	−7
中国	0	0	−128	−1666	511	−3724	−5007
印度	10	444	−8	−95	66	−109	308
中美洲	0	341	0	−9	363	−898	−203
南美洲	7	102	0	−9	228	−4600	−4272
东亚	9	84	−16	−10	96	−16	147
马来和印尼	22	643	−1	−113	7	−71	487
东南亚	31	492	0	−10	332	−1392	−547
南亚	1	238	0	0	64	−29	274
俄罗斯	213	440	0	0	53	−442	264
东欧	7	259	0	−268	90	−388	−300
其他欧洲国家	0	17	0	0	2	−28	−9
中东和北非地区	5	8	−160	0	28	−10	−129
亚撒哈拉地区	66	2556	0	−48	975	−1445	2104
大洋洲	13	150	−8	0	849	−190	814

注：正值表示碳排放，负值表示碳吸收

8.8　作为治理手段碳税政策情景模拟结果

本书主要探讨了碳税作为全球气候治理政策时，宏观经济、碳排放、农业土地利用变化及全球升温的变化情况。总体上，碳税治理方案中包含了三种碳税收入的使用方式，分别是碳税收入作为一般性财政收入、碳税与技术进步协同减排和碳税收入补贴至农业部门，下文将从这 3 个反面总结本书的研究结论。

8.8.1　碳税收入作为一般性财政收入

碳税收入作为一般性财政收入时，全球碳排放总量较基准情景下降明显，并带动全球升温幅度略有下滑。全球碳减排主要来自能源消耗碳排放规模的减小，而农业土地利用变化碳排放较基准情景略有上涨，主要表现在农用地非农化碳排放量增加。模拟初期，碳税政策在一定程度上阻碍了全球经济的发展，而在模拟后期，全球 GDP 有所回升。

在不同国家征收相同的碳税税率，且将碳税收入作为一般性财政收入时，美国、日本、欧盟等发达国家(地区)在征税初期经济小幅下滑，但在模拟中后期经济增长复苏，并好于未征税的基准情景。其中，日本和欧盟的经济增长尤为明显，但它们的碳减排规模有限，对全球升温控制的贡献较小，而美国的碳排放规模缩减明显。中国、印度、俄罗斯、马来西亚等发展中国家(地区)的碳排放量下降趋势显著，对全球碳减排做出了主要贡献，但这些地区经济增长持续受到碳税政策的负面冲击，为碳减排付出了沉重的经济代价，经济发展难以持续，经济安全受到威胁，这加剧了全球经济发展的不均衡性。可见在全球气候治理中，单纯地将碳税收入作为一般性财政收入在实现碳减排的同时，未能保障经济的良好发展。

8.8.2　碳税与技术进步协同减排

与碳税作为一般性财政收入相比，在碳税税率相同的前提下，碳税与技术进步协同减排的方案对全球升温的减缓作用稍弱，这主要是因为技术进步下能源消费的反弹效应。与碳税作为一般性财政收入不同的是，协同减排方案中，全球农业土地利用变化的累计碳排放量较基准情景减少，这主要是因为农用地非农化碳排放量减少。

在对碳税政策做了地域差异化处理、提高发达国家(地区)的碳税税率后，协同减排方案的碳减排效果更为显著，全球地表升温得到了更好的控制。在此情景下，除了俄罗斯，世界各区域在实现碳减排的同时，从协同减排政策中受益，经济增长好于未征税的基准情景。美国、中国、印度、俄罗斯对全球碳减排做出了主要贡献。尽管俄罗斯的碳减排规模较大，但其经济发展对碳税政策较为敏感，技术进步对经济增长的促进作用也难以弥补较高的碳税税率对经济发展带来的负面作用。

进一步研究发现，协同减排方案下，世界各区域化石能源行业在产业结构中的占比呈下降趋势，较为显著的是俄罗斯、中东和北非地区，它们均属于能源输出大国，能源行业在碳税政策冲击下发展受阻；各区域电力部门在产业发展中的地位提升，可见协同减排政策对能源结构的优化作用。发达国家(地区)的产业结构中，制造业占比下降，服务业占比上升，产业结构进一步升级，而发展中国家(地区)，特别是中国、印度等制造业大国，其产业结构中的制造业占比增加，服务业占比下降，可见协同减排政策使国际产业分工更为明确。

总体来看，碳税政策与技术进步的协同减排政策，考虑了区域经济发展的差异性，兼顾了气候治理的公平性，是一种有效、可行的全球气候经济治理政策。

8.8.3　碳税收入补贴至农业部门

从全球层面上来看，全球经济发展和能源消耗碳排放的变化主要受到征收碳税带来的影响，农业部门的补贴政策对它们的影响相对较小，但补贴政策在一定程度上削减了农业土地利用变化造成的碳排放。适当提高农业部门补贴水平，可加强全球土地利用变化的增汇作用，带来全球碳排放总量的下降。其中，农业覆被类型相互转换造成的碳排放会随着补贴规模的增大而减小，而农用地非农化的碳排放量随着补贴水平的提高略有增加。

部门间碳税收入的分配比例对补贴政策的增汇效果有较大的影响。补贴政策偏向于林业部门，草地变为林地碳汇量的大幅上涨，土地利用变化的增汇效果要优于碳税收入在部门间的平均分配。

农业部门的补贴政策对区域 GDP 的影响有限。区域能源消耗碳排放在补贴情景中变化较小，区域碳排放总量的变化主要受各区域农业土地利用碳排放的影响。相较于各区域非农化累计碳排放的变化，耕地、草地、林地相互转换导致的累计碳排放变化更为明显。多数区域中，林业部门获取较多的碳税收入会使农业土地利用变化碳排放大幅减少，如美国、巴西、南亚、亚撒哈拉地区、加拿大、中国、印度、中美洲、南美洲、东南亚、其他欧洲国家、中东和北非地区、大洋洲，其中，中国和南美洲的碳汇规模相对较大。欧盟、日本、东亚、马来和印尼、俄罗斯、东欧在情景 B2 中的累计碳排放量最小，这是因为在情景 B2 中这些区域耕地变为林地碳汇量增加、林地变为耕地碳排放量减少。

8.9 关于税收驱动治理讨论与结论

8.9.1 讨论

在本书中，我们结合 IAM 模型的气候模块用多区域多部门动态 CGE 模型作为经济模块，完成了包含土地利用变化、财税政策和技术进步政策的 IAM 气候治理模型的研发，这些研究主要得到以下结论。

本书以碳税政策为驱动，将碳税收入用于农业部门土地投入的补贴，通过比较三种补贴情景下宏观经济、碳排放和全球升温的模拟结果，分析农业部门的补贴政策对经济发展和碳排放的影响，得到如下结论。

从全球层面上来看，全球经济发展和能源消耗碳排放的变化主要受到征收碳税带来的影响，农业部门的补贴政策对它们的影响相对较小，但补贴政策在一定程度上削减了农业土地利用变化造成的碳排放。补贴水平较低时，农业土地利用变化碳排放呈现先上升后下降的变化趋势，随着农业部门补贴水平的提高，土地利用变化的增汇作用加强，并带来全球碳排放总量的下降。其中，耕地、草地、林地相互转换造成的累计碳排放量会随着农业部门补贴规模的增加而减少，而农用地非农化的碳排放量随着补贴水平的提高略有增加。

碳税收入在种植业、畜牧业、林业 3 个部门之间的分配比例对补贴政策的增汇效果有较大的影响，补贴收入平均分配至 3 个部门时，土地利用变化的碳汇量相对有限，补贴政策偏向于林业部门时，土地利用变化的增汇效果显著，主要表现为草地变为林地碳汇量大幅上涨。情景 B3 中，2050 年全球的碳排放总量较基准情景减少了 18.2%，远大于情景 B1 和情景 B2 的减排幅度。碳排放量的变化直接影响全球大气的升温幅度，模拟结果表明，补贴政策向林业部门倾斜具有最佳的温控效果。

从各区域的模拟结果来看，农业部门的补贴政策对区域 GDP 的影响有限。区域能源消耗碳排放在补贴情景中变化较小，区域碳排放总量的变化主要受各区域农业土地利用碳排放的影响。相较于各区域非农化累计碳排放的变化，耕地、草地、林地相互转换导致的累计碳排放量变化更为明显。多数区域中，林业部门获取较多的碳税收入会使农业土地利用变化碳排放量大幅减少，如美国、巴西、南亚、亚撒哈拉地区、加拿大、中国、印度、中美洲、南美洲、东南亚、其他欧洲国家、中东和北非地区、大洋洲，其中，中国和南美洲的碳汇规模相对较大。欧盟、日本、东亚、马来和印尼、俄罗斯、东欧地区在情景 B2 中的累计碳排放量最小，这是因为在情景 B2 中，这些区域耕地变为林地碳汇量增加、林地变为耕地碳排放量减少。

然而，本书仅仅考虑以税收作为治理驱动手段，可能不全面。而且作为一个模拟成果，受到数据采集的困难及我们经验的限制，还会有些不足，需要进一步讨论以下内容。

首先，自然资源和农业生态区均为有限资源，其供应量会随着生产投入的变化动态调整，书中设定它们的供给量在模拟期间保持不变，这与实际情况不相符，因此，下一步工作需要在模型中引入资源约束和供给的动态化调整机制，完善 IAM 模型的经济模块。另外，书中采用的简化 GCM 模块对整个生态系统的碳循环机制做了高度简化，这会降低全球升温模拟的准确度，以后可以对其进一步完善。

其次，本书模拟文中参数的取值直接使用 GTAP 第八版数据库提供的数据，且这些参数在模拟期间保持不变，这会对长期模拟结果造成一定的影响，因此，下一步工作需要对替代弹性、折旧率等参数进行校准和更新。

最后，本书设计的碳税征收和返还机制较为简单，且模拟过程中碳税税率和返还权重固定不变。实际上，区域碳税政策的制定需要在综合考虑区域经济发展、减排目标、能源结构等多方面因素的基础上，进行最优碳税税率的设定，而且最优税率在模拟过程中存在动态调整的机制，这些在本书的模拟中没有体现，还需要进一步补充。对于碳税返还，模型中应尝试更加合理的动态分配机制，以确保碳税返还的公平性和合理性。

8.9.2　关于税收驱动治理的结论

本章以碳税政策为驱动，将碳税收入用于农业部门土地投入的补贴，通过比较三种补贴情景下宏观经济、碳排放和全球升温的模拟结果，分析农业部门的补贴政策对经济发展和碳排放的影响，得到如下结论。

从全球层面上来看，全球经济发展和能源消耗碳排放的变化主要受到征收碳税带来的影响，农业部门的补贴政策对它们的影响相对较小，但补贴政策在一定程度上削减了农业土地利用变化造成的碳排放。补贴水平较低时，农业土地利用变化碳排放呈现先上升后下降的变化趋势，随着农业部门补贴水平的提高，土地利用变化的增汇作用加强，并带来全球碳排放总量的下降。其中，耕地、草地、林地相互转换造成的累计碳排放量会随着农业部门补贴规模的增加而减少，而农用地非农化的碳排放量随着补贴水平的提高略有增加。

碳税收入在种植业、畜牧业、林业 3 个部门之间的分配比例对补贴政策的增汇效果有较大的影响，补贴收入平均分配至 3 个部门时，土地利用变化的碳汇量相对有限，补贴政策偏向于林业部门时，土地利用变化的增汇效果显著，主要表现为草地变为林地碳汇量的大幅上涨。情景 B3 中，2050 年全球的碳排放总量较基准情景减少了 18.2%，远大于情景 B1 和情景 B2 的减排幅度。碳排放量的变化直接影响全球大气的升温幅度，模拟结果表明，补贴政策向林业部门倾斜具有最佳的控温效果。

从各区域的模拟结果来看，农业部门的补贴政策对区域 GDP 的影响有限。区域能源消耗碳排放量在补贴情景中变化较小，区域碳排放总量的变化主要受各区域农业土地利用碳排放的影响。相较于各区域非农化累计碳排放量的变化，耕地、草地、林地相互转换导致的累计碳排放量变化更为明显。多数区域中，林业部门获取较多的碳税收入会使农业土地利用变化碳排放量大幅减少，如美国、巴西、南亚、亚撒哈拉地区、加拿大、中国、印度、中美洲、南美洲、东南亚、其他欧洲国家、中东和北非地区、大洋洲，其中，中国和南美洲的碳汇规模相对较大。欧盟、日本、东亚、马来和印尼、俄罗斯、东欧地区在情景 B2 中的累计碳排放量最小，这是因为在情景 B2 中，这些区域耕地变为林地碳汇量增加、林地变为耕地碳排放量减少。

第三篇　INDC 治理模式下中国与美国能源使用演化减排路径

第 9 章　INDC 治理

9.1　应对气候变化合作

为应对气候变化需要全球合作，基于这个认识，1992 年 6 月，第一个以全面控制 CO_2 等温室气体排放来应对全球变暖现象的公约《联合国气候变化框架公约》于巴西里约热内卢通过，揭开了应对全球气候变化问题的国际合作序幕。从此，应对气候变化问题的国际谈判每年按时召开。

《京都议定书》是其中影响较大的减排协议，于 1997 年在 UNFCCC 第三次会议上签订，它以自上而下的方式规定了发达国家到 2012 年的减排目标，第一次量化规定了发达国家应承担的减排责任。然而《京都议定书》因不包括发展中国家，且伴随着美国、加拿大的相继退出，并未达到应有的限制排放作用。根据各国 2012 年实际温室气体的排放数据，大部分《京都议定书》中附件 B 中所包括的国家。即《议定书》的谛约方国家并未满足《京都议定书》中规定的减排目标。因《京都议定书》第一承诺期于 2012 年结束，2009 年的哥本哈根世界气候大会旨在建立一个在后京都议定书时期的全球性气候协议，并强调环境目标是将升温控制在较前工业化水平的 2℃以内。此次峰会后，部分缔约方提出了新的减排目标，这一目标在 2010 年召开的坎昆会议上得到了批准 (UNFCCC，2015)。各国虽分别于 2011 年的德班世界气候大会和 2012 年的多哈世界气候大会上，提议在 UNFCCC 基础上建立一个新的全球排放协议，或者将《京都议定书》延长到 2013~2020 年的第二承诺期，但在各国具体减排责任上并未达成共识(Moore，2012；UNFCCC，2012，2013)。

在 2015 年 12 月举行的第 21 届联合国气候变化大会上，《巴黎协定》获得了 UNFCCC 近 200 个缔约方的一致同意(UNFCCC，2016)，至此，涵盖面最广、减排期延长，且获得一致同意最多的气候协议得到建立。与《京都议定书》不同，《巴黎协定》以自下而上的方式，由每个成员国根据自身国家的实际情况，结合全球升温控制目标，提出国家自主贡献预案(intended nationally determined contribution，INDC)。早在 2014 年召开的利马气候大会上，各缔约方一致认为自主减排目标将作为 2020 年后各国减排行动的基础，并通过了自主减排目标设立的基本原则。2015 年第一季度，各主要大国先后向 UNFCCC 秘书处递交了自主减排报告，成为《巴黎协定》设立的基础。《巴黎协定》几乎覆盖了所有国家，且由各国根据自身经济、社会、发展的实际情况，提出符合国家自身情况的减排目标，保证了每个参与国的减排意愿性和实施有效性，具有较大的突破性和实际意义。接下来，各国如何实现各自承诺的减排目标成为需要进一步研究的问题。

不幸的是，曾经积极推动减排 CO_2 的美国，在新一届的特朗普政府上台后，于 2017 年 7 月 4 日通知联合国，美国正式退出《巴黎协定》，在这个情况下，我们有必要研究

INDC 治理模式可能对美国产生的影响。实际上，作为另一个减排的积极倡导者——中国，在 INDC 减排目标下也受到一系列挑战。为此，作为基础性研究，我们研究在 INDC 目标下，按 INDC 的减排治理模式可能出现的能源结构使用演化减排路径，或者说，相应的能源利用发展路线。为此，我们需要考察影响碳排放的因子。

9.1.1 影响碳排放的主要因素

为研究实现 INDC 目标的具体减排路径，首先需要明确各种排放源及其排放量。CO_2 作为最主要的温室气体，占据了温室气体总排放量的 76% 左右(以 2010 年的数据为例)。CO_2 来源可分为自然排放与人为排放。其中，自然排放包括：分解、海洋释放和呼吸作用，人为排放则受到人口规模、经济活动、生活方式、能源使用、土地使用方式、技术及环境政策等多方面的影响。人为排放量虽小于自然排放量，但这一排放量因无法被自然吸收而逐渐破坏自然平衡。从根源来看，人为 CO_2 排放量主要是由产业部门内化石能源的燃烧引起的(Lackner et al.，2017)。

IPCC(2013)认为，产业部门产生了全球 21% 的直接 CO_2 排放量，若包含电力消费等非直接排放，这一比例将上升到 32%，超过林地、耕地、草地使用排放的总和。Le Quéré 等(2013)指出，人为 CO_2 排放中有 87% 来自于煤、石油、天然气等化石燃料的燃烧，9% 来自于森林砍伐和其他土地使用，剩余 4% 来自于工业过程，如水泥生产过程。1970 年后，化石燃料燃烧导致的累积 CO_2 排放已增至 3 倍，林地和其他土地利用导致的累积 CO_2 排放增长约 40%(IPCC，2014a)。Bennett 和 Page(2015)认为造成化工行业排放较多 CO_2 的主要原因是其占据了全球产业能源使用量的 30%。

伴随着以中国和印度为主的发展中国家的经济快速发展，能源消费量也在快速增加。通过化石能源绝对使用量的减少来降低温室气体排放量的手段并不现实(Chen et al.，2017)。因此，迫切需要调整能源结构——化石能源与清洁能源使用相对量及化石能源各燃料使用相对量以减少温室气体排放。煤与石油和天然气相比，具有更高的碳排放因子。每燃烧 1 t 煤炭，将产生大约 2.5 t 的 CO_2(Defra，2014)。在全球一次能源消费中，煤炭虽然占 1/3，但却排放了 43% 的 CO_2，分别比石油和天然气高出 17% 和 23%(IEA，2012)。能源结构决定能源供给时化石和非化石能源的使用量，以及化石能源内部各燃料的使用量，对减少 CO_2 排放起着至关重要的作用。徐国泉等(2006)基于平均权重 Divisia 分配法，结合碳排放基本等式认为，中国若不从根本上改变以煤炭为主的能源结构，碳排放将很难得到抑制。李玉敏和张友国(2016)采用 LMDI 方法对中国 30 个省(自治区、直辖市)2000~2012 年的碳排放量进行空间解析，认为进一步提高能源使用效率和优化能源结构是未来控制碳排放量的重点。Matsumoto 和 Añel(2015)在可计算一般均衡模型(CGE)中采用代表性浓度路径(representative concentration pathways)方法，认为中国能源结构需要从以化石能源为主向以可再生能源和核能为主转变。同时，煤炭使用量应大幅度降低以减少温室气体排放。

为此，本书从能源部门出发，基于对能源部门的详细刻画，探究各国如何在不大幅减少能源使用量的情况下，通过能源结构的调整完成 INDC 目标，具有较强的可行性和现实意义。一方面可以作为国家能源结构调整路径的发展借鉴，另一方面又可以反映不同清洁能源发展趋势，以及在发展过程中可能遇到的问题。

9.1.2　中美碳排放趋势与能源结构现状

作为最大的发达国家与发展中国家，美国与中国的碳排放总量在两大阵营中均排名第一。两者的碳排放总量在全球排放量中的比重呈不断上升趋势，从 1990 年的 35%提高到 2014 年的 44.2%，将近占全球的二分之一。中国与美国的未来排放成为世界各方关注的焦点，其减排力度、方式和成效，不仅对控制全球温室气体排放具有至关重要的作用，同时能为其他国家的减排提供指导和借鉴。为此，本书重点以中国和美国为研究对象，具有较强的针对性。

1. 中国和美国碳排放现状

根据《BP 世界能源统计年鉴》2016 版的各国 CO_2 排放量数据，2006 年中国已超越美国成为全球第一大 CO_2 排放国。中国、美国 2000～2014 年的 CO_2 排放量和占世界排放量的比例如图 9.1 所示。美国 CO_2 排放量自 2005 年起，改变了原先稳步上升的态势，呈震荡下降趋势。美国 2000 年 CO_2 排放量为 59.8 亿 t，2005 年排放量较 2000 年上涨 0.3 亿 t，达到 61.1 亿 t，2014 年为 56.3 亿 t，相比 2000 年下降 0.6 亿 t。美国 CO_2 排放量占世界的比例持续下降，从 2005 年的 21.4%下降到 2014 年的 16.8%。

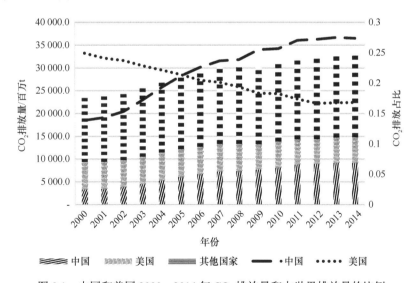

图 9.1　中国和美国 2000～2014 年 CO_2 排放量和占世界排放量的比例

中国与美国相比，排放量持续增加，且占比也在不断上升。自进入 21 世纪以来，中国 CO_2 排放量稳步上升。在 2014 年，CO_2 排放量已达 91.7 亿 t，是 2005 年 60 亿 t 排放量的约 1.5 倍。中国 CO_2 排放量占比呈持续上升趋势，且在 2003～2007 年占比增长较快，已从 2005 年的 21.2%上升到 2014 年的 27.4%。但从累积 CO_2 排放量来看，虽然随着近几年，中国排放量赶超美国导致差距逐渐缩小，但 1965～2014 年美国累积 CO_2

排放量达到 2589 亿 t，约为中国 1600 亿 t CO$_2$ 排放量的 1.62 倍。

从两者总排放量占世界的比例来看，由于中国排放量的上升趋势快于美国的下降趋势，中国与美国整体排放占比持续上升。截至 2014 年，中国与美国排放量之和已占据世界总排放量的 44.2%。

2. 能源消费总量

中国与美国 2000～2014 年能源消费总量和占世界比例如图 9.2 所示。中国能源消费总量持续上升。2005 年，中国一次能源消费量为 1794 Mtoe，占世界消费总量的 16.4%。2009 年中国取代美国成为一次能源消费量最多的国家。2014 年，中国继续占据着一次能源消费总量世界第一的地位，消费总量达到 2970.3 Mtoe，与 2005 年相比增长近 66%，占世界一次能源消费总量的 22.8%。与中国能源消费总量快速上涨不同，美国能源消费总量在 2300 Mtoe 附近震荡徘徊。因为世界能源消费总量不断上升，美国能源消费总量占世界比例不断下降。2005 年美国能源消费总量为 2350 Mtoe，占世界的 21.5%，2014 年一次能源消费总量相比于 2005 年下降 50 Mtoe，为 2300 Mtoe，占世界的比例下降到 17.7%。从中国和美国消费总量占世界的比例来看，由于中国消费总量上升趋势快于美国下降趋势，中国与美国整体消费占比呈上升状态，从 2005 年的 37.9% 上升到 2014 年的 40.5%。

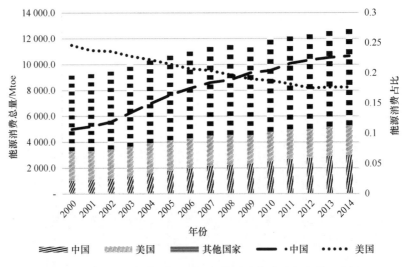

图 9.2　中国和美国 2000～2014 年能源消费总量和占世界比例

3. 能源消费结构

从能源消费结构来看，煤炭在中国一次能源消费中，一直占据较大比例。在 2005 年的占比达到 74%，2014 年仍达 66%。化石能源(煤、石油、天然气)使用量一直高于 90%，其中，含碳量较高的煤炭和石油消费占比为 85% 左右。正是中国对化石能源消费的依赖，导致 CO$_2$ 排放持续上升，对完成碳减排目标造成一定困难。调整、改变不合理的能源结构成为中国实行低碳发展模式的重要途径。与高度依赖化石能源消费的中国不同，美国煤炭、石油、天然气和清洁能源的消费比例大致保持在 2∶4∶3∶1。高含碳能源(煤炭和石油)的使用占比从 2005 年的 64% 下降到 2014 年的 56%。与此同时，天然气与清洁能源的消费量持续上升，分别增加 6 个百分点和两个百分点。中国和美国 2005～2014 年能源消费结构分别如图 9.3 和图 9.4 所示。

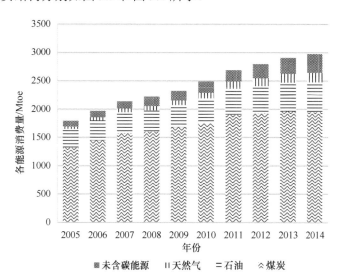

图 9.3　中国 2005～2014 年能源消费结构(据 BP statistical review of world energy，2016)

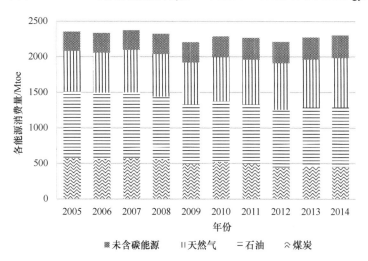

图 9.4　美国 2005～2014 年能源消费结构(据 BP statistical review of world energy，2016)

　　中国的清洁能源在近十年得到快速发展(表 9.1)，从 2005 年的 103.5 Mtoe 增加到 2014 年的 324.7 Mtoe，增幅达到 3 倍以上，且 2009～2014 年的增速显著快于 2005～2009 年。从清洁能源内部结构来看，太阳能和风能发电技术得到迅猛发展：太阳能发电从无到有，2014 年发电量达到 5.2 Mtoe；风能发电从 0.44 Mtoe 提高到 36.2 Mtoe，扩张了 80 多倍。此外，水电和核电技术同样发展迅速，由于基数较大，虽然两者增速不及风电和光电，但增量显著：2005～2014 年，水电增加了 150 Mtoe 左右，核电增加了 18 Mtoe。其他清洁能源也呈不断增加趋势。从各清洁能源品种的占比来看，水电始终处于主导地位，近年来，随着其他新能源的快速发展，比重下降明显，从 86.8%降至 74.8%，下降了 12 个百分点。核电由 2005 年的第二大清洁能源退居第三位，比重下降了 3 个百分点，从 11.6%降至 9.2%；风能的比重到 2014 年达到 11.1%，成为第二大清洁能源品种。

表 9.1　中国清洁能源技术发展状况

项目	核电	风电	太阳能电	水电	其他	清洁能源总量
中国(2005 年)/Mtoe	12.0	0.44	—	89.8	1.22	103.5
中国(2009 年)/Mtoe	15.9	6.2	0.063	139.3	4.71	166.2
中国(2014 年)/Mtoe	30.0	36.2	5.2	242.8	10.5	324.7
2005 年占比/%	11.6	0.4	—	86.8	1.2	
2014 年占比/%	9.2	11.1	1.6	74.8	3.3	
2005～2014 年变动率/%	+150	+8111	+8180	+170	+760	+214

美国 2005～2014 年清洁能源使用量与中国相比增长缓慢，虽然 2005 年清洁能源使用量比中国高出一倍之多(表 9.2)，达到 268.77 Mtoe，但 2014 年中国清洁能源使用量已经超过美国。2017 年特朗普政府已经决定放弃奥巴马政府的清洁能源政策，更加令人担忧。从清洁能源内部结构来看，风能和太阳能发展较为迅猛，分别增长了 9 倍和 36 倍之多。风能使用量从 2005 年的 4.1 Mtoe 增长到 2014 年的 41.5 Mtoe。美国首次使用太阳能虽比中国早 20 年，但 2006 年前，发展缓慢，使用量均低于 0.2 Mtoe。2006 年后，随着太阳能技术的不断发展和发电技术成本的下降，2014 年太阳能使用量上升为 6.22 Mtoe。核能和水电消费量在近十年相对稳定：核电消费在 190 Mtoe 左右，水电消费大约为 60 Mtoe。其他清洁能源使用量也呈上升趋势。从各清洁能源品种的占比来看，美国相比于中国更多依赖核能，占比在 2005 年达到 70%。随着风能和太阳能占比的增加，2014 年核能占比下降到 60%，但依旧占据着第一大清洁能源品种的地位。风能占比从 1.51%上升到 13.1%，增长了近 11 个百分点，成为第三大清洁能源品种，与第二大清洁能源品种水电相差 5 个百分点。

表 9.2　美国清洁能源技术发展状况

项目	核电	风电	太阳能电	水电	其他	清洁能源总量
美国(2005 年)/Mtoe	186.3	4.1	0.17	61.8	16.4	268.77
美国(2009 年)/Mtoe	190.3	16.9	0.47	62.5	16.6	286.77
美国(2014 年)/Mtoe	189.9	41.5	6.22	59.3	19.0	315.92
2005 年占比/%	69.32	1.51	0.06	23.00	6.11	
2014 年占比/%	60.1	13.1	2.0	18.8	6	
2005～2014 年变动率/%	+2	+920	+3572	−4	+15.8	+17.6

总体来看，中国在清洁能源的使用上发展较快，速度高于美国。但因其高度依赖化石能源的结构未发生根本改变，能源结构依旧存在较大的不合理性。因此，本书以中国和美国为研究对象，从能源结构视角，模拟分析实现 INDC 目标下的能源结构演化路径。

9.2　研　究　现　状

9.2.1　INDC 评价研究现状

当前，已有 164 个国家提交了自主减排目标报告，覆盖全球大约 90%的温室气体排放。INDC 的研究主要分为两个方面：一是从全球尺度，评估 INDC 目标的升温控制效果，即是否能够满足 2100 年控温 2℃或 1.5℃目标的需要。Peters 等(2015)利用累积 CO_2 排放量，以中国、美国、欧盟为主要研究对象，评估各国提出的 INDC 目标是否可以被认为是"有抱负的目标"，即有 66%的可能性在 2100 年实现 2℃温控目标。并利用现期排放和人均平等两种分配原则对 INDC 目标进行公平性评价。他们认为，各国提出的 INDC 目标既不是有抱负的目标，也不公平。若以实现 2℃目标的排放量为基准，中国、美国和欧盟的 2030 年承诺排放量将迫使其余国家人均排放量低于它们的 7～14 倍。Fawcett 等(2015)和 Iyer 等(2015)应用全球变化评估模型(global change assessment model，GCAM)在不同模拟情景下分析了 INDC 对能源和经济的近期和长远影响，并评价了 INDC 对完成长期气候目标的作用。他们认为，INDC 降低了 2100 年出现极端高温的可能性，并增加了将温度控制在 2℃以内的可能性；对于能源方面的影响，INDC 的实现能够分别以 50%和 34%的可能性在 2030 年后延长能源设备使用寿命和增加装机容量。Fujimori 等(2016)在长期减排目标的情景下，应用亚太整合模型(asia-pacific integrated model)分析了 2030 年短期减排目标影响和长期(2030～2100 年)减排情景。他们强调如果 2030 年的排放量与各国提出的 INDC 目标保持一致，为实现 2100 年的目标，各国需要在 2030～2050 年完成更加激进的减排目标，在 20 世纪后 50 年甚至必须出现负排放。

二是从国家角度出发，针对某一国家提出的整体 INDC 目标或 INDC 目标的某一方面进行分析和评价。He(2015)重点关注中国提出的能源目标，到 2030 年非化石能源使用量占一次能源使用量的 20%。他认为这一目标意味着中国非化石能源在 2030 年的供应量会达到 2005 年的 7～8 倍，年增长率超过 8%；2030 年，中国非化石能源装机容量甚至会超过美国总能源装机容量。中国要想实现这一目标，必须加大力度促进能源技术创新和能源系统改进。Rajao 和 Soares-Filho(2015)认为，巴西现今的政策和行动：禁止亚马逊热带雨林的非法砍伐和实施环境保护份额的市场交易(environmental reserve quotas，CRA)，不足以保证其提出的 2030 年较之 2005 年减排 43%的 INDC 目标，需在此基础上通过额外的保护政策，如生态服务补偿和保护区域扩张等方式保证 INDC 目标的实现。Pulla(2015)通过对印度人口、排放、经济、能源系统、森林面积等情况的研究认为，印度提出的到 2030 年排放强度较之 2005 年减排 33%～35%的目标相对容易完成。在电力能源供给中有 40%来自于非化石能源发电的目标和通过扩大森林面积增加碳汇能力的目标相对较为激进。

虽然有大部分文章对各国提出的 INDC 目标进行了分析和评价，首先他们主要以整体宏观影响分析为主，重点关注各国提出的 INDC 目标对完成 2100 年全球控温目标的影响，以及为满足 2100 年的目标，2030 年以后各国需保证的减排力度。其次，在研究特定国家 INDC 目标时，主要基于现状、行动、措施等定性分析，缺少应用定量分析方法研究各国可能的减排路径；忽略了在减排过程中，各国仍会努力以最优方式减排的意愿，以及这一减排可能对经济总量和结构产生的影响。

9.2.2　减排路径研究现状

当前国内外主要通过减排政策、区域尺度、产业结构、能源结构等方面对减排路径进行研究。能源结构因决定化石能源使用量而对温室气体排放具有更加直接的作用。当前基于能源结构研究减排路径的文章主要可以分为全球温室气体排放尺度和微观国家排放尺度两个方面。Vaillancourt 等(2008)利用以能源技术为基础的 MARKAL 模型分析了在 CO_2 浓度不高于 550ppm 的目标下，各国未来经济增长、减排成本和能源技术的发展情况。Leimbach 等(2010)利用 REMIND-R 模型分析了为满足温室气体不超过 550ppm 和 400ppm 情景下的技术发展趋势。Bauer 等(2012)重点分析了 CO_2 浓度低于 450ppm 目标下的能源技术限制，他们认为，限制可再生能源和 CCS 技术的使用将大幅度提高减排成本。这类研究重点在刻画能源部门的基础上，结合气候目标的约束模拟未来能源技术发展、能源结构优化和排放路径，为本书提供了模型基础。但他们主要基于全球尺度，以 2100 年控温目标和 CO_2 浓度目标为研究对象，缺少了对微观国家减排路径的研究。

为弥补上述不足，部分学者对具体国家的减排路径进行了分析。Mirzaesmaeeli 等(2010)应用多阶段混合整数线性规划(mixed-integer linear programming，MILP)模型，在满足能源需求和 CO_2 减排目标约束下，研究了加拿大安大略电力系统能源技术的发展趋势。曾繁华等(2013)研究了碳排放和能源约束对经济增长的影响，并基于这一影响，探讨了能源结构调整和减排路径设计。Matsumoto 和 Añel(2015)运用 CGE 模型分析了在减排影响下中国能源结构和能源安全的调整，认为，中国为达到减排目标需改变以化石能源为主的能源结构，依靠核能和可再生能源进行替代。Wang 等(2016)构建了在保证能源需求与能源供给平衡状态下的，以最小化能源成本为目标的混合模型，分析中国未来的能源结构演变和碳排放趋势，并与中国的 INDC 目标进行对比分析。他们认为，依靠核能对煤炭的替换，中国可以在 2025 年达到碳排放高峰，但非化石能源占一次能源的消费占比在 2030 年仍小于 20%。关于研究各国减排路径的文章，大多以中国为主要研究对象。且这些研究侧重于理论和模型，与现实中中国提出的减排目标联系较弱。

中国在 2015 年 6 月和 2016 年 12 月分别提出了 INDC 目标和能源发展"十三五"规划，在两者约束下进行中国减排路径研究的文章屈指可数。Yang 等(2016)在 2030 年 CO_2 达到排放高峰、2020 年能源强度较之 2005 年下降 40%～45%，以及非化石能源占总能源消费达到 15% 的 INDC 目标下，分析了中国 CO_2 排放趋势及化石能源消费变化。但并未包括 2020 年的能源目标，且其重点研究化石能源结构的变化，忽略了清洁能源的结构调整。与此同时，美国作为发达国家的第一温室气体排放国，对其减排路径的模拟分析对其他国家同样具有较强的指导和借鉴意义。

9.3　治理需要突破的问题

全球碳排放治理模式,在中国等发展中国家高速发展时期,通过降低能源消费总量达到减少 CO_2 排放的目的是不可行,且不易被接受的。治理的一种模式就是对能源进行结构调整,它的目的是,可以在不大幅度减少能源总消费量的情况下,通过调整化石、非化石能源使用量,以及化石能源内部各燃料使用量,达到合理调整能源结构和减少 CO_2 排放的双重作用。这更易被国家所认可、接受和实施。因此,研究各国如何通过能源结构的演变来实现自主减排目标是减排 CO_2 全球治理的重要课题。

目前,首先虽然已有不少文献围绕碳减排治理目标,对各国提出的 INDC 目标进行研究分析,但其多集中于整体效果评估,忽略了各国如何完成自身 INDC 目标的治理实现。其次,针对各国 INDC 的文章多以定性分析为主,鲜有应用定量分析研究各国完成围绕 INDC 目标治理的可行性及为完成目标所需做出的相应调整。关于能源结构优化调整的文章中,大部分也因缺少 INDC 目标的约束,缺乏时效性。且这类文章多以中国为研究对象,缺乏对发达国家排放大国——美国的研究。因此,本书重点研究中国和美国提出的自主减排治理目标及中国能源 2020 年目标的可行性,以及在这一治理约束下,中国和美国的能源结构演化趋势、经济增长变动趋势及各能源技术对减排的贡献,这些成为本项研究工作需要突破的一个主要问题。

第10章　面向治理的能源-经济-环境模型构建

10.1　模型构建基础

自工业革命以来，能源就成为经济发展和人类生存的基础。在20世纪70年代爆发的石油危机、大气污染、气候变暖背景下，能源-经济-环境(energy-economy-environment，3E)耦合系统(简称3E系统)的研究正用于气候变化治理，逐渐受到人们重视。经过近50年的发展，关于3E系统的综合评估模型在能源消费预测、能源结构演变、能源成本分析、减排节点选择及气候政策评估方面有着广泛应用，这也使得3E评估模型成为研究气候变化治理、气候政策影响的主流工具(Dowlatabadi，1995)。

关于3E系统的模型构建，可以分为三种方式：一是"自顶向下"(top-down)，该方法主要源自宏观经济模型。从宏观经济角度出发，通过能源投入与经济产出的生产函数关系，分析能源消费对经济增长的影响问题。同时根据能源与环境间的设定，考察能源消费对环境变化的影响，主要包括投入-产出模型和可计算一般均衡模型(computable general equilibrium，CGE)。二是"自底向上"，该方法从工程角度出发，对能源技术进行详细描述和刻画。通过对技术创新的预测、不同能源间替代作用的评估及新能源的使用，选择具有成本优势的能源技术，以满足成本最小化和减排目标的需要(邓玉勇等，2006)。例如，国际能源署(International Energy Agency，IEA)的MARKAL模型、国际应用系统分析研究所(International Institute for Applied Systems Analysis，IIASA)的MESSAGE-IV模型，以及美国能源部(DOE)的SAGE模型等。

这两种模型构建方法都存在一定的不足。"自顶向下"模型忽略了能源技术的不同与发展，资源消耗原因不明确，"自底向上"模型缺乏对一般经济和非技术市场的反馈机制，不利于经济分析。第三种模型构建方法是将"自顶向下"和"自底向上"相结合的混合能源模型(hybrid model)。该方法在保留两种方法优势的同时，弥补了各自的不足和缺陷。

Manne(1977)最早构建了ETA-MACRO混合能源模型，在包括简单宏观经济部门的基础上，对能源技术进行了细分。Hamilton等(1992)将对能源技术有详细描述的MARKAL模型与描述长期经济增长的MACRO模型相结合，构建了MARKAL-MACRO模型。内生化能源需求研究能源成本对资本积累和经济增长的影响作用，以及能源技术间替代关系对能源需求的影响作用。高鹏飞等(2004)和陈文颖等(2004)构建了中国MARKAL-MACRO模型，分别用来研究中国CO_2边际减排成本和中国能源系统变化。Messner和Schrattenholzer(2000)通过软连接的方式，将跨期能源系统优化分析模型MESSAGE与宏观经济模型MACRO相结合，构建了MESSAGE-MACRO模型。MESSAGE模型首先将计算出的能源供给总成本和边际成本，通过价格传导机制传送给

MACRO 模型，MACRO 模型根据最优效用目标，计算出相应的调整能源需求，并将这一需求反馈给 MESSAGE 模型以重新调整价格。以此循环往复，最终达到能源需求与价格的稳定平衡(IIASA，2013)。在 Bosetti 等(2006)构建的 WITCH 混合模型中，能源部门考虑了多种能源技术，以及各能源的技术进步。对于可以较好地分析某一政策对各部门经济影响的 CGE 模型来说，引入技术细节在理论上同样是可行并可以求解的(Christoph et al.，2003；Böhringer and Rutherford，2009)。McFarland(2004)和 Wing(2007)通过细化 CGE 模型中的电力部门，分析了美国限制 CO_2 排放的成本，以及煤电和碳固存组合的发展前景。Wang 等(2016)构建了在保证能源需求与能源供给平衡状态下的，以最小化成本为目标函数的混合模型，分析中国未来 CO_2 排放和能源结构变化趋势。

在模型选择方面，考虑到模型的灵活性与可解性，本书构建了宏观经济模型与动态能源优化模型相耦合的，以"软连接"为基础的 3E 模型。该模型在保证经济增长与能源投入间动力学机制的基础上，综合考虑了各能源技术间的替代作用和能源技术变化的内在驱动因素，寻求在满足减排目标时，使消费最大化的能源结构演化路径和经济增长趋势。具体模型结构如图 10.1 所示。换言之，这个 3E 模型在用于治理分析时，就是在保障经济系统目标的条件下，通过对能源系统的调整来完成气候变化治理目标。图 10.1 中，加了阴影的模块，就是治理工作的主要技术模块。这些模块参数的寻优或者调整，就是治理政策的要点。模型将要寻找的是经济花费最小的能源结构参数，完成治理。

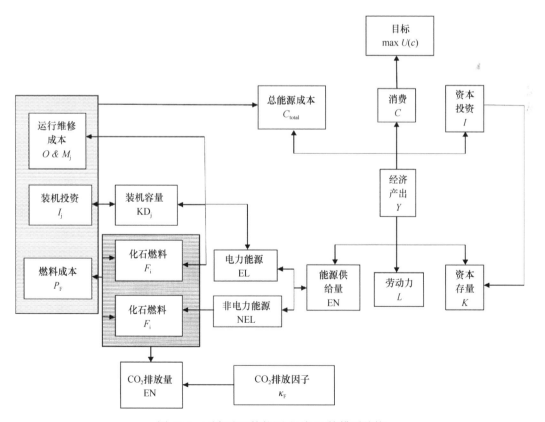

图 10.1 面向治理的能源-经济-环境模型结构

10.2　经　济　模　块

10.2.1　效用函数

气候变化和减排活动都会对经济产出造成影响，影响作为发展指标的消费效用程度。以最优化效用函数为最终求解目标的模型，有利于研究完成减排目标下的最优经济产出和能源结构演变路径。本书采用跨期替代弹性为 1 的常相对风险规避效用函数 $\left[u(c_t) = \dfrac{c_t^{1-\theta}-1}{1-\theta} \right]$，即对数型效用函数。多数模型以对数化人均消费表示效用，总效用为人口加权的多期效用贴现之和(DICE，MIND，MERGE，WITCH，REMIND)。定义总效用函数形式表示为

$$U(t) = \sum_{t=1}^{n} (1+\zeta)^{-t} \cdot P(t) \cdot \ln \frac{C(t)}{P(t)} \tag{10.1}$$

式中，U 为当期总效用；P 为总人口；C 为消费；ζ 为时间偏好参数，数值越大，表明滞后效用贴现越小，即时消费效用更大。参考 REMIND 模型中的参数设置，本书将时间偏好参数设为 3%。

10.2.2　生产函数

一国经济总产出由劳动力数量、资本存量和最终能源投入等生产要素决定，各要素间存在一定的替代关系，为此选取固定替代弹性函数的形式确定。最终经济总产出的函数形式为

$$Y = A \cdot (\lambda_K \cdot K^{\rho_Y} + \lambda_L \cdot L^{\rho_Y} + \lambda_{EN} \cdot EN^{\rho_Y})^{\frac{1}{\rho_Y}} \tag{10.2}$$

式中，Y 为经济总产出；K 为资本存量；L 为劳动力；EN 为最终能源投入；A 为全要素生产率；λ 为各生产要素占比；ρ 通过各要素间的边际替代弹性 σ 计算求得，计算公式为 $\sigma = \dfrac{1}{1-\rho}$。根据 REMIND 模型参数设置，本书将资本存量、劳动力、最终能源投入的边际替代弹性设为 0.5，即 $\rho = -1$。

10.2.3　预算约束

不考虑各国间的贸易往来，一国经济总产出由生产函数确定。总产出的使用被分为 3 个部分：一是消费(包括居民消费、政府消费和净出口)，二是资本投资，三是能源系统支出。其中，能源系统支出分为 3 个部分：一是化石燃料支出，二是电力系统的投资支出[①]，三是电力系统的运行和维修养护成本。为保证经济长期稳定，总支出不高于当

---

① 能源部门中的资本存量动态机制独立体现，下文会在能源模块中具体介绍。相关投资以电力系统投资(G_1)的形式对宏观经济总支出产生约束。

年的经济总产出，即

$$Y(t) \geqslant C(t) + I(t) + G_F(t) + G_I(t) + G_{O\&M}(t) \tag{10.3}$$

式中，I 为资本投资；G_F 为化石能源消费支出；G_I 为电力系统投资；$G_{O\&M}$ 为电力系统运作和维修成本。

10.2.4　资本积累

资本存量采用永续盘存法计算，即当期资本由上期资本、当期投资及资本折旧率共同决定。以 1 年期作为固定时间间隔，资本存量表达式为

$$K(t+1) = K(t) \cdot (1-\delta_K) + I(t) \tag{10.4}$$

式中，$K(t+1)$ 为第 $t+1$ 期的资本存量；$K(t)$ 为第 t 期的资本存量；$I(t)$ 为第 t 期的资本投资；δ_K 为资本折旧率。初始资本存量外生，用 K_0 表示。

10.3　能　源　模　块

参考 Bauer 等(2008)，能源系统与宏观经济系统相互联系。一方面，能源总供给作为经济总产出的投入要素，影响总产出；另一方面，经济总产出中用于能源系统的支出又会影响能源总供给。考虑到本书模型以效用最大化为最终目标，效用最大化即消费最大化，在经济总产出一定时，也就意味着资本投资与能源系统支出最小化。能源系统的支出可在多种能源技术间进行分配转移，因此，能源技术的最终选择是使成本最小的最优组合。

10.3.1　能源体系

考虑到在实际能源生产过程中各能源技术间的相互替代关系，本书采用常替代弹性函数(CES)进行多层能源嵌套复合，利用替代弹性参数较好地反映各能源技术间替代的难易程度。能源被分为电力能源和非电力能源两种类型。非电力能源由化石燃料——煤、石油、天然气构成。为更好地刻画排放与未排放 CO_2 发电技术的替代关系，在电力能源生产过程中，燃煤发电、燃油发电、燃气发电首先复合为火力发电。火力发电再与清洁能源技术——核电、风电、太阳能电和水电二次复合为电力能源。各能源复合结构如图 10.2 所示。

10.3.2　能源生产

根据能源体系分类，作为一次能源的化石能源，开采过程即为生产过程；作为二次能源的电力能源，其生产需要装机容量、运行与维修费用和化石能源燃料三种要素投入(Bosetti et al.，2006)。由于这三种投入要素缺一不可，无法相互替代，采用 Leontief 形式进行复合，电力能源生产函数为

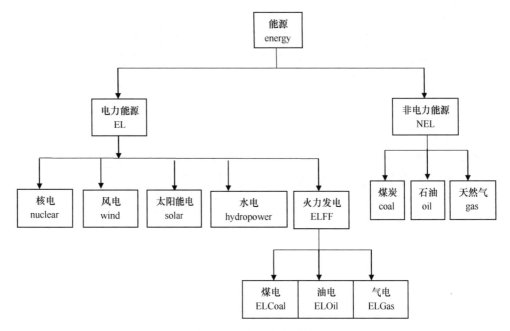

图 10.2　能源复合结构

$$E_{EL_j}(t) = \min\{\mu_j \cdot KD_j(t), \tau_j \cdot O\&M_j(t), \xi_j \cdot F_j(t)\} \tag{10.5}$$

式中，E_{EL_j} 为第 j 种技术生产电力量；KD_j 为第 j 种技术的装机容量；$O\&M_j$ 为第 j 种技术的运行与维修成本；F_j 为第 j 种技术的化石燃料投入量；μ_j 为设备利用效率，衡量装机容量转换为电力生产的转换效率，即 kW 转 kW·h (千瓦转千瓦时)；τ_j 衡量投入每单位运行维修费用的生产电量；ξ_j 衡量投入每单位化石燃料的生产电量，即化石燃料转换为电能的效率。

与作为即期投入的运行维修费用和化石燃料不同，装机容量随着装机投资不断累积，并随着时间发生折旧。其动态过程可以由以下表达式确定：

$$KD_j(t+1) = KD_j(t) \cdot (1-\delta_j) + \frac{C_{I_j}(t)}{SC_j(t)} \tag{10.6}$$

式中，SC_j 为第 j 种技术的装机成本；δ_j 为装机折旧率，即某技术装机使用寿命的倒数。

理解能源成本和能源供应的技术进步对于分析能源系统演变、解决气候变化问题及能源相关问题十分重要(Edenhofer et al.，2005；Rubin et al.，2015)。电力生产的技术进步，是降低能源成本、发展替代能源的决定性力量(Gillingham et al.，2008；Neij，2008)。截至目前，在能源文献中被最广泛使用的技术成本变化等式为"单因素学习曲线"(one-factor learning curve)或"经验曲线"(experience curve)。该方式通过经验观察得出能源技术进步的普遍规律，能源技术的单位成本与累积产出或累计装机容量呈对数关系(McDonald and Schrattenholzer，2001)。本书通过引入单因素学习曲线，内生技术变化，运用简单的模型形式刻画能源技术进步的关键规律。电力发电技术成本变化表达式为

$$SC_j(t) = B_j \cdot KD_j(t)^{b_j} \tag{10.7}$$

式中，B_j 为第 j 种技术的初始装机投资。将技术成本表达式转换为对数形式(Yeh and Rubin，2012)，即

$$\log SC_j(t) = B_j + b_j \cdot \log KD_j(t) \tag{10.8}$$

参数 b_j 代表第 j 种技术的成本下降率(Arrow，1962)，即技术 j 累积装机容量增加一倍时，成本下降 b_j 倍。该参数与学习率(learning rate，LR)具有以下关系表达式：

$$LR_j = 1 - 2^{b_j} \tag{10.9}$$

$$PR_j = 2^{b_j} \tag{10.10}$$

式中，PR_j 为进步率(progress ratio)，鉴定技术学习和技术进步的百分率，即累积装机容量翻倍时，成本下降的幅度。LR_j 为当生产量增长一倍时，第 j 种技术成本下降的百分率，反映技术学习速率。

10.3.3　能源成本

根据电力生产所需的三种要素投入，电力生产成本被对应分为装机投资、运行维护费用和化石燃料成本 3 个部分。电力生产成本表达式为

$$C_{EL_j} = C_{I_j} + C_{O\&M_j} + C_{F_j} \tag{10.11}$$

式中，C_{EL_j} 为第 j 种技术的投入成本；C_{I_j} 为第 j 种技术的装机投资；$C_{O\&M_j}$ 为第 j 种技术的运行维修费用；C_{F_j} 为第 j 种技术的化石燃料成本。电力生产总成本表达式为

$$C_{ELT} = \sum_j C_{EL_j} \tag{10.12}$$

式中，C_{ELT} 为电力生产总成本。

一次能源化石燃料的使用成本由开采成本表示。参考 REMIND 模型，煤炭、石油、天然气的能源供给应用开采成本曲线(extraction cost curve)描述，即能源价格与能源累积开采量之间的关系。随着较易开采的化石能源的开采用尽，开采成本随之增加(Rogner，1997；Aguilera et al.，2009；Rogner et al.，2012)。化石能源的开采成本会随着开采量的逐渐累积而呈现递增趋势。在此，我们引用 REMIND 模型关于化石能源价格的预测结果。

最终，化石能源总使用成本为

$$C_F = \sum_i P_{F_i} \cdot F_{F_i} \quad i = \text{coal, oil, gas} \tag{10.13}$$

式中，C_F 为化石能源总消费；P_{F_i} 为第 i 种化石能源价格；F_{F_i} 为第 i 种化石能源使用量。

总能源成本表示为

$$C_{\text{total}} = C_F + C_{ELT} = \sum_i P_{F_i} \cdot F_{F_i} + \sum_j (C_{I_j} + C_{O\&M_j} + C_{F_j}) \tag{10.14}$$

Ctotal 为总能源成本；C_F 为化石能源成本；C_{ELT} 为电力生产总成本。

10.4　排　放　模　块

不考虑土地用途改变、绿化种植面积增减等自然形式产生的 CO_2 排放，人为需求产生的 CO_2 排放由化石燃料的燃烧形成。根据各化石燃料使用量及对应的 CO_2 排放因子，计算得出每期的 CO_2 排放总量。即

$$Em(t) = \sum_i \kappa_i \cdot F_{F_i}(t) \tag{10.15}$$

式中，$Em(t)$ 为第 t 期的 CO_2 排放量；F_{F_i} 为第 i 种化石能源使用量；κ_i 为第 i 种化石能源品种所对应的 CO_2 排放因子，即燃烧单位化石燃料所产生的 CO_2 量。

10.5　模型求解方法

本书所构建的能源-经济-排放模型属于含有目标函数及非线性约束条件下的动态优化模型。通过目标方程式、经济产出和各级能源复合方程式、电力和非电力生产方程式、成本构成方程式，以及 CO_2 排放方程式的整体求解，最终求得效用最大化时的最优能源结构演变路径和经济增长路径。

模拟初期设为 2014 年(数据更新最新期)，模拟期为 2014~2030 年。在实际模拟过程中，为防止因模拟期终止而产生的结果误差，模拟期延长至 2050 年，但主要对 2014~2030 年的模拟结果进行分析。基于 GAMS 软件平台进行程序编写，通过对关键变量设定适当边界条件和利用软件内嵌的 CONOPT 算法最终求得模型最优解。考虑到该模型为非凸动态规划模型，通过该种算法求解得出的最优解在多数情况下为局部最优。本书通过对关键变量的边界条件调节，以在可行范围内寻求全局最优解，这个解就是针对能源的气候治理政策根据。

第 11 章 数据来源与参数估计

为研究中国和美国两国在自主减排目标条件下，经济和能源结构的演变趋势，在模型模拟前需要对模型数据和参数进行收集和估计。现逐一对数据来源与参数估计方法进行详细说明。

11.1 数据来源与说明

11.1.1 经济模块相关数据来源与说明

式(10.1)和式(10.2)需要利用资本存量、人口、劳动力、能源消费总量计算得出。其中，中国经济产出、总人口和劳动力初始年数据来源于《中国统计年鉴 2016》，美国数据来源于世界银行；中国和美国 2015~2030 年的总人口和劳动力预测数据来源于联合国发布的世界人口预测(2015 年版)；资本存量初始年数据根据 GTAP 数据库提供的 2011年资本存量和《中国统计年鉴 2016》，世界银行分别发布的中国、美国 2011~2013 年资本形成总额计算得出。中国和美国经济模块数据的来源和主要用途见表 11.1。

表 11.1 中国和美国经济模块数据来源和主要用途

所需数据	数据名称	符号	主要用途	数据来源	
				中国	美国
经济模块相关数据	GDP	Y	计算经济产出规模系数	《中国统计年鉴 2016》	世界银行
	总人口	P	计算效用、劳动力	中国统计年鉴(起始年数据)、联合国世界人口预测2015 年版(预测数据)	世界银行(起始年数据)、联合国世界人口预测—2015 年版(预测数据)
	劳动力	L	计算经济总产出	《中国统计年鉴 2016》	世界银行
	资本存量	K	计算经济总产出	GTAP	GTAP
	资本形成总额	I	计算初始年资本存量	《中国统计年鉴 2016》	世界银行

11.1.2 电力能源相关数据来源与说明

式(10.5)在计算电力生产时需利用装机容量、运行维护费用、化石燃料发电使用量数据。电力相关参数，如设备转换效率、单位发电运行维护费用等也需要发电量和装机成本计算得出。其中，中国发电量和装机容量数据来源于中国电力企业联合会发布的《2015 年电力统计基本数据一览表》，美国数据来源于(EIA)网站；发电量所需化石燃料来源于《中国能源统计年鉴 2015》和 EIA 网站；电力各技术的运行维护费用和装机成本来自于 IEA 发布的《Projected Cost of Generating Electricity 2015》。中国和美国电力能源数据的来源和主要用途见表 11.2，主要电力数据分别见表 11.3 和表 11.4。

表 11.2　中国和美国电力能源主要用途和数据来源

所需数据	数据名称	符号	主要用途	数据来源	
				中国	美国
电力相关数据	发电量	E_{EL}	计算电力复合物规模系数、设备利用效率、单位电能所需运行维修费用、单位电能所需化石燃料	2015 年电力统计基本数据一览表	EIA
	装机容量	KD	计算设备利用效率、发电量	2015 年电力统计基本数据一览表	EIA
	运行维护费用	O&M	计算单位电能所需运行维修费用	IEA-电力生产成本预测 2015	IEA-电力生产成本预测 2015
	装机成本	SC	计算下一年最优装机容量	IEA-电力生产成本预测 2015	IEA-电力生产成本预测 2015
	发电所需化石燃料	F	计算每单位电能所需化石燃料、发电量、发电成本	《中国能源统计年鉴 2015》	EIA

表 11.3　中国电力能源主要数据

符号	描述	煤炭	石油	天然气	核电	风电	太阳能电	水电
$E_{EL_j}(14)$	发电量/亿 kW·h	40 266	44	1 333	1 332	1 598	235	10 601
$KD_j(14)$	发电装机容量/万 kW	84 102	512	5 697	2 008	9 657	2 486	30 486
$SC_j(14)$	装机成本/(USD/kW)	813	627	627	1 807	1 200	728	598
$O \& M_j(14)$	运行维修费用/百万 USD	16 388	14	433	866	1 559	387	11 205
$F_i(14)$	发电量所需燃料/Mtce	121 918	329	3 275	0	0	0	0

表 11.4　美国电力能源主要数据

符号	描述	煤炭	石油	天然气	核电	风电	太阳能电	水电
$E_{EL_j}(14)$	发电量/（亿 kW·h）	15 817	302	11 266	7 972	1 817	177	2 594
$KD_j(14)$	发电装机容量/万 kW	29 909	4 114	43 215	9 857	6 423	1 032	7 968
$SC_j(14)$	装机成本/(USD/kW)	2 496	1 143	1 143	4 100	1 571	1 603	1 369
$O \& M_j(14)$	运行维修费用/百万 USD	17 589	141	5 239	8 769	2 065	84	3 750
$F_i(14)$	发电量所需燃料/Mtce	60 975	609	29 017	0	0	0	0

11.1.3　非电力能源相关数据来源与说明

总能源使用量需用来计算能源复合物规模系数。式(10.13)的化石能源使用成本需利用各化石能源价格和化石能源使用量数据。其中，中国能源总消费量和化石能源消费量来源于《中国能源统计年鉴 2015》，美国相关数据来源于 EIA 网站；化石能源价格来自于 Rose Project 网站中 REMIND 模型的计算结果。中国和美国非电力能源数据的来源和主要用途见表 11.5，化石能源价格见表 11.6。

表 11.5　中国和美国非电力能源数据来源和主要用途

所需数据	数据名称	符号	主要用途	数据来源	
				中国	美国
非电力能源相关数据	能源总消费量	EN	计算能源复合物规模系数	《中国能源统计年鉴 2015》	EIA
	化石能源消费量	F_F	计算 CO_2 排放量	《中国能源统计年鉴 2015》	EIA
	化石能源价格	P_F	计算化石能源消费成本	玫瑰项目(REMIND)	玫瑰项目(REMIND)

表 11.6　中国和美国化石能源价格　　　　　　　　(单位：美元/tce)

年份	中国煤炭价格	中国原油价格	中国天然气价格	美国煤炭价格	美国原油价格	美国天然气价格
2010	69.71741	265.8455	211.0675	31.96867	249.0004	187.9047
2015	73.9311	323.3049	225.2409	35.87595	302.9919	201.4026
2020	81.20929	361.2281	239.7972	42.62489	338.5127	215.2557
2025	88.48748	381.1474	248.6077	49.72904	356.9835	223.7807
2030	94.23342	443.9697	251.6722	54.70194	415.2375	226.6223
2035	100.3624	438.2237	255.8859	60.38526	409.9094	230.5296
2040	106.8745	448.5664	260.0996	66.42379	419.8552	234.4369
2045	115.3019	466.9534	273.5068	74.59356	436.9051	247.2244
2050	124.1123	483.0421	297.6397	82.40812	451.8238	264.2743

注：本书采用的结果为 REMIND 模型在基准情景 ROSE111，即经济增长中等增速、人口增长中等增速、开采成本中等增速情景下的模拟结果。原结果以 2005 年为基准年，单位为\$/GJ，本书将原结果调整为以 2014 年为基准年，单位为\$/tce。

11.1.4　排放模块相关数据来源与说明

为计算目标年温室气体排放量，需利用量化减排目标和基年排放量。其中，中国和美国的量化减排目标收集于 UNFCCC 网站上公布的各国 INDC 报告。中国提出的 INDC 目标以减排 CO_2 气体为主，其基年排放量来源于英国石油公司(BP)公布的《世界能源统计年鉴 2016》报告。美国提出的 INDC 目标针对所有温室气体，基年排放量来源于 UNFCCC 网站。中国和美国排放模块数据的来源和主要用途见表 11.7。

表 11.7　中国和美国排放模块数据来源和主要用途

所需数据	数据名称	符号	主要用途	数据来源	
				中国	美国
排放相关数据	CO_2 排放量	Em	结合 INDC 目标,计算目标年排放量	《世界能源统计年鉴 2016》	UNFCCC
	INDC		计算目标年排放量	UNFCCC	UNFCCC

11.2　参　数　估　计

11.2.1　复合参数估计

为体现经济产出、能源生产和电力生产中各投入要素间的替代作用，经济和能源产出采用 CES 方程表示。基于各生产要素边际产出相等的假设，计算规模参数和各生产要素份额。计算过程具体如下。

如式(11.1)所示的复合函数，各投入生产要素对总产出的边际产出之比可以表示为式(11.2)，其简化形式为式(11.3)：

$$O = A \cdot (\lambda_1 \cdot \mathrm{IN}_1^{\rho} + \lambda_2 \cdot \mathrm{IN}_2^{\rho} + \cdots + \lambda_n \cdot \mathrm{IN}_n^{\rho})^{\frac{1}{\rho}} \tag{11.1}$$

式中，O 为复合产出；$\mathrm{IN}_1, \mathrm{IN}_2 \cdots \mathrm{IN}_n$ 为各生产投入要素；$\lambda_1, \lambda_2 \cdots \lambda_n$ 为份额参数；p 为替代弹性参数，即由 $p = \dfrac{\sigma - 1}{\sigma}$ 求得(σ 为替代弹性)；A 为规模系数。

$$\frac{\partial O / \partial \mathrm{IN}_j}{\partial O / \partial \mathrm{IN}_k} = \frac{A \cdot (\lambda_1 \cdot \mathrm{IN}_1^{\rho} + \lambda_2 \cdot \mathrm{IN}_2^{\rho} + \cdots + \lambda_n \cdot \mathrm{IN}_n^{\rho})^{\frac{1}{\rho}-1} \times \lambda_j \cdot \mathrm{IN}_j^{\rho-1}}{A \cdot (\lambda_1 \cdot \mathrm{IN}_1^{\rho} + \lambda_2 \cdot \mathrm{IN}_2^{\rho} + \cdots + \lambda_n \cdot \mathrm{IN}_n^{\rho})^{\frac{1}{\rho}-1} \times \lambda_k \cdot \mathrm{IN}_k^{\rho-1}} \tag{11.2}$$

即

$$\frac{\partial \mathrm{IN}_k}{\partial \mathrm{IN}_j} = \frac{\lambda_j}{\lambda_k} \cdot \left(\frac{\mathrm{IN}_j}{\mathrm{IN}_k}\right)^{\rho-1} \tag{11.3}$$

假设均衡状态下，各投入要素的边际产出相等，则

$$\frac{\partial \mathrm{IN}_k}{\partial \mathrm{IN}_j} = 1 \tag{11.4}$$

通过归一化条件 $\lambda_1 + \lambda_2 + \cdots + \lambda_n = 1$，则可联立求得 $\lambda_1, \lambda_2 \cdots \lambda_n$。最后通过

$$A = \frac{O}{(\lambda_1 \cdot \mathrm{IN}_1^{\rho} + \lambda_2 \cdot \mathrm{IN}_2^{\rho} + \cdots + \lambda_n \cdot \mathrm{IN}_n^{\rho})^{\frac{1}{\rho}}}，求得规模系数 A。$$

通过上述方法，基于各生产要素间的替代弹性，可计算出中国和美国各级嵌套生产(供给)函数中各投入要素的 λ_n 和规模系数 A。

(1)经济产出 CES 复合参数估计。对于各级 CES 方程，各投入要素间的替代弹性是影响模型运行和结果的重要参数。参考 REMIND 模型，资本存量、劳动力和能源消费间的替代弹性设为 0.5，替代弹性参数即为–1。基于资本存量、劳动力和能源消费量要素边际经济产出相等的假设，计算得到的中国和美国经济产出规模系数和各生产要素所占份额见表 11.8。

表 11.8　中国和美国经济产出规模系数和各生产要素份额

参数符号	参数描述	中国	美国
σ_{GDP}	资本、劳动力、能源替代弹性	0.5	0.5
ρ_{GDP}	资本、劳动力、能源替代弹性参数	–1	–1
A_{GDP}	经济产出规模系数	0.39	0.34
λ_{K}	资本存量份额	0.86	0.99
λ_{L}	劳动力份额	0.10	9.79E-06
λ_{EN}	能源份额	0.032	4.73E-05

(2)能源产出 CES 复合参数估计。电力能源和非电力能源两种投入要素生产总能源。参考 WITCH 模型，电力能源与非电力能源间的替代弹性设为 0.66，替代弹性参数即为 -0.52。基于电力能源和非电力能源要素边际能源产出相等的假设，计算得到的中国和美国能源产出规模系数和各生产要素所占份额见表 11.9。

表 11.9　中国和美国能源产出规模系数和各生产要素份额

参数符号	参数描述	中国	美国
σ_{EN}	电力、非电力能源替代弹性	0.66	0.66
ρ_{EN}	电力、非电力能源替代弹性参数	-0.52	-0.52
A_{EN}	能源规模系数	2.05	2.16
λ_{EL}	电力份额	0.09	0.08
λ_{NEL}	非电力份额	0.91	0.92

(3)非电力能源产出 CES 复合参数估计。在非电力能源系统中，煤炭、石油、天然气在使用范围、使用规模上均有所不同，参考 WITCH 模型，将替代弹性设为 1.3，替代弹性参数即为 0.23。基于各化石能源投入要素边际非电力能源产出相等的假设，计算得到的中国和美国非电力能源产出规模系数和各生产要素所占份额见表 11.10。

表 11.10　中国和美国非电力能源产出规模系数和各生产要素份额

参数符号	参数描述	中国	美国
σ_{NEL}	非电力能源替代弹性	1.3	1.3
ρ_{NEL}	非电力能源替代弹性参数	0.23	0.23
A_{NEL}	非电力能源规模系数	2.46	2.55
λ_{coal}	煤炭份额	0.57	0.05
λ_{oil}	石油份额	0.31	0.58
λ_{gas}	天然气份额	0.12	0.37

(4)电力能源产出 CES 复合参数估计。在电力能源生产系统中，火力发电、核电、风电、太阳能电和水电可实现并网发电，替代弹性设为 2，替代弹性参数即为 0.5。基于各能源技术要素边际电力能源产出相等的假设，计算得到的中国和美国电力能源产出规模系数和各生产要素所占份额见表 11.11。

表 11.11　中国和美国电力能源产出规模系数和各生产要素份额

参数符号	参数描述	中国	美国
σ_{EL}	电力能源替代弹性	2	2
ρ_{EL}	电力能源替代弹性参数	0.5	0.5
A_{EL}	电力能源规模系数	2.87	3.27
λ_{ELFF}	火力发电份额	0.51	0.46
$\lambda_{NUCLEAR}$	核电份额	0.09	0.25
λ_{WIND}	风电份额	0.10	0.12
λ_{SOLAR}	太阳能发电份额	0.04	0.04
λ_{HYDRO}	水电份额	0.26	0.14

(5)火力发电 CES 复合参数估计。煤炭、石油、天然气在火力发电过程中均作为基础燃料，与非电力能源系统中的使用用途相比更加接近，拥有较高的替代弹性，设为 2，替代弹性参数即为 0.5。基于各化石能源投入要素边际火力发电相等的假设，计算得到的中国和美国火力发电产出规模系数和各生产要素所占份额见表 11.12。

表 11.12 中国和美国火力发电产出规模系数和各生产要素份额

参数符号	参数描述	中国	美国
σ_{ELFF}	火力发电替代弹性	2	2
ρ_{ELFF}	火力发电替代弹性参数	0.5	0.5
A_{ELFF}	火力发电规模系数	1.43	2.27
λ_{ELcoal}	煤电份额	0.82	0.50
λ_{ELoil}	油电份额	0.03	0.07
λ_{ELgas}	气电份额	0.15	0.43

11.2.2 电力能源参数估计

(1)发电技术学习率和进步率参数估计。在电力系统中，各发电技术的学习率是影响装机成本、装机投资的重要参数，对发电技术的发展演变具有关键影响作用。McDonald 和 Schrattenholzer(2001)最早对学习率进行估计，他们认为对于新发展的技术来说，进步空间较大，赋予 12.9%～18.7%的学习率。对于较为成熟的技术，学习率略低，设为 9.8%～12.9%。而对于发展较为完善的技术，学习率最低，为 7%左右。Rubin 等(2015)在分析大量关于电力系统技术进步研究的基础上，对学习率进行了总结。他们认为基于单因素线性对数模型设定的学习率，能够符合某一地区某一时期的实际情况。考虑到技术扩散效应，参考 Rubin 等(2015)的学习率，本书将中国与美国的学习率和进步率参数统一设定，见表 11.13。

表 11.13 各发电技术学习率、进步率参数

参数符号	参数描述	煤炭/%	石油/%	天然气/%	核电/%	风电/%	太阳能电/%	水电/%
LR_j	学习率	8.3	14.5	14.5	6	12	23	1.4
b_j	学习指数	12.5	22.6	22.6	8.93	18.44	37.71	2.03
PR_j	进步率	109.05	116.96	116.96	106.38	113.64	129.87	101.42

(2)电力生产参数估计。为计算电力供给，需对设备利用效率、每单位电能需要的运行维修费用和每单位电能需要的化石燃料参数进行估计。利用发电量与装机容量之比可计算得到设备利用效率，利用运行维修费用与发电量之比可得到单位电能的运行维修费用，利用发电化石燃料使用量与发电量之比可得到单位电能所需要的化石能源燃料参数。中国和美国电力生产参数分别见表 11.14 和表 11.15。

表 11.14　中国电力生产参数

参数符号	参数描述	煤炭	石油	天然气	核电	风电	太阳能电	水电
μ_j	设备利用效率 (kW 转 kW·h)	0.479	0.086	0.234	0.664	0.165	0.095	0.348
$\dfrac{1}{\tau_j}$	每单位电能需要的 运行维修费用	0.407	0.325	0.325	0.65	0.976	1.645	1.057
$\dfrac{1}{\xi_j}$	每单位电能需要的 化石能源燃料	3.028	7.442	2.457				

表 11.15　美国电力生产参数

参数符号	参数描述	煤炭	石油	天然气	核电	风电	太阳能电	水电
μ_j	设备利用效率 (kW 转 kW·h)	0.529	0.073	0.261	0.809	0.283	0.171	0.326
$\dfrac{1}{\tau_j}$	每单位电能需要的 运行维修费用	1.112	0.465	0.465	1.1	1.137	0.476	1.446
$\dfrac{1}{\xi_j}$	每单位电能所需 的化石能源燃料	3.739	3.513	2.672				

(3)电力技术折旧率参数估计。在由 IEA 与经济合作组织下属的 Nuclear Energy Agency (NEA)联合发布的《电力生产成本 2015》年报中,对各种发电技术的使用寿命进行了总结。根据发电技术使用寿命可计算出各发电技术折旧率,电力技术折旧率参数见表 11.16。

表 11.16　电力技术折旧率参数

参数符号	参数描述	煤炭	石油	天然气	核电	风电	太阳能电	水电
δ_j	折旧率	0.025	0.033	0.033	0.0167	0.04	0.04	0.0125

第 12 章　INDC 目标下的中国减排路径

12.1　中国减排治理目标设定

为应对气候变化,中国积极参与温室气体减排,主动承担减排义务。作为负责任的发展中大国,中国分别提出了 2020 年和 2030 年的减排目标。中国在 2009 年的哥本哈根世界气候大会上提出,到 2020 年,中国碳排放强度(单位国内生产总值的 CO_2 排放量)较 2005 年下降 40%～45%。2015 年 6 月 30 日,中国正式向 UNFCCC 秘书处递交了自主减排目标报告:到 2030 年碳排放强度比 2005 年下降 60%～65%;2030 年左右达到碳排放高峰,并争取尽早达峰;非化石能源占一次能源消费比重达到 20% 左右。

2016 年 12 月 26 日,国家能源局印发《能源发展"十三五"规划》,强调了 2020 年中国能源发展的主要目标:能源总消费量控制在 5000 Mtce 以内,煤炭消费总量控制在 41 亿 t 以内;煤炭消费比重下降到 58% 以下,天然气消费比重上升到 10% 左右,以及非化石能源消费比重提高到 15% 以上。本书利用能源-经济-环境的动态优化模型,在内生化能源需求的情况下,模拟在效用最大化目标下,分别满足 2020 年的减排目标、2030 年的 INDC 目标(单目标约束),以及既满足 2020 年、2030 年的目标,又满足 2020 年能源目标(双目标约束)的中国经济增长、能源技术发展和能源结构演变及 CO_2 排放的变化趋势。

12.2　经济增长路径

根据《2016 年 BP 世界能源统计年鉴》和《中国统计年鉴 2016》数据显示,2005 年中国 CO_2 排放量为 6058.3 $MtCO_2$,以 2014 年价格基准测算的当年国内生产总值为 27.6 万亿元,由此得出基年(2005 年)中国 CO_2 排放强度为 2.2 tCO_2/万元。为满足 2020 年 CO_2 排放强度下降 40%～45% 和满足 2030 年 CO_2 排放强度下降 60%～65% 的减排目标,中国 CO_2 排放强度在 2020 年需下降到 1.2～1.3 tCO_2/万元,在 2030 年下降到 0.77～0.88 tCO_2/万元。

模拟结果显示,在减排目标约束下,中国未来经济仍将持续增长(图 12.1)。但受要素规模递减、劳动力增速趋缓,以及能源和碳排放等资源环境约束多方面因素的影响,未来的经济增速不断下降。在单目标约束情景下,GDP 增长率从 2014 年的 7.4% 逐渐降低到 2030 年的 3.5%,年均增长率为 5.21%。而在双目标约束情景下,经济增速略低于单目标约束情景:2014～2030 年 GDP 增长率从 7.3% 下降到 3.4%,年均增长率为 5.14%。相比于单目标约束情景,双目标约束情景的累积 GDP 损失为 8 万亿元。

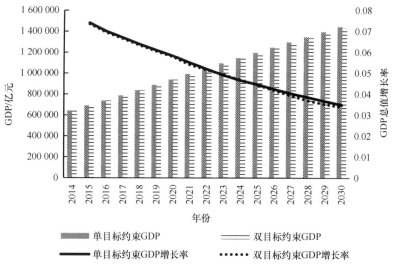

图 12.1　中国 2014～2030 年 GDP 和 GDP 增长率演化路径

12.3　能源系统演化路径

12.3.1　能源供给总量和结构

国家能源局在印发的《能源发展"十三五"规划》中,明确强调了 2020 年中国能源消费总量目标,并通过对煤炭、天然气和非化石能源使用比例的规定,引导能源结构调整。

模拟结果显示,中国未来能源供给(需求)总量仍将继续上升但增长率不断下降(图 12.2)。受到经济增速放缓的影响,能源需求增速不断下降。在单目标约束情景下,2020 年中国能源供给(需求)为 5076 Mtce,2030 年为 5807 Mtce,与 2014 年相比分别增长了 20%和 37.3%。在双目标约束情景下,2020 年能源消费量为 4989 Mtce,满足低于 5000

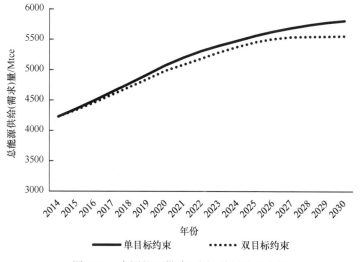

图 12.2　中国能源供给(需求)总量演化路径

Mtce 的能源目标, 比单目标约束下的消费量下降 87 Mtce。2030 年为 5557 Mtce, 与 2014 年相比增长 31.4%, 与单目标约束下消费量的差距进一步拉大, 达到 250 Mtce。

在减排目标约束下, 不仅能源消费总量得到一定控制, 能源消费结构也发生了调整。化石能源消费量既包括用于终端的直接消费量, 也包括用于发电的间接消费量, 其他电力消费量即为核电、风电、太阳能电、水电等清洁能源电力消费量。从化石能源与清洁电力能源消费占比来看, 减排目标的设立有效调整了中国过度依赖化石燃料的能源结构, 清洁能源发电得到迅速发展(图 12.3 和图 12.4)。在单目标约束下, 化石能源总消费量占比持续下降, 从 2015 年的 87% 下降到 2030 年的 68%, 其他电力能源占比上升, 从 13% 上升到 32%, 增长比例扩大了近 2.5 倍。在双目标约束下, 化石能源总消费量占比从 2015 年的 86% 下降到 2030 年的 69%, 其他电力能源从 14% 上升为 31%, 增长比例扩大了 2.2 倍。到 2030 年, 化石能源在一次能源中的比重高于单目标约束情景 1%。

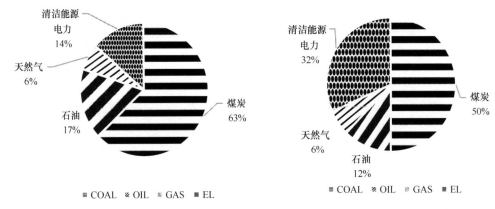

图 12.3　单目标约束下中国能源供给结构演化趋势

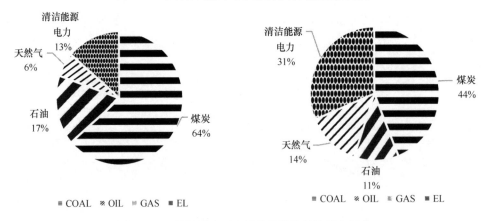

图 12.4　双目标约束下中国能源供给结构演化趋势

在化石能源内部, 各燃料的使用比例也发生了很大变化。在减排目标约束下, 煤炭消费占比下降幅度最大。这是因为煤炭与石油和天然气相比, 具有更高的碳排放因子。燃烧一单位标准煤的煤炭、石油和天然气分别会排放 2.66、2.1 和 1.63 单位的 CO_2。为满足减排目标, 含碳排放因子较高的煤炭和石油消费量会下降。在单目标约束下, 煤炭总消费量从 2015 年的 64% 下降到 2030 年的 50%, 下降了 14 个百分点, 石油下降了 5

个百分点，天然气占比保持不变。在双目标约束下，煤炭下降幅度达到 19 个百分点，石油下降了 6 个百分点，天然气占比增长了 8 个百分点。显然在双目标约束下，化石能源内部的结构调整幅度明显大于单目标约束情景。

在两种情景下，到 2030 年煤炭依旧是能源供给的第一大来源。清洁能源电力会替代石油从第三大能源供给成为第二大能源供给。与单目标情景相比，双目标情景下的天然气在 2030 年超过石油成为第三大能源供给，煤炭消费占比也进一步减少，石油和清洁能源占比相差不大。说明能源结构目标的设立，整体对化石能源消费量影响较大：能够进一步利用相对较为清洁的天然气代替高含碳因子的煤炭。

12.3.2　化石能源总量和结构

煤炭、石油和天然气等化石能源既可以作为一次能源直接用于终端消费，又可以作为生产二次能源电力的主要燃料。不论以何种形式出现，化石燃料的使用均会释放 CO_2。在减排目标约束下，化石燃料的使用量将会受到一定影响。两种情景下模型模拟出的 2014～2030 年化石能源消费结构分别见表 12.1 和表 12.2。

表 12.1　单目标约束下中国化石能源消费结构演化路径　　（单位：Mtce）

项目	2015 年	2020 年	2025 年	2030 年
化石能源消费总量	3806	4240	4498	4567
煤炭	2804(74%)	3096(73%)	3356(75%)	3352(73%)
直接使用	1649(59%)	2009(65%)	2368(71%)	2467(74%)
发电转换	1155(41%)	1087(35%)	988(29%)	885(26%)
石油	745(20%)	783(18.5%)	768(17%)	803(17.6%)
直接使用	742(99.5%)	780(99.6%)	765(99.7%)	801(99.7%)
发电转换	3.4(0.5%)	3.0(0.4%)	2.6(0.3%)	2.3(0.3%)
天然气	257(6%)	361(8.5%)	374(8%)	412(9%)
直接使用	221(86%)	319(88%)	334(89%)	376(91%)
发电转换	36(14%)	42(12%)	40(11%)	36(9%)

注：括号前为使用绝对量，括号内为比例；煤炭、石油和天然气的比例是占化石能源总量的比例，直接使用和发电转换为占对应化石能源的比例

表 12.2　双目标约束下中国化石能源消费结构演化路径　　（单位：Mtce）

项目	2015 年	2020 年	2025 年	2030 年
化石能源消费总量	3795	4238	4424	4595
煤炭	2766(73%)	2850(67%)	2837(63%)	2945(64%)
直接使用	1611(58%)	1763(62%)	1849(65%)	2060(70%)
发电转换	1155(42%)	1087(38%)	988(35%)	885(30%)
石油	752(20%)	831(19.6%)	877(19.4%)	743(16.2%)
直接使用	749(99.5%)	828(99.6%)	874(99.7%)	741(99.7%)
发电转换	3.4(0.5%)	3.0(0.4%)	2.6(0.3%)	2.3(0.3%)
天然气	277(7%)	557(13%)	710(16%)	907(20%)
直接使用	241(87%)	515(92%)	670(94%)	871(96%)
发电转换	36(13%)	42(8%)	40(6%)	36(4%)

注：括号前为使用绝对量，括号内为比例；煤炭、石油和天然气的比例是占化石能源总量的比例，直接使用和发电转换为占对应化石能源的比例

化石能源的燃烧是释放 CO_2 的主要途径,中国提出的自主减排目标有效控制了化石能源消费量。在两种模拟情景下,总化石能源消费量虽然呈上升趋势,但增长率逐渐下降。在单目标约束下,中国化石能源消费总量从 2015 年的 3807 Mtce 上升到 2030 年的 4567 Mtce,但每隔 5 年的平均增长率分别为 11.4%、6% 和 1.5%。在双目标约束下,中国化石能源消费总量从 3795 Mtce 上升到 4595 Mtce,每 5 年的年均增长率分别为 11.6%、6.8% 和 1.6%。值得注意的是,单目标约束下的总化石能源消费量在 2025 年以前大于双目标约束下的情况,但 2025 年后小于后者。说明在 2025 年以前,化石能源结构的调整有利于化石能源消费总量的下降,其向着现有技术能够达到的更加优化的能源结构方向演变。但在 2025 年以后,受清洁能源发电技术发展瓶颈的扼制清洁能源发电量的上涨将会受到限制,为保证能源需求得到满足,天然气使用量会进一步上升,此时化石能源消费总量会因天然气使用量的不断增加而超过单目标约束下的情况,因此,需要有新的技术或政策性投入降低电力系统供能成本,保障清洁能源发电持续上涨,促使化石能源天然气使用量降低。

从化石能源消费量来看,在 2015~2030 年,天然气增长幅度最大,其次为煤炭,石油最小。在 CO_2 排放目标限制下,碳排放因子较小的天然气逐渐取代碳排放因子相对较大的煤炭和石油。在消费带来的效用最大,即能源成本最小的目标下,使用成本相对较小的煤炭是更优选择(表 11.6)。在这两个因素的共同作用下,石油消费量增长较为缓慢。在天然气消费量增长较快的双目标情景下,石油消费量甚至出现了下降。在单目标约束下,煤炭消费量从 2015 年的 2804 Mtce 上升为 2030 年的 3352 Mtce,增长了 19.5%;石油消费量增长了 7.8%;天然气增长了 60.3%。在双目标约束下,天然气消费量从 277 Mtce 上涨到 907 Mtce,增长了近 2.3 倍。相比于 2015 年的消费量,2030 年石油消费量下降了 9 Mtce。

从三种化石能源的占比结构来看,在单目标约束下,化石能源结构得到调整:碳排放因子较大的石油占比下降 2% 由天然气替代,但调整速度缓慢。煤炭消费占化石能源总消费的比例徘徊于 73% 左右,在 2025 年占比提升到 75%,到 2030 年又回到 73%;石油占比整体呈下降趋势,从 2015 年的 20% 下降到 2030 年的 17.6%;天然气占比呈上升趋势,在 2015~2030 年提升了 3 个百分点。能源目标的设立有助于加快化石能源结构调整速度。在双目标约束下,煤炭、石油占比整体呈下降趋势,天然气不断上升,变化速度快于单目标约束情景。煤炭消费占比下降了 9 个百分点,石油下降了近 4 个百分点,天然气占比从 2015 年的 7% 上升到 2030 年的 20%。

从各化石能源使用用途来看,单目标约束情景下,煤炭、石油和天然气发电转换使用量整体呈下降趋势。煤炭发电转换和石油发电转换使用量分别从 2014 年的 1155 Mtce 和 3.4 Mtce 下降到 2030 年的 885Mtce 和 2.3 Mtce,发电转换使用量占比不断下降。天然气发电转换使用量虽然没有下降,但随着天然气总消费量的增加,天然气发电转换占比也在不断下降。在双目标情景下,2020 年煤电占总煤炭使用量的比例与单目标情景相比上升了 3 个百分点,达到 38%,但仍不能满足中国"十三五"规划中提到的:到 2020 年发电用煤占总煤炭消费量的比重提高到 55% 以上的目标。这是因为,相比于化石燃料的直接使用,发电转换的能量损耗多且成本大。在化石能源使用量整体受到限制时,化石燃料会优先使用于产能更多、成本更小的途径。化石能源在发电的能量转换中会出现一定的能量损耗。化石燃料用于发电的能量转换率小于直接用于终端消费的 100%能量转换率。2014 年,煤炭、石油、天然气用于发电的能量转换率分别为 40.6%、16.7%、49.9%。与此同时,化石燃料用于发电,还需要对发电设备进行装机投资和设备维修,导致边际供能成本比直接用于终端消费的边际供能成本高。2014 年,煤炭、石油和天然气用于发电的边际供能成本分别是 2193 美元/tce、18 190 美元/tce 和 6505 美元/tce,直接用于终端消费的是 53 美元/tce、227 美元 tce、163 美元/tce。到 2030 年,虽然用于发电的化石燃料边际供能成本有所下降,直接用于终端消费的边际供能成本上升,但直接用于消费的化石能源边际成本仍小于发电边际供能成本。因此,在能源部门成本最小的目标约束下,化石燃料会优先使用于非电力部门。

通过两种情景下各化石能源使用量对比发现,能源目标的设定并未对电力系统中的化石燃料使用量造成影响,但对非电力系统影响较大。与单目标约束相比,双目标约束下各化石燃料用于发电的绝对使用量并未发生变化,总使用量的变化都是由直接使用量的变化引起的。2020 年,双目标约束下煤炭直接使用量比单目标约束减少 246 Mtce,到 2030 年,差距扩大到 407 Mtce;石油直接使用量在 2030 年比单目标约束减少 60 Mtce;天然气直接使用量在 2020 年比单目标约束下高出 196 Mtce,到 2030 年,扩大到 495 Mtce。2020 年能源目标的设立对化石能源直接使用量具有较大影响作用。这一方面是由于直接使用的化石能源消费量较大,易受到能源结构调整的影响。直接使用的煤炭占煤炭总消费量的 70%左右,直接使用的石油占比超过 99.5%,直接使用的天然气占比达 90%左右。另一方面由于电力系统中火力发电固定资本投资较大,退出速度不宜过快,以免造成巨大的成本损失。

12.3.3　电力能源总量和结构

在减排目标约束下,中国清洁能源发电占比持续上升。但在能源部门成本最小的目标下,化石能源会优先用于能源损耗较小且成本较低的终端直接消费,导致用于发电的化石能源量减少。在两种因素的共同作用下,最终电力能源总供给量和变化趋势如图 12.5 所示。

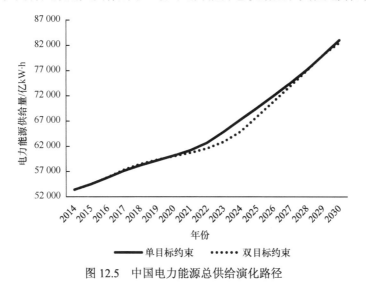

图 12.5　中国电力能源总供给演化路径

　　模拟结果显示，电力能源总供给量持续上升。在单目标约束下，2020 年电力能源供给量为 60 128 亿 kW·h，比 2014 年增长了 12.6%；2030 年为 83 042 亿 kW·h，比 2020 年增长了 38.1%。双目标约束下的电力能源供给变化趋势较为复杂，在 2014～2019 年经历了较快增长后，2019～2023 年增长较为平缓，与单目标电力能源供给量的差距逐渐加大，2024～2030 年增长速度有所上升，导致这一差距逐渐减小。2020 年电力能源供给量为 60 004 亿 kW·h，比 2014 年增长了 12.4%，2030 年为 82 528 亿 kW·h，比 2020 年增长了 37.5%。双目标与单目标电力能源供给量在 2024 年相差最大，这一差距为 2355 亿 kW·h，到 2030 年这一差距减小到 514 亿 kW·h。根据化石能源消费变化，在双目标约束下，天然气使用量迅速增加，挤占了一部分投入到电力系统中核能、风能和太阳能装机容量的资金，与单目标约束相比，核电、风电和太阳能电在 2024 年左右才有较快发展。电力系统下的能源结构演化趋势如图 12.6 和图 12.7 所示。

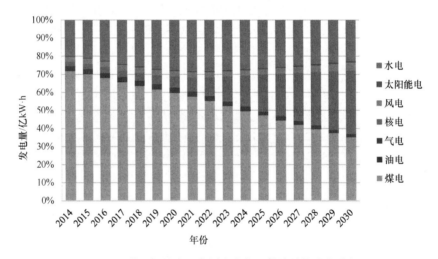

图 12.6　单目标约束下中国电力能源供给结构演化路径

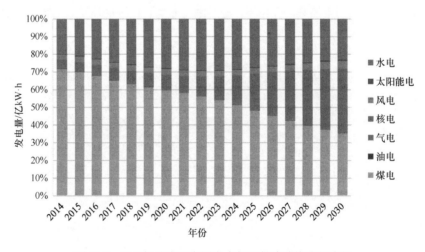

图 12.7　双目标约束下中国电力能源供给结构演化路径

　　从各能源技术发电量来看，煤炭发电量、石油发电量一直保持下降趋势，天然气发电量先上升后下降，核电、风电、太阳能电、水电均一直呈现上升趋势。其中，核电和水电增长量较大，核电、水电和太阳能电增长速率较快。在两种模拟情景下，煤炭发电量在 2014~2030 年从 38 343 亿 kW·h 下降到 29 216 亿 kW·h，下降了 24%，油电从 47 亿 kW·h 下降到 31 亿 kW·h，下降了 33%，气电从 1386 亿 kW·h 先上升到 2021 年的 1691 亿 kW·h，而后下降到 1466 亿 kW·h，总体增长了 5.8%。根据国家发展和改革委员会于 2007 年发布的《可再生能源中长期发展规划》，中国水资源技术最大可开发装机容量为 5.4 亿 kW·h。将这一限制条件引入模型后，水电将在 2028 年达到最大装机容量，对应最大发电量为 18 791 亿 kW·h。水电在 2028 年达到最大发电量后持续保持最大发电量，相比于 2014 年发电量增长了 4895 亿 kW·h。

在单目标约束下，核电从 1299 亿 kW·h 增长到 29 133 亿 kW·h，增长了 21.4 倍，不论是从增长绝对量还是从增长速率来看，核电与其他发电技术相比都增长最快。太阳能电从 234 亿 kW·h 增长到 801 亿 kW·h，增长了 2.43 倍；风电从 1484 亿 kW·h 增长到 3604 亿 kW·h，增长了近 1.43 倍。在双目标约束下，核电、太阳能电和风电与单目标相比增长率均有所下降，依旧分别增长了 21 倍、2.36 倍和 1.4 倍。正是核电、太阳能电和风电增长率下降造成电力能源供给在双目标情景下低于单目标情景。在双目标约束下，煤电、油电、气电和水电的发电量并未发生变化，而核能、风能和太阳能整体发电量变小，但下降幅度不大。说明能源目标对电力能源结构影响的程度有限，对非化石能源结构和整体能源结构影响较大。

从各技术发电量占比来看，煤电、油电、气电占比持续下降，火力技术整体发电量占比从 2014 年的 74.5% 下降到 2030 年的 37%，清洁能源发电量占比从 25.5% 上升为 63%。由于化石能源燃料直接用于终端消费的成本较低，且转换率较高，化石能源会优先用于终端消费。在减排目标约束，即化石能源使用量整体受到约束的情况下，电力系统中的化石能源使用量不断下降。

在清洁能源发电技术中，核电占比增长最快，从 2014 年的 2.43% 增长到 2030 年的 35% 左右。在总装机容量的约束下，水电占比从 2014 年的 20% 上升到 2030 年的 22.7%。风电和太阳能电占比分别上涨了 2 个百分点和 0.5 个百分点。核电、水电与风电、太阳能电相比具有成本低、使用寿命长、设备转换率高和运行维护费用低等优势。2014 年，水电边际供能成本最低，为 1892 美元/tce，核电次之，为 5464 美元/tce，而后是风电 8022 美元/tce，太阳能边际供能成本最高为 9128 美元/tce。根据《电力生产成本 2015》，核能发电厂使用寿命为 60 年，水能发电厂寿命为 80 年，而风能和太阳能发电厂使用寿命只有 25 年，风能和太阳能设备具有更高的折旧率。在设备利用效率方面，核电最高，为 66.3%，其次是水电，为 34.8%，再者是风电 16.5%，最后是太阳能电 9.5%。核电设备利用效率分别是风电和太阳能电的 4 倍和 7 倍。与此同时，核电与水电、风电和太阳能电相比，其每单位电能需要的运行维护费用也最低，为 0.65 百万美元/亿 kW·h，水电、风电和太阳能电的单位电能运行维护费用分别是 1.06 百万美元/亿 kW·h、0.98 百万美元/亿 kW·h 和 1.65 百万美元/亿 kW·h。

由于核电在设备使用寿命、设备利用效率、单位发电成本和运行维护费用方面都占据较大优势，在 2014~2030 年发展迅猛。水电较之风电和太阳能电也具有优势，但因其在 2014 年发电占比已达 20%，且在最大装机容量的限制下，整体占比增长幅度不大。

风电和太阳能电则因技术限制发展较为缓慢。模拟结果表明,为使风电和太阳能电的使用得到较快发展,仅仅通过经济体系内部调整是难以实现的。国家需要进行宏观政策调控,利用政策引导、资金补贴等方式加大对风电和太阳能电的投入,提升其设备使用寿命和设备利用效率,利用技术创新减少发电成本,促使风能和太阳能发电较快发展。

12.4 碳排放路径

在完成中国提出的 2020 年和 2030 年减排目标的基础上,结合前文模拟出的中国 GDP 增长和能源调整路径,中国在单目标和双目标情景下的 2014~2030 年 CO_2 排放趋势如图 12.8 所示。

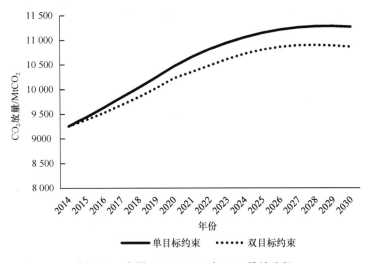

图 12.8 中国 2014~2030 年 CO_2 排放路径

在减排目标驱动下,经济增长和能源结构路径做出相应调整,最终导致中国 CO_2 排放量呈现增速放缓的趋势,并在 2030 年前出现碳高峰。CO_2 排放量在中国化石能源消费量整体上升的情况下于 2030 年前出现高峰,这主要是碳排放因子较高的煤炭使用量下降与碳排放因子较低的天然气使用量上升共同作用的结果。中国化石能源使用结构在减排目标约束下出现调整,且这一调整有利于降低 CO_2 排放量。在单目标约束下,中国在 2029 年实现 CO_2 排放高峰,对应高峰排放量为 11 287 $MtCO_2$,是 2014 年排放量的 1.22 倍。在双目标约束下,中国 CO_2 排放量显著低于单目标情况,且在 2028 年提前实现 CO_2 排放高峰。对应高峰排放量为 10 905 $MtCO_2$,是 2014 年排放量的 1.13 倍。能源目标的设立会在调整能源结构的基础上进一步降低 CO_2 排放量。比较发现,双目标情景较单目标情景 2014~2030 年累积减少排放 4492 $MtCO_2$,与累积 GDP 损失相比,得到单位减排成本为 1790 元/t CO_2。

12.5 小 结

本章基于中国提出的 2020 年的减排目标、2030 年的 INDC 目标和 2020 年的能源目标，运用能源-经济-环境模型，在保证消费效用最大化的前提下，模拟中国可能的能源结构演化减排路径。模拟结果发现：

中国未来经济仍将持续增长。但受要素规模递减、劳动力增速趋缓，以及能源和碳排放等资源环境约束多方面因素的影响，未来经济增速不断下降。在单目标情景下，中国 2014～2030 年 GDP 年均增长率为 5.21%；在双目标情景下，GDP 年均增长率为 5.14%。未来能源供给总量仍将继续上升，但增长率不断下降。在单目标情景下，中国 2030 年能源供给量达到 58.07 亿 tce，与 2014 年相比增长了 37.3%；在双目标情境下，为 55.57 亿 tce，与 2014 年相比增长了 31.4%。中国对化石燃料的过度依赖性得到缓解，清洁能源迅速发展。但 2030 年，煤炭仍将作为能源供给的第一大来源。化石能源消费量不断增加，天然气逐渐取代煤炭和石油提供能源供给。各化石燃料在发电转换中的使用量整体呈现下降趋势。

中国电力能源总供给量持续上升。2030 年在单目标情景下，中国电力能源供给量为83 042 亿 kW·h；双目标下为 82 528 亿 kW·h。清洁能源发电量持续上升，其中，核电和水电分别增长了 27 833 亿 kW·h 和 4895 亿 kW·h，增长量较大，核电、风电和太阳能电增长速率较快。从各技术发电量占比来看，火力发电占比不断下降，清洁能源发电技术中，核电占比增加了 32%，增长最快，其次为水电、风电和太阳能电，它们因技术限制发展较为缓慢，占比仅分别增加了两个百分点和 0.5 个百分点。在经济增长和能源结构路径做出相应调整下，中国 CO_2 排放量呈现增速放缓的趋势，并在 2029 年出现碳高峰；在双目标约束情景下，碳高峰有望在 2028 年实现。能源目标的设立有利于 CO_2 排放高峰的提前，且有助于加快化石能源结构调整速度，但对电力能源结构影响程度有限。

本章重点研究了中国的能源结构演化减排路径，美国作为碳排放量最大的发达国家，其减排力度、方式和成效对控制全球温室气体排放具有至关重要的作用。尤其是在特朗普当选美国总统后，态度由"气候保护"转变为"增长优先"，美国未来减排路径更成为世界各方关注的焦点。因此，接下来第 13 章将重点研究美国在 INDC 目标下的能源结构演化减排路径。

第13章 INDC目标下的美国减排路径

13.1 美国减排治理目标设定

在2015年3月31日,美国正式向UNFCCC秘书处提交了INDC报告,强调在2025年,美国温室气体较之2005年减排26%~28%,并尽最大努力实现28%的减排目标。根据UNFCCC中的温室气体排放数据,2005年美国温室气体排放量为7228.3 $MtCO_2$-eq。基于减排目标,2025年排放量在5204.4~5349 $MtCO_2$-eq。为研究美国在实现减排目标的情况下,经济、能源结构在2014~2030年的变化情况和可能减排路径,并防止在减排目标年较近年份出现为达减排目标停工停产的情况,对经济造成太大波动,本书假定美国在2014~2025年的温室气体排放量以固定速率下降到满足减排28%的排放目标,即5204.4 $MtCO_2$-eq,并将这一减排行为延长到2030年。即美国温室气体排放量以年均1.2%的下降速率减排到2030年,2030年的温室气体排放量较之2005年减排33%。在此减排路径下,美国温室气体排放趋势如图13.1所示。

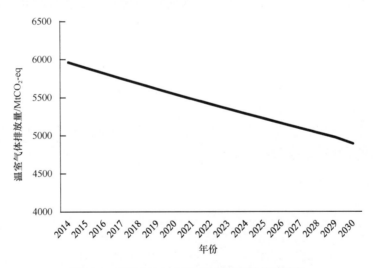

图13.1 美国2014~2030年温室气体排放路径

13.2 经济增长路径

为实现INDC目标,美国温室气体排放量需要从2014年的5963 $MtCO_2$下降到2030年的4892 $MtCO_2$。在这一减排约束条件下,美国GDP在2014~2030年的变化趋势如图13.2所示。

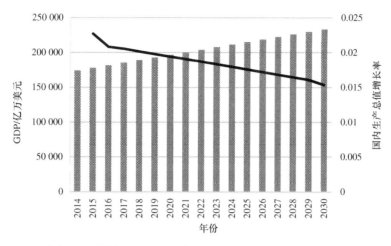

图 13.2　美国 2014～2030 年 GDP 和 GDP 增长率演化路径

模拟结果显示，在减排目标约束下，美国未来经济持续增长。但受要素规模递减、劳动力增速趋缓，以及能源和碳排放等资源环境约束多方面因素的影响，未来经济增速不断下降。2015 年美国 GDP 增长率为 2.27%，2030 年增长率下降为 1.53%，2014～2030 年平均增长率为 1.85%。

13.3　能源系统演化路径

13.3.1　能源供给总量和结构

能源的使用是释放温室气体的主要途径之一，在减排目标约束下，美国能源供给(需求)量和能源结构都受到一定影响。模拟结果显示，美国未来能源供给(需求)总量持续下降(图 13.3)。2020 年美国能源供给(需求)为 34.53 亿 tce，2030 年为 33.37 亿 tce，与 2014 年相比，分别下降了 2.5%和 5.7%。减排目标的设定有利于美国总能源消费量降低。2016 年能源供给总量和 GDP 增长率出现较大幅度下降，之后伴随着能源供给总量降速的稳定，GDP 降速也趋向于稳定。说明美国在储蓄率和劳动力相对稳定的情况下，GDP 的变化主要受未来能源供给总量变化的影响。

伴随着能源消费总量下降，能源结构调整如图 13.4 所示。从化石能源与清洁电力能源消费占比来看，清洁能源发电迅速发展。化石能源总消费量占比持续下降，从 2015 年的 85%下降到 2030 年的 66%，其他电力能源占比上升，从 15%上升为 34%，增长了近 2.3 倍。从化石能源各燃料占比来看，美国相比于中国更少依赖于具有高含碳因子的煤炭，石油和天然气使用量较大。在减排目标约束下，煤炭、石油和天然气消费占比都进一步下降，煤炭和石油下降幅度高于天然气。煤炭从 2015 年 19%的占比下降到 2030 年的 12%，下降了 7 个百分点，石油消费占比下降了 7 个百分点，天然气消费占比下降了 5 个百分点。到 2030 年，清洁能源电力已经代替天然气成为第一大能源供给。

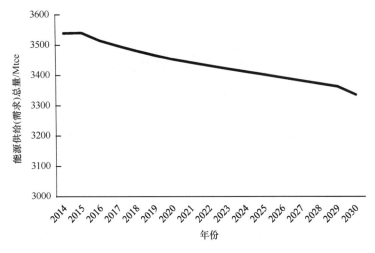

图 13.3　美国能源供给(需求)总量演化

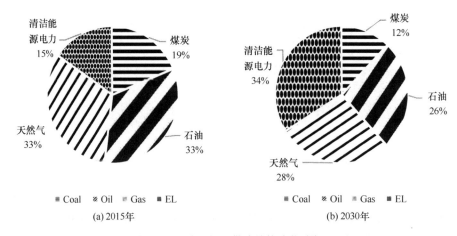

图 13.4　美国能源供给结构演化路径

13.3.2　化石能源总量和结构

在能源部门中，化石燃料的使用是释放温室气体的主要来源。在减排目标约束下，化石燃料的使用量会受到影响。化石能源的使用可以分为非电力系统(直接使用)和电力系统(发电转换)两个部分。模型模拟出的 2014~2030 年化石能源消费结构见表 13.1。

模拟结果显示，美国化石能源消费总量持续下降。化石能源总消费量在减排约束下得到有效控制。由 2015 年的 2886 Mtce 下降到 2030 年的 2442 Mtce，下降了近 15.4%。且下降速率逐渐增大，2015~2030 年每 5 年下降率分别为 5.0%、5.5% 和 5.8%。各化石能源消费量相比，煤炭下降幅度最大，天然气最小。煤炭消费量从 2015 年的 641 Mtce 下降为 2030 年的 447 Mtce，下降了 30%；石油消费量从 1130 Mtce 下降到 968 Mtce，下降了 14%；天然气下降了约 8%。一方面，煤炭在燃烧时会释放更多的 CO_2；另一方面，根据化石能源边际供能相等的假设条件，石油在非电力供能时占比为 58%，天然气为 37%，而煤炭仅为 5%。煤炭使用量降低既可以较大幅度降低温室气体排放量，也不会对非电力供给量产生较大影响。因此，在减排压力下，美国会优先减少煤炭使用量以降低温室气体排放量。

表 13.1　美国化石能源消费结构演化路径

项目	2015 年	2020 年	2025 年	2030 年
化石能源总量	2886	2743	2592	2442
煤炭	641(22%)	573(21%)	505(18%)	447(18%)
直接使用	64(10%)	65(11%)	57(11%)	53(12%)
发电转换	577(90%)	508(89%)	448(89%)	394(88%)
石油	1130(39%)	1044(38%)	1022(39%)	968(40%)
直接使用	1120(99.1%)	1034(99.1%)	1014(99.2%)	961(99.3%)
发电转换	10.4(0.9%)	9.1(0.9%)	8.0(0.8%)	7.1(0.7%)
天然气	1115(39%)	1126(41%)	1065(41%)	1027(42%)
直接使用	823(74%)	879(78%)	857(80%)	851(83%)
发电转换	292(26%)	247(22%)	208(20%)	176(17%)

从煤炭、石油和天然气总使用量占比来看，碳排放因子较高的煤炭占比下降 4%主要由天然气所替代。石油消费占比徘徊于 39%附近，变化幅度不大。煤炭占比整体呈下降趋势，从 2015 年的 22%下降到 2030 年的 18%；天然气消费占比上升，从 39%增加到 42%，提升了 3 个百分点。减排目标的设立有助于美国在化石能源结构中进一步降低高含碳因子煤炭的使用，由含碳因子较低的天然气所替代。

从各化石能源使用用途来看，发电转换中煤炭、石油和天然气发电使用量整体呈下降趋势。煤炭、石油和天然气发电使用量分别从 2014 年的 577 Mtce、10.4 Mtce 和 292 Mtce 下降到 2030 年的 508 Mtce、9.1 Mtce 和 176 Mtce。化石能源用于发电，需对发电设备进行投资，而且在能量转换过程中会出现一定损耗，导致化石能源用于发电的边际供能成本高于直接用于终端消费的边际供能成本，在成本最小的约束条件下，化石能源会优先用于终端消费。2014 年，煤炭、石油和天然气用于发电的边际供能成本分别是 1751 美元/tce、1267 美元/tce 和 26 313 美元/tce，直接用于终端消费的是 24 美元/tce、357 美元/tce、74 美元/tce。化石燃料用于发电的使用量占比不断下降，其中，气电占比下降幅度最大。用于发电的煤炭消费量占煤炭消费总量的比例从 90%下降到 88%，下降了两个百分点，石油从 0.9%~0.7%，下降了 0.2 个百分点，而天然气从 26%~17%，下降了 9 个百分点。在火力发电中，石油设备利用效率只有 7%，导致石油用于发电的占比不到 1%，在占比基础值较小的情况下，占比下降也较小。煤炭发电设备使用寿命为 40 年，比石油和天然气发电设备使用寿命长 10 年，而且煤炭设备利用效率达到 53%，分别比石油和天然气设备利用效率高 46%和 17%。作为设备使用寿命长且转换效率较高的煤电来说，更能起到降低成本的作用。而且从各化石能源总消费量来看，天然气作为含碳因子较低的能源会替代一部分煤炭消费，导致气电占比下降幅度较大。

13.3.3　电力能源总量和结构

在减排目标约束下，美国能源供给结构出现调整，清洁能源占比持续上升。但在能源部门成本最小的目标下，化石能源会优先用于能源损耗较小且成本较低的终端直接消费，用于发电的化石能源量减少。在两种因素共同作用下，最终电力能源总供给量和变化趋势如图 13.5 所示。

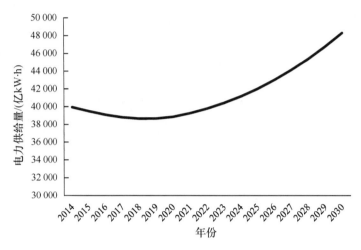

图 13.5　美国电力能源总供给演化路径

模拟结果显示，电力能源供给量呈先下降后上升的趋势。电力供给量在 2014 年为 39900 亿 kW·h，2018 年下降到 38700 亿 kW·h，相比 2014 年降低了 3.2%。自 2018 年起，电力供给量开始上升，到 2030 年电力能源供给量达到 48200 亿 kW·h，相比于 2014 年和 2018 年分别上升了 20.9% 和 24.9%。造成电力能源供给在 2014～2018 年下降，并在 2018 年后得到提升的主要原因是，根据美国电力供给历史趋势，美国电力总供给量从 2010 年的 41300 亿 kW·h 波动下降到 2015 年的 40700 亿 kW·h，清洁能源发电装机容量在 2005～2014 年平均以每年 4% 的速率上升。延续这一历史趋势，在减排前期，清洁能源发电装机容量不可能大幅度提升。在火力发电下降的拉动下，前期电力总供给量呈现一定程度的下降。随着清洁能源发电装机容量不断增加，装机成本会不断下降，即使在相同装机投资下，装机容量绝对增加量与前期相比增长较大。在减排后期，伴随着核电和水电装机投资及装机容量的较快增长，在弥补了下降的火力发电量后仍能拉动总电力供给不断上升。电力系统下的能源结构演化趋势如图 13.6 所示。

与中国情况类似，美国煤电、油电、气电持续下降，核电、风电、太阳能发电、水电均持续上升。其中，核电和水电增长量较大，风电和太阳能电增长速率较快。煤炭发电量从 15 817 亿 kW·h 下降到 10 549 亿 kW·h，下降了 33.3%，油电从 302 亿 kW·h 下降到 202 亿 kW·h，下降了 33.1%，气电从 11 266 亿 kW·h 下降到 6579 亿 kW·h，下降了 71.2%。核电从 7972 亿 kW·h 增长到 15 292 亿 kW·h，增长了 7320 亿 kW·h，增长了近 1 倍；水电从 2594 亿 kW·h 上涨到 8323 亿 kW·h，增长了 5729 亿 kW·h，增长了 2.2 倍；风电从 1817 亿 kW·h 增长到 6674 亿 kW·h，增长了 2.67 倍；太阳能电从 177 亿 kW·h 增长到 677 亿 kW·h，增长了 2.83 倍。

从各技术发电量占比来看，煤电、油电、气电占比持续下降，火力技术整体发电量从 2014 年的 68.6% 下降到 2030 年的 36.0%。在减排目标约束下，化石能源使用量会受到限制，且由于直接用于终端消费的成本低且转换率高，为减少能源成本，化石燃料会优先用于终端消费。

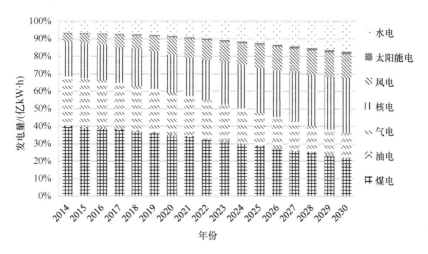

图 13.6　美国电力能源供给结构演化路径

在清洁能源发电技术中，清洁能源发电在总电力供给中的占比逐渐增加，其中，核电与水电占比增长幅度较大，风电和太阳能电占比增速较快。2014 年，核电发电量占比 20%，风电和水电占比分别为 4.5% 和 6.5%，太阳能占比最小，为 0.44%。2030年，核电和水电发电量占比分别提高了 12 个百分点和 11 个百分点，为 32% 和 17.5%，风电和太阳能发电占比分别提升为 13.4% 和 1.3%，扩大了 2 倍和 2.2 倍。从整体上看，美国清洁能源技术发展与中国情况类似，核电和水电因拥有较长的设备使用寿命、较高的设备转换率和较低的边际供能成本，发展较为迅速。在 2014 年，核电边际供能成本最低，为 1191 美元/tce，水电次之，为 1730 美元/tce，而后是太阳能发电4845 美元/tce，风电边际供能成本最高为 8902 美元/tce。与中国相比，美国核电的转换效率更高，达到 81%，水电次之，为 33%。风电和太阳能电的转换效率仅为 28%和 17%。

由各清洁能源发电占比增速可以发现，核电与水电占比增速由慢变快，其中，核电占比增速由 2015 年的 0.6% 上升到 2030 年的 4%，水电由 2% 上升到 6.5%。风电和太阳能电占比增速由快变慢：风电增速由 17% 下降到 0.3%；太阳能电由 4% 下降到 2.4%。核电和水电在减排前期装机投资较低，装机容量以相对稳定的增长率增加，随着装机容量的增加，发电量也在不断增加。风电和太阳能电在减排初期相对增长率较快，这一方面是由于核电和水电资金投入在减排前期相对不足，另一方面是由于风能、太阳能与核能相比，拥有更小的装机成本。在 2014 年，核能装机成本为 4100美元/ kW·h，接近于风能和太阳能装机成本的 2.8 倍。在相对较多的资金投入与较小的装机成本共同作用下，风能和太阳能发电在减排前期增长较快。但两者设备在能源转换方面，利用率较低，导致在减排后期，随着核电和水电的不断发展，发展率逐渐降低。可见，虽然风电和太阳能发电拥有较小的装机成本，但较低的设备转换率成为制约其发展的主要瓶颈。

13.4　中美减排路径对比分析

中国和美国经济发展趋势保持一致：均会持续上升，但增长率不断下降。且中国经济发展速度高于美国，但经济总量与美国仍有差距。截至 2030 年，中国人均 GDP 与美国相比，中国只是美国的 1/3 左右。2014~2030 年中国年均 GDP 增长率为 5.14%~5.21%，美国为 1.85%。但由于美国经济总量基数较大，2030 年美国经济总产出达到 23 万亿美元，中国为 144 万亿元，以 6.461 汇率换算美国约为中国的 1.032 倍。美国和中国人均 GDP 分别为 63 889 美元/人和 15 695 美元/人，美国为中国的 4 倍左右。中国和美国能源总使用量变化趋势截然相反：中国不断增加，美国逐渐减少。与中国相比，美国经济总产出更多依赖资本积累。2030 年中国和美国能源供给分别为 58.07 亿 tce 和 33.37 亿 tce，美国比中国减少了 24.7 亿 tce 的使用。在电力能源使用量方面，中国与美国调整方向基本一致，但中国发展速度高于美国。2030 年中国电力能源总供给约为 83 千亿 kW·h，美国为 48.2 千亿 kW·h，与 2014 年相比，增长率分别为 55.4%和 20.8%。

因为美国化石能源使用量的下降幅度超过电力能源使用量的上升幅度，使美国在电力能源使用量上升的情况下，总能源使用量仍在下降。从 2030 年的能源结构对比来看，2030 年煤炭在中国仍作为第一大能源供给，而美国清洁能源电力已代替天然气成为第一大能源供给。且中国天然气在总化石能源使用中占比相对较小，虽然在双目标约束下，2030 年中国天然气占总化石能源消费量的占比达到 20%，与 2015 年相比增加了 14 个百分点，但美国在 2015 年天然气占比已达到 39%，2030 年这一比例上升到 42%。但从整体来看，中国能源结构调整速度快于美国。中国在 2014~2030 年清洁能源发电占比从 25.5%上升为 63%，增长了 37.5 个百分点；美国从 31.4%上升为 64%，增长了 32.6 个百分点。核电在中国成为增长最快的发电技术，增长了 21.4 倍，太阳能电是美国增长最快的发电技术，增长了 2.83 倍。在中国和美国两国，较低的设备转换率均将成为制约风电和太阳能电发展的主要瓶颈。

13.5　小　　结

本章基于美国提出的 INDC 目标，应用能源-经济-环境模型，在保证消费效用最大化的前提下，模拟美国可能的能源结构演化减排路径。模拟结果发现：

美国经济继续上升，但增速不断下降，2014~2030 年年均 GDP 增长率为 1.85%。能源供给总量持续下降，2030 年美国能源总量与 2014 年相比下降了 5.7%。到 2030 年，清洁能源电力已代替天然气成为第一大能源供给，占总能源消费量的 34%。美国化石能源消费总量持续下降，其中，煤炭下降幅度最大，下降幅度达 30%，天然气最小，下降了 8%。各化石燃料在发电转换中的使用量整体呈现下降趋势，其中，气电在天然气总消费量中的占比下降幅度最大，下降了 9%。

美国电力能源供给量呈现先下降后上升的趋势。2030 年电力能源供给量达到 48.2 千亿 kW·h，相比于 2014 年上升了 20.9%。煤电、油电、气电持续下降，清洁能源发电持续上升。各清洁能源发电技术相比，核电和水电分别增长了 7320 亿 kW·h和 5729 亿 kW·h，增长量较大，风电和太阳能电增长速率较快。从各技术发电量占比来看，煤电、油电、气电占比持续下降，清洁能源发电占比不断增加，其中，核电与水电占比分别增长了 12 个百分点和 11 个百分点，增长幅度较大，风电和太阳能电占比增速较快。但在减排后期，较低的设备转换率成为制约风电和太阳能电发展的主要瓶颈。

同时，通过中美减排路径对比分析可以发现，中国经济发展速度虽高于美国，但经济总量与美国相比仍有差距，截至 2030 年，美国人均 GDP 仍为中国人均 GDP 的 4 倍。且美国经济总产出更多依赖资本积累。从能源结构对比来看，中国虽仍存在一定的不合理性，但调整速度快于美国。

第 14 章 关于 INDC 治理模式的总结与讨论

14.1 总 结

美国与中国先后在 2015 年向 UNFCCC 秘书处提交了 INDC 报告,并在报告中明确了本国到 2030 年的量化减排目标,这是 INDC 治理模式的典范。化石能源的使用是释放 CO_2 的重要来源之一,能源结构对化石能源使用量起着关键作用,进而对 CO_2 排放有着重要影响。调整原有不合理的能源结构成为各国实现自主减排目标的主要方式之一。本书基于能源-经济-环境的混合模型,内生化能源需求,寻求在减排目标约束下使效用最大化的最优能源结构演变路径。结合中国最新提出的《能源发展"十三五"规划》,分别设立了只满足 2020 年减排目标、2030 年 INDC 目标(单约束目标),与既满足 2020 年、2030 年目标,又满足 2020 年能源目标(双约束目标)两种情景,模拟最大化效用下经济、能源结构和 CO_2 排放量的变化趋势。考虑到美国提出的自主减排目标年份是 2025 年,本书假定美国以某一固定速率减排到 2025 年后,仍以该速率延长减排行为到 2030 年,即 2030 年美国温室气体较 2005 年下降 33%,模拟最大化效用下经济、能源结构和温室气体排放量的变化趋势。模拟得到的主要结论如下。

(1)在减排目标约束下,中国、美国未来经济仍将持续增长。但受要素规模递减、劳动力增速趋缓,以及能源和碳排放等资源环境约束多方面因素的影响,未来经济增速不断下降。中国 2014～2030 年年均增长率为 5.21%,美国年均增长率为 1.85%。

(2)中国未来能源供给(需求)总量仍将继续上升,但增长率不断下降。在减排目标约束下,中国对化石燃料的过度依赖会得到一定缓解,清洁能源迅速发展。但 2030 年,煤炭仍将作为能源供给的第一大来源。美国未来能源供给(需求)总量持续下降,到 2030 年,清洁能源电力已代替天然气成为第一大能源供给。

(3)中国化石能源消费总量不断上升但增长率逐渐下降。化石能源结构在减排目标的约束下得到调整:碳排放因子较小的天然气逐渐取代碳排放因子相对较大的煤炭和石油。能源目标的设立有助于加快这一结构调整速度。各化石燃料在发电转换中的使用量呈下降趋势。能源目标的设立并未对电力系统中化石燃料的使用量造成影响,但有助于调整非电力系统中的化石能源使用量。

(4)美国化石能源消费总量持续下降,其中,煤炭下降幅度最大,天然气最小。减排目标的设立有助于美国在化石能源结构中进一步降低高含碳因子煤炭的使用,由含碳因子较低的天然气所替代。各化石燃料在发电转换中的使用量整体呈下降趋势,其中,气电在天然气总消费量中的占比下降幅度最大。

(5)中国电力能源总供给量持续上升。煤电、油电不断下降,气电先上升后下降,核电、风电、太阳能发电、水电持续上升。其中,核电和水电增长量较大,核电、水电和太阳能电增长速率较快。从各技术发电量占比来看，火力发电占比不断下降，核电占比增长最快，其次为水电，风电和太阳能电因技术限制发展较为缓慢。能源目标的设定对电力能源结构的影响程度有限。

(6)美国电力能源供给量呈现先下降后上升的趋势。在减排前期，由于火力发电不断下降、核电和水电资金投入不足，以及风电和太阳能发电设备利用率较低，电力能源总供给呈下降趋势；在减排后期，随着核电和水电装机容量的不断增加，发电量也不断增长，拉动总电力供给上升。煤电、油电、气电持续下降，清洁能源发电持续上升。其中，核电和水电增长量较大，水电和太阳能电增长速率较快。从各技术发电量占比来看，煤电、油电、气电占比持续下降，清洁能源发电占比不断增加，其中，核电与水电占比增长幅度较大，风电和太阳能电占比增速较快。但随着减排不断深入，较低的设备转换率成为制约风电和太阳能电发展的主要瓶颈。

(7)在减排目标驱动下，中国经济增长和能源结构路径做出了相应调整，CO_2 排放量呈现增速放缓的趋势，并在 2030 年前出现碳高峰。在单目标约束下，中国在 2029 年实现 CO_2 排放高峰，在双目标约束下，CO_2 排放高峰提前到 2028 年。

14.2 讨 论

本书构建的能源-经济-环境混合模型，虽然通过含有能源要素投入的经济生产函数将能源模块与经济模块相连接，内生化能源需求，具有一定的灵活性和适应性，但宏观模块刻画较为简单，并未考虑到经济各部门的能源需求情况。此外，在能源技术方面，煤炭、风能、太阳能和水能在发电方面已分化出多种技术，如煤炭的常规燃煤发电、超超临界燃煤发电、燃气轮机联合循化发电等；风能的向岸风电和离岸风电等。即使对于同一种能源的不同发电技术，其所对应的发电装机成本、运行维修费用有时也不相同。与此同时，随着碳捕捉与封存技术(CCS)的不断发展，其在减缓 CO_2 排放时所起的作用也将逐渐显现。未来模型在能源技术方面的改进可以考虑包括 CCS 技术，以及将同一种能源对应的不同发电技术进行细化。从能源技术发展的角度来看，除了"干中学"会影响技术进步速度外，科研支出(Clarke et al.，2006；Jamasb，2007)、知识溢出(Clarke et al.，2006)、资本投资的增加(Klepper and Simons，2000)和规模经济(Sinclair et al.，2000；Yeh and Rubin，2007)都会对技术进步产生影响。对于能源技术来说，最流行的多因素模型就是"二因素学习曲线"。装机成本的降低主要来源于科研支出的累积，以及装机容量的累积(Jamasb，2007)。很多应用双因素模型的经验测试发现，科研支出在减少装机成本方面比"干中学"的贡献更大(Watanabe，1995；Klaassen et al.，2005；Jamasb，2007；Söderholm and Klaassen，2007；Söderholm and Sundqvist，2007)。在后续模型改进中，可以通过双因素模型将技术进步内生化，考虑科研支出对技术进步的促进作用(Lohwasser and Madlener，2013)。

参 考 文 献

曹静, 梁慧芳. 2013. 提高能源效率会否减少能源消费——基于能源消费中的反弹效应. 探索与争鸣, (12): 64-69.

曹静. 2009. 走低碳发展之路: 中国碳税政策的设计及 CGE 模型分析. 金融研究, (12): 9-29.

陈灿, 黄璜, 官春云, 等. 2015. 气候变化对农作物生产的影响与应对策略. 气候变化研究快报, 4(1): 1-7.

陈朝, 吕昌河, 范兰, 等. 2011. 土地利用变化对土壤有机碳的影响研究进展. 生态学报, 31(18): 5358-5371.

陈文颖, 高鹏飞, 何建坤. 2004. 用 MARKAL-MACRO 模型研究碳减排对中国能源系统的影响. 清华大学学报(自然科学版), 44(3): 342-346.

丛晓男. 2012. 面向地缘政治经济分析的全球多区域 CGE 建模与开发. 北京: 中国科学院大学.

崔百胜, 朱麟. 2016. 基于内生增长理论与 GVAR 模型的能源消费控制目标下经济增长与碳减排研究. 中国管理科学, 24(1): 11-20.

邓玉勇, 杜铭华, 雷仲敏. 2006. 基于能源—经济—环境(3E)系统的模型方法研究综述. 甘肃社会科学, (3): 209-212.

丁一汇. 1997. IPCC 第二次气候变化科学评估报告的主要科学成果和问题. 地球科学进展, 12(2): 158-163.

杜浩渺. 2012. 碳捕获与封存(CCS)的规范与政策研究. 重庆: 重庆大学.

范允奇. 2012. 我国碳税效应、最优税率和配置机制研究. 北京: 首都经济贸易大学.

傅京燕, 冯会芳. 2015. 碳价冲击对我国制造业发展的影响分析——基于分行业面板数据的实证研究. 产经评论, (1): 5-15.

高鹏飞, 陈文颖, 何建坤. 2004. 中国的二氧化碳边际减排成本. 清华大学学报(自然科学版), 44(9): 1192-1195.

高鹏飞, 陈文颖. 2002. 碳税与碳排放. 清华大学学报: 自然科学版, 42(10): 1335-1338.

顾高翔, 王铮. 2015. 全球性碳税政策作用下多国多部门经济增长与碳排放的全球治理. 中国软科学, (12): 1-11.

顾高翔. 2014. 全球经济互动与产业进化条件下的气候变化经济学集成评估模型及减排战略——CINCIA 的研发与应用. 北京: 中国科学院大学

关高峰, 董千里. 2014. 基于碳交易及碳税条件下的低碳石油供应链运输网络优化研究. 企业技术开发: 学术版, (1): 51-53.

国务院发展研究中心. 2009. 2050 中国能源和碳排放报告. 北京: 科学出版社.

杭雷鸣. 2007. 我国能源消费结构问题研究. 上海: 上海交通大学.

贺菊煌, 沈可挺, 徐嵩龄. 2002. 碳税与二氧化碳减排的 CGE 模型. 数量经济技术经济研究, (10): 39-47.

侯宁, 何继新, 朱学群. 2009. 陆地生态系统碳循环研究述评. 生态经济, (10): 140-143.

胡正海. 2010. 我国电力工业碳排放分析与基于碳税的电网调度研究. 北京: 北京交通大学.

胡宗义, 蔡文彬, 陈浩. 2008. 能源价格对能源强度和经济增长影响的 CGE 研究. 财经理论与实践, 29(2): 91-95.

胡宗义, 刘静, 刘亦文. 2011. 不同税收返还机制下碳税征收的一般均衡分析. 中国软科学, (9): 55-64.

胡宗义, 刘亦文. 2010. 能源要素价格改革对宏观经济影响的 CGE 分析. 经济评论, (2): 5-15.

黄英娜, 郭振仁, 张天柱, 等. 2005. 应用 CGE 模型量化分析中国实施能源环境税政策的可行性. 城市环境与城市生态, (2): 18-20.

姜群鸥, 邓祥征, 战金艳, 等. 2008. 黄淮海平原耕地转移对植被碳储量的影响. 地理研究, 27(4): 839-847.

李波. 2011. 我国农地资源利用的碳排放及减排政策研究. 武汉: 华中农业大学.

李钢, 董敏杰, 沈可挺. 2012. 强化环境管制政策对中国经济的影响——基于 CGE 模型的评估. 中国工业经济, (11): 5-17.

李国璋, 王双. 2008. 中国能源强度变动的区域因素分解分析——基于 LMDI 分解方法. 财经研究, 34(8): 52-62.

李坤望, 张伯伟. 1999. APEC 贸易自由化行动计划的评估. 世界经济, (7): 40-45.

李阔, 何霄嘉, 许吟隆, 等. 2016. 中国适应气候变化技术分类研究. 中国人口·资源与环境, 26(2): 18-26.

李娜, 石敏俊, 袁永娜. 2010. 低碳经济政策对区域发展格局演进的影响——基于动态多区域 CGE 模型的模拟分析. 地理学报, 65(12): 1569-1580.

李善同, 何建武. 2007. 后配额时期中国、美国及欧盟纺织品贸易政策的影响分析. 世界经济, 30(1): 3-11.

李玉敏, 张友国. 2016. 中国碳排放影响因素的空间分解分析. 中国地质大学学报: 社会科学版, 16(3): 73-85.

林伯强, 姚昕, 刘希颖. 2010. 节能和碳排放约束下的中国能源结构战略调整. 中国社会科学, (1): 58-71.

刘昌新. 2013. 新型集成评估模型的构建与全球减排合作方案研究. 北京: 中国科学院大学.

刘恒. 2014. 基于 CGE 模型的碳税征收对中国民航业的影响研究. 北京: 中国地质大学.

刘红光, 刘卫东, 唐志鹏, 等. 2010. 中国区域产业结构调整的 CO_2 减排效果分析——基于区域间投入产出表的分析. 地域研究与开发, 29(3): 129-135.

刘洁, 李文. 2011. 征收碳税对中国经济影响的实证. 中国人口·资源与环境, 21(9): 99-104.

刘静. 2011. 不同税收返还机制下碳税征收的一般均衡研究. 长沙: 湖南大学.

刘培林. 2011. 全球气候治理政策工具的比较分析——基于国别间关系的考察角度. 亚洲研究论坛, (5): 127-142.

刘倩, 粘书婷, 王遥. 2015. 国际气候资金机制的最新进展及中国对策. 中国人口·资源与环境, (10): 30-38.

刘强, 姜克隽, 胡秀莲. 2006. 碳税和能源税情景下的中国电力清洁技术选择. 中国电力, 39(9): 19-23.

刘燕华, 葛全胜, 何凡能, 等. 2008. 应对国际 CO_2 减排压力的途径及我国减排潜力分析. 地理学报, 63(7): 675-682.

刘燕华, 钱凤魁, 王文涛, 等. 2013. 应对气候变化的适应技术框架研究. 中国人口·资源与环境, 23(5): 1-6.

刘亦文. 2013. 能源消费、碳排放与经济增长的可计算一般均衡分析. 长沙湖南大学.

刘宇, 胡晓虹. 2016. 提高火电行业排放标准对中国经济和污染物排放的影响——基于环境 CGE 模型的测算. 气候变化研究进展, 12(2): 154-161.

刘宇, 肖宏伟, 吕郢康. 2015. 多种税收返还模式下碳税对中国的经济影响——基于动态 CGE 模型. 财经研究, 41(1): 35-48.

娄峰. 2014. 征收碳税对我国宏观经济及碳减排影响的模拟研究. 数量经济技术经济研究, (10): 84-109.

鲁元平, 马成. 2013. 财政支出规模与结构调整的经济效应——基于 CGE 的模拟分析. 当代财经, (11): 36-46.

罗上华, 毛齐正, 马克明, 等. 2012. 城市土壤碳循环与碳固持研究综述. 生态学报, 32(22): 7177-7189.

马晓哲, 王铮. 2015. 土地利用变化对区域碳源汇的影响研究进展. 生态学报, 5(17): 5898-5907.

倪外. 2012. 低碳经济发展的全球治理与合作研究. 世界经济研究, (12): 10-17.

潘家华, 陈迎. 2009. 碳预算方案: 一个公平、可持续的国际气候制度框架. 中国社会科学, (5): 83-98.

潘家华, 孙翠华, 邹骥, 等. 2007. 减缓气候变化的最新科学认知. 气候变化研究进展, 3(4): 187-194.

潘一, 梁景玉, 吴芳芳, 等. 2012. 二氧化碳捕捉与封存技术的研究与展望. 当代化工, (10): 1072 -1075.

彭艳梅. 2011. 政府绿色采购政策功能研究. 武汉: 武汉大学.

齐志新, 陈文颖. 2006. 结构调整还是技术进步——改革开放后我国能源效率提高的因素分析. 上海经济研究, (6): 8-16.

盛丽颖. 2011. 中国碳减排财政政策研究. 沈阳: 辽宁大学.

石敏俊, 周晟吕. 2010. 低碳技术发展对中国实现减排目标的作用. 管理评论, (6): 48-53.

石莹, 朱永彬, 王铮. 2015. 成本最优与减排约束下中国能源结构演化路径. 管理科学学报, 18(10): 26-37.

世界银行. 2010. 2010 年世界发展报告. 北京: 清华大学出版社.

苏明, 傅志华, 许文, 等. 2009. 碳税的国际经验与借鉴. 经济研究参考, (72): 17-23.

苏明. 2010. 中国应对气候变化现行财政政策分析. 中国能源, 32(6): 7-11.

孙傅, 何霄嘉. 2014. 国际气候变化适应政策发展动态及其对中国的启示. 中国人口·资源与环境, 24(5): 1-9.

唐钦能. 2014. 全球共同应对气候变化经济政策评估系统(GreCPAM)的研发与应用研究. 北京: 中国科学院大学.

田智宇. 2008. 英国和法国支持节能的财税政策及对我国的启示. 中国能源, 30(5): 32-35.

汪曾涛. 2009. 碳税征收的国际比较与经验借鉴. 长江论坛, (4): 68-71.

王灿. 2003. 基于动态 CGE 模型的中国气候政策模拟与分析. 北京: 清华大学.

王金南, 严刚, 姜克隽, 等. 2009. 应对气候变化的中国碳税政策研究. 中国环境科学, 29(1): 101-105.

王珂. 2012. 中国碳税税率设计研究. 杭州: 浙江财经学院.

王克强. 2012. 土地利用变化的碳排放效应研究——兼沂水县实证分析. 雅安: 四川农业大学.

王勤花, 曲建升, 张志强. 2007. 气候变化减缓技术: 国际现状与发展趋势. 气候变化研究进展, 3(6): 322-327.

王勤花. 联合国坎昆气候会议达成《坎昆协议》[J]. 地球科学进展, 2010(12):1410-1410.

王铮, 蒋轶红, 吴静, 等. 2006. 技术进步作用下中国 CO_2 减排的可能性. 生态学报, 26(2): 423-431.

王铮, 刘筱, 刘昌新等. 2014. 气候变化伦理问题的若干探讨. 中国科学. 地球科学. 2014(7) :1600-1608.

王铮, 吴静, 李刚强, 等. 2009. 国际参与下的全球气候保护策略可行性模拟. 生态学报. 29(5): 2407-2417.

王铮, 吴静, 刘昌新, 等. 2015. 气候变化经济学集成评估模型. 北京: 科学出版社.

王铮, 张帅, 吴静. 2012. 一个新的 RICE 簇模型及其对全球减排方案的分析. 科学通报. 57(26): 2507-2515.

王铮, 朱永彬, 刘昌新, 等. 2010. 最优增长路径下的中国碳排放估计. 地理学报, 65(12): 1559-1568.

魏涛远格罗姆斯洛德. 2002. 征收碳税对中国经济与温室气体排放的影响. 世界经济与政治, 2002(8): 47-49.

吴福象, 朱蕾. 2014. 可计算一般均衡理论模型的演化脉络与应用前景展望——一个文献综述. 审计与经济研究, (2): 95-103.

吴静, 王铮, 朱潜艇, 等. 2016. 应对气候变化的全球治理研究. 北京: 科学出版社.

吴静, 朱潜挺, 王铮. 2012. 研发投资对全球气候保护影响的模拟分析. 科学学研究, (4): 517-525.

吴乐英, 王铮, 徐程瑾,等. 省区碳经济分析的CGE模型及其应用——以河南省为例[J]. 地理研究, 2016, 35(5):941-952.

伍艳. 2011. 论联合国气候变化框架公约下的资金机制. 国际论坛, (1): 20-26.

肖巍, 钱箭星. 2012 . "气候变化": 从科学到政治. 复旦学报: 社会科学版, (6): 84-93.

谢富胜, 程瀚, 李安. 2014. 全球气候治理的政治经济学分析. 中国社会科学, (11): 63-82.

徐逢桂. 2012. 碳税财政转移支付政策对台湾宏观经济影响的模拟研究. 南京: 南京农业大学.

徐国泉, 刘则渊, 姜照华. 2006. 中国碳排放的因素分解模型及实证分析: 1995-2004. 中国人口·资源与环境, 16(6): 158-161.

许立帆. 2014. 全球视野下的碳税征收. 国际税收, (12): 63-65.

许梦博, 翁钰栋, 李新光. 2016. "营改增"的财政收入效应及未来改革建议——基于 CGE 模型的分析. 税务研究, (2): 86-88.

杨晨曦. 2013. 全球环境治理的结构与过程研究. 长春: 吉林大学.

杨金林, 陈立宏. 2010. 国外应对气候变化的财政政策及其经验借鉴. 环境经济, (6): 32-43.

杨景成, 韩兴国, 黄建辉, 等. 2003. 土地利用变化对陆地生态系统碳贮量的影响. 应用生态学报, 14(8): 1385-1390.

叶卫华. 2010. 全球负外部性的治理: 大国合作——以应对全球气候变化为例. 南昌: 江西财经大学.

于倩. 2014. 碳税 CGE 模型在我国能源产业中的应用研究. 北京: 首都经济贸易大学.

曾繁华, 吴立军, 陈曦. 2013. 碳排放和能源约束下中国经济增长阻力研究. 财贸经济, (4): 130-137.

曾莉. 2011. 全球环境治理中的中美博弈. 长春: 吉林大学.

曾文革, 冯帅. 2016. 后巴黎时代应对气候变化能力建设的中国路径. 江西社会科学, (4): 146-157.

张博, 徐承红. 2013. 开征碳税的条件及碳税的动态调整. 中国人口·资源与环境, 23(6): 16-20.

张金灿, 仲伟周. 2015. 碳税最优税率确定的完全信息静态博弈分析. 中国人口·资源与环境, (5): 53-58.

张树伟. 2010. 能源经济环境模型研究现状与趋势评述. 能源技术经济, 22(2): 43-49.

张晓娣, 刘学悦. 2015. 征收碳税和发展可再生能源研究——基于 OLG-CGE 模型的增长及福利效应分析. 中国工业经济, (3): 18-30.

张晓华, 祁悦. 2014. 应对气候变化国际谈判现状与展望. 中国能源, 36(11): 30-33.

张云, 杨来科. 2012. 边际减排成本与限排影子成本、能源价格关系. 华东经济管理, 26(11): 148-151.

张云, 杨来科. 2012. 中国工业部门出口贸易、国内 CO_2 排放与影响因素——基于结构分解的跨期对比分析. 世界经济研究, (7): 29-35.

赵明伟, 岳天祥, 赵娜, 等. 2013. 基于 HASM 的中国森林植被碳储量空间分布模拟. 地理学报, 68(9): 1212-1224.

赵有益, 龙瑞军, 林慧龙, 等. 2008. 草地生态系统安全及其评价研究. 草业学报, 17(2): 143-150.

郑玉歆, 樊明太. 1999. 中国 CGE 模型及政策分析. 北京: 社会科学文献出版社.

钟华平, 樊江文, 于贵瑞, 等. 2005. 草地生态系统碳循环研究进展. 草地学报 (增刊), 13(S1): 67-73.

周广胜. 2003. 全球碳循环. 北京: 气象出版社.

周晟吕, 石敏俊, 李娜, 等. 2012. 碳税对于发展非化石能源的作用——基于能源-环境-经济模型的分析. 自然资源学报, (7): 1101-1111.

朱潜挺, 吴静, 王铮. 2013. 基于 MRICES 模型的气候融资模拟分析. 生态学报, 33(11): 3499-3508.

朱永彬, 刘昌新, 王铮, 等. 2013. 我国产业结构演变趋势及其减排潜力分析. 中国软科学, (2): 35-42.

朱永彬, 刘晓, 王铮. 2010. 碳税政策的减排效果及其对我国经济的影响分析. 中国软科学, (4): 1-9.

朱永彬, 王铮, 庞丽, 等. 2009. 基于经济模拟的中国能源消费与碳排放高峰预测. 地理学报, 64(8): 935-944.

庄贵阳, 朱仙丽, 赵行姝. 2009. 全球环境与气候治理. 杭州: 浙江人民出版社.

邹骥, 傅莎, 陈济, 等. 2015. 论全球气候治理——构建人类发展路径创新的国际体制. 北京: 中国计划出版社.

Afandi E G. 2015. Impact of Climate Change on Crop Production. Handbook of Climate Change Mitigation and Adaptation, pp 723-749.

Aguilera R F, Eggert R G, Gustavo L C C, et al. 2009. Depletion and the future availability of petroleum resources. The Energy Journal, 30: 141-174.

Andersson F N, Karpestam P. 2012. The Australian carbon tax: a step in the right direction but not enough. Carbon Management, 3(3): 293-302.

Arrow K J, Debreu G. 1954. Existence of a competitive equilibrium for a competitive economy. Econometrica, 22(3): 265-290.

Arrow, K. L. 1962. The Economic Implications of Learning by Doing. Rev. Econ. Stud., 155-173.

Bahn O, Drouet L, Edwards N R, et al. 2006. The coupling of optimal economic growth and climate dynamics. Climatic Change, 79(1-2): 103-119.

Bairlein F, Winkel W. 2001. in Climate of the 21st Century: Changes and Risks//Lozan J L, Graul H, Hupfer P. Birds and climate chamge Hamburg: Wissenschaftliche Auswertungen: 278-282.

Bauer N, Baumstarl L, Leimbach M. 2012. The REMIND-R model: the role of renewable in the low-carbon transformation-first-best vs. second-best worlds. Climatic Change, 114: 145-168.

Bauer N, Edenhofer O, Kypreos S. 2008. Linking energy system and macroeconomic growth models. Journal of Computational Management Sciences, 5: 95-117.

Bennet S J. 2012. Implications of Climate Change for the Petrochemical Industry: Mitigation Measures and Feedstock Transitions. Spmyer us: New York: 383-426.

Bergman L. 1991. General equilibrium effects of environmental policy: A CGE-modeling approach. Environmental & Resource Economics, 1(1): 43-61.

Bjerkholt O. 2009. The making of the leif johansen multi-sectoral model. History of Economic Ideas, 17(3): 103-126.

Böhringer C, Rutherford T F. 2009. Integrating Bottom-up into Top-down: a mixed Complementarity Approach. Website: ftp: //ftp.zew.de.pub/zew-docs/dp/dp0528.pdf.[2015-04-07]

Bor Y J, Huang Y. 2010. Energy taxation and the double dividend effect in Taiwan's energy conservation policy—an empirical study using a computable general equilibrium model. Energy Policy, 38(5): 2086-2100.

Bosetti V, Carraro C, Galeotti M, et al. 2006. WITCH: a world induced technical change hybrid model. The Energy Journal, 27: S13-S38.

Bouwman A F, Kram T, Goldewijk K K. 2006. Integrated modelling of global environmental change, an overview of image 2.4. Past & Future, (1): 2.

Bovenberg A L. 1999. Green tax reforms and the double dividend: an updated reader's guide. International Tax & Public Finance, 6(3): 421-443.

Brockmeier M. 2001. A graphical exposition of the GTAP model. Gtap Technical Papers, 8: 6-21.

Broome, John. 1992. Counting the Cost of Global Warming. Isle of Harris, UK: White Horse Press.

Buonanno P, Carraro C, Castelnuovo E, et al. 2000. Efficiency and equity of emissions trading with endogenous environmental technical change//Carraro C. Efficiency and Equity of Climate Change Policy. Dordrecht: Kluwer Academic Publishers.

Burniaux J M, Truong T P. 2002. GTAP-E: an energy-environmental version of the GTAP model. Gtap Technical Papers. West Lafayette: Purdue University.

Burniaux J M, Truong TP. 2002. GTAP-E: an energy-environmental version of the GTAP model. Gtap Technical Papers, 16: 29-40.

Cai Y, Judd K L, Lontzek T S. 2013. The social cost of stochastic and irreversible climate change. AGU Fall Meeting, 18704: 7-36.

Cantarello E, Newton A C, Hill R A. 2011. Potential effects of future land-use change on regional carbon stocks in the UK. Environmental Science & Policy, 14(1): 40-52.

Carl J. , Fedor, D. 2016. Tracking global carbon revenues: A survey of carbon taxes versus cap-and-trade in the real world. Energy Policy, 96(Supplement C): 50-77.

Chen W Y, Suzuki T, Lackner M. 2017. Handbook of Climate Change Mitigation and Adaptation. Berlin Springer International Publishing.

Christoph W F, Pierre H, Gerard S. 2003. Dynamic formulation of a top-down and bottom-up merging energy policy model. Energy Policy, 31(10): 1017-1031.

Clarke L, Weyant Y, Edmonds J. 2008. On the sources of technological change: assessing the evidence.

Energy Economics, 28(5-6): 579-595.

Coninck H D, Flach T, Curnow P, et al. 2009. The acceptability of CO_2 capture and storage(CCS)in Europe: An assessment of the key determining factors : Part 1. scientific, technical and economic dimensions. International Journal of Greenhouse Gas Control, 3(3): 333-343.

Cosmo V D, Hyland M, 2013. Carbon tax scenarios and their effects on the Irish energy sector. Energy Policy, 59(59): 404-414.

Coxhead I, Wattanakuljarus A, Chan V N. 2013. Are carbon taxes good for the poor? a general equilibrium analysis for vietnam. World Development, 51(4): 119-131.

Craeyrest L. 2010. Loss and Damage from Climate Change: the Cost for Poor People in Developing Countries. Action Aid, Johannesburg.

Dagoumas A S, Barker T S. 2010. Pathways to a low-carbon economy for the UK with the macro-econometric E3MG model. Energy Policy: 38: 3067-3077.

Defra U K. 2014. The 2014 Government Greenhouse Gas Convention Factors for Company Reporting. London: Department for Environment, Food and Rural Affairs, UK.

Ding Y. 2016. Sea-level Rise and Hazardous Storms: Impact Assessment on Coasts and Estuaries. New York: Spnrger ud.

Dowlatabadi H. 1995. Integrated assessment models of climate change: an incomplete overview. Energy Policy, 23(4/5): 289-296.

Dufournaud C M, Harrington J J, Rogers P P. 1988. Leontief's "environmental repercussions and the economic structure..." revisited: a general equilibrium formulation. Geographical Analysis, 20(4): 318-327.

Edenhofer O, Bauer N, Kriegler E. 2005. The impact of technological change on climate protection and welfare: insights from the model MIND. Ecological Economic, 54: 277-292.

Edmonds J, Pitcher J, Rosenberg N, et al. 1994. Design for the Global Change Assessment Model. Proc., International Workshop on Integrative Assessment of Mitigation, Impacts and Adaptation to Climate Change, Oct. 13-15, IIASA, Austria.

EIA. 2014. International Energy Statistics. Washington, DC US. Energy Information Admimistration.

Elliott J, Foster I, Kortum S, et al. 2010. Trade and carbon taxes. The American Economic Review, 100: 465-469.

Fang J Y, Guo Z D, Piao S L, et al. 2007. Terrestrial vegetation carbon sinks in China, 1981–2000. Science in China Series D: Earth Sciences, 50(9): 1341-1350.

FAO. 2011. "Energy-smart" food for people and climate. Rome: Food and agriculture OrganiEation of the limited Nations.

Farmer K, Steininger K W. 1999. Reducing CO_2-Emissions under fiscal retrenchment: a Multi-Cohort CGE-Model for Austria. Environmental & Resource Economics, 13(3): 309-340.

Fawcett A A, Iyer C G, Clarke E L, et al. 2015. Can paris pledges avert severe climate change. Science, 350(6265): 1168-1169.

Fawcett A A, Sands R D. 2005. The second generation model: model description and theory. http://www.epa.gov/ oar/ sgm_theory_final_1.pdf, 2005-10/2011-01-10.

Floros N, Vlachou A. 2005. Energy demand and energy-related CO_2 emissions in Greek manufacturing: assessing the impact of a carbon tax. Energy Economics, 27(3): 387-413.

Fullerton D, Kim S R. 2008. Environmental investment and policy with distortionary taxes, and endogenous growth. Journal of Environmental Economics & Management, 56(2): 141-154.

Ghazoul J, Butler R A, Mateoveg G J, et al. 2010. REDD: a reckoning of environment and development implications. Trends in Ecology & Evolution, 25(7): 396-402.

Gillingham K, Newell R G, Pizer W A. 2008. Modelling endogenous technological change for climate policy analysis. Energy Economics, 30: 2734-2753.

GISS(Goddard Institute for Space Studies). 2010b. GISS Surface Temperature Analysis(GISTEMP). GISS. Website: http: //data.giss.nasa.gov/gistemp/. Accessed 3 Match, 2017[2017-05-12]

Goodess C M, Hanson C, Hulme M, et al. 2003. Representing climate and extreme weather events in integrated assessment models: a review of existing methods and options for development. Integrated Assessment. 4(3): 145-171.

Goulder L H. 1992. Carbon tax design and U.S. industry performance. Tax Policy and the Economy, Cambridge: the MIT press.

Goulder L H. 1995. Environmental taxation and the double dividend: a reader's guide. international tax and public finance, (2): 157-183.

Greene D L. 2010. Measuring energy security: can the United States achieve oil independence. Energy Policy, 38(4): 1614-1621.

Guo L B, Gifford R M. 2002. Soil carbon stocks and land use change: a meta analysis. Global Change Biology, 8(4): 345-360.

Hamilton D L, Goldstein A G, Lee J, et al. 1992. MARKAL-MACRO: An overview Brookhaven National Laboratory. BNL-48377.

Hanoch G .1975. Production and demand models with direct and indirect implicit additivity. Econometrica, 43:395–419

Hansen J, Sato M, Ruedy R. 2012. Perception of climate change. Proceedings of the National Academy of Sciences, 109(37): E2415.

Hansen J. 2008. Tipping point: Perspective of a Climatologist. The State of the Wild: A global Portrait of Wildlife, Wild Lands, and Oceans//Fearn E. Wildlife Conservation Society. Washington D C: Island Press.

He J K. 2015. China's INDC and non-fossil energy development. Advances in Climate Change Research, (6): 210-215.

Hedegaard C, Kololec M. 2011. Statement at the opening of the high level segment of COP17; .http:// unfccc.int/files/meetings/durban_nov_2011/statements/application/pdf/111206_cop17_hls_european_un ion.pdf[2011-12-20]

Held D, Hervey A, Theros M. 2011. The governance of climate change: science, economics, politics and ethics. Governance of Climate Change Science Economics Politics & Ethics, 29(5): 947-949.

Helm D. 2005. Economic instruments and environmental policy. Economic and Social Review, 36(3): 205.

Hertel T, Lee H L, Rose S, et al. 2008. Modeling Land-use Related Greenhouse Gas Sources and Sinks and their Mitigation Potential. WestLafagette: Purdue University.

Hertel T W, Tsigas M. 1997. Global Trade Analysis: Modeling and Applications NewYork: Cambrisge University Press

Hoffmann A A, Sgrò C M. 2011. Climate Change and Evolutionary Adaption. Nature, 470(7335): 479-485.

Hope. C. 2005. Integrated assessment models. Climate-Change Policy. http: //idea.uab.es/～pcourtois/ job-linkage.pdf.[2011-01-10]

Ianchovichina E, Mcdougall R. 2000. Theoretical structure of dynamic GTAP. Gtap Technical Papers.West Lafayette: Purdne University.

IEA. 2010. Energy efficiency governance. Paris: International Energy Agency.

IEA. 2010. World Energy Outlook 2010. Sourceoecd Energy, 2010(3): 574-738.

IEA. 2012. CO_2 Emissions from Fuel Combustion 2012. Paris: Organization for Economic Co-operation and Development.

International Institute for Applied Systems Analysis(IIASA). 2013. MESSAGE-MACRO. http: //www.iiasa. ac.at/web/home/research/modelsData/MESSAGE/MESSAGE-MACRO.en.html. Accessed 2017.02.15. [2017-02-15]

IPCC. 1997. The 2nd Assessment Report. http: //www.ipcc.ch.[2015-10-11]

IPCC. 2013. Climate Change 2013: The Physical Science Basis, Summary for Policymakers. Website: http:// www.ipcc.ch/report/ar5/wgl/. Accessed 28 January 2017.[2017-01-28]

IPCC. 2014a. The 5th Assessment Report. http: //www.ipcc.ch.

IPCC. 2014b. Climate Change 2014: Synthesis Report. Website: http: //www.ipcc.ch/report/ar5/syr/. Accessed 28 January 2017.[2017-01-28]

Iyer C G, Edmonds A J, Fawcett A A, et al. 2015. The contribution of paris to limit global warming to 2℃. Environmental Research Letters, 10(12): 1-12.

Jamasb T. 2007. Technical change theory and learning curves: patterns of progress in electricity generation technologies. Energy Journal, 28(3): 51-72.

Jin K. 2012. Industrial structure and capital flows. American Economic Review, 102(5): 2111-2146.

Kanarek A, Webb C. 2010. Allee effects, adaptive evolution, and invasion success. Evolutionary Applications, 3(2): 122-135.

Khazzoom J D.1980. Economic implications of mandated efficiency in standards for household appliances. Energy J, 1: 4(4): 21-40.

Kintisch E. 2015. Climate crossroads. Science, 350(6264): 1016-1017.

Kirton J J, Toronto U O, Kokotsis C E. 2010. The global governance of climate change. Revista Portuguesa De Pneumologia, 16SA: S83-S88.

Klaassen G, Miketa A, Larsen K, et al. 2005. The impact of R&D on innovation for wind energy in denmark, Germany and the United Kingdom. Ecological Economics, 54(2-3): 227-240.

Klepper S, Simons K L. 2000. The making of an oligopoly: firm survival and technological change in the evolution of the U. S. tire industry. Journal of Political Economy, 108: 728-760.

Klimenko V.V., Mikushina O.V., Tereshin A.G. 1999. Do we really need a carbon tax?. Applied Energy, 64(4):311-316.

Lackner M, Chen W Y, Suzuki T. 2017. Introduction to Climate Change Mitigation.New York: Springer U S.

Leimbach M, Bauer N, Baumstark L, et al. 2010. Mitigation costs in the globalized world: climate policy analysis with REMIND-R. Environ Model Assess, 15: 155-173.

Lemoine D, Traeger C. 2014. Watch your step: optimal policy in a tipping climate. American Economic Journal: Economic Policy, 6(1): 137-166

Liu H, Gallagher K S. 2010. Catalyzing strategic transformation to a low-carbon economy: A CCS roadmap for China. Energy Policy, 38(1): 59-74.

Liu R J, Sun F C, Cao J. 2005. An exploration of the technical feasibility of achieving CO_2 emission reductions in excess of 60% within the UK housing stock by the year 2050. Energy Policy, 33(13): 1643-1659.

Lohwasser R, Madlener R. 2013. Relating R&D and investment policies to ccs market diffusion through two-factor learning. Energy Policy, 52(C): 439-452.

Lomborg, Bjorn. 2001. Global Warming. Cambridge: Cambridge University Press.

Lu H, Yan W, Qin Y, et al. 2012. More than carbon stocks: a case study of ecosystem-based benefits of REDD+ in Indonesia. Chinese Geographical Science, 22(4): 390-401.

Luderer G, Leimbach M, Bauer N, et al. 2013. Description of the REMIND model(version 1.5). Ssm Electronic Journal, 121(121): 531-540.

Manne A S, Richels R G. 2006. The role of non-CO_2 greenhouse gases and carbon sinks in meeting climate bjectives . The Energy Journal, special issue, 3: 393-404.

Manne A S. 1977. ETA-MACRO: a model of energy economy interactions[J]. Technical Report, Electric Power Research Institute, 78: 26612

Marshall B, Hsiang S M, Edward M. 2015. Global non-linear effect of temperature on economic production. Nature, 527(7577): 235-239.

Masui T, Takahashi K, Tsuichda K. 2003. Integration of emission, climate change and impacts. Tsukuba: The 8th AIM International Workshop.

Mathew L M, Akter S. 2015. Loss and Damage Associated with Climate Change Impacts. New York: Springer U S.

Matsumoto K, Añel A J. 2015. Energy structure and energy security under climate mitigation scenarios in China. PLoS One, 10(12): 1-17.

McDonald A, Schrattenholzer L. 2001. Learning rates for energy technologies. Energy Policy, 29: 255-261.

McDougall R. 2002. A New Regional Household Demand System for GTAP. Center for Global Trade Analysis, Department of Agricultural Economics, Purdue University.

McFarland J R, Reilly J M, Herzog H J. 2004. Representing energy technologies in top-down economic models using bottom-up information. Energy Economics, 26: 685-707.

McKibbin W J, Wilcoxen P J. 1998. The theoretical and empirical structure of the G-Cubed model.Economic Modelling, 16(1): 123-148.

Menzel A. Estrella N. 2001. "fingerprints" of climate change: adapted behaviour and shifting species ranges. NewYork: Kluwer Academic.

Messner S, Schrattenholdzer L. 2000. MESSAGE-MACRO: linking an energy supply model with a macroeconomic module and solving it iteratively. energy, 25: 267-282.

Min S K, Zhang X B, Zwiers F W, et al. 2011. Human contribution to more-intense precipitation extremes. Nature, 470(7334): 378-381.

Mirzaesmaeeli H, Elkamel A, Douglas P L, et al. 2010. A multi-period optimization model for energy planning with CO_2 emission consideration. Journal of Environmental Management, 9: 1063-1070.

Mooij R A, van den Bergh. 2002. The double dividend of an environmental tax reform. Handbook of Environmental and Resource Economics, 293-306.

Moore C. 2012. Climate Change Legislation: Current Developments and Emerging Trends New York: Springer U S.

NCDC(National Climatic Data Center). 2010a. Global Surface Temperature Anomalies. NOAA. http: //www.ncdc.noaa.gov/cmb-faq/anomalies.html#mean. Accessed 3 March, 2017.[2017-03-03]

Neij L. 2008. Cost development of future technologies for power generation-A study based on experience curves and complementary bottom-up assessments. Energy Policy, 36: 2200-2211.

Nijkamp P, Wang S, Kremers H. 2005. Modeling the impacts of international climate change policies in a CGE context: the use of the GTAP-E model. Economic Modelling, 22(6): 955-974.

Nordhaus W D. 1977. Economic growth and climate: the carbon dioxide problem. The American Economic Review, 67(1): 341-346.

Nordhaus W D. 2008. A Question of Balance: Weighing the Options on Global Warming Policies. New Haven: Yale University Press.

Nordhuas W D, Yang Z. 1996. A regional dynamic general-equilibrium model of alternative climate-change strategies. The American Economic Review, 86: 741- 746

Northcott M S. 2007. A Moral Climate: The Ethics of Global Warming.London: Darton Longman and Todd.

OECD. 1994. GREEN: The User Manual, Paris: OECD.

OECD. 1997. The OECD Green Model: An Updated Overview Paris: OECD.

OECD. 2015. Credit Reporting System(CRS).(Available at: https: //stats.oecd.org/Index.aspx?DataSetCode= CRS1).[2016-01-23]

Oladosu G. 2012. Estimates of the global indirect energy-use emission impacts of USA biofuel policy. Applied Energy, 99(0): 85-96.

Omambia N A, Shemsanga C, Hernandez I A S. 2016. Climate change impacts, vulnerability, and adaptation in east africa(EA)and south africa(SA). Handbook of Climate Change Mitigation and Adaptation, 749-770.

Ostle N J, Levy P E, Evans C D, et al. 2009. UK land use and soil carbon sequestration. Land Use Policy, 26: S274-S283.

Pacala S, Socolow R. 2004. Stabilization wedges: solving the climate problem for the next 50 years with current technologies . Science, 305: 968-972

Pall P, Aina T, Stone D A, et al. 2011. Anthropogenic greenhouse gas contribution to flood risk in england and wales in autumn 2000. Nature, 470(7334): 382-385.

Parmesan C. 2006. Ecological and evolutionary responses to recent climate change. Annual Review of Ecology Evolution & Systematics, 37(1): 637-669.

Pearce D. 1991. The role of carbon taxes in adjusting to global warming. Economic Journal, 101(407): 938-948.

Peters G, Andrew R, Solomon S, et al. 2015. Measuring a fair and ambitious climate agreement using cumulative emissions. Environmental Research Letters, 10(10): 105004.

Peterson E B, Lee H L. 2009. Implications of incorporating domestic margins into analyses of energy taxation and climate change policies. Economic Modelling, 26(2): 370-378.

Plevin R, Gibbs H, Duffy J, et al. 2014. Agro-ecological Zone Emission Factor(AEZ-EF)Model(v47). Gtap Technical Papers. West Lafagetce: Purdue University.

Posner E A, Sunstein C. R. 2008. Climate Change Justice. Georgetown Law Journal,14(2):219-237.

Posner E A, Weisbach D. 2011. Climate change justice. Journal of Applied Philosophy, 28(3): 323-326.

Pulla P. 2015. Can india keep its promises. science, 350(6264): 1024-1027.

Quéré C L, Andres R J, Boden T, et al. 2013. The global carbon budget 1959-2011. Earth System Science Data Discussions, 5: 1107-1157.

Radulescu D, Stimmelmayr M. 2010. The impact of the 2008 German corporate tax reform: a dynamic CGE analysis. Economic Modelling, 27(1): 454-467.

Rajao R, Soares-Filho B. 2015. Policies undermine Brazil's GHG goals. Science, 350(6260): 519.

Reed D H. 2017. Impact of Climate Change on Biodiversity. New York: Spring U S.

Rogner H H, Aguilera R F, Archer C L, et al. 2012. Energy resources and potentials//Johansson T B, Patwardhan A, Nakicenovic N et al. Global Energy Assessment – Toward a Sustainable Future. Cambridge MA: Cambridge University Press.

Rogner H H. 1997. An assessment of world hydrocarbon resources. Annual Review of Energy and the Environment, 22: 217-262.

Rubin S E, Azevedo M L I, Jaramillo P, et al. 2015. A review of learning rates for electricity supply technologies. Energy Policy, (86): 198-218.

Rutherford D J, Weber E T. 2012. Ethics and Environmental Policy. New York: Springer U S

Sandmo A. 1975. Optimal taxation in the presence of externalities. Swedish Journal of Economics, 77(1): 86-98.

Schneider S H. 1997. Integrated assessment modeling of global climate change: Transparent rational tool for policy making or opaque screen hiding value - laden assumptions. Environmental Modeling & Assessment, 2(4): 229-249.

Shinichiro F, Su X, Liu J Y, et al. 2016. Implication of paris agreement in the context of long-term climate mitigation goals[J]. springer Plus, (5): 1-11.

Sinclair C, Klepper S, Cohen W. 2000. What's experience got to do with it? sources of cost reduction in a large specialty chemicals producer. Management Science, 46(1): 28-45.

Söderholm P, Klaassen G. 2007. Wind power in europe: a simultaneous innovation-diffusion model. Environmental and Resource Economics, 36(2): 163-190.

Söderholm P, Sundqvist, T. 2007. Empirical challenges in the use of learning curves for assessing the economic prospects of renewable energy technologies. Renewable Energy, 32(15): 2559-2578.

Speck S. 2014. Carbon taxation: two decades of experience and future prospects. Carbon Management, 4(2): 171-183.

Statistical review of world energy(2016). British Petrleum(BP). Website: https: www. bp. com/en/global/ corporate/energy-economicsl/statistical-review-of-world-energy.html(Accessed on 30, March, 2016)

Stern N. 2007. The Economics of Climate Change: The Stern Review. Cambridge: Cambridge Univ. Press.

Tol R S J, Dowlatabadi H. 2001. Vector-Borne Diseases, Development & Climate Change. Integrated Assessment, 2(4):173-181.

Treffers D J, Faaij A P C, Spakman J, et al. 2005. Exploring the possibilities for setting up sustainable energy systems for the long term: two visions for the Dutch energy system in 2050. Energy Policy, 33(13): 1723-1743.

Turner K, Hanley N. 2010. Energy efficiency, rebound effects and the environmental Kuznets Curve. Stirling Economics Discussion Papers, 33(5): 709-720.

UNFCCC, 2015. Information Provided by Parties Relating to Appendix I of the Copenhagen Accord(Annex I–Quantified Economy-wide Emissions Targets for 2020). Website: http: //unfccc.int/meetings/ copenhagen_dec_2009/items/5264.php. Accessed 4 March, 2017.[2017-03-04]

UNFCCC, 2016. Paris Agreement–Status of Ratification. Website: http: //unfccc.int/pairs_agreement/

items/9444.php. Accessed 4 March, 2017.[2017-03-04]

UNFCCC. 2012. Report of the Conferences of the Parities Serving as the Meeting of the Parties to the Kyoto Protocol on its seventh session, held in Durban from 28 November to 11 December 2011, FCCC/KP/CMP/2011/10/Add.1, 15 March 2012.[2012-03-15]

UNFCCC. 2013. Report of the Conferences of the Parities Serving as the Meeting of the Parties to the Kyoto Protocol on its eighth session, held in Doha from 26 November to 8 December 2012. Addendum Part Two: Action taken by the conference of the Parties Serving as the meeting of the Parities to the Kyoto Protocol at its eighth session. FCCC/CP/2013/10/Add.1, 31 January 2014.

Vaillancourt K, Loulou R, Kanudia A. 2008. The role of abatement costs in GHG permit allocations: a global stabilization scenario analysis. Environ Model Assess, 13: 169-179.

Van der Mensbrugghe, D. 2005. LINKAGE. technical reference document Version 6.0. http://siteresources. Worldbamk. org//NTPROSECTS/Resources/334934-11007925451301 Linkage TechNote.pdf.

Walther G R. 2010. Community and ecosystem responses to recent climate change. Philosophical Transactions of the Royal Society B: Biological Sciences, 365(1549): 2019-2024.

Wang Z, Zhu Y, Zhu Y, et al. 2016. Energy structure change and carbon emission trends in China. Energy, (115): 369-377.

Watanabe C. 1995. Identification of the role of renewable energy. Renewable Energy, 6(3): 237-274.

Wing I. 2007. The synthesis of bottom-up and top-down approaches to climate policy modeling: electric power technologies and the cost of limiting US CO_2 emissions. Energy Policy, 34(18): 3847-3869.

WWF. 2015. Annual review 2015. http: //wwf.panda.org/[2016-07-09]

Yang X, Wan H, Zhang Q, et al. 2016. A scenario analysis of oil and gas consumption in China to 2030 considering the peak CO_2 emission constraint. Petroleum Science, 13(2): 370-383.

Yang Z. 2008. Strategic Bargaining and Cooperation in Greenhouse Gas Mitigations: An Integrated Assessment Modeling Approach. MIT Press, 1(15): 2354-2370.

Yeh S, Rubin E S. 2007. A centurial history of technological change and learning curves for pulverized coal-fired utility boilers. Energy, 32(10): 1996-2005.

Yeh S, Rubin E S. 2012. A review of uncertainties in technology experience curves. Energy Econ, 34: 762-771.

附　录

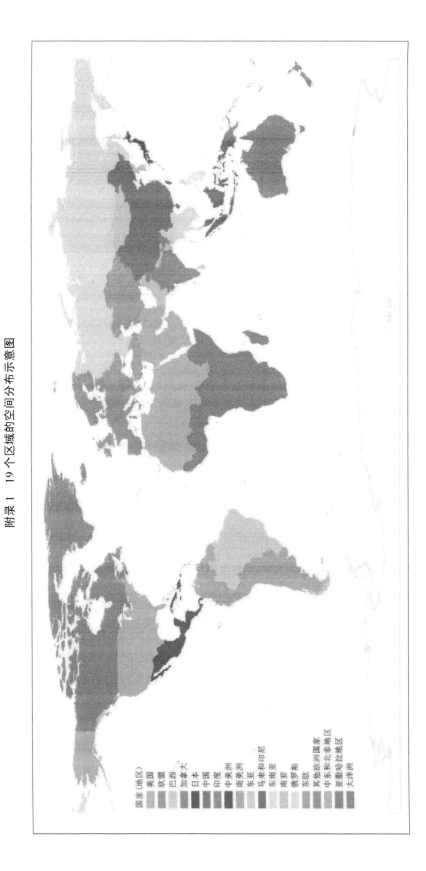

附录 1　19 个区域的空间分布示意图

国家（地区）
美国
欧盟
巴西
加拿大
日本
中国
印度
中美洲
南美洲
东亚
马来和印尼
东南亚
南亚
俄罗斯
东欧
其他欧洲国家
中东和北非地区
亚撒哈拉地区
大洋洲

附录 2 世界各区域熟练劳动力数量变化率(%)

年份	美国	欧盟	巴西	加拿大	日本	中国	印度	中美洲	南美洲	东亚	马来和印尼	东南亚	南亚	俄罗斯	东欧	其他欧洲国家	中东和北非地区	亚撒哈拉地区	大洋洲
2008	1.92	2.63	4.13	2.35	2.12	4.04	4.68	4.66	4.59	3.04	4.79	4.69	5.4	1.57	3.24	2.8	5.25	6.04	2.48
2009	1.11	1.72	3.6	2.63	0.63	4.25	4.3	3.48	3.71	3.57	5.47	4.5	6.01	1.44	1.43	0.02	6.78	5.62	2.11
2010	1.6	2.1	3.7	2.09	1.68	4	4.44	4.33	4.04	3.32	4.79	4.34	5.66	2.09	2.39	1.52	5.45	5.54	2.27
2011	1.65	1.96	3.23	2.01	1.21	3.48	4.42	4.27	3.93	3.02	4.36	4.21	5.39	1.72	2.3	1.77	4.63	5.48	2.19
2012	1.63	1.86	3.15	1.87	1.17	3.4	4.38	4.24	3.87	2.96	4.29	4.15	5.32	1.55	2.23	1.71	4.44	5.43	2.09
2013	1.6	1.76	3.08	1.73	1.16	3.31	4.34	4.19	3.81	2.9	4.23	4.1	5.26	1.39	2.16	1.65	4.29	5.41	1.99
2014	1.57	1.68	3.01	1.61	1.18	3.21	4.29	4.14	3.75	2.84	4.18	4.05	5.19	1.26	2.1	1.6	4.2	5.4	1.91
2015	1.53	1.61	2.96	1.5	1.23	3.1	4.24	4.08	3.7	2.78	4.14	4	5.13	1.15	2.04	1.56	4.15	5.41	1.85
2016	1.57	1.35	2.75	1.27	0.89	3.22	4.1	3.84	3.52	2.78	3.84	3.55	4.77	0.31	1.84	1.7	3.51	5.19	1.62
2017	1.53	1.3	2.7	1.18	0.94	3.11	4.05	3.77	3.47	2.72	3.8	3.5	4.71	0.19	1.78	1.66	3.46	5.2	1.57
2018	1.49	1.24	2.64	1.11	0.98	3.01	4	3.71	3.41	2.65	3.76	3.46	4.66	0.11	1.74	1.62	3.43	5.22	1.52
2019	1.46	1.19	2.56	1.04	1	2.95	3.96	3.66	3.35	2.56	3.72	3.42	4.61	0.06	1.71	1.58	3.4	5.24	1.48
2020	1.44	1.14	2.47	0.99	1	2.9	3.91	3.61	3.28	2.46	3.68	3.38	4.57	0.05	1.68	1.53	3.38	5.27	1.45
2021	1.61	0.96	2.75	0.78	0.41	2.04	3.77	3.45	3.08	1.76	3.59	3.16	4.14	-0.2	1.48	1.34	3.32	5.18	1.42
2022	1.59	0.93	2.68	0.75	0.4	2	3.72	3.4	3.02	1.67	3.55	3.13	4.09	-0.17	1.46	1.3	3.3	5.21	1.4
2023	1.59	0.9	2.6	0.74	0.38	1.96	3.67	3.36	2.96	1.58	3.5	3.09	4.05	-0.14	1.45	1.27	3.28	5.23	1.39
2024	1.59	0.88	2.52	0.73	0.34	1.93	3.62	3.32	2.9	1.51	3.46	3.06	4.01	-0.08	1.44	1.24	3.26	5.23	1.38
2025	1.59	0.86	2.45	0.74	0.28	1.9	3.57	3.28	2.84	1.45	3.4	3.04	3.97	-0.02	1.43	1.21	3.23	5.23	1.38
2026	1.64	0.95	2.64	0.6	0.27	1.83	3.47	3.14	2.69	1.14	3.2	3.01	3.75	0.29	1.54	1.05	3.3	5.19	1.55
2027	1.64	0.94	2.57	0.61	0.21	1.81	3.42	3.1	2.64	1.09	3.15	2.99	3.72	0.36	1.54	1.02	3.26	5.18	1.54
2028	1.65	0.93	2.5	0.63	0.14	1.79	3.37	3.05	2.58	1.05	3.1	2.96	3.67	0.42	1.54	1.01	3.23	5.17	1.54
2029	1.66	0.93	2.44	0.67	0.08	1.78	3.32	3.01	2.53	1.02	3.04	2.94	3.63	0.46	1.54	1.01	3.19	5.15	1.54
2030	1.67	0.94	2.39	0.71	0.02	1.77	3.26	2.97	2.49	1	2.99	2.91	3.59	0.48	1.53	1.02	3.16	5.13	1.55

续表

年份	美国	欧盟	巴西	加拿大	日本	中国	印度	中美洲	南美洲	东亚	马来和印尼	东南亚	南亚	俄罗斯	东欧	其他欧洲国家	中东和北非地区	亚撒哈拉地区	大洋洲
2031	1.66	0.96	2.6	0.67	-0.03	2.15	3.09	2.97	2.51	0.79	3	2.92	3.46	0.82	1.6	0.94	3.23	5.06	1.54
2032	1.67	0.97	2.55	0.71	-0.09	2.14	3.04	2.92	2.47	0.79	2.94	2.89	3.41	0.84	1.59	0.96	3.19	5.04	1.55
2033	1.67	0.99	2.5	0.74	-0.15	2.14	2.98	2.88	2.43	0.78	2.89	2.87	3.37	0.83	1.57	0.98	3.14	5.01	1.55
2034	1.67	1.01	2.45	0.75	-0.22	2.13	2.93	2.84	2.38	0.76	2.84	2.85	3.31	0.81	1.55	1.02	3.08	4.97	1.55
2035	1.66	1.03	2.4	0.75	-0.28	2.11	2.87	2.79	2.34	0.74	2.79	2.82	3.26	0.77	1.53	1.06	3.01	4.94	1.54
2036	1.67	0.91	2.22	0.79	-0.47	1.99	2.74	2.68	2.23	0.57	2.59	2.63	3.22	0.78	1.54	1.03	2.9	4.78	1.51
2037	1.65	0.94	2.17	0.79	-0.52	1.98	2.69	2.64	2.19	0.55	2.54	2.6	3.17	0.73	1.51	1.08	2.83	4.75	1.5
2038	1.64	0.95	2.13	0.78	-0.55	1.96	2.63	2.61	2.15	0.54	2.5	2.58	3.12	0.67	1.49	1.11	2.77	4.71	1.49
2039	1.62	0.97	2.08	0.77	-0.54	1.95	2.57	2.58	2.11	0.54	2.47	2.56	3.07	0.62	1.46	1.15	2.71	4.67	1.49
2040	1.6	0.97	2.04	0.76	-0.5	1.94	2.51	2.55	2.07	0.54	2.44	2.54	3.01	0.56	1.44	1.17	2.65	4.64	1.5
2041	1.57	0.91	1.9	0.78	-0.59	1.58	2.4	2.44	1.97	0.44	2.16	2.19	2.88	0.37	1.38	1.23	2.4	4.47	1.49
2042	1.55	0.91	1.86	0.77	-0.54	1.56	2.34	2.42	1.94	0.44	2.13	2.17	2.83	0.31	1.36	1.25	2.35	4.44	1.5
2043	1.53	0.92	1.83	0.75	-0.5	1.55	2.28	2.39	1.9	0.43	2.1	2.15	2.78	0.27	1.34	1.26	2.3	4.4	1.49
2044	1.51	0.92	1.79	0.73	-0.46	1.52	2.23	2.36	1.87	0.42	2.08	2.13	2.73	0.23	1.33	1.27	2.25	4.37	1.48
2045	1.49	0.93	1.76	0.72	-0.44	1.49	2.17	2.33	1.83	0.41	2.05	2.11	2.69	0.19	1.31	1.27	2.2	4.33	1.46
2046	1.42	0.85	1.69	0.69	-0.52	1.47	2.03	2.26	1.73	0.37	2.02	2.02	2.56	-0.01	1.21	1.33	2.08	4.17	1.42
2047	1.4	0.86	1.67	0.68	-0.5	1.43	1.98	2.22	1.7	0.34	1.99	2	2.52	-0.01	1.21	1.32	2.04	4.14	1.39
2048	1.38	0.86	1.64	0.67	-0.48	1.39	1.94	2.21	1.67	0.32	1.97	1.98	2.48	0	1.21	1.29	2.01	4.11	1.37
2049	1.37	0.86	1.62	0.66	-0.44	1.35	1.89	2.17	1.64	0.29	1.95	1.96	2.45	0.03	1.22	1.25	1.99	4.08	1.34
2050	1.35	0.85	1.61	0.66	-0.39	1.3	1.84	2.14	1.62	0.27	1.94	1.94	2.41	0.09	1.23	1.19	1.97	4.05	1.32

附录 3 世界各区域非熟练劳动力数量变化率(%)

年份	美国	欧盟	巴西	加拿大	日本	中国	印度	中美洲	南美洲	东亚	乌来和印尼	东南亚	南亚	俄罗斯	东欧	其他欧洲国家	中东和北非地区	亚撒哈拉地区	大洋洲
2008	0.83	0.1	1.56	1.37	-1.25	0.62	1.97	1.94	2.05	0.05	1.3	1.43	2.16	-1.04	0.69	1.28	1.26	2.75	1.31
2009	0.03	-1.06	1.04	1.64	-2.72	0.83	1.59	0.66	1.16	0.58	1.98	1.32	2.69	-1.19	-0.59	-1.36	1.95	2.89	1.37
2010	0.51	-0.54	1.12	1.11	-1.75	0.57	1.73	1.53	1.43	0.23	1.29	1.05	2.35	-0.58	0.07	0.08	1.11	2.68	1.29
2011	0.47	-0.65	1.13	0.94	-1.6	0.51	1.68	1.48	1.36	0.2	1.25	1.01	2.28	-0.71	-0.01	-0.17	1.12	2.65	1.21
2012	0.44	-0.77	1.04	0.8	-1.66	0.42	1.64	1.42	1.27	0.12	1.18	0.95	2.2	-0.9	-0.1	-0.25	0.93	2.62	1.14
2013	0.41	-0.88	0.96	0.66	-1.7	0.33	1.59	1.35	1.19	0.03	1.1	0.9	2.12	-1.06	-0.18	-0.32	0.77	2.6	1.08
2014	0.37	-0.99	0.89	0.53	-1.71	0.23	1.54	1.27	1.12	-0.07	1.04	0.84	2.04	-1.2	-0.26	-0.38	0.64	2.59	1.02
2015	0.33	-1.08	0.83	0.42	-1.7	0.12	1.48	1.18	1.04	-0.16	0.99	0.78	1.96	-1.33	-0.33	-0.45	0.53	2.58	0.97
2016	0.23	-1.05	0.81	0.37	-1.43	-0.01	1.44	1.13	1	-0.27	0.98	0.81	1.91	-1.18	-0.39	-0.63	0.72	2.58	1.01
2017	0.19	-1.13	0.76	0.29	-1.39	-0.12	1.38	1.04	0.93	-0.37	0.93	0.75	1.83	-1.29	-0.46	-0.69	0.63	2.56	0.97
2018	0.14	-1.2	0.69	0.21	-1.38	-0.21	1.32	0.95	0.85	-0.47	0.88	0.71	1.76	-1.39	-0.52	-0.76	0.54	2.55	0.94
2019	0.11	-1.28	0.61	0.15	-1.38	-0.29	1.27	0.87	0.78	-0.58	0.82	0.66	1.7	-1.44	-0.56	-0.82	0.47	2.55	0.91
2020	0.08	-1.35	0.51	0.09	-1.4	-0.34	1.22	0.79	0.7	-0.69	0.77	0.61	1.63	-1.45	-0.59	-0.9	0.41	2.55	0.88
2021	-0.19	-1.44	0.28	-0.03	-1.16	-0.25	1.21	0.73	0.59	-0.63	0.74	0.63	1.64	-1.5	-0.57	-0.97	0.52	2.53	0.76
2022	-0.21	-1.5	0.19	-0.06	-1.17	-0.29	1.16	0.66	0.52	-0.72	0.69	0.58	1.58	-1.48	-0.59	-1.03	0.46	2.53	0.75
2023	-0.23	-1.55	0.1	-0.08	-1.21	-0.33	1.1	0.59	0.46	-0.8	0.63	0.54	1.52	-1.45	-0.6	-1.09	0.41	2.51	0.74
2024	-0.24	-1.61	0.01	-0.09	-1.26	-0.37	1.05	0.52	0.39	-0.87	0.57	0.49	1.47	-1.4	-0.61	-1.15	0.35	2.49	0.72
2025	-0.25	-1.66	-0.08	-0.09	-1.32	-0.4	0.99	0.44	0.32	-0.94	0.5	0.45	1.42	-1.35	-0.61	-1.2	0.29	2.46	0.71
2026	-0.28	-1.79	-0.27	-0.02	-1.43	-0.43	0.95	0.41	0.28	-0.91	0.47	0.41	1.39	-1.39	-0.62	-1.14	0.17	2.43	0.61
2027	-0.29	-1.85	-0.37	-0.01	-1.5	-0.46	0.89	0.34	0.22	-0.96	0.4	0.36	1.34	-1.33	-0.61	-1.18	0.1	2.4	0.59
2028	-0.3	-1.89	-0.46	0.01	-1.58	-0.48	0.84	0.26	0.15	-1	0.34	0.32	1.29	-1.28	-0.61	-1.22	0.03	2.36	0.58
2029	-0.3	-1.94	-0.54	0.04	-1.66	-0.5	0.78	0.19	0.09	-1.03	0.26	0.27	1.23	-1.25	-0.62	-1.24	-0.04	2.32	0.57
2030	-0.31	-1.98	-0.62	0.08	-1.73	-0.51	0.72	0.11	0.04	-1.06	0.19	0.22	1.18	-1.24	-0.63	-1.25	-0.12	2.27	0.56

续表

年份	美国	欧盟	巴西	加拿大	日本	中国	印度	中美洲	南美洲	东亚	马来和印尼	东南亚	南亚	俄罗斯	东欧	其他欧洲国家	中东和北非地区	亚撒哈拉地区	大洋洲
2031	-0.31	-2.03	-0.8	0.17	-1.82	-0.56	0.68	0.02	-0.04	-1	0.1	0.17	1.14	-1.4	-0.65	-1.16	-0.29	2.23	0.56
2032	-0.31	-2.08	-0.88	0.2	-1.9	-0.57	0.62	-0.06	-0.1	-1.02	0.03	0.12	1.08	-1.4	-0.67	-1.17	-0.38	2.18	0.55
2033	-0.33	-2.11	-0.97	0.23	-1.97	-0.58	0.56	-0.14	-0.16	-1.04	-0.04	0.06	1.03	-1.42	-0.69	-1.16	-0.48	2.12	0.54
2034	-0.35	-2.15	-1.05	0.25	-2.05	-0.6	0.5	-0.21	-0.22	-1.07	-0.1	0.01	0.97	-1.46	-0.72	-1.15	-0.58	2.07	0.52
2035	-0.38	-2.18	-1.14	0.25	-2.13	-0.62	0.44	-0.29	-0.28	-1.1	-0.17	-0.04	0.91	-1.52	-0.77	-1.13	-0.7	2.02	0.51
2036	-0.42	-2.07	-1.15	0.22	-2.09	-0.64	0.39	-0.33	-0.31	-1.07	-0.18	-0.03	0.85	-1.62	-0.82	-1.04	-0.77	1.98	0.5
2037	-0.46	-2.09	-1.23	0.22	-2.15	-0.66	0.32	-0.41	-0.37	-1.1	-0.24	-0.08	0.79	-1.69	-0.87	-1.02	-0.88	1.92	0.48
2038	-0.49	-2.12	-1.32	0.21	-2.19	-0.68	0.26	-0.48	-0.43	-1.13	-0.3	-0.13	0.73	-1.76	-0.91	-1.01	-1	1.87	0.46
2039	-0.53	-2.16	-1.4	0.2	-2.19	-0.7	0.19	-0.55	-0.49	-1.15	-0.35	-0.18	0.67	-1.83	-0.96	-1.01	-1.12	1.81	0.44
2040	-0.57	-2.21	-1.49	0.18	-2.17	-0.72	0.13	-0.61	-0.56	-1.17	-0.4	-0.23	0.61	-1.91	-1.01	-1.01	-1.25	1.76	0.43
2041	-0.6	-2.18	-1.52	0.15	-1.99	-0.69	0.07	-0.64	-0.59	-1.15	-0.36	-0.15	0.56	-1.9	-1.05	-1.08	-1.17	1.73	0.43
2042	-0.64	-2.23	-1.6	0.14	-1.95	-0.71	0	-0.7	-0.65	-1.18	-0.4	-0.19	0.5	-1.97	-1.1	-1.09	-1.29	1.67	0.41
2043	-0.69	-2.27	-1.68	0.12	-1.91	-0.74	-0.06	-0.76	-0.71	-1.2	-0.44	-0.24	0.44	-2.03	-1.14	-1.12	-1.4	1.62	0.39
2044	-0.73	-2.32	-1.76	0.1	-1.89	-0.77	-0.12	-0.83	-0.77	-1.23	-0.48	-0.29	0.39	-2.1	-1.18	-1.14	-1.52	1.57	0.36
2045	-0.77	-2.37	-1.84	0.09	-1.88	-0.8	-0.18	-0.9	-0.83	-1.27	-0.52	-0.33	0.33	-2.15	-1.21	-1.17	-1.64	1.52	0.34
2046	-0.76	-2.29	-1.9	0.08	-1.77	-0.84	-0.23	-0.95	-0.84	-1.3	-0.56	-0.35	0.3	-2.07	-1.21	-1.31	-1.65	1.5	0.32
2047	-0.81	-2.33	-1.97	0.06	-1.76	-0.88	-0.28	-1.02	-0.9	-1.34	-0.61	-0.4	0.25	-2.09	-1.23	-1.37	-1.77	1.45	0.29
2048	-0.85	-2.39	-2.05	0.05	-1.75	-0.93	-0.34	-1.08	-0.96	-1.39	-0.64	-0.44	0.2	-2.1	-1.24	-1.43	-1.89	1.4	0.25
2049	-0.89	-2.45	-2.13	0.04	-1.72	-0.98	-0.4	-1.17	-1.02	-1.44	-0.68	-0.49	0.15	-2.09	-1.24	-1.52	-2	1.36	0.21
2050	-0.93	-2.52	-2.21	0.04	-1.67	-1.04	-0.45	-1.25	-1.07	-1.49	-0.72	-0.54	0.11	-2.05	-1.22	-1.62	-2.13	1.32	0.18

附录 4 世界各区域人口数量变化率(%)

年份	美国	欧盟	巴西	加拿大	日本	中国	印度	中美洲	南美洲	东亚	马来西亚和印尼	东南亚	南亚	俄罗斯	东欧	其他欧洲国家	中东和北非地区	亚撒哈拉地区	大洋洲
2008	0.95	0.39	0.93	1.09	-0.05	0.51	1.34	1.25	1.28	0.71	1.46	1.09	1.50	-0.11	0.71	1.28	2.35	2.67	1.88
2009	0.88	0.30	0.90	1.15	-0.11	0.50	1.32	1.25	1.27	0.54	1.43	1.06	1.50	-0.03	0.88	1.24	2.31	2.68	1.92
2010	0.83	0.25	0.89	1.12	-0.08	0.49	1.30	1.25	1.27	0.53	1.39	1.07	1.49	0.34	0.93	1.09	2.20	2.68	1.63
2011	0.73	0.31	0.88	0.99	0.29	0.48	1.29	1.25	1.26	0.72	1.34	1.12	1.50	0.40	0.87	1.17	2.10	2.69	1.48
2012	0.74	-0.08	0.87	1.20	-0.20	0.49	1.27	1.25	1.25	0.53	1.30	1.15	1.31	0.15	0.81	1.15	2.03	2.69	1.64
2013	0.72	0.22	0.86	1.16	-0.17	0.49	1.25	1.24	1.24	0.51	1.26	1.15	1.48	0.22	0.82	1.14	1.98	2.68	1.70
2014	0.89	0.17	0.71	0.92	-0.21	0.61	1.25	1.10	1.05	0.40	1.00	1.11	1.65	-0.34	0.15	0.52	1.51	2.30	1.21
2015	0.88	0.15	0.68	0.92	-0.25	0.58	1.21	1.07	1.02	0.38	0.96	1.08	1.61	-0.34	0.14	0.51	1.49	2.26	1.18
2016	0.86	0.14	0.66	0.91	-0.28	0.56	1.18	1.04	1.00	0.35	0.92	1.05	1.58	-0.35	0.13	0.50	1.47	2.23	1.16
2017	0.84	0.12	0.63	0.90	-0.31	0.54	1.14	1.01	0.97	0.33	0.89	1.03	1.54	-0.36	0.12	0.49	1.45	2.20	1.14
2018	0.82	0.11	0.61	0.89	-0.34	0.51	1.10	0.98	0.95	0.30	0.85	1.00	1.51	-0.37	0.11	0.49	1.42	2.16	1.13
2019	0.80	0.09	0.57	0.88	-0.37	0.47	1.07	0.95	0.92	0.27	0.83	0.98	1.47	-0.39	0.10	0.49	1.38	2.13	1.11
2020	0.78	0.08	0.54	0.87	-0.40	0.43	1.03	0.93	0.89	0.24	0.81	0.95	1.44	-0.40	0.09	0.48	1.34	2.09	1.09
2021	0.76	0.06	0.51	0.86	-0.42	0.39	0.99	0.91	0.87	0.21	0.78	0.93	1.40	-0.42	0.07	0.48	1.30	2.06	1.08
2022	0.74	0.04	0.48	0.84	-0.45	0.35	0.96	0.89	0.84	0.18	0.76	0.90	1.37	-0.44	0.05	0.48	1.26	2.02	1.06
2023	0.72	0.03	0.45	0.83	-0.47	0.31	0.92	0.87	0.81	0.14	0.74	0.88	1.33	-0.46	0.04	0.47	1.22	1.99	1.05
2024	0.70	0.02	0.42	0.81	-0.49	0.27	0.88	0.85	0.79	0.11	0.72	0.86	1.29	-0.47	0.02	0.47	1.19	1.96	1.03
2025	0.68	0.00	0.39	0.79	-0.51	0.23	0.84	0.82	0.76	0.08	0.70	0.83	1.26	-0.49	0.00	0.45	1.15	1.93	1.01
2026	0.66	-0.01	0.36	0.77	-0.53	0.19	0.81	0.80	0.73	0.05	0.68	0.81	1.22	-0.51	-0.02	0.44	1.11	1.90	0.99
2027	0.64	-0.02	0.33	0.76	-0.55	0.16	0.77	0.77	0.70	0.02	0.67	0.78	1.19	-0.52	-0.03	0.43	1.08	1.88	0.96
2028	0.62	-0.03	0.31	0.73	-0.57	0.13	0.73	0.74	0.67	-0.01	0.65	0.76	1.16	-0.54	-0.05	0.42	1.05	1.85	0.94
2029	0.60	-0.04	0.29	0.71	-0.58	0.10	0.70	0.72	0.65	-0.04	0.62	0.74	1.13	-0.54	-0.06	0.41	1.02	1.82	0.92
2030	0.58	-0.05	0.26	0.69	-0.60	0.07	0.66	0.69	0.62	-0.07	0.60	0.71	1.09	-0.55	-0.07	0.39	0.99	1.79	0.90

续表

年份	美国	欧盟	巴西	加拿大	日本	中国	印度	中美洲	南美洲	东亚	马来和印尼	东南亚	南亚	俄罗斯	东欧	其他欧洲国家	中东和北非地区	亚撒哈拉地区	大洋洲
2031	0.57	-0.06	0.24	0.66	-0.61	0.05	0.63	0.66	0.59	-0.10	0.58	0.69	1.06	-0.55	-0.08	0.37	0.97	1.77	0.88
2032	0.55	-0.07	0.22	0.64	-0.62	0.02	0.60	0.63	0.57	-0.13	0.56	0.66	1.04	-0.55	-0.09	0.36	0.94	1.74	0.85
2033	0.54	-0.08	0.20	0.62	-0.64	0.00	0.57	0.60	0.54	-0.15	0.53	0.63	1.01	-0.55	-0.10	0.34	0.92	1.72	0.83
2034	0.52	-0.08	0.18	0.60	-0.65	-0.02	0.55	0.56	0.52	-0.18	0.51	0.61	0.98	-0.54	-0.11	0.33	0.89	1.69	0.81
2035	0.51	-0.09	0.15	0.58	-0.66	-0.04	0.53	0.53	0.49	-0.21	0.48	0.58	0.96	-0.54	-0.12	0.32	0.87	1.66	0.79
2036	0.49	-0.09	0.12	0.56	-0.68	-0.06	0.52	0.50	0.46	-0.23	0.45	0.56	0.93	-0.53	-0.12	0.30	0.84	1.64	0.77
2037	0.48	-0.10	0.10	0.54	-0.69	-0.08	0.50	0.47	0.44	-0.26	0.43	0.53	0.91	-0.53	-0.13	0.29	0.82	1.61	0.76
2038	0.46	-0.10	0.07	0.53	-0.70	-0.10	0.48	0.44	0.41	-0.29	0.40	0.51	0.88	-0.52	-0.13	0.28	0.79	1.58	0.74
2039	0.45	-0.11	0.05	0.51	-0.71	-0.12	0.46	0.41	0.39	-0.31	0.37	0.48	0.86	-0.52	-0.14	0.27	0.77	1.55	0.72
2040	0.44	-0.12	0.04	0.50	-0.72	-0.14	0.44	0.38	0.36	-0.34	0.34	0.46	0.83	-0.51	-0.15	0.27	0.75	1.52	0.70
2041	0.42	-0.12	0.02	0.49	-0.73	-0.16	0.41	0.35	0.34	-0.36	0.32	0.43	0.81	-0.51	-0.16	0.26	0.72	1.49	0.69
2042	0.41	-0.13	0.00	0.48	-0.74	-0.18	0.39	0.32	0.32	-0.39	0.29	0.41	0.78	-0.51	-0.16	0.25	0.69	1.46	0.67
2043	0.40	-0.14	-0.01	0.47	-0.75	-0.20	0.37	0.29	0.30	-0.41	0.26	0.39	0.76	-0.50	-0.17	0.25	0.67	1.43	0.66
2044	0.39	-0.15	-0.04	0.46	-0.76	-0.22	0.35	0.26	0.27	-0.44	0.23	0.36	0.73	-0.50	-0.18	0.24	0.64	1.40	0.64
2045	0.38	-0.15	-0.06	0.45	-0.77	-0.25	0.32	0.23	0.25	-0.46	0.21	0.34	0.71	-0.50	-0.19	0.24	0.61	1.37	0.63
2046	0.37	-0.16	-0.08	0.44	-0.77	-0.27	0.30	0.20	0.23	-0.49	0.18	0.32	0.68	-0.50	-0.20	0.24	0.59	1.35	0.61
2047	0.36	-0.17	-0.11	0.44	-0.78	-0.29	0.28	0.17	0.21	-0.51	0.16	0.30	0.65	-0.50	-0.21	0.24	0.56	1.32	0.60
2048	0.36	-0.17	-0.13	0.43	-0.78	-0.32	0.25	0.14	0.19	-0.53	0.13	0.27	0.62	-0.51	-0.22	0.24	0.53	1.29	0.59
2049	0.35	-0.18	-0.16	0.43	-0.79	-0.35	0.22	0.12	0.16	-0.56	0.11	0.25	0.59	-0.51	-0.24	0.24	0.49	1.26	0.58
2050	0.35	-0.19	-0.18	0.43	-0.79	-0.38	0.19	0.09	0.14	-0.58	0.09	0.23	0.56	-0.52	-0.26	0.25	0.46	1.23	0.57

附录 5　世界各区域 GDP 变化率（%）

年份	美国	欧盟	巴西	加拿大	日本	中国	印度	中美洲	南美洲	东亚	马来和印尼	东南亚	南亚	俄罗斯	东欧	其他欧洲国家	中东和北非地区	亚撒哈拉地区	大洋洲
2008	-0.26	0.52	5.17	1.18	-1.04	9.29	3.89	1.54	4.53	2.87	5.65	3.11	3.73	5.25	2.75	1.28	6.39	5.61	3.11
2009	-2.80	-4.38	-0.33	-2.71	-5.53	8.73	8.48	-3.73	-0.42	0.72	2.95	0.08	4.29	-7.82	-3.91	-1.97	2.41	2.53	1.80
2010	2.53	2.14	7.53	3.37	4.65	10.31	10.26	4.39	4.95	7.02	6.53	9.45	4.16	4.50	7.21	1.85	5.83	5.68	1.87
2011	1.60	1.79	2.73	2.53	-0.45	9.15	6.64	3.66	6.68	4.30	6.15	3.51	4.77	4.26	7.00	1.62	5.92	4.43	2.38
2012	2.32	-0.40	1.03	1.71	1.75	7.46	4.74	3.57	3.77	2.60	6.10	5.67	5.28	3.44	2.48	1.87	4.87	3.97	3.64
2013	2.22	0.05	2.49	2.02	1.61	7.53	5.02	1.51	3.66	3.38	5.50	4.18	5.15	1.32	4.11	1.40	3.93	4.45	2.53
2014	2.55	2.00	3.43	3.07	1.38	9.83	6.80	3.79	3.62	3.22	5.23	4.38	5.89	3.32	3.46	2.06	4.04	4.91	2.42
2015	2.53	1.97	3.59	2.91	1.42	9.54	7.06	3.87	3.73	3.24	5.43	4.51	6.35	3.40	3.66	2.05	4.18	5.19	2.39
2016	2.51	1.95	3.58	2.83	1.45	9.23	7.10	3.88	3.73	3.26	5.46	4.54	6.42	3.50	3.79	2.08	4.27	5.28	2.38
2017	2.49	1.92	3.51	2.69	1.48	8.92	7.02	3.79	3.64	3.22	5.39	4.46	6.37	3.32	3.66	2.07	4.23	5.28	2.34
2018	2.46	1.90	3.42	2.56	1.51	8.61	6.93	3.68	3.55	3.16	5.30	4.36	6.32	3.15	3.52	2.05	4.17	5.28	2.30
2019	2.43	1.87	3.32	2.44	1.53	8.29	6.84	3.57	3.46	3.08	5.22	4.26	6.28	3.01	3.39	2.00	4.11	5.29	2.26
2020	2.40	1.84	3.40	2.32	1.56	7.98	7.01	3.57	3.51	3.02	5.34	4.28	6.66	2.92	3.36	1.91	4.12	5.56	2.21
2021	2.37	1.80	3.29	2.16	1.58	7.67	6.97	3.48	3.37	2.92	5.29	4.19	6.67	2.76	3.27	1.82	4.17	5.57	2.12
2022	2.33	1.77	3.19	2.08	1.61	7.37	6.89	3.38	3.28	2.83	5.20	4.09	6.64	2.65	3.15	1.78	4.11	5.61	2.09
2023	2.29	1.74	3.08	2.01	1.62	7.08	6.80	3.28	3.20	2.74	5.11	4.00	6.60	2.57	3.04	1.73	4.05	5.64	2.07
2024	2.25	1.71	2.98	1.96	1.64	6.78	6.71	3.20	3.12	2.67	5.02	3.91	6.57	2.51	2.94	1.68	3.99	5.67	2.05
2025	2.21	1.67	3.05	1.90	1.65	6.51	6.85	3.20	3.16	2.64	5.11	3.95	6.92	2.48	2.91	1.59	3.99	5.95	2.02
2026	2.17	1.64	2.95	1.86	1.66	6.25	6.75	3.11	3.08	2.57	5.01	3.86	6.89	2.41	2.81	1.55	3.92	5.98	2.00
2027	2.13	1.61	2.84	1.82	1.67	5.98	6.64	3.02	2.99	2.50	4.91	3.78	6.84	2.35	2.70	1.51	3.84	6.01	1.98
2028	2.08	1.57	2.73	1.80	1.67	5.74	6.53	2.93	2.91	2.43	4.80	3.70	6.79	2.30	2.60	1.47	3.77	6.04	1.96
2029	2.04	1.54	2.64	1.79	1.67	5.50	6.42	2.84	2.84	2.38	4.70	3.63	6.74	2.24	2.51	1.45	3.70	6.07	1.95
2030	2.00	1.51	2.72	1.78	1.67	5.27	6.53	2.86	2.90	2.38	4.78	3.69	7.05	2.23	2.50	1.39	3.71	6.34	1.94

续表

年份	美国	欧盟	巴西	加拿大	日本	中国	印度	中美洲	南美洲	东亚	马来和印尼	东南亚	南亚	俄罗斯	东欧	其他欧洲国家	中东和北非地区	亚撒哈拉地区	大洋洲
2031	1.95	1.47	2.64	1.78	1.67	5.05	6.42	2.77	2.83	2.33	4.68	3.62	7.00	2.15	2.41	1.38	3.64	6.38	1.94
2032	1.91	1.44	2.55	1.78	1.66	4.84	6.30	2.69	2.76	2.28	4.57	3.56	6.94	2.08	2.32	1.37	3.56	6.40	1.94
2033	1.86	1.40	2.46	1.77	1.65	4.64	6.18	2.60	2.69	2.23	4.47	3.49	6.87	2.00	2.23	1.37	3.49	6.42	1.93
2034	1.82	1.37	2.38	1.76	1.64	4.44	6.05	2.52	2.62	2.17	4.37	3.43	6.80	1.91	2.14	1.37	3.41	6.43	1.92
2035	1.77	1.34	2.44	1.72	1.63	4.25	6.10	2.53	2.67	2.14	4.42	3.47	7.03	1.85	2.11	1.34	3.39	6.68	1.90
2036	1.73	1.31	2.36	1.71	1.61	4.07	5.98	2.46	2.60	2.08	4.33	3.42	6.97	1.75	2.02	1.36	3.31	6.71	1.90
2037	1.69	1.28	2.28	1.69	1.59	3.90	5.84	2.39	2.54	2.02	4.23	3.36	6.88	1.65	1.94	1.38	3.23	6.72	1.89
2038	1.65	1.24	2.20	1.67	1.57	3.74	5.70	2.32	2.47	1.96	4.13	3.30	6.79	1.55	1.85	1.39	3.15	6.73	1.89
2039	1.60	1.21	2.12	1.65	1.55	3.58	5.56	2.26	2.41	1.91	4.04	3.24	6.70	1.45	1.77	1.40	3.07	6.73	1.89
2040	1.56	1.18	2.18	1.61	1.53	3.43	5.58	2.29	2.45	1.88	4.10	3.27	6.89	1.39	1.74	1.36	3.05	6.96	1.89
2041	1.52	1.15	2.11	1.60	1.51	3.28	5.44	2.25	2.39	1.84	4.01	3.21	6.80	1.29	1.67	1.38	2.98	6.97	1.91
2042	1.48	1.12	2.03	1.58	1.49	3.14	5.29	2.20	2.32	1.78	3.93	3.15	6.70	1.20	1.60	1.39	2.90	6.97	1.92
2043	1.44	1.10	1.96	1.56	1.46	3.01	5.15	2.15	2.26	1.73	3.84	3.09	6.60	1.12	1.54	1.40	2.83	6.96	1.92
2044	1.40	1.07	1.89	1.54	1.44	2.88	5.00	2.11	2.21	1.67	3.76	3.03	6.49	1.04	1.48	1.40	2.76	6.95	1.93
2045	1.36	1.04	1.95	1.51	1.41	2.76	4.99	2.14	2.25	1.64	3.81	3.05	6.63	1.00	1.46	1.36	2.74	7.13	1.92
2046	1.33	1.01	1.89	1.50	1.39	2.64	4.85	2.09	2.19	1.57	3.73	2.99	6.54	0.94	1.41	1.37	2.68	7.12	1.92
2047	1.29	0.99	1.83	1.48	1.36	2.53	4.71	2.05	2.14	1.51	3.64	2.93	6.42	0.89	1.36	1.36	2.61	7.09	1.92
2048	1.26	0.96	1.77	1.47	1.33	2.42	4.56	2.01	2.08	1.44	3.57	2.86	6.31	0.85	1.32	1.35	2.55	7.05	1.92
2049	1.22	0.94	1.71	1.46	1.31	2.32	4.42	1.97	2.03	1.38	3.49	2.79	6.19	0.83	1.29	1.32	2.49	7.01	1.91
2050	1.19	0.91	1.77	1.44	1.28	2.22	4.39	2.00	2.07	1.33	3.53	2.80	6.29	0.86	1.30	1.24	2.48	7.14	1.90

后 记

应对气候变化的全球治理问题是当前国际上应对气候变化的重点问题。美国政府突然宣布退出的《巴黎协定》，给全球变化应对投下了阴影，在这种形势下，本书汇集了我们课题组对气候变化全球治理的一些研究成果，借此希望帮助大家对气候变化全球治理建立完整的科学判断。应对全球变化，需要坚持全球性的合作治理，坚持研究合作治理的条件、原则、政策，乃至于伦理学基础，这是一个科学家对气候变化的良心反映。

本书汇集的是刘筱完成的博士后出站报告的基础问题部分内容，马晓哲对全球治理政策深入研究的博士论文，以及王诗琪等研究的中国和美国在 INDC 合作模式下的发展路径（本书主体来自她在我、吴静、朱永彬指导下完成的硕士论文），这些工作各自反映了国际碳排放治理的一个方面的问题；虽然我不能断言这些研究是全球领先的，但是它们属于当前焦点问题的前沿研究，研究工作中使用的方法也有工具特色，可以供一般的经济分析和能源经济学者参考。这里把这些汇编在一起有助于问题的整体反映，有助于加深青年读者在内容和方法上对该问题的理解。现在，本书出版既有学术意义，也有实际意义。

本书中的研究是在我的指导下，各位各自独立完成的，考虑到马晓哲的工作构成了本书的主体，刘筱关于气候伦理学的探讨在思想上影响了本书的基本思想，王诗琪的工作直接呼应《巴黎协定》，因此她们分别是本书的第一作者、第二作者和第三作者。吴静、朱永彬或者协助我指导了她们的工作，或者帮助修改论文，调查资料，也是重要作者。国际气候政治问题，或多或少有些敏感，因此我作为她们的导师，理应承担责任作者，如果本书有什么问题，主要责任在我。本书的 3 个主要作者都是女性，在女性就业或多或少被歧视的今天，她们为了完成学业后的 973 任务，让她们的家庭承担了种种压力。我作为责任作者，在此对她们的家人表示感谢。

薛俊波博士、刘昌新博士和河南大学的秦耀辰教授参加了本书的讨论，在此一并致谢。我正在试图推进对地缘经济学的探索，本书可以看做是地缘经济学探索的一个工作。因为全球气候治理面临的问题往往涉及国际政治，以经济为基础的气候变化应对的政策，或者说国际政治研究，这是本书的主旨。

是为后记。

王　铮

2017 年 6 月 1 日于北京中关村

彩　　图

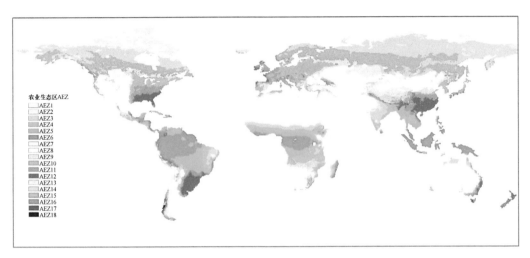

图 5.1 农业生态区分布示意图(由 GTAP 数据绘制得到)

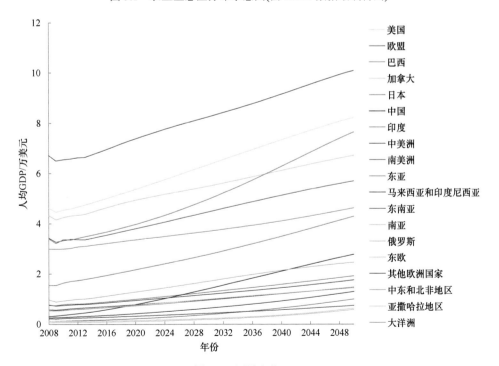

图 6.1 区域人均 GDP

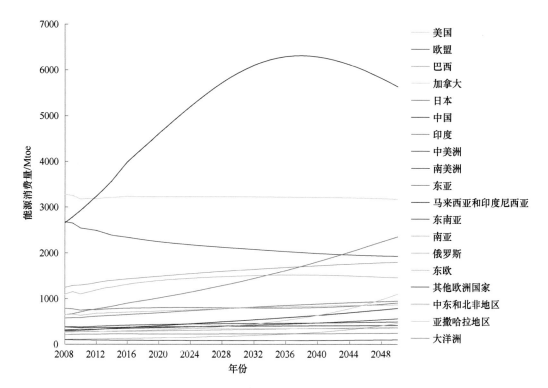

图 6.2　基准情景下区域能源消费量

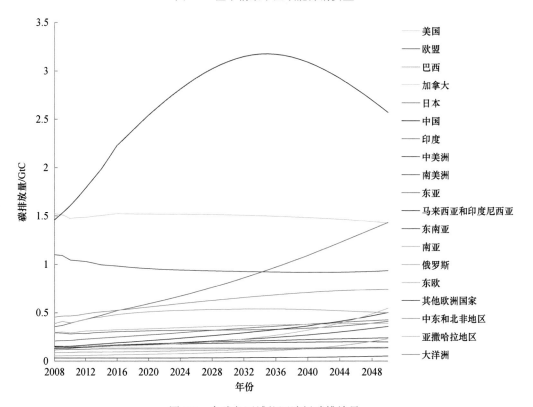

图 6.3　全球各区域能源消耗碳排放量

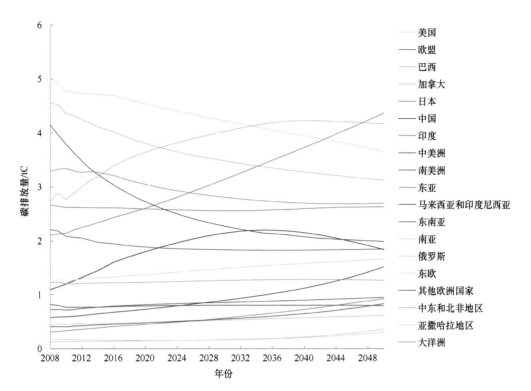

图 6.4 全球各区域人均能耗碳排放量

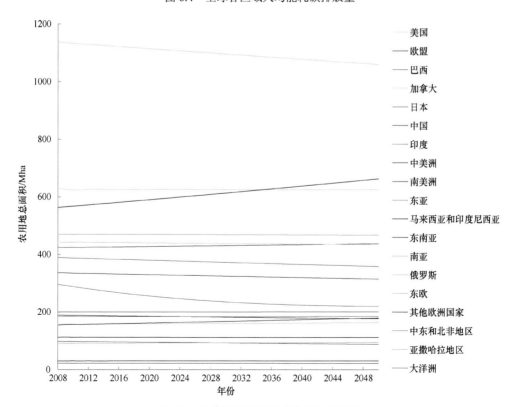

图 6.6 基准情景下各区域农用地总面积

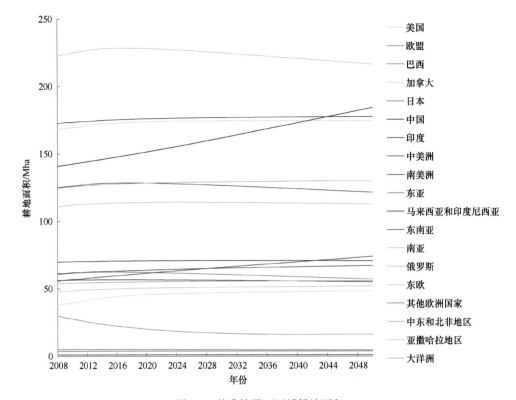

图 6.7　基准情景下区域耕地面积

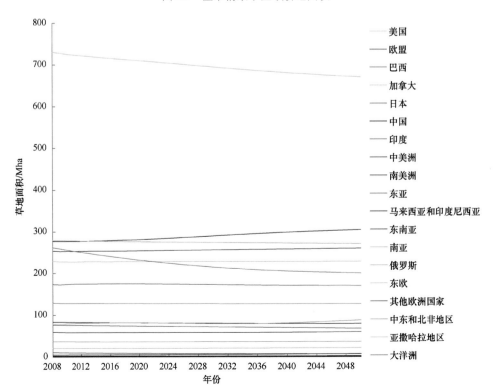

图 6.8　基准情景下全球各区域草地面积

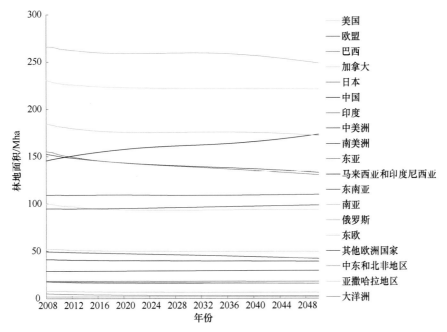

图 6.9　基准情景下全球各区域林地面积

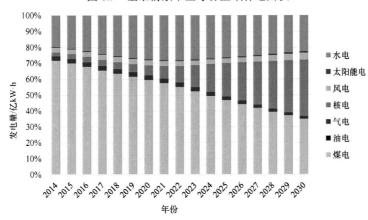

图 12.6　单目标约束下中国电力能源供给结构演化路径

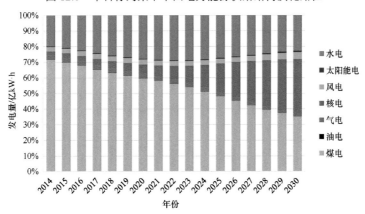

图 12.7　双目标约束下中国电力能源供给结构演化路径

附录 1 19 个区域的空间分布示意图